# GUIDE

# Horaire Général

## INTERNATIONAL

### POUR LE

# Voyageur en Orient

CONSTANTINOPLE

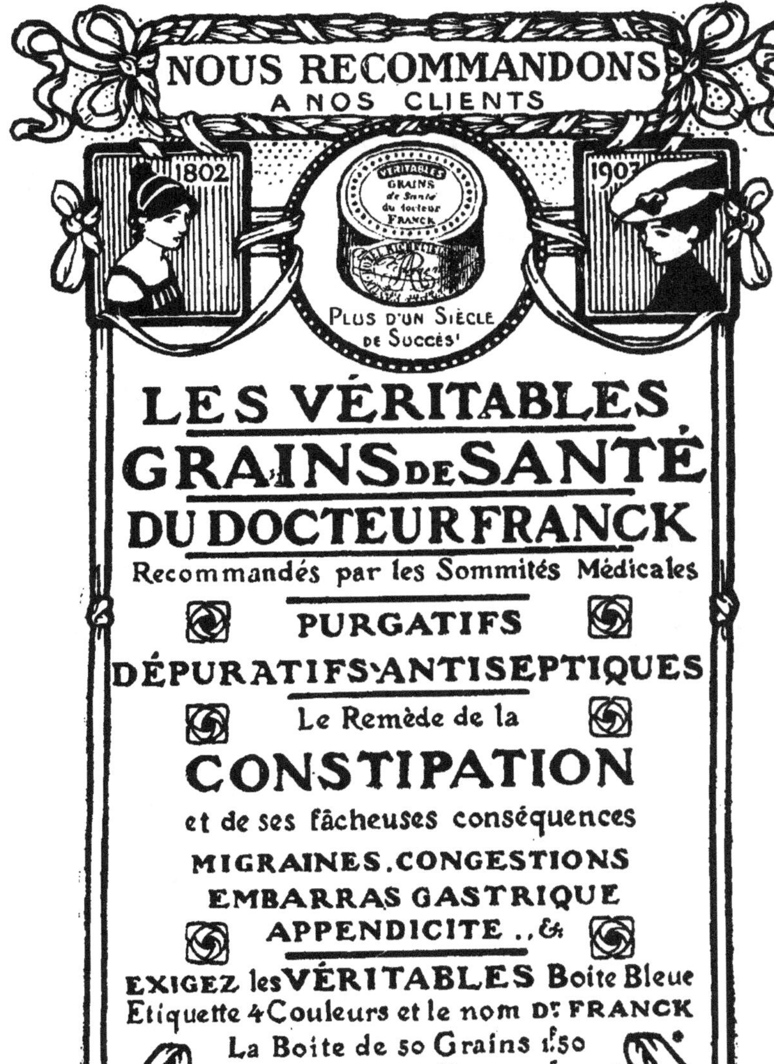
NOUS RECOMMANDONS
A NOS CLIENTS
1802
1907
VÉRITABLES
GRAINS
de Santé
du docteur
FRANCK
PLUS D'UN SIÈCLE
DE SUCCÈS
LES VÉRITABLES
GRAINS DE SANTÉ
DU DOCTEUR FRANCK
Recommandés par les Sommités Médicales
PURGATIFS
DÉPURATIFS ANTISEPTIQUES
Le Remède de la
CONSTIPATION
et de ses fâcheuses conséquences
MIGRAINES, CONGESTIONS
EMBARRAS GASTRIQUE
APPENDICITE .. &
EXIGEZ les VÉRITABLES Boite Bleue
Etiquette 4 Couleurs et le nom Dr FRANCK
La Boite de 50 Grains 1f50
La Boite de 105 Grains 3.00
Echantillon gratis
Ecrire à T. Leroy, 96, rue d'Amsterdam
PARIS.

# LEFRANC & C<sup>IE</sup>

## Encres d'Imprimerie

### PARIS ❋ 12, RUE DE SEINE, 12 ❋ PARIS

## *Encre pour la Typographie, Lithographie, Phototypie*

### COULEURS & VERNIS – PATES A ROULEAUX

### USINE A ISSY-LES-MOULINEAUX

## Plaques d'Aluminium de tous formats pour l'Impression métallographique

### TÉLÉPHONE 820-98

*Dépôt à Constantinople chez M<sup>rs</sup> Prost Lacroix et C<sup>ie</sup>*

1re ANNÉE N° 11                    1er Juin 1909

# GUIDE HORAIRE GÉNÉRAL
## INTERNATIONAL
### ILLUSTRÉ

POUR LE

# Voyageur en Orient

Description de CONSTANTINOPLE et des plus importantes Villes de la TURQUIE, de l'EGYPTE et de la GRÈCE
avec leurs principaux monuments.

## CHEMINS DE FER, TRAMWAYS, NAVIGATION

Créé par R. C. Cervati

Publié par Cervati et Cie

Prix : 3 fr. 25 — Ptres 15
Union Postale Fcs 4

BUREAUX DE L'ADMINISTRATION :
21, Rue de Pologne, Péra, CONSTANTINOPLE.

IMPRIMERIE DU PRÉSENT GUIDE.

# TARIF
## des Annonces et Insertions dans le Guide.

### PRIX - FIXE

|  | 12 mois<br>Francs | 6 mois<br>Francs |
|---|---|---|
| Premières pages de Garde ou dans le Texte | 300 | 200 |
| Page de Division. . .(verso) . . . . . . | 200 | 125 |
| La 1/2 page de Division (id.) . . . . . . | 110 | 75 |
| La page entière (Partie Annonces) . . . . | 120 | 80 |
| La 1/2 page ( id. id.) . . . . | 80 | 50 |
| Un douzième de page aux Maisons Recommandables . . . . . . . . . . . . | 20 | — |
| Bas de page de 4 lignes, dans le texte chaque bas de page . . . . . . . . | 60 | — |
| Abonnement à 12 Exemplaires du Guide . . | 40 | — |
| id. id. Provinces et Etranger. | 46 | — |

Droits de reproduction et de traduction réservés.

# TABLE des MATIÈRES et GÉOGRAPHIQUE

# 1<sup>re</sup> PARTIE

## Table des Matières et Géographique I à VI

# LA NATIONALE
## SOCIÉTÉ ANONYME D'ASSURANCES
## SUR LA VIE
### Capital Social 15,000,000 de francs
### Fondée en 1830
Siège Social, 17, Rue Laffitte et 2, Rue Pillet-Will à **PARIS**.

**Une des plus anciennes et des plus importantes Sociétés d'Assurances sur la Vie**

En sus des Réserves obligatoires, s'élevant au 31 Décembre 1906 à F⁶ˢ 522,538,465, **LA NATIONALE** possède des garanties supplémentaires montant à plus de **121 Millions**, supérieures à celles de toute autre Compagnie similaire.

| | |
|---|---|
| **CAPITAUX EN COURS** | **773 Millions** |
| **RENTES VIAGÈRES** | **24 Millions** |

*Ensemble des Opérations faites par la Société depuis son origine jusqu'au 31 Décembre 1906.*

| | |
|---|---|
| **CAPITAUX ASSURÉS** | **2 Milliards 300 Millions** |
| **RENTES CONSTITUÉES** | **88 Millions** |
| **CAPITAUX PAYÉS aux ASSURÉS** | **849 Millions** |
| **ARRERAGES PAYÉS aux Rentiers Viagers** | **823 Millions** |
| **BÉNÉFICES RÉPARTIS aux ASSURÉS** | **83 Millions** |

*En 1906, LA NATIONALE a réalisé 90 millions de CAPITAUX ASSURÉS, dépassant ainsi de 12,000,000 la production de la Compagnie Française qui obtient le second rang.*

ASSURANCES EN CAS de DÉCÈS, MIXTES, A TERME FIXE, DOTALES, COMBINAISONS DIVERSES, ASSURANCES de GARANTIE

## RENTES VIAGÈRES

Renseignements confidentiels et prospectus gratuits, s'adresser :

à **Constantinople**, Mr Louis Lachèze, Direct.-particul., Bahtiar Han, Galata.

à **Smyrne** Mr Guillois, Agent-général, Maison Giustiniani & Fils, Local Youssouf.

à **Beyrouth**, Mr Th. Scrini & Fils, Agents-généraux.

au **Caire**. Mr A. Toussaint Caneri, Agent-général pour l'Egypte, Charch Guinemet El Mahtalith.

à **Athènes**, Mr Theologis, Agent-général, Banque de Mételin.

# PRÉFACE

Le régime Constitutionnel rétabli en Turquie depuis le 11/24 Juillet 1908, que nous saluons sincèrement, nous dispensant de passer par la censure, nous avons procédé au remaniement de notre Guide publié mensuellement depuis le 1er Août dernier.

Cette nouvelle Edition rencontrera aussi, nous l'espérons, un bienveillant acceuil.

Pour éviter au Voyageur une longue lecture, nous avons résumé en quelques pages les descriptions de tout ce que le Touriste veut connaître et de tout ce qui peut l'intéresser dans ses voyages en **Turquie**, en **Grèce** et en **Egypte**. — En suivant nos instructions, ce Guide lui donnera pleine satisfaction car nous croyons être les seuls, jusqu'à présent, qui avons pensé à réunir, dans un petit livre comme le nôtre, **les descriptions**, illustrées de clichés, des villes importantes de l'Orient qui méritent d'être visitées et les **Itinéraires** des chemins de fer, de la navigation à vapeur *( Départs et Arrivées journaliers des bateaux )*, du cabotage sur le Bosphore, sur la Corne d'Or, avec les prix des places, etc.

Notre Ouvrage continuera à paraître le 1er de chaque mois ; nous serons donc reconnaissants à tous ceux qui voudront bien nous indiquer les lacunes qu'ils y recontreraient. Nous leur en exprimons d'avance tous nos remerciements.

Les Editeurs-Propriétaires

CERVATI & Cie

# ABRÉVIATIONS

| | |
|---|---|
| *alt.* | altitude. |
| *aub.* | auberge. |
| *auj.* | aujourd'hui. |
| *B.* | buffet. |
| *cent.* | centime. |
| *ch.* | chaque. |
| *cl.* | classe. |
| *corres.* | corres-pondance |
| *déj.* | déjeuner. |
| *Dim.* | Dimanche. |
| *dr.* | droite. |
| *E.* | Est. |
| *env.* | environ. |
| *fr.* | franc. |
| *g.* | gauche. |
| *h.* | heure. |
| *H. M.* | heures mi-nutes. |
| *hab.* | habitants. |
| *J.-S.-C.* | Jonction-Salonique Cons/ple |
| *Jeu.* | Jeudi. |
| *Kil.* | kilomètre. |
| *L.* | Ligne. |
| *larg.* | largeur. |
| *long.* | longueur. |
| *Lun.* | Lundi. |
| *m.* | mètre. |
| *Mar.* | Mardi. |
| *Mer.* | Mercredi. |
| *mil.* | millimètre. |
| *min.* | minutes. |
| *mt.* | mont. |
| *N.* | Nord. |
| *O.* | Ouest. |
| *p.* | page. |
| *s.* | siècle. |
| *S.* | Sud. |
| *Sam.* | Samedi. |
| *St.* | Saint. |
| *ser.* | service. |
| *St.* | Station. |
| *V.* | Ville. |
| *v.* | voir. |
| *Ven.* | Vendredi. |
| *W.-L.* | Wagon-Lit. |
| *W.-R.* | Wagon-Res-taurant. |
| † | décédé. |

## AMPHITHÉATRE MUNICIPAL des PETITS-CHAMPS

Dans le Jardin Municipal des Petits-Champs, PÉRA.

*Directeur, Stavro Pappadopoulo*

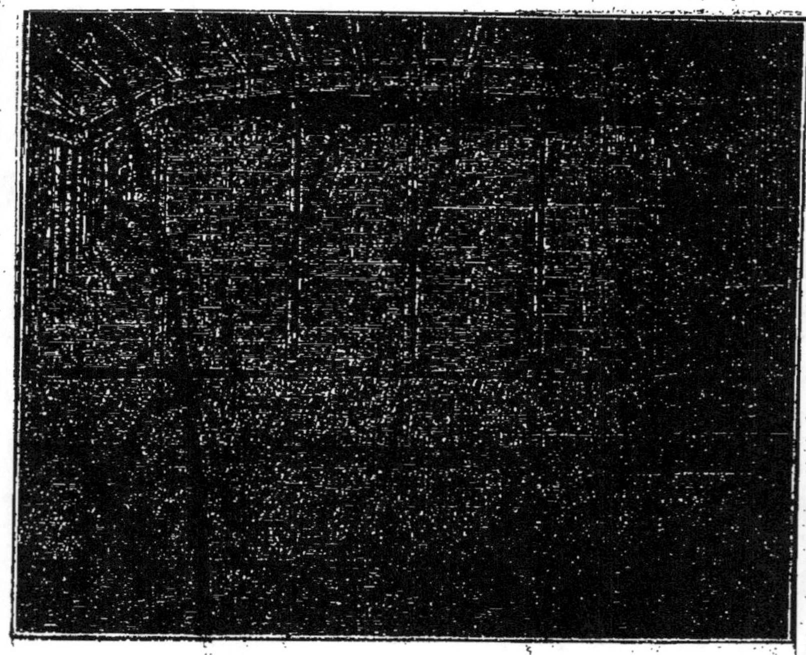

| Prix | Fauteuils | . . . . . . . . . . . . . . . . . . . | P<sup>tres</sup> 20 |
|------|-----------|-------------------------------------|------|
| des | Stalles | . . . . . . . . . . . . . . . . . . . | » 10 |
| Places | Galerie | . . . . . . . . . . . . . . . . . . . | » 5 |

# EAU MINÉRALE DE St LAURENS

## BI-CARBONATÉE, ferrugineuse

### La plus Gazeuse des EAUX DE TABLE

*( Voir annonce dernière page de Garde 437 ).*

## THÉATRE D'HIVER des PETITS-CHAMPS

Dans le Jardin Municipal des Petits-Champs, PÉRA.

*Directeur, Stavro Pappadopoulo*

### Prix des Places

| Fauteuils | P<sup>res</sup> 25. |
| Stalles | » 10. |
| Galerie | » 5. |
| Baignoires A.B.C.D. | (avec 4 entrées) » 216. |
| id. les autres | (avec 4 entrées) » 162. |

| Bel-Étage A. B. C. D. | (avec 4 entrées) P. 162. |
| id. les autres | (avec 4 entrées) » 108. |
| Loges de 2<sup>me</sup> rang. | (avec 4 entrées) » 80. |

N. B. Les Prix varient pour les Tournées extraordinaires.

### à Naples (Italie)

## PENSION VITTORIA, Chiatamone, 6, NAPLES

Vis-à-vis de la Galleria Vittoria et de l'Agence Cook.

MÉNAGE de FAMILLE — APPARTEMENTS pour LONG SÉJOUR — CHAMBRES sans PENSION.

## THÉATRE ODÉON

Grande Rue de Péra, 134.

*Directeur, Pierre Raftopoulos*

## Prix des Places

| | | Baignoires A. B. C. D. et Loge N° 12 P^{res} 100. |
|---|---|---|
| Fauteuils | P^{res} 20. | Baignoires .... 80. |
| Stalles | » 10. | Bel-Étage .... 60. |
| Galerie | » 5. | Loges de 2^{me} rang ... 40. |

avec 4 entrées

## THÉATRE DES VARIÉTÉS

Grande Rue de Péra, 158 ( Cité d'Alep ).

*Directeurs, Jean Lehmann et C$^{ie}$*

### Prix des Places

| | | |
|---|---|---|
| Places numérotées . . . . . P$^{tres}$ 15. | Baignoires et Bel-Etage A à F. P$^{tres}$ 90. | |
| Secondes . . . . . . . . . . » 10. | Les autres Loges de 1$^{re}$ et | |
| Galerie. . . . . . . . . . » 5. | de 2$^{me}$ rang . . . . . . . » 60. | |

# BYZANCE

La fondation de Byzance remonte en l'an 658 av. J.-C., généralement attribuée aux Mégariens et aux Argiens.

Pêcheurs et commerçants, mais sans aucun caractère guerrier, les Byzantins subirent les diverses dominations qui s'imposèrent à la Grèce en commençant par Darius.

Pendant une période assez longue, l'histoire de Byzance n'offre d'autres événements, dignes de mention, que des incursions des Barbares et surtout des Gaulois.

En l'an 196 après J.-C., Constantin vint mettre le siège devant Byzance, la réduisit à capituler et en fit la Capitale de l'empire qu'il appela la *Nouvelle Rome;* mais la postérité a changé ce nom en celui de Constantinople.

Le 11 Mai 330, la nouvelle Capitale fut inaugurée par des fêtes et des cérémonies, moitié chrétiennes et moitié païennes qui durèrent 40 jours.

Nous ne pouvons raconter ici toutes les vicissitudes par lesquelles passa Constantinople pendant toute la durée du Bas Empire, triste histoire, longue suite de misères, pendant lesquelles la grande ville fut dans chaque siècle la proie de plusieurs fléaux.

Nous n'insistons pas non plus sur les monuments disparus et sur les textes qui ont exercé la sagacité des archéologues ; pour ces recherches, consulter les ouvrages de Ducange, Unger et Richter (en allemand); les études de Labarte et de Paspati, de Mordtmann, de Th. Meinach, et surtout de Kondakow (en russe) et de Van Millingen, lesquels ont éclairci bien des problèmes.

En 1422 Mourad II assiégea Constantinople sans succès. Le 6 mai 1453, Mahomet II l'assiégea à son tour et le 29 du même mois, après l'assaut définitif, il fit son entrée triomphale, promit [sa protection à ceux qui voulaient habiter librement sa nouvelle conquête et assura aux chrétiens l'exercice de leur culte.

# EMPIRE OTTOMAN

## RÉGIME CONSTITUTIONNEL

### PARLEMENT.—SÉNAT

inauguré le 17 Décembre 1908 ( 23 Zilhidjé 1326 ).

## SUPERFICIE ET POPULATION.

|  | Superficie Kilom. carrés | Population Habitants |
|---|---|---|
| Turquie d'Europe | 316.755 | 11.465.500 |
| id.  d'Asie | 1.775.900 | 20.875.000 |
| id.  d'Afrique | 3.350.000 | 12.550.000 |
| Total | 5.442.655 | 44.890.500 |

### DIVISION ADMINISTRATIVE de L'EMPIRE OTTOMAN.

Les divisions administratives de l'Empire sont régies par la loi de 1867. Toute l'étendue du territoire Ottoman est divisée en **Villayets** ( Gouvernements Généraux ) dont l'administration est confiée à un *Vali* ( Gouverneur Général )..

Le **Villayet** est divisé en **Sandjaks** ou *Mutessarifliks* ( arrondissements ), administrés par un *Mutessarif* ( Gouverneur ).

Le **Sandjak** se subdivise en **Caza** ou *Caïmacamliks* ( cantons ), administrés par un *Caïmakam* ( Sous-Gouverneur ).

Le **Caza** se subdivise en *Nahiés*, administrés par un *Mudir* ( Directeur ).

**Suit Carte des Environs de Constantinople p. 11/12**

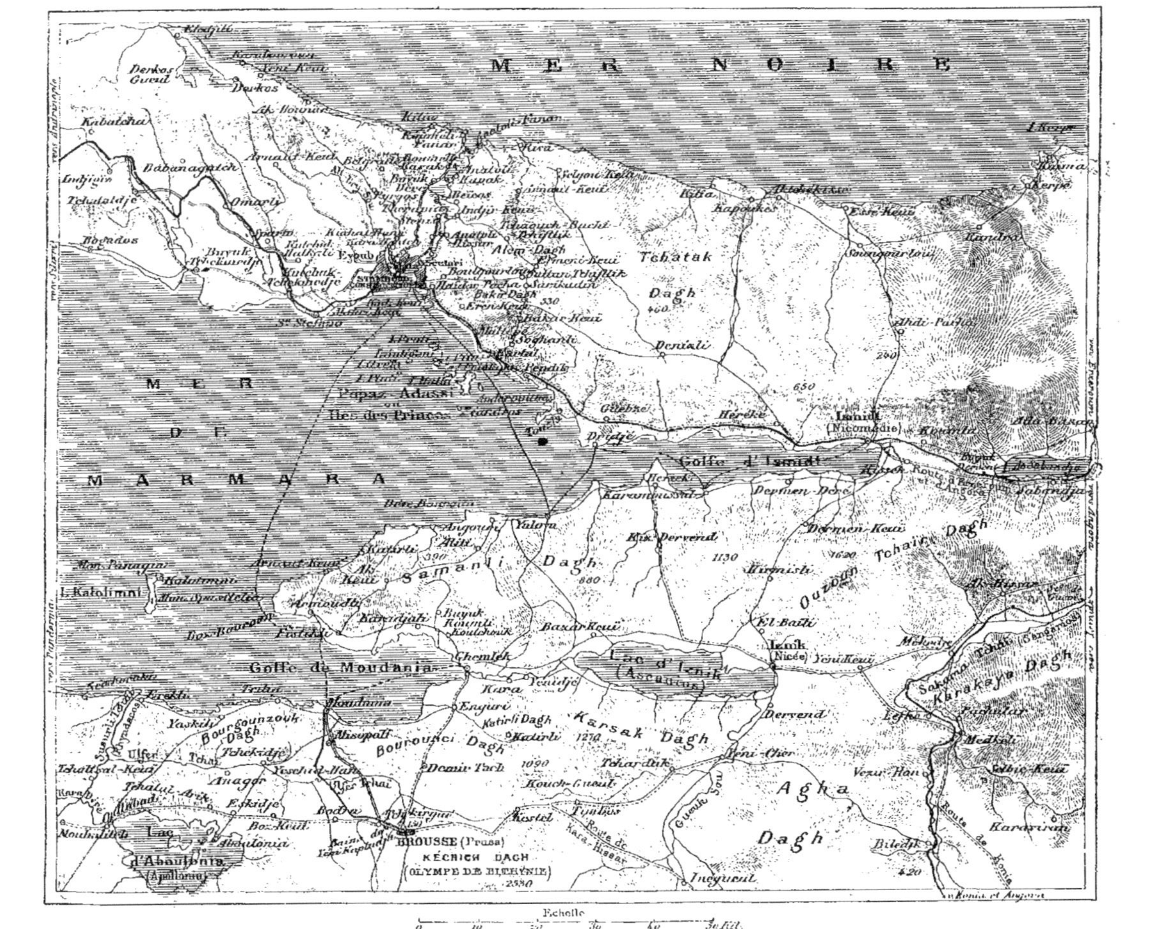
MER NOIRE
MER DE MARMARA
Papaz Adassi
ou
Iles des Princes
Golfe de Moudania
Golfe d'Ismidt
Ismidt
(Nicomédie)
Lac d'Iznik
(Ascanius)
Iznik
(Nicée)
BROUSSE (Prusa)
KÉCHICH DAGH
(OLYMPE DE BITHYNIE)
2580
d'Aboulionia
(Apollonia)
Samanli Dagh
Karsak Dagh
Bourounci Dagh
Boursounzouk Dagh
Agha Dagh
Tchatak Dagh
Ouzoun Tchair Dagh
Karakaja Dagh
Alem Dagh
Echelle
0    10    20    30    40    50 kil.

# VILLAYET DE CONSTANTINOPLE

Population totale environ 1,200,000 habitants.

**PRÉFECTURE DE LA VILLE de CONSTANTINOPLE.**

**(Chéir-Emanéti)** de laquelle dépendent directement :

### En Europe

Le Caza de Kulchuk Tchekmedjé (avec 35 villages, son nahié Sou-youlou avec 10 villages et le nahié Roumélie-Phénéri avec 5 villages).

Plus les **7 Cercles Municipaux** suivants :

1. *Chehzadé-bachi.* — II. *Fatih.* — III. *Djérah-Pacha.* — IV. *Bechiktache.* — V. *Yénikeuy* (Bosphore). — VI. PÉRA. — VII. *Bouyoukdéré* (Bosphore).

### En Asie

1. Le *Sandjak* des Iles des Princes (Adalar). 1° Prinkipo (Bouyouk Ada), avec les îles de Halki (Héibeli), Proti (Kinali) et Antigoni (Bourgas).—Population : 10,503 habitants.
2. Le Caza de Gueibzé (avec 42 villages et le nahié de Daridja avec 17 villages). — Population : 19,250 habitants.
3. Le Caza de Beïcos (avec 18 villages). — Population : 9,494 habitants.
4. Le Caza de Kartal (avec 24 villages et son nahié Sabandja). — Population : 18,300 habitants.
5. Le Caza de Chilé (avec 18 villages). — Population : 19,750 habitants.

Plus les **Cercles Municipaux** suivants :

VIII. *Kanlidja,* avec 25,183 habitants.

IX. *Scutari,* avec 105.690 habitants.

X. *Kadikeuy,* avec 32,211 habitants.

### SANDJAKS dépendant du MINISTÈRE de L'INTÉRIEUR

| En Europe | 4. Le Sandjak de Zor |
|---|---|
| **1. Sandjak de Tchataldja** | **5. Le Sandjak des Dardanelles** |
| | **6. Le Sandjak du Liban** |
| En Asie | |
| | En Afrique |
| **2. Le Sandjak d'Ismidt** | |
| **3. Le Sandjak de Jérusalem** | **7. Le Sandjak de Benghazi.** |

## SULTANS de L'EMPIRE OTTOMAN de la FAMILLE D'OSMAN

| *SULTANS* | | | Hégire | | Hégire, Ère Chr. |
|---|---|---|---|---|---|
| » Ghazi | | Osman khan I . . né l'année 656 monté au trône en | 699 | | 1299 |
| » | » | Orkhan khan . . . . . . » . | 680 | . . . » . . . . . . | 726 1327 |
| » | » | Mourad khan I . . . . » . | 726 | . . . » . . . . . . | 761 1360 |
| » | » | Yihdirim Beyazid khan » . | 761 | . . . » . . . . . . | 791 1389 |
| » | | Tchélébi Mehmed khan I » . | 781 | . . . » . . . . . . | 816 1413 |
| » Ghazi | | Mourad II . . . . . . . . » . | 806 | . . . » . . . . . . | 824 1421 |
| » | » | Mehmed khan II . . . » . | 833 | . . . » . . . . . . | 855 1451 |
| » | » | Beyazid khan . . . . . . » . | 851 | . . . » . . . . . . | 886 1481 |
| » | » | Selim khan I . . . . . . » . | 875 | . . . » . . . . . . | 918 1512 |
| » | » | Suleïman khan I . . . » . | 900 | . . . » . . . . . . | 926 1520 |
| » | » | Selim khan II . . . . . » . | 930 | . . . » . . . . . . | 974 1566 |
| » | » | Mourad khan III . . . » . | 963 | . . . » . . . . . . | 983 1573 |
| » | » | Mehmed khan III . . . » . | 974 | . . . » . . . . . . | 1003 1595 |
| » | » | Ahmed khan I . . . . » . | 998 | . . . » . . . . . . | 1012 1603 |
| » | | Moustapha khan I . . » . | 1004 | . . . » . . . . . . | 1026 1617 |
| » | | Osman khan II . . . . » . | 1013 | . . . » . . . . . . | 1028 1618 |
| » Ghazi | | Mourad khan IV . . . » . | 1018 | . . . » . . . . . . | 1032 1622 |
| » | | Ibrahim khan . . . . » . | 1024 | . . . » . . . . . . | 1049 1640 |
| » Ghazi | | Mehmed khan IV . . . » . | 1051 | . . . » . . . . . . | 1058 1648 |
| » | | Suleïman khan II . . . » . | 1052 | . . . » . . . . . . | 1099 1687 |
| » | | Ahmed khan II . . . » . | 1052 | . . . » . . . . . . | 1102 1691 |
| » | | Moustapha khan II . . » . | 1074 | . . . » . . . . . . | 1106 1695 |
| » Ghazi | | Ahmed khan III . . . » . | 1084 | . . . » . . . . . . | 1115 1702 |
| » | » | Mahmoud khan I . . » . | 1108 | . . . » . . . . . . | 1143 1730 |
| » | | Osman khan III . . . » . | 1140 | . . . » . . . . . . | 1168 1754 |
| » Ghazi | | Moustapha khan III . » . | 1429 | . . . » . . . . . . | 1172 1757 |
| » | » | Abdul Hamid khan I . » . | 1137 | . . . » . . . . . . | 1187 1773 |
| » | » | Selim khan III . . . . » . | 1175 | . . . » . . . . . . | 1203 1789 |
| » | | Moustapha khan IV . » . | 1193 | . . . » . . . . . . | 1222 1807 |
| » Ghazi | | Mahmoud khan II . . » . | 1199 | . . . » . . . . . . | 1223 1808 |
| » | » | Abdul Medjid khan I . » . | 1238 | . . . » . . . . . . | 1255 1839 |
| » | | Abdul Aziz khan I . » . | 1245 | . . . » . . . . . . | 1277 1861 |
| » | | Mourad khan V . . . » . | 1256 | . . . » . . . . . . | 1293 1876 |

# S. M. I. LE SULTAN

## (Padichah)

# MEHMED KHAN V

*Né le 21 Chewal 1260 (3 Novembre 1844)*
*(En 1909 correspondant au 29 Août N. S.)*

**Proclamé Sultan et Khalife par l'Assemblée Nationale**

*le 7 Rébi-ul-Akhir 1327*
*(14 Nissan 1325 = 27 Avril 1909)*

*INVESTITURE le 19 Rébi-ul-Akhir 1327*
*(27 Nissan 1325 — 10 Mai 1909).*

## HÉRITIER PRÉSOMPTIF

S. A. I. le Prince Youssouf Izzeddin Effendi (Fils de
feu le Sultan Abdul Aziz),
né le *21 Séfer 1247* = 9 Octobre 1857.

# AMBASSADES, LÉGATIONS et CONSULATS
## à Constantinople.

**ALLEMAGNE (Ambassade d'),** *Boulevard Ayaz-Pacha, P.*
**Consulat Général,** *R. Sakyz-Aghatch, 33, P.*
>     Les bureaux sont ouverts de 9 h. a. m. à 1 h. p. m.
>         Visa de Passeport et Permis de Teskéré,   P^{res} or 16.50

**AUTRICHE-HONGRIE (Ambassade d'),** *R. Tom-Tom, P.*
**Consulat,** *R. Tom-Tom, P.*
>     Les bureaux sont ouverts de 9 h. a. m. à 1 h. p. m. et de 2 h. à 4 h. p. m.
>         Visa de Passeport et Permis de Teskéré,   P^{res} or 11.25

**BELGIQUE (Légation de),** *Chancellerie, R. Syra Selvi, 57, 59, P.*
**Consulat Général,** *R. Syra Selvi, 57, 59, P.*
>     Les bureaux sont ouverts de 10 h. à midi et de 1 h 1/2 à 3 h. p. m.
>         Visa de Passeport,  F^{cs} 1.50

**BULGARIE (Agence Diplomatique de),** *R. Misk, 10, 12, P.*
**Chancellerie,** *R. Erméni Kilissé, 15, P.*
>     Les bureaux sont ouverts de 10 h. à midi et de 1 h. à 3 h. p. m.
>         Visa de Passeport bulgare,  F^{cs} 3. — Permis de Teskéré F^{c} 1.

**DANEMARK,** (Les intérêts diplomatiques du Danemark sont gérés
par la Légation de Suède).

**ESPAGNE (Légation Royale d'),** *Chancellérie, R. Télégraphe, 15, P.*
**Consulat,** *S^t Pierre Han, 18, G.*
>     Les bureaux sont ouverts de 10 h. à midi.

**ÉTATS-UNIS D'AMÉRIQUE (Ambassade des),** *R. Kabristan, P.*
**Consulat Général,** *Passage des Petits-Champs, P.*
>     Les bureaux sont ouverts de 10 h. a. m. à 3 h. p. m.
>         Visa de Passeport,  P^{res} arg. 25.—Permis de Teskéré, Gratis.

**FRANCE (Ambassade de)**, *Grande Rue de Péra, 379.*

**Consulat Général**, *Grande Rue de Péra, 379, descente de l'Ambassade.*
Les bureaux sont ouverts de 9 h. à midi et de 1 h. à 3 h. p. m.
Visa de Passeport, citoyens français, F⁰ˢ 5.
Visa de Passeport des étrangers, F⁰ˢ 10.— Permis de Teskéré, Gratis.

---

**GRANDE-BRETAGNE (Ambassade de la)**, *R. Tépé–Bachi, P.*

**Consulat Général**, *R. Woïvode, en face de la Banque Impériale Ottomane, G.*
Les bureau sont ouverts de 10 h. a. m. à 3 h. p. m.
Visa de Passeport et Permis de Teskéré, Schell. 2— (Pˢˢ 12).

---

**GRÈCE (Légation Royale de)**, *R. Agha–Hamam, 10, P.*

**Chancellerie**, *Grande Rue de Péra, 70.*
Les bureaux sont ouverts de 9 h. 30 à midi et de 2 h. à 4 h. p. m.

---

**ITALIE (Ambassade d')**, *R. Mézarlik, 5, P.*

**Consulat Général**, *R. de Pologne, 25, P.*
Les bureaux sont ouverts de 10 h. à midi et de 2 h. à 3 h. p. m.
Visa de Passeport, 1ʳᵉ classe, F⁰ˢ 5; 2ᵐᵉ classe, F⁰ 1.
Permis de Teskéré, Gratis.

---

**MONTÉNÉGRO (Légation du)**, *R. Bouyouk Parmak Capou, 23, P.*

---

**NORVÈGE (Consulat Général de)**, *Rihtim Han, G.*
Les bureaux sont ouverts de 10 h. à midi et de 2 h. à 4 h. p. m.

---

**PAYS-BAS (Légation des)**, *Grande Rue de Péra, 393.*

---

**PERSE (Ambassade Impériale de)**, *en face de la Sublime Porte, S.*

**Consulat Général**, *R. Hodja Han, à Sultan Hamam, S.*
Les bureaux sont ouverts de 9 h. a. m. à 5 h. p. m.
Visa de Passeport Pˢˢ arg. 20.
Permis de Teskéré Pˢˢ arg. 10.

---

**PORTUGAL**, les affaires sont gérées par l'Ambassade d'Italie.

---

**ROUMANIE (Légation Royale de)**, *R. Syra Selvi, 39, P.*

**Consulat Général**, *R. Chichli, 22, P.*
Les bureaux sont ouverts de 10 h. à midi et de 2 h. à 4 h. p. m.
Visa de Passeport, F^es 5 — Permis de Teskéré, F^es 3
Les Allemands, Anglais, Autrichiens, Belges, Bulgares, Français, Italiens et Suisses sont exemptés de la taxe du Visa de Passeport, suivant convention avec leurs pays.

---

**RUSSIE (Ambassade de)**, *Grande Rue de Péra.*

**Consulat Général**, *Grande Rue de Péra, 462.*
Les bureaux sont ouverts de 10 h. à midi et de 1 h. à 3 h. p. m.
Visa de Passeport, P^res arg. 30.— Permis de Teskéré, Gratis.

---

**SERBIE (Légation et Consulat de)**, *R. Chichli, appartem. Martin, P.*

---

**SUÈDE (Légation et Consulat Général de)**, *Grande Rue de Péra, 485.*
Les bureaux du Consulat sont ouverts de 10 h. à midi.
Visa de Passeport, P^res or 26.
Permis de Teskéré, Gratis.

---

**SAMOS (Agence de)**, *Nomico Han, 22 à 24, G.*

---

**Chancellerie Latine Ottomane**, *R. Mézarlik, 20, P.*
Les bureaux sont ouverts de 10 h. a. m. à 4 h. p. m.

# CONCORDANCE des HEURES à la TURQUE et à la FRANQUE.

L'heure à la turque se réglant avec le lever et le coucher du soleil (au lieu de midi à minuit), il se produit continuellement une différence entre *l'heure à la turque* et *l'heure à la franque*. L'étranger doit se familiariser avec la concordance des deux heures, car les horaires des compagnies de cabotage, de quelque compagnie de chemin de fer et de tous les services publics sont réglés d'après les *heures à la turque*.

Le Tableau ci-après donne

LA CORRESPONDANCE DES HEURES A LA TURQUE ET A LA FRANQUE
pour chaque 5 jours des mois de l'année 1909.

## LEVER DU SOLEIL.

Heures à la turque correspondant à midi à la franque (*)

*Heures à la Turque*

| Jr | Janv. | Févr. | Mars | Avril | Mai | Juin |
|---|---|---|---|---|---|---|
| | H. M. | H. M. | H. M. | H. M. | H. M. | H. M. |
| 5 | 7 10 | 6 36 | 6 00 | 5 25 | 4 54 | 4 26 |
| 10 | 7 05 | 6 29 | 5 54 | 5 20 | 4 49 | 4 24 |
| 15 | 7 00 | 6 21 | 5 48 | 5 14 | 4 44 | 4 21 |
| 20 | 6 54 | 6 15 | 5 43 | 5 08 | 4 40 | 4 20 |
| 25 | 6 49 | 6 09 | 5 37 | 5 03 | 4 35 | 4 19 |
| 30 | 6 44 | 6 05 | 5 32 | 4 50 | 4 31 | 4 19 |

| Jr | Juillet | Août | Sept. | Octob. | Novem | Décem |
|---|---|---|---|---|---|---|
| 5 | 4 20 | 4 43 | 5 29 | 6 19 | 7 03 | 7 23 |
| 10 | 4 22 | 4 50 | 5 37 | 6 27 | 7 09 | 7 23 |
| 15 | 4 25 | 4 56 | 5 45 | 6 35 | 7 13 | 7 22 |
| 20 | 4 28 | 5 03 | 5 53 | 6 42 | 7 17 | 7 21 |
| 25 | 4 32 | 5 11 | 6 02 | 6 50 | 7 20 | 7 18 |
| 30 | 4 37 | 5 19 | 6 11 | 6 56 | 7 22 | 7 15 |

## COUCHER DU SOLEIL.

12 heures à la Turque correspondant aux heures à la franque (**).

*Heures à la Franque*

| Jr | Janv. | Févr. | Mars | Avril | Mai | Juin |
|---|---|---|---|---|---|---|
| | H. M. | H. M. | H. M. | H. M. | H. M. | H. M. |
| 5 | 4 50 | 5 24 | 6 00 | 6 35 | 7 06 | 7 34 |
| 10 | 4 55 | 5 31 | 6 06 | 6 40 | 7 11 | 7 36 |
| 15 | 5 00 | 5 39 | 6 12 | 6 46 | 7 16 | 7 39 |
| 20 | 5 06 | 5 45 | 6 17 | 6 52 | 7 20 | 7 40 |
| 25 | 5 11 | 5 51 | 6 23 | 6 57 | 7 25 | 7 41 |
| 30 | 5 16 | 5 55 | 6 28 | 7 01 | 7 29 | 7 41 |

| Jr | Juillet | Août | Sept. | Octobr | Novem | Décem |
|---|---|---|---|---|---|---|
| 5 | 7 40 | 7 17 | 6 31 | 5 41 | 4 57 | 4 37 |
| 10 | 7 38 | 7 10 | 6 23 | 5 33 | 4 51 | 4 37 |
| 15 | 7 35 | 7 04 | 6 15 | 5 25 | 4 47 | 4 38 |
| 20 | 7 32 | 6 57 | 6 07 | 5 18 | 4 43 | 4 39 |
| 25 | 7 28 | 6 49 | 5 58 | 5 10 | 4 40 | 4 42 |
| 30 | 7 23 | 6 41 | 5 04 | 5 04 | 4 38 | 4 45 |

(*) EXEMPLE : pour trouver facilement la correspondance de l'heure à la franque avec celle à la turque :

Du 1er au 5 Janvier, **si Midi**, ou
12 h. à la franque, correspondent à 7 h.
11 h. à la franque, correspondent à 6 h. 10 à la turque
ou bien
1 h. à la franque, correspond à 8 h. 10 à la turque, et
ainsi de suite cette base sert de règle pour les autres heures du jour et de la nuit, pendant 5 jours de chaque mois.

(**) EXEMPLE :

Du 1er au 5 Janvier, si
12 h. à la turque, correspondent à 4 h. 50 p. m. à la franque
11 h. à la turque, correspondent à 3 h. 50 » à la franque
ou bien
1 h. à la turque (nuit), correspond à 5 h. 50 p. m. à la franque et
ainsi de suite cette base sert de règle pour les autres heures du jour et de la nuit, pendant 5 jours de chaque mois.

Panorama de Constantinople.

# CONSTANTINOPLE

Capitale de l'Empire Ottoman (environ 1,250,000 habitants), formée par 3 villes distinctes :

« STAMBOUL »

« GALATA-PÉRA »

« SCUTARI »

séparées l'une de l'autre par la Corne d'Or et le Bosphore.

La circonférence de cette triple ville est d'environ 25 Kilom. carrés, y compris les villages éparpillés sur les rives européenne et asiatique du Bosphore et de la Corne d'Or.

Ces 3 villes, situées sur 3 pointes de terre qui semblent toutes trois converger vers un centre commun—l'entrée du Bosphore dans la mer de Marmara—s'étendent gracieusement sur les flancs des collines, offrant à l'œil un spectacle féerique.

La première, Stamboul, au S., est recourbée en pointe entre Galata—Péra, comme pour leur servir d'intermédiaire. La seconde (la ville franque) formée par l'union des faubourgs de Galata et de Péra, est située sur la rive européenne du Bosphore, au N. de la Corne d'Or. La troisième, Scutari, ville turque, s'élève sur la côte d'Asie.

**STAMBOUL**, centre des monuments les plus importants et des curiosités historiques, est, à proprement dire, la Capitale et la résidence des musulmans ; il contient les bâtiments de la Sublime Porte, des Ministères, de l'Administration de la Dette Publique, des Musées, etc.

Cette péninsule s'allonge sur les deux versants d'une crête légèrement ondulée ; partant de l'E. de la Porte d'Andrinople, elle s'avance en pointe (Séraï–Bournou) à l'entrée du Bosphore, en face de la ville asiatique de *SCUTARI* et forme une espèce de triangle dont la base, vers l'Occident, regarde les campagnes de la Roumélie (Thrace) ; le côté S. est baigné par les eaux de la mer de Marmara et au N. s'étend la *Corne d'Or* qui se recourbe en demi arc à ses deux extrémités.

On voit sur l'angle S. les anciens murs des sept Tours et à l'angle N., la mosquée d'Eyoub où le Sultan ceint son sabre.

Dans les ondulations à peine perceptibles de la surface très inégale de cette péninsule, séparée en deux groupes de collines (dont l'altitude ne dépasse pas 140ᵐ) par une vallée peu profonde, où s'étend la longue crête de l'O. à l'E. tout le long du côté N. de la ville, entre le vallon de Lycus et parallèlement de la Corne d'Or, on a voulu distinguer sept collines différentes.

La première vallée occupe la *1ʳᵉ colline*, la plus orientale, du côté de la mer de Marmara et porte les anciens murs d'enceinte du Séraï (*Top–Capou*), vieux Palais contenant les richesses inappréciables du Trésor Impérial ; la mosquée de Sᵗᵉ Sophie (4 minarets) * l'Hippodrome et la Mosquée d'Ahmed (6 minarets). Sur la *deuxième colline* se trouve la Colonne de porphyre, dite Colonne brûlé * et la mosquée de Nouri Osmanieh (2 minarets) *.

La seconde vallée qui commence à la place Emin Eunu, au bout du pont de Karakeuy, contient la mosquée de Yéni Djami ou Validé-Sultane (2 minarets) ; le Bazar des drogues (Missir Tcharchi) * ; le Grand Bazar (Bezesten) * ; les plus grands Hans (bureaux et magasins des négociants), centre du commerce de la Capitale.—Sur la hauteur

---

(*) **Pour les descriptions, consulter la TABLE des MATIÈRES.**

qui relie la deuxième à la troisième colline, domine la mosquée de Bayazid (2 minarets). — Cette *troisième colline* porte le Vieux-Sérai (Eski-Séraï), actuellement le Séraskérat (Ministère de la Guerre) avec son énorme tour, au milieu d'une grande esplanade, près de l'immense mosquée de Suleiman le Législateur (4 minarets et une quantité de petites coupoles).

La troisième vallée, qui traverse tout le promontoire, présente l'acqueduc de Valens et le *Cheik-ul-Islamat*. La *4^me colline* porte la grande mosquée de Mohamet le Conquérant (2 minarets) et la Colonne de Marcien. — La *5^me colline*, la mosquée de Sélim (2 minarets), aux pieds de laquelle, au bord de la Corne d'Or, se trouve le quartier grec du Phanare, avec la résidence de S. S. le Patriarche Œcuménique, située à côté de la cathédrale orthodoxe, et la mosquée Ghul Djami (mosquée des roses).—La *6^me colline* comprend l'ancien faubourg des Blachernes, célèbre par son église et les vestiges de son Palais, parmi lesquels on remarque les ruines du Palais de Constantin Porphyrogénète, appelées *Tekfour-Séraï*, au pied desquelles s'étend *Balata*, faubourg habité principalement par des juifs.—Au delà des murailles de la ville et au fond de la Corne d'Or, dans une vallée enserrée par des hauteurs escarpées se trouve le saint faubourg *d'Eyoub*, avec sa jolie mosquée (2 minarets) et le beau cimetière qui le domine.

Enfin, la *7^me colline*, basse, en forme de pyramide aplatie, formée par le massif qui limite la vallée au S., comprend le quartier *d'Ak-Séraï* et *Vlanga Bostani*, ancien port Eleuthérien, comblé à l'époque de Théodose II, près de *Daoud Pacha Kapou*.


La **CORNE d'OR** (*Chryssokéras*) a environ 11 Kilom. de longueur, une largeur moyenne de 400 mètres et une profondeur qui varie entre 2 et 40 mètres ; elle baigne de ses eaux : au S., toute la rive N. de Stamboul et les faubourgs de *Djoubali, Aya-Kapou, Phanare, Balata, Aïvan-Séraï* et *d'Eyoub*; au N., *Galata* et les faubourgs de *Kassim-Pacha, Aïnali-Karak, Haskeuy, Piri-Pacha* et *Halidji-oglou*.—Toutes ces échelles sont desservies par des petits bateaux à vapeur dont la tête de ligne se trouve sur le grand pont, à dr. en venant de Galata.

Ainsi nommée, à cause de sa forme et des richesses de toute sorte que les navires y apportaient de tous les points cardinaux, la Corne d'Or commence de la pointe du *Séraï* (unie au Bosphore) et se termine

N. B. Pour les Excursions et Lieux remarquables, consulter la TABLE des MATIÈRES.

en pointe, à l'entrée de la vallée encaissée des Eaux Douces d'Europe qui lui amène les eaux des petites rivières *d'Ali Bey-keuy*, au dessus du village de *Pirgos*, et de *Kiat-hané*, à 3 Kilom. au dessous de l'ancien village de Belgrade. — Les côtes de la **Corne d'Or** sont peu découpées ; sur sa rive S. elle forme les pointes des faubourgs susnommés du *Phanar, Balata, d'Aïvan-Séraï* et *d'Eyoub* ; sa rive N. s'arrondit, entre *Galata* et *Kassim-Pacha*, en une baie spacieuse, limitée à l'O., après le 2^{me} pont en fer, par la pointe du *Tersané* (Arsenal avec ses 3 grands bassins), et le gracieux hôtel du Ministère de la Marine. Cette baie forme un des ports les plus sûrs, particulièrement aux vaisseaux de la flotte impériale ottomane.

Le massif du N. au S. est divisé par la profonde et large vallée de *Kassim-Pacha*, parallèle à celle des Eaux Douces d'Europe ; au fond de la vallée de *Kassim-Pacha* croupit un petit ruisseau marécageux qui se jette au fond de l'anse de cette vallée, appelée aussi *Bulbul-Déré*.—Ce massif qui s'étend à l'O., entre les vallées de Kassim-Pacha et les Eaux Douces d'Europe, forme le plateau de *l'Ok-Meïdan*. A l'E., entre la vallée de Kassim-Pacha et le Bosphore, s'étend le faubourg de *Péra*, qui se termine au S. par une colline conique, escarpée, dont la haute *Tour de Galata* marque à peu près le sommet. A l'E. sur le versant qui regarde le Bosphore, il y a les vallons peu profonds et très inclinés de *Top-hané* ou *Yéni-Tcharchi*, de *Foundoukli*, du *Petit Flamour* qui débouche en face de *Dolma-Baghtché*, et celui du *Grand Flamour* qui débouche à *Béchiktache*.


**LE PORT** proprement dit, se divise en trois parties.—La première qui s'étend en avant du Pont de Karakeuy est fréquentée plus particulièrement par les paquebots des Compagnies de navigation qui ont un service régulier avec Constantinople, ou en transit, de ou pour la Mer Noire. La deuxième partie, comprise entre le Pont de Karakeuy et celui d'Azap Capon, dans la Corne d'Or, abrite, surtout pendant la mauvaise saison les voiliers qui apportent du bois, des céréales, etc. du Danube et des côtes de l'Empire Ottoman, et quelques vapeurs chargés de houille. La troisième partie, après le pont d'Azap Capou, est réservée, comme il est dit plus haut, aux navires de la flotte impériale ottomane et aux steamers en réparation.—Sur la rive gauche est installé l'arsenal.

**LE BOSPHORE** (*) *(bœuf et passage)*, appelé ainsi depuis l'antiquité la plus reculée, parce que, suivant la mythologie grecque, la vache *Io* l'avait traversé à la nage, est le **détroit de Constantinople** qui sépare deux parties du monde —l'Europe de l'Asie—et par lequel s'écoulent les eaux de la Mer Noire *(Pont Euxin)* dans la Mer de Marmara *(Propontide)*.

Les anciens conservaient l'opinion que le Pont Euxin avait été originairement distinct de la Méditerranée, et que les deux détroits du Bosphore et des Dardanelles avaient été ouverts simultanément par un tremblement de terre, ou par un grand cataclysme répondant au déluge du temps de Deucalion.

Les rives du Bosphore sont vantées comme un des panoramas les plus enchanteurs que l'on puisse voir au monde ; par ses splendides détours, il forme sept bassins successifs, indiqués sur chaque rive par sept promontoires, qui répondent chacun alternativement à sept baies creusées dans la rive opposée.

La longueur du canal est de 27 Kilom : la rive d'Europe, avec ses détours, est longue de 31 Kilom.; la rive d'Asie de 38. Sa largeur, à l'entrée, devant la pointe du Séraï, est évaluée à 1,500ᵐ; le point le plus étroit, entre les châteaux d'Europe et d'Asie *(Roumélie Hissar et Anadole Hissar)* est d'environ 500ᵐ; en amont vers [la mer-Noire, elle varie entre 600ᵐ et 2,000ᵐ. et dans les golfes de Beïcos et de Bouyoukdéré, elle atteint 2,500 à 3,500ᵐ. Les sondages ont donné partout une profondeur de 30 à 35ᵐ.—A chaque tournant du canal, le courant est rejeté d'une rive vers l'autre, de sorte que les eaux, entrelacées avec violence au fond d'une baie, s'échappent dans une direction opposée, pour entrer dans le bassin suivant. Le courant le plus fort et le plus remarquable est à la pointe de Candili et d'Arnaoutkeuy et le dernier, qui vient frapper la pointe du Séraï, envoit une faible partie de ses eaux dans la Corne d'Or, tandisque le reste s'écoule dans la mer de Marmara, dans la direction de Scutari.


**GALATA.** Faubourg situé aux pieds de la colline de Péra; limité au S. par la mer (le Port et la Corne d'Or), au N. par la Tour de Galata et le versant de Top-hané.

(*) Carte du Bosphore, excursion sur ce détroit, itinéraires et prix des billets de passage, consulter la TABLE des MATIÈRES.

Ce faubourg n'est intéressant que par la grande animation qui y règne par suite de sa situation entre Stamboul et Péra et par le grand nombre de navires qui fréquentent le port.

Cette animation est accentuée par le va-et-vient des habitants des divers faubourgs de la Capitale et particulièrement par ceux de Péra, obligés de se rendre à leurs bureaux et magasins à Galata et à Stamboul et le soir regagner leur domicile, ainsi que par les nombreux fonctionnaires du Gouvernement qui traversent la rue Karakeuy et la Grande Rue de Galata ou les Quais pour se rendre de Stamboul à Bechiktache et vice-versa.

Pendant la belle saison, l'animation est beaucoup plus grande entre le pont de Karakeuy et les stations du Tunnel et des tramways par suite de l'arrivée le matin, des nombreuses personnes qui viennent des diverses campagnes et le soir par celles pressées de ne pas manquer le bateau ou le train qui doit les y ramener.

GALATA a toujours été le centre du commerce de Constantinople et aujourd'hui encore les plus grandes affaires se traitent sur cette place. C'est dans ce faubourg que se trouvent : la Bourse des fonds, le Siège Central de la Banque Impériale Ottomane, les Agences principales des Banques, des Compagnies de navigation à vapeur, les Postes étrangères, le Bureau des Postes et Télégraphes Ottomans, etc.

A la page 28 etc., nous avons indiqué tout ce qu'il y a de plus intéressant à voir à Galata.

Nous complétons la description de ce faubourg par la :

**Grande Rue de Galata.** Cette longue rue commence du carrefour de Karakeuy (V. p. 28), et aboutit presque en ligne droite à Tophané.

A DR., au commencement de cette rue, s'ouvre la petite rue Gueumruk qui conduit à la rue Kilidj Ali Pacha, plus connue sous le nom de Moumhané, parallèle à la Grande Rue de Galata et aboutissant à la mosquée Kilidj Ali Pacha.

Toutes les ruelles à dr. de la rue Moumhané, ainsi que Lloyd Han et la Cité Française, aboutissent au Quai de Galata ; celles de g. à la Grande Rue de Galata.

Dans cette Grande Rue il n'y a que des gargottes et des petits magasins d'importance minime.—Les ruelles transversales, au milieu de cette rue, à g., sont mal habitées et ne sont fréquentées que par la basse classe.

Au bout de la Grande Rue de Galata (N° 344), avant de déboucher à la Grande Rue de Top-hané, on croise :

A G. la rue Tchoukour Bostan — qui descend de la place de Galata-Séraï (V. p. 34) par la rue Yéni Tcharchi.

A DR. la rue Top-hané Iskelessi qui conduit à l'échelle des *caïks* au bout du Quai de Galata.

En débouchant de la Grande Rue de Galata, aux coins de la rue Top-hané Iskelessi on aperçoit :

A DR. la mosquée de Kilidj Ali Pacha;

A G. à l'angle de la grille de l'Arsenal d'artillerie, la jolie **Fontaine de Top-hané** à quatre faces délicatement sculptées, couvertes de versets du Coran et d'arabesques (qui autrefois devaient être dorées) et couronnées d'une frise verticale à fleurons et à balustres. Cette fontaine a été construite sous le règne du Sultan Ahmed III en 1720.

Dans la **Grande Rue de Top-hané,** qui fait suite à la Grande Rue de Galata et aboutissant à **Foundoukli,** on rencontre :

A DR. l'esplanade de l'Arsenal de Top-hané précédée d'une belle grille en fer battu et un Kiosk où sont installés les bureaux du Grand Maître de l'Artillerie, derrière lequel, au milieu de l'esplanade, s'élève la Tour de l'Horloge.

Vient ensuite la grande mosquée de Mahmoud, les bâtiments de l'Arsenal et la grande porte du *Sultan Séraïl* ornée de deux énormes candélabres. Plus loin à Foundoukli, près de l'arrêt du tramway, ligne de Béchiktache, il y a une fontaine en marbre et le Tekké des **Derviches Bektachis** (Danseurs).

A G. l'immense bâtiment de la Grande Maîtrise de l'artillerie (en face de l'esplanade de Top-hané), et à Foundoukli où à g. une ruelle conduit, par une montée très rapide à la rue Sýra Selvi (Taxime).

**De Foundoukli à Bechiktache,** en suivant la ligne du tramway, il y a :

A DR. le tout petit port de Cabatache — en face duquel un petit corps de garde et à côté une ruelle tortueuse qui par une montée très rapide aboutit en face l'hôpital militaire au boulevard d'Ayaz Pacha, un peu avant d'arriver à l'Ambassade d'Allemagne —; les dépôts de charbon et de bois du Ministère de la Liste Civile, et avant de déboucher sur la place de Dolma Baghtché, la belle mosquée de la Validé.

Sur la place de Dolma Baghtché :

A DR.; après la susdite mosquée, un corps de garde et au bord de la mer, une rangée de canons ; AU MILIEU, la Tour-horloge ; EN FACE, la porte monumentale du jardin du **Palais Impérial de Dolma Bagtché,** à côté de laquelle, à g., l'avenue de Bechiktache.

A côté de cette avenue une large rue monte: à dr. à Nichantache; à g.—passant devant l'usine du gaz—aboutit à côté du jardin municipal et à Pancaldi.

A g. le bâtiment du manège impérial, à côté duquel par une rue en zig-zag on arrive au boulevard d'Ayaz Pacha et au Taxime, laissant à dr. l'école et l'hôpital militaires, le grand cimetière *(bouyouk mézaristan)*, en face duquel le palais de l'Ambassade d'Allemagne et avant de tourner pour aboutir à la place du Taxime, un petit corps de garde.

Après la place de Dolma Baghtché, commence la belle avenue de Bechiktache bordée de grands arbres.

A g. un jardin du Palais, plus loin les cuisines impériales et avant de déboucher à la place de Béchiktache, à g., la belle avenue *Akaretler*, par où on peut également monter à Nichantache.

A dr. les murs très hauts qui cachent le parc et le Palais Impérial, duquel on ne voit que la grande et superbe entrée de marbre blanc, richement ornée, avec une immense porte en fer doré, qui s'ouvre seulement dans les grandes cérémonies, pour le passage du cortège Impérial; à l'extrémité N. du Palais, après ses dépendances et divers magasins, on arrive à la station des tramways de Bechiktache dont la ligne se prolonge jusqu'à la station terminus d'Ortakeuy, en passant, à dr. devant le Palais Impérial de Tchéragan et les nombreuses dépendances des Palais Impériaux.


**GALATA à PÉRA** par le Boulevard des Petits-Champs, en suivant la ligne des tramways.

Pour que le voyageur qui arrive à Constantinople pour la première fois puisse se rendre compte du chemin qu'il doit parcourir de la *Gare* ou du *bateau* à son hôtel et voir tout ce qu'il y a de plus intéressant sur ce parcours, nous commençons la description à partir du Quai de **GALATA** pour arriver à la **Place Galata-Séraï à PÉRA**.

Le voyageur trouvera *la description de la GRANDE RUE de PÉRA, 3ᵐᵉ tronçon: de la Place de Galata-Séraï au Taxime, à la page 35 et du 2ᵐᵉ tronçon: de la place du Tunnel, à la place Galata-Séraï à la p. 33.*

Au bout du Quai de Galata, en face, il y a le Corps de garde *Azizié*; à g. le grand pont, et en tournant à dr., la courte rue de Karakeuy où à g. il y a la *Bourse des fonds*, et à l'angle les grands magasins de confections de la Maison Stein *(Voir annonce 2ᵐᵉ page de Garde)*.

La courte rue de Karakeuy débouche au carrefour de ce nom; à dr. la Grande Rue de Galata, à une centaine de pas à g. se trouve la rue *Yuksek Kaldérime* (V. p. 32) à l'angle de laquelle stationnent les voitures du tramway des lignes de Péra et de Bechiktache ; à g. du carrefour de Karakeny font suite deux rues :

(A) *la rue Yorghandjilar*, à l'angle de laquelle il y a la Poste Autrichienne et au-dessus les bureaux de la Wiener Bank, et qui aboutit à Azap Kapou ( Vieux Pont ) ;

(B) *la rue Yéni Djami*, au commencement de laquelle, à dr., se trouve la station du Métropolitain Railway pour monter à Péra, Place du Tunnel ( V. p. 30–32 ).

EN FACE de la rue Karakeny, se trouve la rue Haratchi ( ou rue des Maltais ) que la voiture traverse pour déboucher dans la rue Voïwode par où passe la ligne des tramways de Galata à Péra.

Dans la rue Voïwode on voit :

EN FACE de la rue Haratchi, la rue Hadji Ali, avec de hauts escaliers, qui conduit à la Tour de Galata ;

A DR. on rencontre: d'un côté les escaliers de la rue Yuksek Kaldérime d'où l'on rejoint le 1er tronçon de la Grande Rue de Péra qui aboutit à la place du Tunnel et de l'autre la même rue aboutit à la Grande rue de Galata ( station des tramways ).

A G., en suivant les rails du tramway, en montant, on rencontre :

SUR LE COTÉ DROIT : la poste française ( 18 ), les bureaux de Galata des postes et télégraphes ottomans ( 36 ), un escalier en double fer à cheval conduisant à la rue Medressé ( à g. le collège autrichien et l'église catholique St Georges dans la rue Tchinar ) et à la montée très rapide toujours à g., on voit le nouvel *hôpital anglais* auquel font suite des ruelles tortueuses qui aboutissent à la place de la Tour de Galata.

Après ces escaliers, toujours suivant la dr. de la rue Voïwode se trouve le Consulat Général de S. M. Britannique (Entrée principale au N° 44 ; Porte de derrière R. Tchinar); au N° 46 le siège de la société des tramways; au 56 la rue Coulé Dibi qui monte à l'église catholique St Pierre et Paul, à l'extrémité de laquelle se trouve la Tour de Galata.

En reprenant d'en bas LE COTÉ GAUCHE de la rue Voïwode, on rencontre : au N° 17, Azarian Han, occupé au rez-de-chaussée et au 1er étage par la *Società Commerciale d'Oriente* ; au 25 le passage Gumuchlu qui aboutit à la rue Zulfarissé où se trouve la Chambre de commerce italienne ; au 27 la direction du Chemin de fer ottoman d'Anatolie et la rue Mertébany (*) — où se trouve la banque de Salonique —; au 29 la poste allemande ; au 35 la poste russe ; au 37 la rue Billour (*) ; au 39 la rue Médressé qui débouche à la rue Yéni Djami et

(*) Ces deux rues aboutissent à la rue Yéni Djami, des deux côtés de la gare du Tunnel.

Yorghandjilar, et après la rue Médressé, l'imposante et belle bâtisse de la Banque Imp<sup>le</sup>. Ottomane et de la Régie co-interessée des tabacs de l'Empire Ottoman ; au 55 la rue Ayazma qui aboutit à la rue Yéni-Djami ; au 63 la poste anglaise ; au 67/71 la Deutsche Orientbank et enfin au 73, avant la rue Hézarène, la rue Perchembé Bazar qui descend jusqu'à la Corne d'Or, traversée par la rue Yorghandjilar. Après la rue Perchembé Bazar, dans la rue Hézarène (*), on rencontre: à dr. au N. 87 le siège de la Société du Tombac, contigue à la Société générale d'assurances ottomane ; au 95 la rue Chahsouvar qui conduit en ligne droite à la place du Tunnel, Péra. à g. au 116 les grands magasins de la « The Economic Cooperative Society L<sup>d</sup> » ; au 100 Bagdad Han, occupé par la Régie Générale de Chemins de fer et par les trois directions des chemins de fer: Jonction—Salonique—Constantinople, Smyrne Cassaba et Prolongement et Damas—Hama et Prolongements.

Plus haut, la ligne du tramway, traverse en demi-cercle un carrefour rond, formé de cinq rues : 1° la rue Hézarène que nous venons de décrire ; 2° à g. la rue Iskender, descendant au vieux Pont d'Azäp Capou, où à dr. se trouve l'hôpital autrichien—à côté de la rue Iskender, un joli corps de garde (*Karakol*) entouré d'un petit jardin—3° la rue Yachmak Syran en face la rue Hézarène, qui aboutit aux cimetières turcs derrière le jardin municipal des petits champs, cimetières qui se prolongent à g. presque jusqu'à la Corne d'Or. A dr. de la rue Hézarène s'élève en îlot, la nouvelle maison à appartements Freiger, à côté de laquelle la rue Bouyouk Hendek conduit en ligne droite à la Tour de Galata ; 5° une rue sans nom, traversée par le tramway, entre les murs d'enclos de deux cimetières turcs, en face de laquelle on remarque le grand hôtel de la Municipalité du VI<sup>me</sup> cercle.

Ici le tramway décrit un coude, et tourne brusquement à g. dans la rue Kabristan.

A DR. de cette rue, au pied de la rue Ensiz, qui conduit par des escaliers à la place du Tunnel, s'effectue le 1<sup>er</sup> arrêt des voitures du tramway. La ligne du tramway parcourt la rue Kabristan où à g. au N° 34 la rue Chimal descend par des escaliers au cimetière de la rue Yachmak Syran et d'où l'on peut se rendre à la Corne d'Or ; au 38/40 le Grand hôtel Kroecker ; au 48 le beau Palais de marbre de l'Ambassade des Etats-Unis d'Amérique ; au 50 le Club de Constantinople et la rue Toz Coparan aboutissant à Kassim-Pacha (V. p. 24) ; au 54 le Pera Palace Hotel (où sont installés les bureaux de la C<sup>ie</sup> Internationale des wagons-lits) qui confine avec le jardin Municipal du boulevard des Petits-Champs.

---

(*) Cette rue est connue aussi sous les noms de Yéni-Yol et de Okdji Moussa.

De la Municipalité à ce Boulevard, sur LE COTÉ DROIT on rencontre:
au N° 51 la rue Yéménédji qui, par la rue Ensiz, aboutit à la place du
Tunnel; au 39 l'Union Française; au 29 la rue Asmali Mesdjid ( **V.**
p. 33). Après cette rue le tramway tourne à droite pour déboucher
au Boulevard des Petits–Champs (*).

De ce Boulevard à la rue Tépé–Bachi, en suivant toujours la ligne
du tramway, on rencontre :

A G. le **Jardin Municipal**, situé au dessus du cimetière turc. Vue
splendide sur la Corne d'Or et sur une partie de Stamboul. Ce jardin est
très fréquenté l'après midi et le soir par la société élégante de Péra
*(Entrée 1 piastre; par carnet de 6 billets piastres 5; les enfants payent
1/2 piastre)*. On y trouve un bon orchestre qui joue pendant la belle
saison, de 5 h. à 8 h. du s. et de 9 h. à minuit; un café–restaurant, une
salle de théâtre d'hiver ( V. p. 6) et au bout, à dr., un Amphithéâtre
( V. p. 5) très élégant;] à son extrémité débouche la rue Dévé qui
aboutit au quartier d'Aïnali Tchechmé où se trouve la chapelle protestante de l'Ambassade d'Allemagne.

A DR. du Boulevard des Petits–Champs: la rue Vénédik (**), l'Ambassade d'Italie, le Passage d'Andria (**), le Grand Hôtel Continental, Maison
Française tenue par M' J. Agostini, le passage des Petits–Champs (**),
l'hôtel Bristol, les magasins du Bon Marché (**), l'hôtel de Londres,
la rue Glavany (**), l'Athene's Palace hôtel, et EN FACE du boulevard, la rue Tépé–Bachi.

De cette rue à la place de Galata Séraï on rencontre :

A G. l'hôtel Royal (18); la chapelle qui précède le somptueux Palais
de l'Ambassade d'Angleterre au milieu de son joli parc avec une vue
splendide sur la Corne d'Or. En face de ce Palais, la rue Hamal Bachi
qui, d'un côté longe le mur de l'Ambassade et descend jusqu'au vallon
de Kassim–Pacha et de l'autre aboutit à la place de Galata–Séraï,

En reprenant à dr. de la rue Tépé–Bachi, on rencontre au
N° 47 le nouvel hôtel d'Orient; la porte de derrière de l'église
grecque *Panaghia* (43); le Passage Hazzopoulo (33) qui conduit à la
Grande Rue de Péra; le magasin de pianos et musique Pascal Keller
31); la belle maison Zarifi (23); le marchand de vins Sagredo (5/7).
EN FACE la rue Tépé Bachi, la petite rue Balck–Bazar (où se tient le
Marché de Péra) et qui débouche à la rue du Théâtre.

Un peu plus loin, dans la rue Hamal Bachi: à g., les Passages Cres-
pin et d'Europe, tous les deux aboutissant à la rue du Théâtre; au
N° 4, le petit hôtel d'Orient; et au bout, la place de Galata–Seraï
( V. p. 32), *2me et 3me tronçon de la Grande Rue de Péra )*.

(*) Son vrai nom est rue Mézarlik.
(**) Conduisant à la Grande Rue de Péra.

**PÉRA**, bâti sur la crête presque horizontale de la colline, où se concentre la vie élégante, est habité par les européens.

Résidence des ambassades, des consulats, de la Délégation Apostolique du S. Siège, du Patriarche des Arméniens-Catholiques, etc.

Par suite de la configuration accidentée du terrain, on a de plusieurs points de ce faubourg, des vues splendides sur la Corne d'Or et sur le Bosphore.

L'étranger qui voudra se rendre compte le plus rapidement possible de l'aspect d'ensemble et de topographie de la Ville, fera bien de monter tout d'abord sur la Tour de Galata, *(Voir Table des Matières)*, d'où la vue embrasse tout Constantinople et ses environs.

Après le grand incendie du 5 Juin 1870, Péra a été peu à peu reconstruit et on en a profité pour élargir les rues et régulariser l'alignement des maisons.

La principale et la plus belle rue de ce faubourg est la :

**GRANDE RUE DE PÉRA**, sur une longueur de plus de 1,500<sup>m</sup> et large d'environ 10<sup>m</sup>; elle commence au N., de la place du Taxime et finit au S. à Galata (Rue Yuksek Kaldérime).—La Grande Rue de Péra sépare les versants de ce faubourg en deux parties (La Corne d'Or et le Bosphore).

Pour que le voyageur, arrivant la première fois à Constantinople, puisse facilement suivre la configuration de la principale artère de Péra, nous commençons la description par la fin de cette **Grande Rue**, que nous divisons en 3 tronçons. :

*1<sup>er</sup> Tronçon.—De la Rue Yuksek Kaldérime à la Place du Tunnel,*
    *(N° 743-533);*

*2<sup>me</sup> Tronçon.—De la Place du Tunnel à la Place de Galata-Séraï*
    *(N° 535-262);*

*3<sup>me</sup> Tronçon.—De la Place de Galata-Séraï au Taxime, (N° 263-1).*

*Le premier tronçon* a perdu beaucoup de son importance depuis la construction du Metropolitan Railway, parce que tout le monde préfère se servir de cette voie ferrée (Tunnel), pour éviter la rude montée de Galata à Péra. D'ailleurs cette partie ne présente aucun intérêt ; à part le club allemand *Teutonia* (au N° 601) et le *Téké des Dervi-*

*hes Tourneurs* (au 503), il n'y a que des boutiques et trois ou quatre grandes maisons à appartements.

*Deuxième tronçon* : à partir d'ici on rencontre les plus beaux magasins, dont quelqu'uns peuvent rivaliser avec ceux des grandes villes de l'Occident.

En quittant la place du Tunnel, à droite, au N° 499, la Rue Yéni-Iol qui descend à la rue Yazidji et à Galata et où se trouve l'école allemande et suisse et au fond à gauche, la chapelle anglaise (*Memorial church, ou Christ church*) ; au N° 497 le magasin du marchand tailleur Martino ; la Légation de Suède (489) ; la librairie Weiss (483); l'immeuble du tailleur Botter (477) ; la succursale de la poste allemande (465) ; le Khedivial Palace Hotel et la Société des Producteurs de France (463) ; et au 461, la rue Koumbäradji Yocouchou point appelé les *Quatre Rues*) qui descend à Tophané.

A gauche au N° 476 le magasin de bijouteries Melkestein Frères, au N° 462, la petite rue de Suède, après laquelle, le Consulat Général de Russie et un peu plus loin au 442 la rue Asmali Mesdjid (*Quatre Rues*) où se trouve au N° 33, l'administration du journal « Levant Herald ». Cette rue aboutit à la rue Kabristan, en face le Club de Constantinople.

En suivant la Grande Rue jusqu'à la place de Galata-Séraï, on rencontre : à g., la succursale de la Poste Autrichienne (438) ; le Passage Oriental (432)—qui débouche à la rue Asmali Mesdjid — dans lequel se trouve la succursale de la Poste Française.

A dr., la librairie Otto Keil (fournisseur de S. M. I. le Sultan (457); la chapellerie A. Collaro (451)—au dessus de laquelle, le marchand-tailleur Cariciopoulo—; le Palais de l'Ambassade de Russie (449) ; le bureau des postes impériales ottomanes (431) ; l'église catholique S<sup>te</sup>-Marie Draperis (427) ; la rue des Postes (415).

Au bas de la rue des Postes se trouvent : à g. la chapelle de la légation des Pays-Bas (*Evangelical Union Church of Pera*) ; dans l'impasse, la chapelle St Louis de l'Ambassade de France ; en tournant à droite, la petite porte de l'église Ste Marie et l'Oratoire de Terre-Sainte ; et au bas, dans la rue Tom-Tom, à dr., l'Ambassade et le Consulat Général d'Autriche Hongrie ; à g., la porte du parc de l'Ambassade de France.

Au N° 407 de la Grande Rue de Péra il y a la Deutsche Orientbank (bureau de Péra); la Légation des Pays-Bas (393) ; et dans la descente du N° 381, le Consulat de France, et au bas, le somptueux Palais de l'Ambassade de France.

A g., la rue Timoni (424); la grande Cité de Syrie (424–420); les rues Derviche (408) et Vénédik (400) qui aboutissent toutes les deux au boulevard des Petits Champs ; la brasserie Yanni ( Viennoise) (396), tenue par Ivrakis ( Taxiarchi); la Poste R. Italienne (394); le Passage d'Andria (390) — qui aboutit au boul<sup>d</sup> des Petits Champs—; le Bazar Allemand propriétaire Ad. Paluka (388); l'Impasse Testa (378)—dans lequel en entrant à g. se trouve la brasserie Suisse tenue par Nicoli Lalas, et à dr. les bureaux de l'Association de la presse étrangère—; l'Impasse Lorando (368) —en face de la descente de l'Ambassade de France et aboutissant à la porte de derrière de l'hôtel Continental— ; les beaux magasins de mode et confections Carlmann (362/4) ; la rue Ezadji (358), où se trouve la Società Operaja Italiana et aboutissant au passage des Petits-Champs; l'Impasse Latine (354)—au fond duquel l'église arméno–catholique «S<sup>te</sup> Trinité»—; les grands magasins du « Bon Marché » propriétaires Bortoli Frères (354), formant passage aboutissant au boulevard des Petits–Champs en face le jardin municipal; l'Impasse Saka (342) ; les beaux magasins de soieries « Au Lion » de Atlas Frères (336–340) ; la rue Glavany (332) qui conduit au boulevard des Petits–Champs; le Passage Panaghia (294) où se trouve l'église grecque de la Présentation de la Vierge; la grande épicerie J. Pappi (200); la brasserie de Londres (284); le Passage Hazzopoulo (276);—qui aboutit à la rue Tépé Bachi—; la chemiserie Stronguilo Frères (274); la Cité Aznavour (264), et avant d'arriver à la **Place de Galata-Séraï**, l'Impasse Tutundji (260).

En reprenant à g. de l'Ambassade de France, on rencontre : l'église catholique S<sup>t</sup> Antoine (qui sera démolie aussitôt que sera terminée la nouvelle église déjà en construction); les ateliers photographiques « Phœbus » de P. Tarkoul (359) ; la papeterie Zellich (351) ; le bureau de Péra de la Banque Impériale Ottomane (347) au dessous du palais de l'école anglaise de jeunes filles (entrée par la rue de Pologne); la rue de Pologne (347)—; où, au N° **21**, se trouvent les bureaux de l'Administration de l'**Annuaire Oriental** et du présent **Guide,** et au **25**, le Consulat Général d'Italie—; la confiserie Mullatier (345); le magasin central de vente et la direction de la Manufacture Singer (343); le bureau de Péra du Crédit Lyonnais (333) ; la rue Linardi (331) ; la nouvelle construction des appartements de l'Association pour secourir les missionnaires catholiques italiens à l'étranger et la nouvelle église (en construction) de S<sup>t</sup> Antoine (313) ; le Passage de Galata-Seraï, et enfin, avant d'aboutir à la **Place de Galata-Séraï,** la rue Yéni-Tcharchi qui descend à Tophané, d'où en prenant à dr., on peut se rendre à Galata ( V. p. **27**).

*Troisième tronçon* de la *Place de Galata-Séraï* au *Taxime :*

De la Place de Galata-Seraï, en tournant à g., (244), on peut également se rendre à Galata par les rues Hamal-Bachi, Tépé-Bachi et le boulevard des Petits-Champs, en suivant toujours les rails du tramway (Voir pour la description à rebours de cette partie page 28).

A la place de Galata-Séraï, il y a :

A dr., la Préfecture de police de Péra (261) et le Lycée Impérial de Galata-Seraï avec sa grille monumentale (253).

A g. au 206 le magasin de vente de la Manufacture Impériale d'Héréké.

De la Place de Galata-Seraï au Taxime, en suivant tout droit, on rencontre :

A dr., la rue Kartal (251); le magasin français de dorure, encadrements et de fleurs de Leduc (249); la pharmacie britannique Canzuch et Giannetti (247); la rue Souterazi (211).

Dans la rue Souterazi, il y a, à g., au Nº 21, le gymnase supérieur grec « Zographion », au fond, le bain turc renommé de Galata-Séraï, et en tournant à g., la rue Agha Hamam où au Nº 8, l'école et pensionnat royal italien de filles, dirigé par les sœurs d'Ivrée; au Nº 10, la Légation Royale Hellénique, et en face, au Nº 11, le demi-pensionnat Sᵗ Michel dirigé par les Frères des écoles chrétiennes.

Dans la Grande Rue de Péra au Nº 209. le magasin de toiles cirées *Louvre;* le passage d'Anatolie, grande Cité à appartements (183); les grands magasins d'étoffes pour ameublement de Lazzaro Franco et Fils (183); la rue Hava (177); dans laquelle au Nº 2 il y a le Savoy Hôtel; la rue Kouloglou (171); la rue de Brousse(141); la rue Baghtchéli Hamam (129) où se trouve un bain turc renommé; la maison à appartements Coûteaux (127); les appartements Camondo (125); la rue Bouyouk Parmak Capou (95); la rue Kutchuk Parmak Capou (85); la rue Roum Kabristan (55) où au commencement à g., l'église grecque de *Aïa-Triada* (Sᵗᵉ Trinité), de style byzantin, bâtie en 1881, dans la cour de laquelle se trouve une fontaine portant l'inscription en grec qui peut être lue aussi à rebours *lave tes péchés et non seulement ton visage*, inscription qui se trouvait jadis sur un bassin en marbre à Sᵗᵉ Sophie; enfin, après le Nº 1 de la Grande Rue de Péra, (sur la **Place du Taxime**, on voit une fontaine ronde, et à dr., la rue Syra Selvi qui conduit à l'ôhpital allemand), et après plusieurs zig-zag, à l'hôpital italien et à Top-hané.

Reprenant à Galata-Seraï la gauche, on y rencontre : la rue du Théâtre (194) qui conduit au Marché de Péra ; le bureau de vente des spécialités de la Régie des tabacs (192) où l'on trouve à acheter toutes les qualités de tabacs et cigarettes de cette manufacture ; le passage Cité de Péra (190) ; l'hôtel, café et restaurant tenu par la maison Tokatlian (180) ; les rues Sol et Sagh (172–170) aboutissant toutes les deux à la rue Mekteb ; la Cité d'Alep (158) au fond de laquelle le théâtre des Variétés (V. p. 8) ; les beaux magasins de meubles Psalty (144); le *Cercle d'Orient* (142) ; les tailleurs Mir & Cottereau (140) ; la rue Devéaux (138) ; le théâtre Odéon (134) (V. p. 7) ; le café du Luxembourg (130) ; la maison à appartements Deveaux (130) ; la rue Säkyz Aghatch (120)—dans laquelle il y a, au 31, la cathédrale et le patriarcat arméno-catholique, et au 33, le Consulat Général d'Allemagne—; la mosquée d'Agha Djami ; la pharmacie Parisienne J. C. Reboul (116); la Cité Roumélie (112); la rue Imam (104); la rue Misk (84) ; la chancellerie de la Légation Royale Hellénique (70) ; la rue Békiar (66) ; l'Observatoire impérial Météorologique (46)—petite maison en dedans de l'alignement, reconnaissable par 2 horloges donnant l'heure à la franque et l'heure à la turque—; la rue Taxime (36); l'hôpital français civil et maritime Henri Giffard (22) — reconstruit en 1892 -- ; la rue des sapeurs-pompiers (20) — où il y a leur caserne—; et enfin, après la fontaine du Taxime et le petit corps de garde *(Karakol)*, la **Place du Taxime**.

De la Place du Taxime, en tournant à g. et en suivant les rails du tramway, on va à Chichli (la seule promenade de Péra) ; on y rencontre : à g., le champs de Mars (des manœuvres), à dr., la grande caserne d'artillerie, et un peu plus bas, le beau **Jardin Municipal du Taxime**, fermé la nuit *(entrée 1 piastre)*. Au milieu de ce jardin il y a un joli café-kiosk, derrière lequel on a une vue splendide sur le Bosphore. Dimanches et fêtes, musique matin et soir.

Dans la Grande Rue de Pancaldi, à dr. il y a le cimetière arménien et l'école supérieure de guerre *(Harbié)* ; à g. la cathédrale catholique du St Esprit et le pensionnat de N. D. de Sion (109); plus loin l'hospice de l'Association Commerciale Artisane de Piété.—Ici termine la Grande Rue de Pancaldi par la continuation de deux grandes artères : à dr. celle qui mène à Nichantache ; à g. la rue Bouyoukdéré que le tramway suit jusqu'à Chichli, terme de la ligne. Avant cette dernière station, on trouve plusieurs cafés et brasseries fréquentés les dimanches et fêtes par la petite bourgeoisie de Péra; plus loin, on voit en face, un *Koulouk* (corps de garde) qui sépare la route en deux; celle de dr., conduit à l'hôpital français de la Paix et à la grande route de Zindjirli Kouyou, etc; celle de g., traversant des grandes ondulations de terrain dénudé, aboutit au pied du village de *Kiaat–Hané* et au commencement de la promenade des *Eaux Douces d'Europe* (V. p. 183).

En rebroussant chemin, lorsqu'on arrive à la Place du Taxime, au coin de la grande caserne, on tourne à g. pour aller au boulevard d'Ayaz Pacha, où se trouve à dr. l'hôtel du directeur général de la Banque Impériale Ottomane; un peu plus loin, à g. un corps de garde et le grand cimetière turc de Taxime et plus bas à dr. le grand Palais de l'Ambassade d'Allemagne, d'où l'on jouit d'une vue splendide sur le Bosphore, sur la mer de Marmara, Scutari, Stamboul, etc.

## SCUTARI

**SCUTARI** est le plus important faubourg de Constantinople avec une population presque exclusivement musulmane de **80,000** habitants.

Le sol de Scutari est considéré comme une terre sacrée, car c'est là qu'a été fondée la dynastie des Ottomans et c'est de là que l'Islamisme est parti pour se répandre dans la Turquie Europe.

Pour se rendre à Scutari, outre les bateaux de la côte d'Asie, on peut prendre ceux qui font le service spécial direct et qui stationnent au 3$^{me}$ débarcadère du Pont de Karakouy à g. *(Consulter l'horaire—Table des Matières).*

En général, on combine cette excursion avec la visite aux Derviches Hurleurs, le Jeudi ( V. p. 70).

Si on part du Pont vers midi, on peut faire l'excursion de Scutari, en commençant par le mont Boulgourlou (V. p. 160).

En sortant du grand Port de commerce, le bateau laisse à dr. la pointe du Séraï et franchissant obliquement le Bosphore, presque au milieu, mais plus près de la rive de Scutari, passe à dr. devant un rocher qui s'élève à environ deux mètres au dessus du niveau de la mer, sur lequel se dresse une tour carrée, appelée:

**TOUR de LEANDRE** en turc *Kis-Koulessi (Tour de la fille).*

Tour de Léandre.

Ce n'est pas le Bosphore mais bien l'Hellespont que Léandre traversa pour aller rejoindre Héro ; mais les Turcs ont sur cette Tour une autre légende d'après laquelle elle fut bâtie par le Sultan Mehmed. Une bohémienne ayant prédit que la fille de ce Sultan, Méhar Chéghib, mourrait d'une piqûre de serpent, son père fit construire cette tour où aucun reptile ne pouvait pénétrer et l'y enferma. Le fils d'un Chah de Perse étant tombé amoureux de cette jeune Princesse, qui était fort belle, trouva moyen de lui faire parvenir un bouquet de fleurs dont le langage symbolique devait déclarer son amour. Un aspic s'était par malheur glissé parmi les fleurs qui mordit la princesse. Elle allait mourir, quand son amant parut soudain et suçant la blessure la rendit à la vie. En récompense de son courage Mehmed lui donna sa fille en mariage.

L'important faubourg de Scutari est bâti en amphithéâtre, dans une situation admirable, à l'entrée ou sortie du Bosphore, entre la pointe de Scutari et celle de Séraï-Bournou, sur les pentes inférieures, mollement ondulées du mont Boulgourlou qui forme promontoire, vis-à-vis de l'entrée de la Corne d'Or.

La ville s'étend sur le rivage et se développe en éventail, au N., depuis les mamelons verdoyants d'*Idjadié* et de *Couscoundjouk;* au S., jusqu'à la grande plaine de Haïdar–Pacha—limitée au N. par la riante vallée de *Sélamsiz*, l'extremité de laquelle est nettement marquée par la belle construction nouvelle de la Faculté Impériale de Médecine et de la blanche petite mosquée d'*Ayasma Djami*, construite en 1760 par Moustapha III—; de la grande caserne de *Sélimieh* et du cimetière anglais.

Après le grand incendie de 1872, la ville de Scutari a été presque entièrement reconstruite sur le même plan, de sorte qu'en dehors de son admirable situation, elle n'a, par elle même, rien de bien attrayant. Mais ce qui donne à Scutari son caractère particulier de grande ville de l'Islamisme, c'est le *Bouyouk Mézaristan*, immense cimetière turc situé sur le plateau qui domine à dr. la plaine de Haïdar–Pacha.

**Scutari** possède un nombre assez important de mosquées, dont 8 impériales, une foule de médressés, d'écoles, de *tekkés* de derviches, de bains, de maisons de secours pour les pauvres, et la première imprimerie turque qui a été fondée en Turquie en 1723.

Les quartiers chrétiens de *Yéni Mahallé* et de *Sélamsiz* sont relégués dans les parties supérieures de la ville.

Le débarcadère de Scutari — sorte de mole en bois sur lequel il y a un joli café — se présente sous l'aspect le plus pittoresque ; autour de ce débarcadère circule une quantité de petites embarcations à une et deux paires de rames (*caïks*) ; en le quittant, on débouche sur une place irrégulière — au centre une fontaine avec des inscriptions et des arabesques — bordée de cafés et devant laquelle stationnent les voitures de place et les loueurs de chevaux avec leur bêtes (*beghirdjis*). A cette place viennent aboutir les principales rues de la ville.

A g. du débarcadère, une rue qui longe le rivage du Bosphore conduit au village de Couscoundjouk.

En face de la place s'ouvre la Grande Rue de Scutari, où se tient le marché.

A g. de cette rue, assez large, apparaît la mosquée Iskelé Bouyouk Djami, construite en 1547 par la fille du Sultan Suleïman le Magnifique ; cette mosquée avec ses minarets, sa coupole, ses terrasses mamelonnées de petits dômes en plomb, entre lesquels s'élèvent des arbres, produit un très bel effet.

Un peu plus loin, sur la même ligne, se trouve le palais du Gouvernement *(Konak)* au coin d'une rue qui, par un grand détour traversant la vallée de *Bulbul-Déré* et le plateau *d'Idjadié*, conduit au *Mont Boulgourlou*.

Vis-à-vis le *konak*, on voit l'entrée latérale de la mosquée *Yéni Validé Djami*, flanquée de deux minarets polygonaux à deux galeries chacun, bâtie en 1707 par Gulnouche Sultane, mère d'Ahmed III.

Au delà de cette mosquée, on en rencontre une autre petite à l'angle de deux rues : la rue de g. conduit directement au *Mont Boulgourlou*, celle de dr. au grand cimetière. On trouve dans cette dernière, à r., la mosquée *Ahmed Djami* construite par Ahmed III en 1721 ; un peu plus loin, la *Kiossem Validé Djami*, avec une enceinte extérieure peinte en vert et flanquée d'un petit cimetière planté de beaux cyprès. Presque en face de ce cimetière, à g., se trouve le *Tékké des Derviches Hurleurs* (V. p. 70).

A quelques pas de ce *Tekké* on entre dans le grand cimetière turc. C'est un immense bois de cyprès gigantesques de formes variées, peuplé de colombes, d'un aspect grandiose et pittoresque, situé sur un terrain montueux coupé de larges allées creusées par les eaux de pluie.

Cimetière turc de Scutari. *(Bouyouk Mézaristan)*.

Beaucoup d'hommes illustres ont voulu être enterrés dans ce cimetière. Au milieu des nombreuses tombes, près du carrefour où se croisent les allées du cimetière, l'attention est attirée vers un dôme dégradé, porté sur 6 colonnes de marbre, qui indique la place où fut enterré le cheval favori du Sultan Mahmoud.

A g. du carrefour du cimetière, une rue conduit à la grande mosquée d'*Eski Validé Djami*, bâtie en 1577 par la mère de Mourad III. Dans la même rue, un peu plus loin, on trouve à dr., *Tchinili Djami*, petite mosquée, dont la coupole et le minaret dépassent à peine ses murs d'enceinte, mais remarquable par les carreaux de faïence qui forment le revêtement des murs à l'extérieur et à l'intérieur et au delà on rejoint une route bordée de villas qui monte au *Mont Boulgourlou* laissant à dr. le quartier et le cimetière arménien (*). On longe à g. le jardin de Scutari (dominé par l'ancien Palais du Bey de Tunis) et après avoir contourné un petit vallon, on atteint le village

(*) Où se trouve la rue qui conduit à Kadikeuy.

de *Boulgourloukeuy*, où, sur une place ombragée de platanes, se trouve une fontaine—que le Sultan Mehmed IV à fait recouvrir d'un édicule à dôme—dont l'eau de la source *Kourbali-Sou* (V. p. 43), réputée la meilleure de Constantinople—est vendue de l'autre côté du Bosphore à 3 piastres le baril d'environ 25 litres.

De la dite place (où l'on fait attendre habituellement la voiture), on monte à g. par une large route en pente assez forte et, arrivé à un bouquet d'arbres, on se dirige à dr. par des sentiers ou à travers des broussailles, au sommet du *Mont Boulgourlou* (V. p. 160).

Durée du trajet de l'échelle de Scutari par la route décrite ci-haut 1 h ¼ ; de la place environ 20 min.

POUR LE RETOUR PAR SCUTARI, on suivra la même route qu'à l'aller.

RETOUR PAR KADIKEUY.

On suivra la même route du retour par Scutari jusqu'au coin du cimetière arménien et, tournant à g. en cet endroit, on prendra une rue qui traverse le quartier de *Yéni-Mahallé* et qui amène au carrefour du grand cimetière turc que l'on traverse sans changer de direction, pour aboutir à la grande plaine de Haïdar Pacha.

La route traverse cette plaine en laissant à dr. la mosquée *Selimiéh*, à deux minarets avec une seule galerie ; la caserne *Selimiéh*, flanquée de 4 tours à ses quatre angles, qui s'élève sur le promontoire escarpé de *Kavak-Bournou*, et le grand palais de la Faculté Impériale de Médecine militaire bâti en 1899.

Cette immense construction a été fondée par Suléïman I, sous le nom de Kavak-Séraï et embellie par Mourad V qui lui donna le nom de Bagdad-Séraï en souvenir de la prise de cette ville. En 1807 elle fut transformée en caserne par Sélim III qui la destinait à la garde réformée (Nichan Djedid) qu'il proposait d'instituer.

Au N.-O. de la caserne *Selimiéh* se trouve l'échelle de Harem Iskelessi, desservie par les bateaux de la ligne de Scutari. On arrive ensuite à l'hôpital militaire—où furent soignés les soldats de l'armée anglaise blessés pendant la guerre de Crimée—et le cimetière anglais, d'où l'on descend pour se rendre au village ou à la gare de Haïdar-Pacha.

**HAÏDAR PACHA** possède un jardin dans lequel il y a la fontaine d'*Hermagoras* célèbre dans l'antiquité.

En face de ce jardin il y a :

Le quai de Haïdar-Pacha, avec l'imposante gare et dans le petit port, les nouvelles installations de la Société du Chemin de fer Ottoman d'Anatolie éclairées toutes à l'électricité, le tout d'un aspect tout à fait européen. Le quai partant du débarcadère de Haïdar Pacha, aboutit, en demi-cercle, au débarcadère des bateaux de Kadikeuy.

Devant l'immense Gare, se trouve la salle d'attente du débarcadère des bateaux à vapeur qui font le service du pont, en coïncidence avec les trains de la banlieue et la grande ligne d'Anatolie *(V. l'horaire Table des Matières)*.

Si au lieu de retourner au pont par Haïdar Pacha, on préfère s'embarquer à Kadikeuy, on trouve des victoria à **4** places qui, pour un quart de medjidié (**5** piastres), vous amènent par le susdit quai tout près de la salle d'attente du débarcadère de Kadikeuy, ou vice versa.

---

**KADIKEUY** *(Village du Juge)*. L'antique **Chalcédoine.**—Ville d'environ **20,000** habitants, parmi lesquels une nombreuse colonie européenne, est admirablement située presque en face de la pointe du Séraï.

La ville, bâtie par les Mégarins en 676 (17 ans avant Byzance), porta d'abord le nom de *Prokérastis* et ensuite de *Kolpusa*, mais ses fondateurs ayant méconnu l'admirable situation de Byzance, on la dénomma plus tard la ville des aveugles, nom prononcé—selon Strabon—par la Pythie, dans un oracle donné aux fondateurs de Byzance. Chalcédoine devint pourtant plus tard une ville florissante et fut le chef-lieu d'un petit État qui comprenait toute la rive asiatique du Bosphore et possédait un temple célèbre consacré à Apollon. Après l'expédition de Darius contre les Scythes, Chalcédoine fut prise par Ottanus, général des Perses. Alternativement alliée des Athéniens et des Lacédémoniens elle fit plus tard partie du royaume de Bithynie et passa ensuite aux Romains par le testament de Nicomède (74 av. J. C.). Enlevée par Mithridate après un siège meurtrier, abandonnée, sous l'Empire aux incursions des Barbares, elle fut, pendant dix ans occupée par le Perse Chosroès (616-626 ap. J.C.). Après que les empereurs grecs démolirent une partie de ses monuments, les Turcs détruisirent complètement la ville et employèrent ses débris à la construction des principales mosquées de Constantinople.

Chalcédoine a donné le jour au philosophe Xénocrate, disciple de Platon. Elle est connue surtout par le Concile général qui s'y tint en 451 et qui condamna l'hérésie d'Eutyches.

La ville de Kadikeuy a été fort éprouvée par les incendies de **1860** et de **1883**, mais s'est depuis relevée de ses ruines et se transforma peu à peu en une petite ville européenne.

Elle possède trois églises, une catholique de *l'Assomption*, une arménienne *Notre Dame* et une orthodoxe *S*<sup>te</sup> *Euphémie*.

Le nom de S<sup>te</sup> Euphémie fut donné à cette dernière église en souvenir de l'ancienne église célèbre où se tinrent les deux Conciles de 451 et de 507 qui réunirent 630 membres. Cette église fut détruite par les turcs, après la prise de Constantinople qui employèrent les colonnes et les sculptures à décorer la grande mosquée de Suleïmanié à Stamboul. Les matériaux abandonnés furent, plus tard, recueillis par les Grecs et servirent à la construction d'une petite église appelée aussi S<sup>te</sup> Euphémie, qui se trouve dans le village de Haïdar-Pacha.

Une Grande Rue (la 2<sup>me</sup> à dr. du débarcadère) traverse Kadikeuy dans toute sa longueur et aboutit à l'esplanade de *Moda-Bournou* qui domine la falaise escarpée de ce cap d'où l'on a une vue superbe sur la mer de Marmara, les îles des Princes et Phener Baghtché. Les Frères des Ecoles Chrétiennes possèdent à Moda un magnifique Collège avec un Institut Commercial, fréquenté par plus de 300 élèves.

La partie la plus pittoresque et la plus agréable de Kadikeuy est sur le cap de *Moda-Bournou*, à 1 kilom. ½ de l'échelle. Ce cap avec la pointe opposée de *Phener Baghtché*, forme la grande baie de *Kalamiche*, où vient se jeter le *Kourbali-Sou* (V. p. 41), dont le vallon est bordé de figuiers et de treilles célèbres qui ont le privilège, avec celles de Kandili, de fournir la délicieuse variété de raisin, si goutée des Turcs et de leurs nombreux hôtes, connu sous le nom de *Tchaouche*.

## CLIMAT.

Le climat de Constantinople est sain grâce au constant courant d'air qui règne sur le Bosphore entre la mer-Noire et la mer de Marmara et qui purifie l'athmosphère de la Ville. Il n'y existe donc pas de maladie endémique et les maladies épidémiques n'y trouvent pas un foyer propice. La température de la ville étant très inconstante, particulièrement au printemps et en automne, il est très utile d'emporter toujours un pardessus surtout dans les excursions sur le Bosphore.

## EAUX (*)

Constantinople possède des eaux de sources excellentes Le voyageur aura donc soin de choisir son eau et d'éviter surtout de boire celle de la C^ie de Derkos.

Malgré l'abondance d'eau potable qui existe dans la ville, *S. M. I. le Sultan Abdul Hamid Khan II*. Soucieux du bien être, et particulièrement de la santé de la population pauvre de Sa grande Capitale, a fait canaliser en 1891 les eaux excellentes des sources de Kerasli, Pyrgos, Kiaathané et distribuer dans les principaux centres de la Ville, où sont installées des fontaines publiques. Cette délicieuse eau nommée à juste titre *Hamidié Sou* (Eau Hamidié) est la plus préférée de la population.

(*) Les sources de *Kanli-Kavak*, de *Hunkiar*, de *Tchamlidja* et de *Tach-delène* sont très appréciées. Leur eau se vend par baril de 30 litres environ.

L'eau de *Tach-delène* se vend aussi en bouteilles de ½ litre au prix de 20 paras.

L'eau de *Djirdjir* source renommée près de Bouyoukdéré (V. page 146), qui a la propriété d'agir favorablement sur les graveleux, est accaparée par ces malades : étant donné le rendement faible de cette source, il est difficile de se procurer son eau.

## SAISONS de VOYAGES.

Le printemps et l'automne sont les époques les plus propices pour un voyage en Orient, particulièrement pour Constantinople et Brousse, soit du 15 Avril à mi-Juin et du commencement de Septembre à fin Octobre. L'hiver, saison des grandes pluies qui occasionnent beaucoup de boue et par suite une grande humidité n'est pas du tout favorable au voyageur, et l'été, la chaleur, qui ne convient pas à toutes les constitutions, paralyse souvent l'énergie physique, surtout dans les promenades aux environs de la ville où on est exposé aux ardeurs du soleil et à la poussière soulevée par le vent d'Est qui souffle très souvent.

---

## PASSEPORTS.

Avant de partir pour la Turquie il est indispasable de se munir d'un passeport en règle et de le faire viser par le consulat Ottoman ; le manque de ce visa expose le voyageur à son arrivée en Turquie à des ennuis et au paiement d'une amende équivalente au double de la taxe.

La taxe du visa de passeport par les Consulats Ottomans est de Piastres or 20, payables en la monnaie du pays où il est demandé (en France, en Italie, en Grèce 5 francs).

Lorsqu'on voyage par voie de terre, le passeport est réclamé à la frontière Serbe (Belgrade), à la frontière Bulgare (Tzaribrod) et enfin à la frontière Turque à (Moustapha Pacha) où les préposés de la douane procèdent, en même temps, à la visite des petits bagages. Ces mêmes formalités sont répétées à l'arrivée du train à Constantinople à la gare des Chemins de fer Orientaux.

Lorsqu'on arrive à Constantinople par mer, l'enregistrement du passeport est fait au guichet de la Police (V. p. 47).

Pour la sortie de l'Empire, la police réclame l'exhibition du passeport avec le visa du Consulat dont relève le porteur (Pour la taxe du visa et l'adresse des Consulats (V. p. 15 à 17).

## TESKÉRÉ (PASSAVANT)

Toute personne qui se rend d'une ville à l'autre de l'Empire Ottoman doit être munie d'un *Teskéré* qui est délivré, à Constantinople, par le bureau des Passeports, rue Eski Zaptié, près de la Sublime Porté, sur un simple Permis que l'on se fait délivrer par son Consulat.

Le *Teskéré* est valable pour une année mais il est obligatoire, avant de quitter la ville de le faire viser par la Police de l'endroit ET DE NE L'UTILISER QUE POUR LA DESTINATION Y INSCRITE, AFIN D'EVITER DES PERTES DE TEMPS, DES ENNUIS ET LE PAIEMENT DE L'AMENDE RÉGLEMENTAIRE.

*Prix du Teskéré* P^tres or *12.½*
*Prix du Permis V. p. 17 à 19.*

---

## ARRIVÉE à CONSTANTINOPLE.

Que l'on arrive à Constantinople par le chemin de fer ou par bateau, on fera bien de prévenir l'hôtel dans lequel on a l'intention de descendre. Aussitôt arrivé, on cherchera l'interprète de l'hôtel, qui s'enquiert de son voyageur et l'on s'en remettra à lui pour le transport des bagages, le règlement des portefaix et de la voiture. Le drogman (guide-interprète) est presque indispensable au voyageur qui ne connaît pas les langues et les coutumes du pays. Ces interprètes qui appartiennent à différentes nationalités, se trouvent à la gare des chemins de fer orientaux, sur les quais et aux principaux hôtels. Il n'est donc pas difficile d'en trouver. Les guides-interprètes ont presque le monopole des grands hôtels. Ces drogmans n'ont pas de tarif reconnu, généralement ils sont payés, en moyenne, de 5 à 10 francs par jour, selon la qualité et l'affluence des voyageurs, sans compter le courtage qu'ils se font donner sur les paiements ou achats effectués par leur intermédiaire.

Vue du Port de Galata et Péra.

### Arrivée par mer

Lorsqu'on arrive à Constantinople par bateau, le coup d'œil merveilleux, l'illusion d'un beau rêve, constituent l'idéal de cette première impression. — Pierre Loti dit « La mer est aux pieds de la ville, une mer que sillonnent par milliers des navires, des barques, dans une agitation sans trêve et d'où monte une clameur de Babel en toutes les langues du Levant ; la fumée flotte sur l'amoncellement des paquebots noirs et de *caïks* dorés, sur la foule bariolée qui crie ses transactions et ses marchandises. Et c'est là-bas que la ville immense apparaît comme suspendue ». Le profil des collines, la découpure des dômes et des minarets sous ce beau ciel bleu d'Orient, le va-et-vient de la merveilleuse diversité des types et costumes que l'on aperçoit sur les quais et sur le pont en fer qui sépare le Port de la Corne d'Or, forme la première impression du voyageur en extase.

Tous les bateaux qui arrivent à Constantinople ne touchent pas à quais, la plupart s'amarrent à des bouées, au milieu du Port.

Les paquebots qui accostent au quai de Galata, sont indiqués sur les Tableaux des Départs et Arrivées journaliers des courriers à page 245 par le signe suivant ⛴.

Il ne faut pas se préoccuper des cris étourdissants des bateliers et des drogmans qui envahissent le pont du bateau ; dès que le drogman de l'hôtel qu'on aura prévenu ou qu'on aura choisi se présente, lui montrer ses colis et attendre patiemment qu'il vienne vous dire de débarquer.

Les embarcations qu'on utilise à Constantinople sont de deux sortes :

1° des canots ou barques, semblables à ceux qui sont en usage en Occident, conduits par des bateliers grecs ; le prix d'une course en canots ou en barque, du quai au navire, ou vice-versa, est de 5 piastres, ou de 2 piastres par personne si la barque contient plusieurs voyageurs. Les bateliers des grands hôtels sont autorisés par leurs patrons à se faire payer 2 francs par voyageur, bagages compris.

2° des *caïks* étroits, effilés, d'une grande légèreté et plus gracieux que les gondoles de Venise, mais d'une instabilité excessive sur l'eau, conduits par des bateliers turcs (nommés *caïkdjis*), qui n'entendent aucune langue européenne.

Il faut bien mesurer ses mouvements en embarquant, en débarquant, et lorsqu'on est assis au fond du *caïk*, le moindre brusque mouvement pourrait le faire chavirer ; d'ailleurs, on ne se sert jamais de *caïk* pour se rendre du navire à terre avec des bagages, mais par contre, on les emploie très avantageusement si l'on manque le bateau, et, pourvu qu'il n'y ait pas trop de vent, pour aller du pont à Scutari ou à Kadikeuy et d'une échelle à l'autre du Bosphore ou de la Corne d'Or. Rarement on s'en sert pour faire une promenade sur la mer de Marmara ; il serait imprudent de s'y aventurer, même avec un temps calme, car la houle dans ces parages est toujours trop forte pour ces frêles embarcations. Les caïks sont fréquemment employés pour faire la traversée de Galata à Stamboul, et réciproquement, pour s'éviter la fatigue de parcourir à pied toute la longueur du Pont ; dans ce cas, la course se paye 1 ou 1½ piastre. Les *caïkdjis* de l'échelle *Charap Iskelessi* à Galata et ceux de l'échelle de *Balek Bazar* à Stamboul font un service rapide entre ces deux rives de la Corne d'Or ; chaque *caïk* porte 4 voyageurs qui payent chacun 10 paras, (le même prix de péage du Pont).

En dehors de cette traversée, pour toute autre course il faut convenir du prix à l'avance en prenant pour base le prix de 3 à 4 piastres l'heure pour un *caïk* à une paire de rames ; moitié en plus pour chaque paire de rames en sus.

Sitôt qu'on débarque au quai de Galata, on se dirige à la douane SALON DES VOYAGEURS, pour remettre avant tout au guichet de la police

—qui se trouve à g. de l'entrée,—le passeport si l'on arrive de l'étranger le *teskéré* si l'on vient d'un port de la Turquie. L'un ou l'autre on aura eu soin de le faire viser, comme il est indiqué à p. 44/45.

Pendant l'opération de cet enregistrement, les préposés douaniers, très affables, passent rapidement la visite des bagages, pourvu qu'ils ne contiennent pas d'objets prohibés, tels que: armes de guerre, matières inflammables, tabacs, que la douane saisit; des cigares et cigarettes pour lesquels on paie un droit d'entrée de 75°/₀ sur facture. La censure étant supprimée l'importation des livres, gravures, imprimés, etc. est libre. Les objets neufs paient un droit de 11°/₀ *ad valorem*.

Sitôt cette visite terminée et repris son passeport, on sort de la douane pour prendre la voiture que le drogman aura retenue, dans laquelle on place les petits colis; les bagages sont portés à dos d'homme jusqu'à l'hôtel par des *hamals* (portefaix) choisis et payés par lui. Le drogman monte sur la voiture qui se dirige vers l'hôtel, en traversant le Quai, la place Karakeuy, et en passant par les rues indiquées à la page 28.

Arrivée à l'hôtel, après avoir choisi une chambre le voyageur aura soin de constater que tous ses bagages lui sont bien rendus et règle alors le compte avec le drogman, s'il ne veut pas le laisser porter sur sa note d'hôtel.

Bien qu'il n'y ait pas encore à Constantinople de tarifs officiels que l'on puisse invoquer pour défendre sa bourse, on peut estimer qu'en moyenne *tous les frais*, du bateau à l'hôtel, montent de 5 à 8 francs par personne, suivant le rang de l'hôtel, l'aspect du voyageur, et la quantité de bagages qu'il traîne à sa suite.

### Arrivée par terre

La voie la plus directe et la plus rapide est par *l'Orient Express*, 3 fois par semaine, ou par le *Train Conventionnel*, tous les jours. (CONSULTER L'HORAIRE ET PRIX DES PLACES, CHEMINS DE FER ORIENTAUX; *V. Table des Matières*).

Avant d'entrer en Turquie, le Train s'arrête quelques minutes à *Hermanly*, frontière limitrophe de la Roumélie Orientale; la Police monte dans le Train, ramasse les passeports, et après les avoir enregistrés nonchalamment, les rapporte aux voyageurs, au moment où le train se met en marche.

3/4 d'heure après, on arrive à *Moustapha Pacha* frontière turque, où pendant l'arrêt du train, la police enregistre les passeports et les préposés de la douane passent la visite des petits bagages.

En arrivant à Constantinople, le voyageur descend à la jolie gare de *Sirkédji* à Stamboul où les portefaix *(hamals)* (*) au service de la C^ie des Chemins de fer Orientaux viennent chercher les bagages pour les porter à la douane ( SALON DES VOYAGEURS ), qui se trouve dans la gare même, à dr. près de la sortie.

La visite des petits bagages (**) ainsi que celle des bagages qui ont été enregistrés au point de départ, ne prend pas beaucoup de temps si le voyageur n'a pas avec lui des objets prohibés.

Le voyageur ne doit pas perdre de vue ses petits bagages. S'il vent prendre un drogman d'hôtel, il se dirigera vers une enceinte grillée à côté de la douane où les drogmans attendent l'arrivée du train.

La visite terminée, on fait porter par des *hamals* les colis peu volumineux (2 à 3 piastres) à l'une des nombreuses voitures qui stationnent dans la cour de la gare et on fait transporter à l'hôtel, à dos d'homme, les gros bagages qui ne peuvent pas être chargés sur la voiture (10 piastres pour chaque colis, péage du pont à la charge du *hamal*).

Le voyageur après avoir fait enregistrer son passeport par la Police —qui se tient debout sur la plàte-forme de la gare—et remis son ticket aux employés du chemin de fer, prend place avec le drogman dans la voiture qui le conduit à l'hôtel. *Prix de la course 20 à 25 piastres, péage du pont compris.*

En sortant de la cour de la gare, on traverse l'avenue de la Sublime Porte ( Bab-i-Ali Djaddessi ), bordée d'arbres—à dr. la mer ( *Sirkédji Iskéléssi* ), à g. l'avenue qui monte à la Sublime Porte—en face, en suivant les rails du tramway jusqu'au Pont, on rencontre : après la rue Hamidié, un petit carrefour, dans lequel, à dr. fontaine Hamidié avec une jolie grille dorée ; à g. la rue Eski Zaptié, en face de laquelle on voit le somptueux et grand hôtel des postes et télégraphes impériaux ottomans (récemment construit). Après ce carrefour, en suivant les rails du tramway, la rue Baghtché Kapou, dans laquelle à g. le joli mausolée d'Abdul Hamid I.; plus loin la grande fontaine en marbre de la Validé Djami (reconstruite); à dr. dans la petite place: la succursale de la Banque Impériale Ottomane, d'un style oriental très original et en face de la rue Baghtché Kapou, l'horloge de Yéni-Djami *(d'après laquelle se règle l'heure à la turque de Constantinople).* Ici la voiture tourne à dr., traverse le portique de la mosquée de Yéni Djami, passe devant le grand escalier d'une des entrées principales de cette superbe mosquée et descend à la place Emin Eunu en face le grand Pont.

On peut se rendre aussi à ce grand Pont par le détour suivant : Arrivé à la fontaine de la Validé Djami (mentionnée plus haut), on suit les rails du tramway, et on rencontre à dr. au coin de la rue qui mène à la grande douane de Stamboul) un corps de garde *(Koulouk);* un peu plus loin l'agence du Lloyd Autrichien, le grand maga-

---

(*) Ces *hamals* portent sur la poitrine une plaque en cuivre indiquant leur numéro d'ordre.

(**) Malgré la première visite passée à Moustapha-Pacha, frontière turque.

sin d'habillements de la maison S. Stein et finalement à la place Emin Eunu: à g. la petite rue Yéni Djami avec la mosquée de ce nom; à dr. le grand Pont.

Grand Pont de Karakeuy et Mosquée de Yéni Djami.

**GRAND PONT DE KARAKEUY** ou de **GALATA**, long d'enyiron, 485ᵐ. formé par un plancher en bois porté sur des barges en fer insubmersibles et divisé en 3 tronçons, dont celui du milieu, mobile, se déplace pour livrer passage aux navires pendant des heures fixes de la nuit ; rarement pendant le jour.

Ce Pont en fer sur le Bosphore (de Stamboul à Galata), sépare le grand Port de Commerce de la Corne d'Or ; de ce côté, non loin de la rive de Stamboul, y est attaché un bain flottant public et, avant d'arriver à Galata, le débarcadère des bateaux qui font le cabotage dans la Corne d'Or. Tout le long du côté du grand Port (excepté au milieu) sont attachés des vieux pontons flottants qui servent de débarcadères ; la rive de Stamboul, jusqu'au tronçon mobile du milieu, aux bateaux qui font le service du Bosphore ; après ce tronçon mobile, aux bateaux de la ligne de Scutari ; un peu plus loin, aux bateaux de la ligne de Haïdar Pacha et enfin, tout près du quai de Galata, un dernier ponton sert de débarcadère : à dr. aux bateaux de Kadikeuy, à g. à ceux des Iles des Princes.

En traversant ce grand Pont, au milieu d'un va-et-vient étourdissant, le voyageur très surpris, admire, comme il est décrit plus haut : à g. la magnifique Corne d'Or ; à dr., le Port avec la merveilleuse entrée du Bosphore.

Après avoir traversé ce grand Pont, on débouche sur la petite place de Karakeuy—à g., le joli Corps de garde *Azizié* avec son petit quai sur la Corne d'Or ; à dr. le **Quai de Galata** qui se prolonge jusqu'aux bâtiments de la douane, auxquels est annéxé le SALON DES VOYAGEURS qui arrivent par voie de mer (V. p. 47).

*La route que suit la voiture pour arriver à l'hôtel à Péra est indiquée à p. 28 - 31.*

———o———

## BUDGET

**Le Budget d'un voyage en Orient** dépend du temps et des ressources dont on peut disposer.

Les conditions dans lesquelles on peut l'accomplir sont trop diverses pour qu'il soit possible d'établir d'avance un chiffre qui approche de la vérité.

En Turquie, si l'on sait se débrouiller (*) et marchander, avec une quinzaine de francs par jour on en a suffisamment pour loger dans un bon hôtel, prendre ses repas soit à l'hôtel soit dans une brasserie de Péra et aller le soir au jardin municipal ou à l'amphithéâtre des Petits Champs (V. p. 5) entendre de la bonne musique et respirer l'air frais de la Corne d'Or.

Les *Renseignements Utiles* de ce Guide (4ᵐᵉ Partie p. 183), faciliteront les courses personnelles, sans avoir besoin de se faire piloter par un drogman. Les itinéraires et prix des billets de passage des Compagnies de Navigation à vapeur et des Chemins de fer contenus dans ce Guide, (V. Table des Matières), évitent au voyageur la peine et la perte de temps d'aller s'enquérir lui même des renseignements qui l'intéressent.

---

(*) A p. 54—60, la traduction de quelques mots turcs en français et vice-versa, facilitera le touriste dans ses courses en ville et aux environs.

# EMPLOI DU TEMPS

Nous traçons le programme ci-dessous pour le simple Touriste qui se borne à voir rapidement, sans trop se fatiguer, les principales curiosités de la ville et de ses environs, laissant au voyageur, ayant des connaissances historiques et archéologiques, le soin de suivre sa méthode personnelle et à ceux qui font un séjour prolongé, de régler, à l'aide du Guide, leur programme, comme ils l'entendent.

Il est vrai que pour bien voir à son aise tout ce qu'il y a d'intéressant dans la grande ville et ses environs et pouvoir en goûter les beautés, il faut plus de 20 jours de séjour.

Le présent programme ne comporte que *onze jours* seulement, y compris l'excursion de Brousse. On devra en conséquence le suivre à la lettre.

Les courses et les visites personnelles se feront dans les matinées et on devra déjeuner de bonne heure pour pouvoir partir à midi.

Tous les après-midi seront consacrés à suivre, dans l'ordre qu'on préférera, les tournées indiquées ci-après :

*1ᵉʳ jour :*

Monter à la *Tour de Galata* (V. p. 119); Promenade dans la Grande Rue de Péra (V. p. 32); au Jardin public des Petits-Champs (V. p. 31) et à celui du Taxime (V. p. 36). Demander à son Ambassade une carte pour assister à la Cérémonie du *Sélamlik* qui a lieu le Vendredi.

*2ᵉ jour* (le Vendredi) : Cérémonie du *Sélamlik* (V. p. 125); à 2 h. p. m. les Derviches Tourneurs (V. p. 69); la Mosquée Kahrié (V. p. 84).

*3ᵉ, 4ᵉ et 5ᵉ jour.*—**Lieux remarquables de Stamboul :**

*Le premier.* Visiter le *Musée Impérial d'Antiquités* (V. p. 101); la *Fontaine d'Ahmed* (p. 73); la mosquée de *Sainte Sophie* (p. 74); la *Citerne* des *mille et une colonnes* (p. 66); dans la place de l'*At-Meïdan :* la Mosquée d'*Ahmed* (p. 80), l'*Obélisque de Théodose* (p. 105); la *Colonne Serpentine* (p. 68) le *Musée des Janissaires* (p. 103), les substructions de l'*Hippodrome* (p. 73), et du *Palais* de *Justinien* (p. 112), et la mosquée *Mehmed* (p. 87).

*Le deuxième* : la mosquée de Yéni–Djami (V. p. 90) ; la *Colonne brûlée* (p. 66) ; la mosquée *Nouri Osmanieh* (p. 88) ; la mosquée *Mahmoud* (p. 87) ; le turbé de Mahmoud (p. 123) ; le *Grand Bazar* (p. 64) ; la mosquée de *Bayazid* (p. 81) ; la *Tour* du *Séraskiérat* (p. 117) ; la mosquée de *Cheh–Zadé* (p. 82) ; et la mosquée *Suleïmanieh* (V. p. 88).

*Le troisième :* Tour des Murailles maritimes et terrestres (V. p. 91).

Excursions:
- *6^{me} jour*. Le Bosphore (V. p. 139).
- *7^{me} jour*. Les Iles des Princes (V. p. 154).
- *8^{me} jour*. Scutari (p. 37) et le Mont Boulgourlou (V. p. 160). Si cette excursion tombe un jeudi, on peut aussi voir les Derviches Hurleurs (V. p. 70), et

*Le 9^{me}, 10^{me} et 11^{me} jour*. Brousse (V. Table des Matières).

————o————

## DÉPART

Les conditions et les formalités auxquelles on est obligé de se soumettre au départ par mer, sont à peu près les mêmes qu'à l'arrivée.

On fera bien de retenir sa place à l'avance à l'agence de la C^{ie} de navigation à vapeur, à la C^{ie} des Wagons Lits ou à l'agence Cook.

Si le départ a lieu par mer, on devra quitter l'hôtel environ une heure avant celle fixée pour le départ du bateau afin d'avoir tranquillement le temps de faire visiter ses bagages au SALON DES VOYAGEURS à la douane, et de faire enregistrer par la Police son passeport ou le teskéré.

Si le départ a lieu par terre, on peut quitter l'hôtel une demi-heure avant le départ du train, car à la Gare de Sirkedji il n'y a aucune formalité à accomplir, sauf celle de montrer à l'agent de Police son passeport ou le teskéré visé.

La visite des bagages a lieu à la frontière turque (V. Moustapha Pacha à la page 87).

*Pour l'horaire et les prix des places, consulter: Chemins de fer Orientaux*, Table des Matières.

## TRADUCTION TURQUE de quelques MOTS FRANÇAIS
### Pour la Traduction française de quelques mots turcs (V. p. 57).

| | |
|---|---|
| Agent de police . . | *police.* |
| Aigle . . . . . . . | *kartal.* |
| Allez . . . . . . . | *ghidinise.* |
| Ambassade . . . . | *séfarète.* |
| Ambassadeur . . . | *eltchi.* |
| Ancien . . . . . . | *eski.* |
| Ane . . . . . . . | *échek.* |
| Animal . . . . . . | *haïvan.* |
| Apporte . . . . . | *ghietir.* |
| Aqueduc, Arcade . | *kemer.* |
| Arbre . . . . . . | *aghatch.* |
| Aride . . . . . . | *kourou.* |
| Arrête-toi . . . . | *dour.* |
| Arriver . . . . . | *guelmek.* |
| Asie . . . . . . | *Anadole.* |
| Assiette . . . . . | *tabak.* |
| Attends . . . . . | *beklé ou dour.* |
| Auberge . . . . . | *han.* |
| Avenue . . . . . | *djaddé.* |
| Bain . . . . . . . | *hamam.* |
| Banque . . . . . | *banka.* |
| Barque . . . . . | *sandal* |
| Bas . . . . . . . | *tchorape.* |
| Bassin . . . . . | *havous,* |
| Bazar . . . . . . | *tcharchi.* |
| Beau . . . . . . | *guzel.* |
| Beaucoup . . . . | *tchok.* |
| Berceau . . . . | *bechik.* |
| Bergerie . . . . | *mandra.* |
| Blanc . . . . . . | *béiaz.* |
| Bleu . . . . . . | *mavi.* |
| Boire . . . . . . | *itchmek.* |
| Bon . . . . . . . | *eï.* |
| Bonjour . . . . . | *sabahlarhaïrolsoun* |
| Bonsoir . . . . . | *akchamlarhaïrol-* |
| Bouche . . . . . | *aghzi.*     *soun.* |
| Boue . . . . . . | *tchamour.* |
| Bouteille . . . . | *chiché.* |
| Bras . . . . . . | *col.* |
| Caleçon . . . . . | *done.* |
| Canal . . . . . . | *halidj.* |

| | |
|---|---|
| Canon . . . . . . | *top.* |
| Canot-turc . . . . | *caïk.* |
| Cap . . . . . . . | *bournou.* |
| Caserne . . . . . | *kichla.* |
| Chaise . . . . . . | *sandalié.* |
| Chambre . . . . . | *oda.* |
| Chambre des Députés | *médjliss-méboussa* |
| Champs . . . . . | *tarla.* |
| Change . . . . . | *saraflik.* |
| Changez . . . . . | *bozunuse.* |
| Chanson . . . . . | *turku.* |
| Chant . . . . . . | *turku.* |
| Chantre de la prière | |
|    sur le minaret . . | ***muezzine.*** |
| Charmant . . . . | ***mukemèle.*** |
| Chat . . . . . . . | *kédi.* |
| Chaud . . . . . . | *sidjak.* |
| Chaussures . . . | *aïak-kabeu.* |
| Chaussée . . . . | *kaldérim.* |
| Chef . . . . . . . | *ser.* |
| Chemise . . . . . | *guemlek.* |
| Cheval . . . . . . | *at ou béghir.* |
| Chien . . . . . . | *kiopek.* |
| Ciel . . . . . . . | *gœk.* |
| Cime . . . . . . . | *tépé.* |
| Cimetière . . . . | *mezarlik.* |
| Citron . . . . . . | *limon.* |
| Clef . . . . . . . | *anahtar.* |
| Cocher . . . . . | *arabadji.* |
| Cochon . . . . . | *domouze.* |
| Coiffeur . . . . | *berbère.* |
| Colline . . . . . | *tépé.* |
| Colline du trésor . | *maltépé.* |
| Combien ? . . . . | *katch ?* |
| Concierge . . . . | *odabachi.* |
| Conseil . . . . . | *médjliss.* |
| Constitution . . . | *Kanouni-Essassi.* |
| Consul . . . . . | *consolose.* |
| Consulat . . . . . | *consolato.* |
| Corne-d'Or . . . | *halidjé Dersaadet.* |
| Corps de garde . . | *karakol.* |
| Court . . . . . . | *kissa.* |

| | | | | |
|---|---|---|---|---|
| Couteau | *bitchak.* | | Gendarme | *zaptié.* |
| Couvent | *tekké.* | | Gorge | *boghaz.* |
| Cuillère | *kachik.* | | Grand | *bouyouk.* |
| Cyprès | *selvy.* | | Grand Bazar | *bouyouk-tcharchi.* |
| Dame | *hanoum.* | | Grand fleuve | *bouyouk-dère.* |
| Danser | *oïnamak.* | | Gras | *chichman.* |
| Débarcadère | *iskélé.* | | Gros | *kaline.* |
| Dedans | *itchérdé.* | | Habits | *elbissé.* |
| Dehors | *dicharda.* | | Hippodrome | *at meïdan.* |
| Demain | *yarine.* | | Honneur | *namousse.* |
| Député | *mébouss.* | | Huissier | *hadémé.* |
| Descendre | *inmek.* | | Humanité | *insaniét.* |
| Détroit | *boghaz.* | | Ile | *ada.* |
| Diable | *cheïtan.* | | Indigène | *yerli.* |
| Doigt | *parmak.* | | Inférieur | *adi.* |
| Donne | *vère.* | | Jambe | *badjak.* |
| Donner | *vermek.* | | Janissaires (Musée des) | |
| Douane | *gueumruk.* | | | *elbissé-i-attika.* |
| Drogman | *terdjiman.* | | Jardin | *baghtché.* |
| Droit | *doghrou.* | | Jaune | *sari.* |
| Eau | *sou.* | | Joli | *guzel.* |
| Echelle | *iskélé.* | | Jouer | *oïnamak.* |
| Ecole | *mekteb.* | | Journal | *gazeta.* |
| Ecole de théologie | *médressé.* | | Juste | *tamam.* |
| Eglise | *kilissé.* | | Lac | *gœl.* |
| Ehonté | *edepsise.* | | Lait | *sute.* |
| En bas | *achada.* | | Lampe | *kandil.* |
| Encre | *murékkèbe.* | | Langue | *dil.* |
| Endroit | *yer.* | | Langue (idiome) | *lissan.* |
| Enfant | *tchodjouk.* | | Lanterne | *fener.* |
| En haut | *yokkarda.* | | Lentement | *yavache.* |
| Entrez | *bouyroun.* | | Lettre | *mektoube.* |
| Escalier | *merdévène.* | | Liberté | *houriète.* |
| Exact | *doghrou.* | | Livre | *kitape.* |
| Farine | *oun.* | | Livre turque | *Osmanli-lira.* |
| Fatigué | *yorgoun.* | | Loin | *ouzak.* |
| Fenêtre | *pendjéré.* | | Long | *ouzoun.* |
| Ferme | *tchifllik.* | | Lumière | *ichik.* |
| Fermé | *kapali.* | | Main | *el.* |
| Fille | *kiz.* | | Maison | *ev.* |
| Fleuve | *déré.* | | Maison (Palais) | *konak.* |
| Fonderie de canons | *tophané.* | | Maîtrise d'Artillerie | *top-hané.* |
| Fontaine | *tchechmé.* | | Malade | *hasta.* |
| Fontaine desséchée | *kourou-tchechmé.* | | Malpropre | *piss.* |
| Fort | *kouvetti ou sert.* | | Malpropreté | *pislik.* |
| Forteresse | *kalé.* | | Manger | *yemek.* |
| Fortification | *tabia.* | | Marché | *bazar.* |
| Fou | *déli.* | | Marcher | *yurulmek.* |
| Fourchette | *tchatal.* | | Mausolée | *turbé.* |
| Froid | *so-ouk.* | | Mauvais | *féna.* |
| Fruit | *yemich.* | | Mechant | *keutu.* |
| Gants | *eldivène.* | | Médecin | *hékime.* |
| Garçon | *erkek.* | | Médicament | *ilatche.* |
| Gardien | *bektchi.* | | Menteur | *yalandji.* |
| Gardien de chambre | *odadji.* | | | |

|  |  |
|---|---|
| Mer. | *deniz ou bahr.* |
| Mère | *valdé.* |
| Milieu | *orta.* |
| Moitié | *yarime.* |
| Monsieur | *effendi.* |
| Montagne. | *dagh.* |
| Monter | *yokkarié tchikmak.* |
| Mosquée | *djami.* |
| Mot | *seuse.* |
| Mouchoir | *mendil.* |
| Musée des Janissaires | *yénitcheri-ser-ghissi.* |
| Nez | *bouroun.* |
| Noir | *kara.* |
| Non | *yok.* |
| Nouveau | *yéni.* |
| Olive. | *zéïtoun.* |
| Où ? | *nerdé ?* |
| Oui. | *evet.* |
| Ouvert | *atchik.* |
| Pain | *ekmek.* |
| Palais | *sérai.* |
| Papier | *kiaat.* |
| Parapluie ou Parasole | *chemsié.* |
| Parent | *hissim.* |
| Parfait ou charmant | *mukiémmel.* |
| Parlement | *Medjlisse Méboussa* |
| Parler | *seuilemek.* |
| Parole | *sose.* |
| Partir | *harekiét etmek.* |
| Patron | *tchélébi.* |
| Pavé | *kaldirim.* |
| Perdu | *kaïb-olmouche.* |
| Perte | *kaïb.* |
| Petit | *kutchuk.* |
| Peuplier | *kavak.* |
| Pharmacien. | *ezadji.* |
| Piastre | *crouche.* |
| Pied | *aïak.* |
| Pierre | *tache.* |
| Pin | *tcham.* |
| Pipe turque. | *tchibouk.* |
| Place | *meïdan.* |
| Pluie | *yaghmoure.* |
| Plume | *kaléme.* |
| Plus | *daha.* |
| Pointu | *sivri.* |
| Pont | *keupru.* |
| Port | *liman.* |
| Porte. | *kapou.* |
| Porte du canon | *top-kapou.* |
| Portier | *kapoudji* |
| Poste. | *posta.* |
| Potager. | *bostan.* |
| Pourboire. | *bakchiche.* |
| Pourquoi ? | *nitchune ?* |
| Poussière | *toze.* |
| Prairie | *tchaïr.* |
| Prends | *al.* |
| Prendre | *almak.* |
| Présent | *mevdjoud.* |
| Prêtre | *papaz.* |
| Prêtre musulman | *imam.* |
| Professeur | *hodja.* |
| Promontoire. | *bouroun.* |
| Puits | *konyou.* |
| Quart | *tchéïrek.* |
| Quartier | *mahallé.* |
| Ravin | *déré.* |
| Récent | *yénidjé.* |
| Rire | *gulmek.* |
| Rocher | *kaha.* |
| Rose | *ghul.* |
| Rouge | *kirmizi.* |
| Rue | *sokak.* |
| Ruines. | *harabé* |
| Ruiné | *viran.* |
| Sable. | *koum.* |
| Saint. | *chérif.* |
| Sale | *piss.* |
| Salut. | *séloin.* |
| Sec. | *kourou.* |
| Seigneur | *bey.* |
| Sel. | *touz.* |
| Senat | *Héyet-i-Aïan.* |
| Sept tours | *yédi-koulé.* |
| Serviette | *pechkire.* |
| Si. | *evet.* |
| Soldat. | *asker.* |
| Souliers. | *papoutch.* |
| Source | *bonnar.* |
| Souverain | *hunkiar.* |
| Sultan | *padichah.* |
| Tabac | *tutun.* |
| Table. | *massa.* |
| Tapis | *hali.* |
| Terre. | *yer.* |
| Tête | *bâche.* |
| Timbre | *poute.* |
| Timbre-poste. | *mektoub-poulou.* |
| Tour | *koulé.* |
| Tour de Léandre. | *kiz-kouléssi.* |
| Très bien. | *pek-éï.* |
| Trésor. | *mal.* |
| Turquie d'Asie | *Anadole.* |
| Turquie d'Europe | *Roumélie.* |
| Va-t-en | *ghit.* |
| Vent | *rousghiare.* |
| Verre. | *kadek.* |
| Vert | *yéchil.* |
| Viande | *et.* |
| Vieille cité | *Eski-Chehir.* |
| Viens. | *ghiel.* |
| Vieux | *ihtiar.* |
| Villa | *kiosk.* |
| Village | *keuy.* |
| Village moyen. | *ortakeuy.* |
| Ville | *chéhr.* |
| Vin | *charap.* |
| Vite | *tchabouk.* |
| Voie | *yol.* |
| Voiture. | *araba.* |
| Voiturier. | *arabadji.* |

## TRADUCTION FRANÇAISE de quelques MOTS TURCS (1)

### (Pour la Traduction turque de quelques mots français V. p. 54).

———o———

| | |
|---|---|
| Achada | *en bas.* |
| Ada | *île.* |
| Adi | *inférieur.* |
| Aghalch | *arbre.* |
| Aghzi | *bouche.* |
| Aïak | *pied.* |
| Aïak-Kabeu | *chaussures.* |
| Ak | *blanc.* |
| Aktchamlarhaïrolsoun | *bonsoir.* |
| Al | *prend.* |
| Almak | *prendre.* |
| Anadole | *Asie-Mineure.* |
| Anaktar | *clef.* |
| Anatolie | *Turquie d'Asie.* |
| Araba | *voiture.* |
| Arabadji | *voiturier.* |
| Asker | *soldat.* |
| At | *cheval.* |
| At-Meïdan | *hippodrome.* |
| Atchik | *ouvert.* |
| Bâche | *tête.* |
| Badjak | *jambe.* |
| Baghtché | *jardin.* |
| Bahr | *mer.* |
| Bakchiche | *pourboire.* |
| Banka | *banque.* |
| Bazar | *marché.* |
| Bechik | *berceau.* |
| Béghir | *cheval.* |
| Béiaz | *blanc.* |
| Boklé | *attends.* |
| Bektchi | *gardien.* |
| Berbère | *coiffeur.* |
| Bey | *seigneur.* |
| Bitchak | *couteau.* |
| Boghaz | *gorge ou détroit.* |
| Bostan | *potager.* |
| Bounar | *source.* |
| Bouroun | *nez, cap, promontoire.* |
| Bouyouk | *grand.* |
| Bouyouk-Déré | *grand ravin.* |
| Bouyouk Tcharchi | *grand bazar.* |
| Bouyouroun | *entrez.* |
| Bozanuse | *changez.* |
| Caïk | *canot turc.* |
| Charab | *vin.* |
| Chéhir | *ville.* |
| Cheïtan | *diable.* |
| Chemsié | *parapluie ou parassole.* |
| Chérif | *saint.* |
| Chiché | *bouteille.* |
| Chichman | *gras.* |
| Col | *bras.* |
| Consolato | *consulat.* |
| Consolose | *consul.* |
| Crouche | *piastre.* |
| Dagh | *montagne.* |
| Déli | *fou.* |
| Denize | *mer.* |
| Déré | *fleuve ou ravin.* |
| Dicharda | *dehors.* |
| Dil | *langue.* |
| Djaddé | *avenue.* |
| Djami | *mosquée.* |
| Doghrou | *droit ou exact.* |
| Domouze | *cochon.* |
| Done | *caleçon.* |
| Dour | *arrête-toi.* |
| Echek | *âne.* |
| Edepsise | *éhonté.* |
| Effendi | *monsieur.* |
| Eï | *bon.* |
| Ekmek | *pain.* |
| El | *main.* |
| Elbissé | *habit.* |
| Eldivène | *gants.* |

(1) En turc l'article n'existant pas, la particule indiquant le possessif suit le substantif et y est rattachée: *Validé-Djami*, Mosquée Validé. — *Validé-Djamissi*, la Mosquée de Validé; *Edirné Kapou*, porte d'Andrinople. — *Edirné Kapoussi*, la porte d'Andrinople; ainsi qu'on le voit, la terminaison varie si le substantif finit par une voyelle ou par une consonne.

Dans les mots turcs l'*h* est toujours aspirée.

|  |  |
|---|---|
| Eltchi | ambassadeur. |
| Erkek | garçon. |
| Eski | ancien, vieux. |
| Eski-Chehir | vieille cité. |
| Ete | viande. |
| Ev | maison. |
| Evet | oui ou si. |
| Ezadji | pharmacien. |
| Féna | mauvais. |
| Fener | lanterne, fanal. |
| Gazéta | journal. |
| Ghiel | viens. |
| Ghiettir | apporte. |
| Ghidinise | allez. |
| Ghit | va-t-en. |
| Ghul | rose. |
| Gœk | ciel. |
| Gœl | lac. |
| Guemlek | chemise. |
| Gueumruk | douane. |
| Gulmek | rire. |
| Guzel | beau ou joli. |
| Haïvan | animal. |
| Hadémé | huissier. |
| Hali | tapis. |
| Halidj | canal. |
| Halidj-i-Dersaâdet | Corne d'Or. |
| Hamam | bain. |
| Han | auberge. |
| Hanoum | dame. |
| Harabé | ruines. |
| Harékiét-etmek | partir. |
| Hasta | malade. |
| Havous | bassin. |
| Hékimé | médecin. |
| Héyet-i-Aïan | senat. |
| Hissim | parent. |
| Hodja | professeur. |
| Houriète | liberté. |
| Hunkiar | souverain. |
| Ichik | lumière. |
| Ihtiar | vieux. |
| Ilatche | médicament. |
| Imam | prêtre musulman. |
| Inmek | descendre. |
| Insaniet | humanité. |
| Iskélé | échelle, débarcadère |
| Itchérdé | dedans. |
| Itchmek | boire. |
| Kachik | cuillère. |
| Kadek | verre. |
| Kaïb | perte. |
| Kaïbolmouche | perdu. |
| Kaïk | voir caïk. |
| Kaldérim | pavé ou chaussée. |
| Kalé | forteresse. |
| Kalème | plume. |
| Kaline | gros. |
| Kandil | lampe. |
| Kanouni-essassi | constitution. |
| Kapali | fermé. |
| Kapou | porte. |
| Kapoudji | portier. |
| Kara | noir. |
| Karakol | corps de garde. |
| Kartal | aigle. |
| Katch ? | combien ? |
| Kavak | peuplier. |
| Kaya | rocher. |
| Kemer | arcade, aqueduc. |
| Kédi | chat. |
| Keupru | pont. |
| Keulu | méchant. |
| Keuy | village. |
| Kiaat | papier. |
| Kichla | caserne. |
| Kilissé | église. |
| Kiopek | chien. |
| Kiosk | villa. |
| Kirmizi | rouge. |
| Kissa | court. |
| Kitape | livre. |
| Kiz | fille. |
| Kiz-Kouléssi | tour de Léandre. |
| Konak | maison (palais). |
| Koulé | tour. |
| Koum | sable. |
| Kourou | aride, sec. |
| Kourou-Tchechmé | fontaine desséchée. |
| Kouvelli | fort. |
| Kouyou | puits. |
| Krouch | piastre. |
| Kutchuk | petit. |
| Lafe | parole, conversat. |
| Liman | port. |
| Limon | citron. |
| Lissan | langue (idiome). |
| Mahallé | quartier. |
| Mal | trésor. |
| Mallépé | colline du Trésor. |
| Mandra | bergerie. |
| Massa | table. |
| Mavi | bleu. |
| Mébouss | député. |
| Médjliss | conseil. |
| Médjliss-méboussa | chambre des députés |
| Médréssé | école de théo. dépendant d'une mosq. |

| | | | | |
|---|---|---|---|---|
| Meïdan | *place.* | | So-ouk | *froid.* |
| Mekteb | *école.* | | Sou | *eau.* |
| Mektoub | *lettre.* | | Sute | *lait.* |
| Mektoub-poulou | *timbre-poste.* | | Tabak | *assiette.* |
| Mendil | *mouchoir.* | | Tabia | *fortification.* |
| Merdévène | *escalier.* | | Tach | *pierre.* |
| Mevdjoud | *présent.* | | Tamam | *juste.* |
| Mezarlik | *cimetière.* | | Tarla | *champs.* |
| Muezzine | *chantre de la prière sur le minaret.* | | Tchabouk | *vite.* |
| Mukiémmèle | *parfait ou charmant* | | Tchaïr | *prairie.* |
| Murekkèbe | *encre.* | | Tcham | *pin.* |
| Namousse | *honneur.* | | Tchamoure | *boue.* |
| Nerdé ? | *où ?* | | Tcharchi | *bazar, marché.* |
| Nilchüne? | *pourquoi ?* | | Tchatal | *fourchette.* |
| Oda | *chambre.* | | Tchechmé | *fontaine.* |
| Odabachi | *concièrge.* | | Tcheirek | *quart.* |
| Odadji | *gard. de chambre.* | | Tchélébi | *patron.* |
| Oïnamak | *danser, jouer.* | | Tchibouk | *pipe turque.* |
| Orta | *milieu.* | | Tchifllik | *ferme.* |
| Ortakeuy | *village mohen.* | | Tchodjouk | *enfant.* |
| Osmanli Lira | *Livre turque.* | | Tchok | *beaucoup.* |
| Oun | *farine.* | | Tchorab | *bas, chaussettes.* |
| Ouzak | *loin.* | | Tekké | *couvent.* |
| Ouzoun | *long.* | | Tépé | *colline.* |
| Padichah | *Sultan.* | | Terdjiman | *drogman.* |
| Papaz | *prêtre.* | | Top | *canon.* |
| Papoutch | *souliers.* | | Top-hané | *fonderie de canons, maitrise d'artillerie* |
| Parmak | *doigt.* | | Top Kapou | *porte du canon.* |
| Pechkire | *serviette.* | | Touz | *sel.* |
| Pek-Eï | *très-bien.* | | Tozo | *poussière.* |
| Pendjéré | *fenêtre.* | | Turbé | *mausolée.* |
| Pislik | *malpropreté.* | | Turku | *chant ou chanson.* |
| Piss | *sal.* | | Tutun | *tabac.* |
| Police | *agent de police.* | | Vakouf | *propriété revenant aux fondations pieuses après le décès du propriétaire sans enfants.* |
| Posta | *poste.* | | | |
| Poule | *timbre.* | | | |
| Roumélie | *Turquie d'Europe.* | | | |
| Rousghiare | *vent.* | | Validé | *mère.* |
| Sabahlarhaïrolsoun | *bonjour.* | | Vère | *donne.* |
| Sandal | *barque.* | | Vermek | *donner.* |
| Saraflik | *change.* | | Viran | *ruiné.* |
| Sari | *jaune.* | | Yaghmoure | *pluie.* |
| Séfarèle | *ambassade.* | | Yalandji | *menteur.* |
| Sélam | *salut.* | | Yarim | *moitié.* |
| Selvy | *cyprès.* | | Yarine | *demain.* |
| Ser | *chef.* | | Yavache | *lentement.* |
| Seraï | *palais.* | | Yechil | *vert.* |
| Sert | *fort.* | | Yedi-Koulé | *sept tours.* |
| Seuilemek | *parler.* | | Yemek | *manger.* |
| Seuse | *mot.* | | Yémiche | *fruit.* |
| Sidjak | *chaud.* | | Yeni | *nouveau.* |
| Sivri | *pointu* | | Yenidjé | *récent.* |
| Sokak | *rue.* | | | |

Yénitcheri-Serghissi *Musée des janis-*
                   *saires.*
Yer . . . . . . . *endroit ou terre.*
Yerli . . . . . . *indigène.*
Yok . . . . . . . *non.*
Yokkarda . . . . *en haut.*
Yokkariè-tchikmak *monter.*
Yol . . . . . . . *voie.*
Yorgoun . . . . . *fatigué.*
Yurumek . . . . *marcher.*
Zaptié . . . . . . *gendarme.*
Zeitoun. . . . . . *olive.*

— ✑ —

| | | |
|---|---|---|
| 1. bir. | Premier | *birindji.* |
| 2. iki. | Deuxième | *ikindji.* |
| 3. utch. | Troisième | *utchundju.* |
| 4. deurte | Quatrième | *deurtundju.* |
| 5. bèche | Cinquième | *béchindji.* |
| 6. alti. | Sixième | *allindji.* |
| 7. yédi. | Septième | *yédindji.* |
| 8. sékis | Huitième | *sékisindji.* |
| 9. dokous | Neuvième | *dokouzoundjou* |
| 10. one. | Dixième | *onoundjou.* |

11. on bir, *et ainsi de suite ajouter après le mot* **on** *l'unité jusqu'à 19.*

20. yermi.
30. otouse.
40. kirk.
50. elli.
60. altmiche
70. yetmiche
80. sexen.
90. doxan.
100. yuz.

*ajouter après chaque dizaine l'unité 1 à 9 bir à dokous.*

101. yuz bir, *et ainsi de suite ajouter après le mot* **yuz**, *l'unité ou la dizaine.*

200. iki-yuz, *et ainsi de suite jusqu'à:*
999. dokous yuz doxan dokous.

1000. bin.
1001. bin bir, *et ainsi de suite comme pour les centaines.*

1,000,000. bir million.

# 2ᵐᵉ PARTIE

# ANTIQUITÉS et LIEUX REMARQUABLES

## DE

## CONSTANTINOPLE

# ANTIQUITÉS

## AQUEDUCS.

AQUEDUC DE VALENS. — Long. 625ᵐ; haut. 23ᵐ.

**AQUEDUC de VALENS** (*Bozdoghan Kéméri*), *situé rue Kemer Al-ti, à Cheh Zadé.* — La porte principale est près de la Mosquée de Suleïmanié. Cet Aqueduc qui offre un coup d'œil imposant autant par sa hauteur que par sa longueur, fut commencé par Adrien et Constantin, restauré par Valens et Justinien et rebâti par Soliman le Magnifique. Quoique très délabré, il sert encore aujourd'hui de conduite d'eau.

**AQUEDUCS : de JUSTINIEN** (p. 98) **de STRATIGOPOULO** (p. 96).

------

### BAZARS (TCHARCHI);

**GRAND BAZAR.** Une des principales curiosités de Stamboul. Il a huit entrées, dont les quatre principales sont : dans la rue Mahmoud Pacha, en face la cour de la Mosquée Nouri Osmanié; dans la rue Merdjan Yocouchou, avant d'arriver au Séraskierat et dans la rue Bit-Bazar.

Ouvert tous les jours de 9 heures du matin jusqu'au coucher du soleil. Les vendredis, samedis et dimanches, les boutiques des Turcs, des Juifs et des Chrétiens sont fermées successivement.

Cet inextricable labyrinthe, formé d'une série de grandes voûtes avec des lucarnes qui donnent le jour à une infinité de rues, ruelles, passages, carrefours, semble une ville dans la ville. Chaque rue est affectée à une corporation spéciale de marchands de toutes nationalités. Le tremblement de terre du 10 Juillet 1894 l'ayant en grande partie détruit, il a été reconstruit en 1898, et présente encore aujourd'hui un aspect de curiosité remarquable, apprécié par les touristes qui visitent Constantinople.

Au centre de ce Grand Bazar, dans une enceinte particulière, se trouve le *Bezestin*, Bazar des armes, très intéressant à visiter.

**BAZAR D'EGYPTE ou DES DROGUES** (*Missir Tcharchi*), *près du Pont, derrière la Mosquée de Yéni Djami.* — Ce bazar, vieille construction en pierre au cachet oriental, a succédé aux anciens marchés des Génois et des Vénitiens. L'odeur pénétrante et aromatique des épices exposées dans les boutiques de la rue principale, affectée aux droguistes turcs, fait souvent éternuer les passants au nez susceptible. Sur chacune de ces boutiques est suspendu un objet distinctif tel que : cage, navire, etc., qui remplace l'enseigne.

## BIBLIOTHÈQUES PUBLIQUES

Presque toutes les mosquées de la Capitale possèdent une bibliothèque. Les manuscrits qu'elles renferment s'élèvent au nombre de 64,141, dont plusieurs sont d'une valeur inappréciable.

*Nous en citons les plus importantes ;*

**Bibliothèque d'Atif Effendi**, *à Véfa Meïdan*, fondée en 1735. Elle contient, outre 2,756 manuscrits, une traduction en arabe du Pentateuque de 1398.

**Bibliothèque du Medressé Hamidié**, fondée en 1780 par le Sultan Abdul Hamid Khan 1er; elle possède, entre autres manuscrits importants, plusieurs traductions en arabe des œuvres d'Aristote, d'Euclide, de Ptoleméc et d'Appolonius.

**Bibliothèque du Musée Impér. Ottoman,** *ouverte au public tous les jours, excepté les Vendredis.*—16,000 volumes et plusieurs manuscrits importants relatifs à la civilisation orientale. — La « *Section Djevad Pacha* » contient une riche collection des œuvres des plus renommés écrivains étrangers, composée de 9,000 volumes, parmi lesquels des recueils de grand prix de divers journaux européens (*).

**Bibliothèque de Nouri Osmanié**, fondée en 1755. Elle possède 4,382 manuscrits dont 2 Korans écrits par les Khalifs Osman et Ali.

**Bibliothèque du Palais de Top-Kapou.** *Elle contient* environ 3,000 manuscrits dont plusieurs en arabe et en grec très ancien et 17 de Bouddha, qui appartenaient à Mathia Corbin, roi de Hongrie.

**Bibliothèque de Sainte Sophie,** fondée en 1454. 4,864 manuscrits et un Koran écrit par le Khalif Osman.

**Bibliothèque de Sultan Bayazid,** *dans la mosquée de ce nom.* Organisée très richement à l'instar des plus importantes bibliothèques européennes.

**Bibliothèque de Sultan Mehmed,** contenant près de 4,885 manuscrits.

## CHATEAUX

**CHATEAU de ROUMELIE HISSAR** ( V. p. 141).

**CHATEAU des Sept TOURS** (V. p. 95).

(*) Don de l'ex Grand-Vézir Djevad Pacha qui fut ensuite Commandant du 5me corps d'armée en Syrie.

## CITERNES.

**CITERNE D'ASPARIS** ou CITERNE DE BOUDROUM DJAMI, *près de Laleli Djamissi.*—Elle repose sur 64 colonnes et fut construite par Aspar et Ardaburius, sous Léon le Grand. Elle est actuellemet desséchée.

**CITERNE BIN-BIR-DIREK** (*Citernes des Mille et une Colonnes ou de la Basilique d'Illus*), œuvre capitale de Justinien, *située entre l'At-Meïdan et la Colonne brûlée.* C'est celle de Phyloxenus. On ne compte maintenent que 224 colonnes, dont chacune composée de trois colonnes réunies par deux tambours. Aujourd'hui elle est desséchée. Le sol rempli de terre jusqu'à la hauteur des tambours de ces colonnes, est occupé par des tisserands. Elle mesure 60$^m$ de longueur et 50$^m$½ de largeur.

**CITERNE BASILICA. — YÉRÉ-BATAN-SÉRAÏ. —** (*Palais dessous terre*). A la montée du tramways, vis-à-vis la principale façade de Sainte-Sophie, dans une rue qui conduit droit à l'Ambassade de Perse. Cette solide bâtisse, fondée par Constantin le Grand et réédifiée par Justinien, supporte des mosquées, des rues et des maisons qui ont pratiqué des trous dans la voûte pour y puiser leur eau, et qui y puisent encore aujourd'hui. On peut descendre dans la citerne en se munissant de flambeaux, par un escalier pratiqué dans la cour d'une maison particulière. A la lueur des torches s'offre un aspect magnifique sur ces eaux par la file infinie de 336 colonnes de marbre hautes d'une dizaine de mètres, et des voûtes plus solides qu'artificiellement embellies. Ces colonnes sont réparties en 28 rangées dans le sens de la longueur et en 12 dans celui de la largeur. Jadis un Anglais y a fait transporter une petite barque pour se promener sur ce lac souterrain.

**CITERNE DE PANDOCRATOR,** près de Zeïrek Djami. Portant 36 colonnes ; elle est utilisée encore aujourd'hui.

**CITERNE DE PHOCAS,** située au N. de Laleli Djami et près de la Fontaine Tchikour Tchechmé. Cette citerne est soutenue par 70 colonnes.

## COLONNES.

**COLONNE BRULÉE,** en turc *Tchemberli-Tach, située rue Divan Yolou, sur la route du tramway.* — Cette colonne de porphyre, haute de 40$^m$, est composée de 9 morceaux cylindriques ,emboîtés les uns dans les autres par une bande évasante en forme de couronne de lauriers qui cache la jointure et produit l'effet d'un monolithe orné de couronnes. Un singulier et curieux trésor est enfoui sous la colonne : c'est le *palladium* apporté de Rome par Constantin.

La colonne portait une statue en bronze d'Apollon, dont la tête avait été remplacée par celle de Constantin. Sous le règne d'Aléxis Comnène, la foudre renversa la statue, le chapiteau et trois sphondyles. Manuel Comnène remplaça les morceaux par une maçonnerie en pierre. Cette colonne avait autrefois une hauteur de 470 pieds.

Colonne Brûlée

**COLONNE SERPENTINE** *Place de l'At-Meïdan.*—Cette colonne toute en bronze, fondue d'un seul jet, haute maintenant d'environ cinq mètres, est formée de trois serpents enroulés, consacrés à Apollon. — Deux des trois têtes qui formaient le chapiteau, ont été brisées à coups de marteau par le patriarche de Constantinople, sous l'empereur Théophile, parce qu'on voyait dans cette colonne un monument de démon ; la troisième tête fut brisée après la prise de Constantinople et on ne retrouva que la partie supérieure, aujourd'hui conservée au Musée d'antiquités dans la *salle des Bronzes.* Ce monument, un des plus célèbres qui existent dans le monde, a été érigé par les Grecs au temple des Delphes, après la victoire de Platée remportée sur les Perses.

Après que la partie inférieure de cette colonne fut dégagée en 1856 on a constaté que sur le 3ᵐᵉ jusqu'au 13ᵐᵉ replis — en comptant par en bas — étaient gravés les noms de 31 cités grecques qui participèrent à cette guerre.

**COLONNE D'ARCADIUS,** *à Arret-Bazar.*—Aujourd'hui elle ne présente extérieurement que la base colossale en forme d'un bloc de marbre calciné haut d'environ 6ᵐ. C'était autrefois un beau monument élevé en l'honneur de Théodose 1 par son fils Arcadius. La colonne elle-même, haute de 40ᵐ, représentait au dehors, en bas-reliefs, les hauts exploits de Théodose 1 et supportait la statue de l'empereur Arcadius, statue qui fut renversée le 26 Octobre 740 par un tremblement de terre. On peut aujourd'hui encore pénétrer à l'intérieur, par l'échoppe d'un maréchal-ferrant, accolée à ce bloc informe. Du haut de cette ruine on a une belle vue sur la mer de Marmara.

**COLONNE DE MARCIEN** *(KIZ – TACH), Située entre la Mehmédieh et l'At-Meïdan, dans un jardin particulier.*—Cette colonne en granit gris de Syène, dite monolithe, bien qu'elle soit composée de deux pièces traversées par une barre de fer, autour de laquelle les tremblements de terre ont fait tourner le couvercle du chapiteau corinthien, est haute de quinze mètres et porte un cippe de marbre avec les quatre angles ornés d'aigles sculptés, dont un encore est conservé. Sur le piédestal on voit les restes d'une victoire, accusant un bon goût, et les trous où étaient autrefois attachées des lettres en métal, d'une inscription latine. Au moyen de ces trous l'inscription est bien lisible, excepté le premier mot.

**COLONNE DE THÉODOSE.** *Sur une plate-forme, sise sur les hauteurs de la pointe du Séraï en face la porte principale de Top-Kapou.* Cette colonne en granit gris, élevée par l'empereur Théodose 1ᵉʳ en mémoire d'une victoire remportée sur les Gothes, est haute d'environ 15 mètres et supporte un chapiteau d'ordre corinthien. Ce monument portait sur le côté E. du piédestal, l'inscription latine : *Fortunæ reduci ob devictos Gothos.*

### COUVENTS DES DERVICHES.

## DERVICHES TOURNEURS ou DANSEURS. *(MEVLEVI TÉKESSI).*

Cet ordre religieux fut fondé par le *Chéik Mewlane Djélaleddin Roumi,* en 643 de l'hégire. — On peut assister aux prières qui ont lieu :

*Dimanche,* à 1 h. p. m. à Kassim-Pacha.

*Id.* à 1 h. p. m. à Foundoukli—*Derv. Bektachis* (V.p.27).

*Lundi et Jeudi,* à 1 h. p. m. à Mevlevi Hané Kapou.

*Mercredi,* à 1 h. p. m. à Bakarié, au fond de la Corne d'Or (intéressante promenade en *caïk*).

*Vendredi,* à 1 h. 30 p. m. Grande Rue de Péra,395,près de la place du Tunnel. C'est le Couvent le plus fréquenté des étrangers qui s'y rendent pressés après le *Sélamlik* de ce jour. L'entrée est libre mais il faut donner un pourboire de une ou deux piastres par personne au garderobe des chaussures et caoutchoucs. Il n'est pas nécessaire de se déchausser, mais il faut se tenir tête nue. On peut se placer dans la galerie autour de la salle ou dans les deux galeries supérieures des deux côtés de la tribune réservée à un petit orchestre composé de derviches assis : chef tambourin, chef flûteur, chef *darboukas* et cymbalier, qui joue un air rythmé pendant tout le temps de la cérémonie.

La cérémonie commence par l'arrivée isolée des derviches, pieds nus, drapés dans de larges manteaux noirs, coiffés d'un long bonnet de feutre gris, qui se rangent, moitié de chaque côte de l'entrée de la salle, debout, les bras croisés, jusqu'à l'arrivée du supérieur.

Le supérieur, coiffé également d'un long bonnet de feutre gris mais avec turban vert et manteau noir, entre dans la salle et d'un pas lent se dirige directement au *mihrab* en face de l'entrée, pour réciter sa prière, qui est suivie du chant de versets du *Koran* par le derviche chef chanteur ; pendant ce temps, le supérieur et ses acolytes sont assis par terre les jambes croisées.

Après ce chant qu'accompagne le petit orchestre et dès que le chef tambourin donne le signal, tous les derviches s'inclinent, frappent ensemble le plancher avec les paumes de leurs mains et d'un bond se mettent debout, puis, les bras croisées sur les épaules,. font lentement le tour de la salle ; aussitôt que chaque derviche arrive devant le supérieur, il le salue, fait ensuite une jolie pirouette posant l'orteuil du pied droit sur celui du pied gauche pour se retourner en face du derviche qui le suit ; tous les deux de chaque côté du supérieur se font une profonde révérence et ainsi de suite, chacun à son tour regagne sa place.

Ils restent quelques instants immobiles et semblent s'enivrer de cette musique mélanconique, puis, un à un, ouvrant les bras verticalement, laissent tomber leur manteau et vêtus d'une jupe en drap à grands plis et d'une jaquette de la même étoffe — de couleur verte en hiver et blanche en été—se mettent, dans cette position, à tourner lentement sur eux mêmes, au pas de valse, très recueillis et en extase, avec le regard fixe en haut et les mains gracieusement tendues : la gauche « en signe de demander », la droite « en signe de donner ».

Leurs jupes, très amples et d'étoffe pesante s'écartent par la force du mouvement et forment de larges cloches.—A travers le bruit de la musique on entend le sifflement bizarre des pieds nus frottant le plancher ciré.

Pendant cette danse autour de la salle, le supérieur se tient debout immobile près du *mihrab*.

A chaque tour de la salle, les derviches s'arrêtent à distance par groupes de deux et trois pour se reposer quelques secondes.

Après avoir fait trois fois le tour de la salle dans les mêmes conditions, ils s'agenouillent, face à terre, et au fur et à mesure que le derviche préposé jette le manteau noir sur leurs épaules, ils se lèvent, passent devant le supérieur, lui embrassent respectueusement l'anneau et s'arrêtent à sa droite pour s'embrasser réciproquement la main.

Cette cérémonie dure environ une heure et se termine par le mot *Merhaba* (bénédiction), murmuré par le supérieur qui quitte lentement la salle par la porte d'entrée; pendant ce temps les fidèles crient trois fois à voix basse *Amin* et les derviches récitent une psalmodie et une prière profondément recueillies après lesquelles ils se retirent dans la sacristie,à droite du *mihrab*, pour se débarrasser de leur costume de cérémonie.

----

## DERVICHES HURLEURS *(DERVICHES ROUFAÏ).*

A Constantinople il y a quatre *Tékés* de ce genre, dont trois de moindre importance situés dans les faubourgs de Talavia, de Kassim-Pacha et rue Yéni-Yol à Galata où les dévotions ont lieu les dimanches dans l'après midi. Le 4ᵐᵉ le plus important, se trouve à Scutari dans la rue qui conduit au grand cimetière turc.

Au débarcadère de Scutari (V. p. 39), on trouve des voitures de louage: landau 20 piastres *aller et retour* et des victoria avec strapontin 10 à 12 piastres,pourboire compris.

Les prières ont lieu les jeudis à 2 h. p. m. Des places sont réservées aux étrangers. *Entrée 5 piastres par personne.*

Ce Téké se compose d'une simple maison en bois à un étage; on y entre par une petite porte pratiquée dans le mur d'un jardin à g. de l'entrée principale. La salle où ont lieu les prières, est un parallélogramme dénué de tout caractère architectural ; aux murailles sont suspendus des écritaux paraphés de versets du Koran. Du coté du *mihrab*, sur un tapis, s'asseyent l'*imam* et ses acolytes. En face de l'*imam* se rangent les derviches qui répètent à l'unisson une espèce de litanie. A chaque verset ils balancent leur tête d'avant en arrière et de droite à gauche. Après cette première partie de la cérémonie, tout le monde se met debout ; les derviches forment une chaîne en mettant les bras de l'un sur l'autre et commencent lentement à répéter les mots *La Ilah il Allah*, tirés du fond de leur poitrine avec un hurlement rauque et prolongé, accompagné d'un mouvement de tête, dans tous les sens, qui finit par donner quelque fois des vertiges. Lorsque toute la bande est devenue solidaire de ce mouvement, elle recule d'un pas, se jette en avant avec un élan simultané et hurle d'un ton sourd qui ressemble à des rugissements. L'exaltation arrivée à son comble, toute la bande se jette en arrière et s'élance en avant d'un seul bloc, en poussant un suprême *Allah hou*. Pendant tout ce temps, l'*imam* se tient debout devant le *mihrab*, encourageant la frénésie grandissante du geste et de la voix jusqu'à ce que tous ces fidèles croyants se retirent, épuisés de fatigue. La troisième partie de la cérémonie est moins intéressante; l'*imam* soutenu par deux aides, marche sur une rangée de petits enfants couchés à plat ventre par terre, dans le but de les guérir des maux dont ils souffrent.

Le retour par *Haïdar-Pacha* peut s'effectuer en suivant la route à dr., et en traversant presque dans toute sa longueur le grand cimetière turc. On débouche alors sur la grande plaine de *Haïdar-Pacha*, laissant à droite la belle mosquée de Sélim avec sa coupole élégante, la grande caserne *Sélimié*, immense construction flanquée de quatre tours à ses angles, et la nouvelle grande batisse de l'Ecole Impériale de Médecine. On descend ensuite au village de *Haïdar-Pacha*, où se trouve, le long du rivage, le cimetière Protestant Anglais, qu'on peut facilement visiter, et plus bas la nouvelle grande Gare du chemin de fer Ottoman d'Anatolie, devant laquelle se dresse le débarcadère des bateaux à vapeur qui font le service régulier entre le *Pont* et *Haïdar-Pacha* en coïncidence avec les départs et arrivées des trains.

*Pour les itinéraires et prix des billets de passage, consulter la TABLE DES MATIÈRES.*

## FONTAINES.

Fontaine d'Ahmed

**FONTAINE D'AHMED II**, Sur la place de l'ancienne fontaine byzantine *Géranion*, *à côté de Bab-i-Houmayoun* (Porte principale et Auguste du Séraï).

C'est un petit monument des plus ravissants modèles de l'ature, en marbre blanc, de forme carrée, flanqué aux quatre angles de pavillons circulaires saillants, persés sur tout le pourtour de larges ouvertures formées de grilles de bronze curieusement ouvragées et dorées, séparées les unes des autres par de légères colonnettes. L'ornementation générale élégante et riche, se déroule en bas-reliefs de marbre blanc, finement sculptés et en inscriptions qui se détachent en lettres d'or sur des fonds verts et rouges, encadrés de frises en carreaux de faïence. La toiture recouverte de plomb, est formée comme celle d'une pagode chinoise, d'un large auvent surmonté d'un grand clocheton central et de quatre autres petits, placés au-dessus des quatre *Zébils* et terminés eux-mêmes par des flèches et des croissants dorés.

Une inscription indique la destination de l'édifice et le nom du fondateur Sultan Ahmed.

**FONTAINE de TOP-HANÈ** à Galata (V. p. 27).

## HIPPODROME

**HIPPODROME** (en turc *Al-Meïdan Place aux chevaux*). C'est une grande place, presque rectangulaire, aujourd'hui longue de 250 pas et large de 150. Autrefois, selon Gilles, la longueur en était de deux stades (370 mètres), et la largeur d'un stade (185 mètres).

Ce fut le premier monument élevé à Byzance (avant Constantinople) que l'empereur Septime-Sévère avait presque entièrement détruit, puis frappé des avantages de sa position, il voulu le rebâtir. Comme le plateau de la 1re colline n'était pas assez étendu pour fournir une carrière suffisante aux jeux du cirque, il créa un sol factice au S. sur le versant de la mer de Marmara et fit ériger des voûtes immenses de maçonnerie, reposant sur d'énormes piliers destinées à supporter une terrasse, terminée en hémicycle, qui devait former le prolongement de l'arène. Cette terrasse, dont les souterrains étaient utilisées autrefois comme citerne, est couverte aujourd'hui par le bâtiment du Musée des Janissaires (V. p. 103).—124 ans après, Constantin le Grand le reconstruisit et l'entoura de palais, de portiques et de statues enlevées à toutes les parties de la Grèce. *L'Al-Meïdan* reste aujourd'hui le document le plus précieux et le plus certain pour la restauration de la topographie de la ville antique.

Les trois monuments qui restent encore sur l'Hippodrome même, deux obélisques et la colonne serpentine ont été déblayés par les Anglais, et les bases remises à jour ont été entourées d'une grille.

## MOSQUÉES (1)

D'après l'auteur musulman Saïd Ali, il y aurait à Constantinople, 481 mosquées dont 89 seraient d'anciennes églises byzantines.

Nous en mentionnons les principales, en commençant par **Sainte-Sophie**, le chef d'œuvre incomparable de l'architecture Byzantine ; les autres suivent par ordre alphabétique.

Extérieur de la Mosquée de Sainte Sophie

**SAINTE SOPHIE.** *(en turc AYA SOPHIA)* a été érigée par Constantin, en 325. Cette basilique fut agrandie par son fils Constance ; une partie fut brûlée en 404 sous l'empereur Arcadius. Bien que rebâtie en 415 par Pulchérie, sous Théodose II, cette église, primitivement basilique, disparut entièrement en 532, dans le grand incendie sous Justinien I. C'est à cet empereur, qu'est due la forme actuelle de cet édifice. Il voulut que ce temple fût le monument le plus durable et le plus magnifique

(1) Les Turcs désignent les plus grandes Mosquées construites par les Sultans, par des membres de leurs familles ou par de hauts et puissants personnages sous le nom de Djami et toutes les autres ordinaires par celui de *Mesdjid*.

de toutes les époques. Tout l'Empire fut dépouillé pour l'orner. C'est ainsi qu'il reçut d'Ephèse huit colonnes de brèche verte; de Rome, huit colonnes qu'Aurélien avait autrefois enlevées de Baalbek. Les temples d'Athènes, de Délos, de Cyzique, d'Egypte furent aussi mis à contribution. Les trois architectes Anthemius de Tralles, Isidore de Milet et Ignace, furent chargés de la direction des travaux, mais on prétendait que l'empereur lui-même avait reçu d'un ange le plan de l'édifice et l'argent nécessaire à sa construction. Justinien voulut jeter les premiers fondements; une couche de béton de 20 pieds d'épaisseur, qui acquit la dureté du fer, sur une vaste esplanade, servit d'assise à l'édifice. A toute heure l'empereur allait surveiller les travaux et récompenser les plus zélés des 10,000 ouvriers employés à la fois à ces travaux et conduits par 100 maîtres-maçons.

Pour la construction du dôme il fit fabriquer à Rhodes des briques d'une terre si légère, que douze d'entre elles ne pesaient pas plus d'une brique ordinaire. Ces briques portaient l'inscription « C'est Dieu qui l'a fondée, Dieu lui portera secours » et pendant qu'on les disposaient par assises régulières de douze à douze et qu'on y maçonnaient des reliques, les prêtres disaient des prières.

Intérieur de la Mosquée de Sainte Sophie

.Ce temple, dont l'intérieur fut décoré avec une splendeur éblouissante, a dû coûter des sommes immenses. L'empereur imposa la ville, les pronvinces et les barbares ; mais tout cela fut insuffisant et il s vit réduit à d'autres expédients pour se procurer de l'argent. Les dépenses s'élevaient déjà à 452 quintaux d'or, quand les murs ne s'élevaient qu'à un mètre au dessus du sol. En 548, le temple fut achevé, seize ans après avoir été commencé. Justinien en fit l'inauguration avec magnificence ; les festins, les prières, les holocaustes et une large distribution d'argent au peuple, durèrent quatorze jours. L'empereur se rendit au temple, après une marche triomphale sur l'Hippodrome, et s'écria : « Gloire à Dieu qui m'a jugé digne d'accomplir cette œuvre grandiose; je l'ai vaincu Salomon ! ».—Onze années après, la coupole, bâtie avec trop de hardiesse, s'écroula pendant le tremblement de terre de 559 ; elle fut refaite avec de nouvelles précautions par Isidore le Jeune ; il diminua son diamètre et renforça les piliers en leur accolant extérieurement de fortes murailles. En 987 et en 1371 il y eut de faibles restaurations.

A la prise de Constantinople par les Turcs en 1453, Mahomet le Conquérant pénétra à cheval dans l'église jusqu'au maître-hôtel, consacra solennellement *Sainte-Sophie* au culte musulman et sautant de cheval, prononça solennellement ces paroles : « Il n'y a de Dieu que Dieu et Mahomed est son Prophète ! ». Il y fit construire un minaret et les deux contre-forts qui soutiennent l'édifice au S.-E. Sélim II éleva le second minaret ; Mourad III les deux autres du côté N.-E. et fit placer au sommet de la coupole un immense croissant en bronze dont la dorure seule coûta 50,000 ducats, Croissant qu'on aperçoit, dit-on, du sommet du mont Olympe. Sous le règne du Sultan Abdul Médjid, (1847-1849) une restauration générale a été confié à M. Fossati, habile architecte tessinois, qui sut, entre autre, consolider la coupole par un immense cercle en fer et redresser plusieurs colonnes qui s'étaient affaissées dans une position oblique.

Les contreforts massifs élevés pour soutenir les murailles ébranlées par les tremblements de terre, masquent les formes de l'édifice, de sorte qu'il est fort difficile aujourd'hui de reconnaître extérieurement le plan primitif : d'ailleurs son aspect extérieur n'a rien de remarquable à l'exception des quatre minarets blancs qui s'élèvent aux quatre angles de la mosqueé, garnis chacun d'une galerie sculptée à jour. Le minaret au N-E. est cannelé, les nervures de séparation sont saillantes et réunies de deux à deux à la partie supérieure par des demi-circonférences enjambant l'une sur l'autre. Celui du S. E. est polygonal à facettes planes. Les deux autres de l'O. sont polyganaux, à nervures saillantes sur les arêtes.

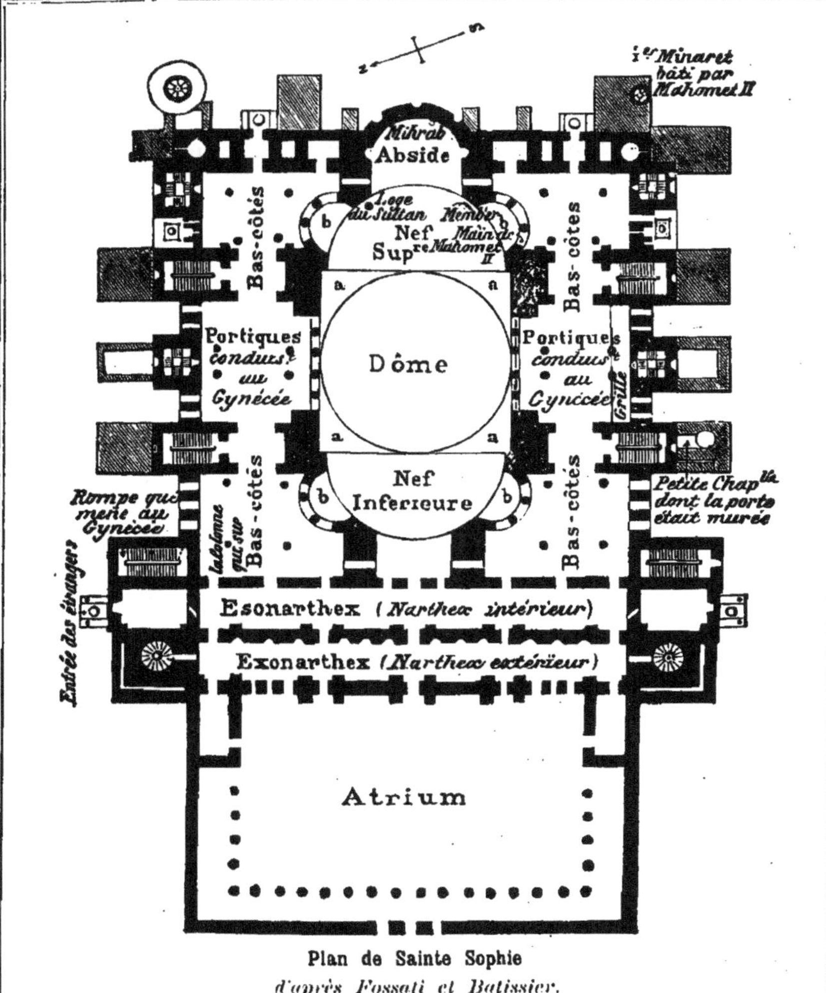



**Plan de Sainte Sophie**
*d'après Fossati et Batissier.*

*ÉTAT ACTUEL.* La Mosquée est bâtie sur un plan carré de **75**ᵐ **64** (sans l'abside) de longueur, sur **70**ᵐ de largeur; au centre de ce carré s'élève la coupole (a Dôme a) dont le diamètre, au niveau du tambour, est de **31**ᵐ **38** et plus haut dans la voûte de **32**ᵐ **64**. Cette coupole, dont la hauteur au-dessus du sol est de **65**ᵐ, est percée à la

*a a Pendentifs de la coupole.*
*b b Prothésis et Diaconicum.*

base, de 40 fenêtres cintrées, et supportée pas quatre grands arcs qui forment quatre pendatifs ; sur les deux arcs perpendiculaires à l'axe de la nef, s'appuient deux voûtes hémisphériques qui donnent au plan de la nef une forme ovoïde ; chacun de ces deux hémisphères est lui-même pénétré par deux plus petits (conques, exèdres), qui sont soutenus par deux colonnes. Cette superposition de coupoles, dont les points d'appui ne sont pas apparents, donne à la construction un aspect inimaginable.

L'édifice est inondé de lumière malgré qu'une partie des fenêtres a été bouchée par les travaux de consolidation.

Les arcs de la grande coupole sont supportés par quatre piliers énormes qui présentent un de leurs angles au centre du monument et auquels répondent en arrière quatre contre-boutants engagés dans les murs d'enceinte, et reliés aux précédents par des grands arcs.

A l'E. et à l'O. s'élèvent aussi quatre piliers secondaires qui portent en partie les grandes demi-coupoles et les conques des exèdres. Entre ces piliers principaux qui soutiennent la grande coupole, se trouvent à dr. et à g., quatre magnifiques colonnes de brèche verte provenant du temple d'Ephèse. Les huit colonnes de porphyre provenant du temple du Soleil, disposées deux à deux entre les piliers, sont remarquables par leurs bases et leurs chapitaux de marbre blanc. Parmi les quarante colonnes à l'étage inférieur, les quatre pour chacune des six grandes divisions de l'édifice, sont en granit égyptien. Ces colonnes supportent des arcs plein ceintre, dont les archivoltes sont décorées de feuillages en mosaïque. Les bas-côtés sont divisés dans le sens de leur longueur, en trois parties communiquant entre elles par des grands arcs, au dessus d'eux règne une tribune (de *gynécée* ou galerie des femmes) qui se continue du côté de l'occident, au dessus du narthex ; la voûte de cette partie de la mosquée repose sur 60 colonnes. La partie occidentale au dessus du narthex s'ouvre sur la mosquée par trois grands arcs, entre lesquels sont deux colonnes accouplées et trois petites au dessus des portes. La mosquée compte en tout 107 colonnes de marbres colorés de toutes nuances avec des chapitaux fantastiques de variétés infinies.

Les *mosaïques*, à fond d'or, représentant des sujets bibliques, ont été partout recouvertes d'un badigeon. Dans la voûte de la grande nef on a conservé les ailes des quatre chérubins réprésentés dans les pendentifs de la coupole, mais leur face a été masquée par une grosse étoile dorée. Les mosaïques de la galerie supérieure et des bas côtés, encore en bon état de conservation, suffisent à donner une idée de la magnificence de l'ancienne basilique.

**Sainte Sophie** n'étant pas orientée régulièrement vers les Lieux saints de l'islamisme, le *mihrab* qui indique la direction de la Mecque, ne se trouve pas au milieu de l'abside, mais un peu à dr. de la fenêtre.

C'est pour la même raison que les nattes et les tapis qui recouvrent les dalles de marbre, sont disposés obliquement et offrent un coup d'œil discordant avec les lignes architecturales. Sur les piliers du grand arc de l'abside à dr. et à g. sont suspendus deux vieux tapis vénérés des musulmans comme étant deux des quatre sur lesquels Mahomet se plaçait pour faire sa prière. A dr. et à g. du *mihrab* il y a deux énormes cierges en cire.

Le *member* (chaire), adossé à l'un des piliers, à droite de l'abside' est surmonté d'un clocheton aigu, délicatement découpé comme les balustrades de l'escalier. Deux drapeaux sont aussi placés de chaque côté du *member*, en signe de victoire. La loge du Sultan, en face, avec une grille en bois doré, déploie les mêmes beautés. D'autres estrades, ou *maslaba*, servent aux lecteurs du Koran. D'immenses disques verts avec versets du Koran, en lettres d'or, sont suspendus aux murailles. Un autre, au sommet de la coupole, dit : « *Dieu est la lumière du ciel et de la terre* ». Ces lettres, qui ont jusqu'à neuf mètres de longueur, sont l'ouvrage de *Bitchakdjizadé Moustapha Tchélébi*, sous Mourad IV. Un effet bizarre est produit encore par les longs cordons descendus des voûtes et qui soutiennent des lustres de bronze, des œufs d'autruche, des houppes de soie, etc.

Comme curiosité, on conserve au gynécée un bloc de marbre rouge creusé, la prétendue crèche du Christ (*Sidi Yssa*) qui aurait été apporté de Bethléem avec une espèce de vase, où l'enfant aurait été lavé par Marie ; à dr. du *mihrab*, la *fenêtre froide*, où souffle continuellement un vent frais qui passe pour avoir inspiré les plus célèbres prédicateurs de l'islamisme; dans la nef supérieure à dr. à 5ᵐ au dessus du sol, contre un pilier de l'exèdre, l'empreinte de la main de Mahomet II. En entrant par la porte du N. à g. se trouve la *colonne qui sue*, revetue de bronze, dans laquelle une petite ouverture permet de toucher du doigt le marbre toujours humide ; enfin, la *pierre resplendissante* en marbre transparent, dans une fenêtre de la galérie supérieure du côté O., devient étincelante le soir, quand elle reçoit les rayons du soleil. Sous les portiques conduisant au gynécée, à dr. se trouve la salle ornée de jolies faïences, fermée d'une belle grille en fer forgé, où sont conservés les livres sacrés.

Du haut des immenses tribunes de la mosquée, où l'on parvient par des rampes à pentes douces, précisément en face de la porte N. du grand péristyle par laquelle ont est entré, l'œil embrasse admirablement l'ensemble du grandiose monument.

Pendent les fêtes de nuit du *Ramazan*, *Sainte Sophie* est illuminée de la manière la plus brillante.

Les revenus de la mosquée s'élèvent à 2.000.000 de piastres (421,000 frs environ). Plusieurs centaines d'*imams, chéikhs, muezzins,* lecteurs, chanteurs, *kiatibs* et serviteurs sont attachés à cette mosquée.

A l'heure de la prière on ne peut visiter que les galeries supérieures.

**Mosquée d'Aboul-ul-Véfa,** *Place d'Aboul Véfa,* construite par le célèbre poète et musicien Cheik-Aboul Véfa, compagnon de Mahomet le Conquérant. Cette petite mosquée est flanquée d'un minaret à grosses nervures saillantes, à une galerie pleine.

Mosquée Ahmedieh

**LA MOSQUÉE D'AHMED.** *Située à l'O. de la place de l'At-Meïdan,* bâtie en 1610 par Ahmed I. Elle est entourée d'une vaste enceinte plantée d'arbres et dominée par six minarets polygonaux. Deux de ces minarets faisant face à la place de l'At-Meïdan ont chacun deux galeries élégamment découpées et les quatre autres sont à trois galeries. L'intérieur de l'*Ahmédieh* est simple, mais très grandiose. Avec ces quatre coupoles latérales, cet édifice présente à peu près la figuration d'une croix grecque. Son plan forme presque un carré de 72$^m$ sur 64$^m$.

Le *member*, incrusté de pierres dures, sculpté sur le modèle de celui de la Mecque, est coiffé d'un abat-voix portant une couronne dorée surmontée d'un croissant également doré ; des deux côtés on voit deux candélabres avec d'énormes cierges, gros comme des mats de navire, c'est du haut de ce *member* que fut proclamé le décret qui proscrivait les janissaires.

Le dôme principal est soutenu par quatre pilliers circulaires cannelés, mesurant 31ᵐ de circonférence et des nombreuses colonnes de granit et de marbre qui soutiennent les beaux arcs en ogive. Les murs sont revêtus de magnifiques faïences de l'art céramique turc, qui encadrent d'innombrables plaques dorées et ornées de pierres précieuses. Des lustres et des œufs d'autruche pendent du haut des voûtes.

La cour qui précède cette mosquée est entourée d'un portique formé de 40 petits dômes soutenus par des colonnes de granit égyptien. On y pénètre par une porte de style arabe. Au centre de la cour il y a une fontaine entourée de six colonnes et d'arcades en ogives. A l'E. un autre portique à ogives en marbre blanc et noir abrite des petites fontaines ; tout près se trouve, la porte, la rampe et la galerie par lesquelles le Sultan peut monter à cheval jusqu'au péron de sa loge. Dans cette mosquée, la principale pour le culte après Sainte Sophie, on y célèbre avec grande pompe les fêtes du *Baïram, du Mevloud* (naissance du Prophète), et du départ des pélerins pour la Mecque. C'est l'une des plus riches de Constantinople ; ses revenus s'élèvent à 200.000 piastres.

**Arab Djamissi. Mosquée de l'Arabe**, près du vieux pont d'Azap Kapou. Ancien église catholique construite par les Génois sur l'emplacement d'une église byzantine, transformée en mosquée au commencement du XVIIᵉ siècle. Près de la porte qui donne accès à la cour, où il y a de grands arbres et une fontaine, s'élève une tour carrée, coiffée d'un toit pyramidal. Sur les murs extérieurs font saillie des pilastre d'ordre ionique.

**Mosquée d'Atik Ali Pacha**, *située près du carrefour de la colonne brulée, dans la rue qui descend au quartier de Koum-Kapou.* Bâtie par Ali Pacha, Grand Vézir de Suleïman Iᵉʳ, avec des matériaux provenant de l'ancien forum de Constantin. Elle est accompagnée d'un minaret poligonal à facettes planes et précédée d'un beau portique de six belles colonnes dont 4 en marbre et 2 en granit.

**Mosquée d'Atik Moustapha Pacha**, *près de la porte de Aïvan-Séraï.* Ancienne église des apôtres Sᵗ Pierre et Sᵗ Marc. Sur les faces latérales, de grands arceaux de briques en ogive et dans l'enceinte une petite piscine de marbre où l'on descend par trois marches. A l'entrée se trouve le tombeau de Djaber, fils d'Abdullah, compagnon du Prophète.

**MOSQUÉE DE BAYAZID** (*Beyazidièh*), située *place Bayazid en face du Séraskiérat, près du Grand Bazar.* Nommée aussi la mosquée aux pigeons, à cause du grand nombre de pigeons qui voltigent dans la cour et qui proviennent, dit-on, de deux ramiers que Bayazid II acheta un jour à un pauvre qui lui demandait l'aumône. Une dotation spéciale est affectée à la nourriture de ces oiseaux, qui semblent diminuer de jour en jour. Cette mosquée, bâtie en 1498, flanquée de deux minarets polygonaux à facettes planes, mérite d'être visitée.

La porte pratiquée dans la face S. de l'enceinte est encadrée d'une grande niche de marbre en mitre à stalactites. La cour, qui contient de beaux cyprès et une fontaine octagonale de marbre, est entourée d'un portique ogival en marbre blanc et rouge, soutenu par vingt colonnes monolithes, dont dix de vert antique, quatre de jaspe et six de granit, avec des chapiteaux à stalactites.

A l'intérieur, la tribune du Sultan repose sur de jolies colonnes de vert antique et de jaspe. La grande coupole centrale décorée de fleurs peintes sur fond blanc, est portée sur quatre grands arceaux reposant sur quatre énormes piliers ; de chaque côté, entre les piliers, deux colossales colonnes de granit rouge servent d'appui aux deux demi coupoles. Au fond, entre deux gros cierges, s'ouvre le *mihrab*, niche de marbre en mitre à stalactites ; à dr. le *member*, dont l'escalier est bordé d'une double balustrade sculptée à jour.

**MOSQUÉE DE CHEH-ZADÉ**, *située au quartier Cheh-zadé bachi*, entre les mosquées de Bayazid et de Mehmed. Cette mosquée a été érigée par Soliman le Législateur en 1542, en mémoire de son fils ainé Mahomet ; elle a une haute coupole flanquée de quatre demi-coupoles, le tout s'approchant de la forme d'une croix grecque. Les deux minarets, polygonaux à facettes planes, à nervures et ornements saillants, portent des balcons à galeries sculptées à jour. La délicatesse du style et de l'ornementation en font un des monuments les plus élégants de la Capitale. Le portique est soutenu aux quatre coins par des colonnes de granit et des arceaux de marbres alternativement blancs et rouges. Dans l'enceinte de la mosquée, direction de la porte principale, on aperçoit un petit minaret cylindrique, très curieux, à une galerie pleine, qui est orné de cordons en reliefs, enroulés en spirale. Cette enceinte renferme un *médressé* avec sa bibliothèque et un asile pour les aveugles pauvres.

Mosquée de Daoud Pacha, *située à Silivrie Kapou*, au milieu d'une grande cour plantée d'arbres séculaires. On y pénètre par un porche pratiqué dans les *médressés* qui s'élèvent en bordures de la rue. Cette mosquée est remarquable parce que c'est la première qui ait été consacrée à l'islamisme à Constantinople (1382) avant la prise de cette ville par les Turcs. La construction fut imposée à l'empereur grec Manuel II par le puissant Sultan Bayazid Ildérim en même temps qu'il l'obligeait à recevoir des *cadis* turcs pour rendre la justice entre ceux de ces correligionnaires qui étaient déjà établis dans la Capitale de l'empire byzantin. Elle conserve toujours un cachet d'antiquité fort pittoresque.

**MOSQUÉE D'EYOUB**, *à Eyoub* (Corne d'or), cachée au milieu d'un bouquet d'arbres, au pied de la colline. Au sentiment musulman elle est la plus sainte de toutes les mosquées. Il est absolument interdit aux étrangers d'y pénétrer. Cette élégante mosquée en marbre blanc, fut élevée par Mohamet II le Conquérant en l'honneur du porte-étendard du Prophète, Eyoub, tué par les arabes pendant le siège de Constantinople (668). Une jolie et haute coupole, flanquée de demi-coupoles, domine un grand nombre des petites coupoles ; du beau bouquet d'arbres qui l'entourent surgissent deux minarets à doubles galeries élégamment ornées. Dans l'enceinte sacrée il y a un énorme platane. C'est dans cette mosquée qu'on y conserve l'épée du Prophète.

Tout nouveau Sultan, lors de son avènement au trône, pour la consécration officielle et religieuse de son pouvoir, est obligé de se rendre solennellement à la mosquée d'Eyoub et y ceindre le sabre d'Othman.

**Mosquée Fetiyé.** *(Mosquée de la Victoire), située dans la rue Tellah, sur les hauteurs du Phanar.* Ancienne église qui dépendait du monastère de femmes *Pammacaristos,* fondé au XII⁰ s. par Michel Ducas et sa femme Marie Comnène. En 1591, Mourad III la transforma en mosquée. On y voit à l'extrémité du bas-côté dr. dans le tambour le plus rapproché du minaret, les images en mosaïques des douze Apôtres, et au centre celle du Christ. Cette mosquée, surmontée d'un dôme à l'extrémité de l'abside, est une des plus gracieuses constructions qui nous restent de la période byzantine.

**Mosquée Ghul Djami** *(Mosquée des Roses), près de la porte d'Aya-Kapou, quartier Kutchuk Moustapha Pacha.* Ancienne église de S⁰ᵉ Théodosie. Les Grecs l'appellent *Rodon-amaranthan (Rose inflétrissable)* : ce nom lui vient probablement de ce que le jour de la prise de Constantinople, étant l'anniversaire de la fête de S⁰ᵉ Théodosie, le temple était tout enguirlandé de roses et c'est dans cet état que les Turcs le trouvèrent lorsqu'ils pénétrèrent dans la ville. A la fin du XVI⁰ s. Selim II le consacra au culte musulman. C'est l'un des édifices byzantins les mieux conservés qui subsistent.

**Mosquée de Hodja Moustapha Pacha**, *au quartier de Psamatia.* Ancien monastère de S⁰ André. Construction très originale, au milieu d'un cimetière turc, planté d'admirables cyprès, dont un des plus vieux porte suspendu à ses branches une légère chaine de fer, que d'après la légende, a le pouvoir de désigner les débiteurs de mauvaise foi.

Ce monastère a été consacré au culte musulman par le vézir Moustapha Pacha en 1489.

Kahrièh Djami.

**MOSQUÉE KAHRIÉH**, ancienne église du monastère de Chora, *située non loin de la porte d'Andrinople*, c'est la plus ancienne de toutes les églises de Constantinople, car les historiens en font mention déjà en 290. Bâtie par Justinien, mais détruite par le temps, elle a été entièrement reconstruite par Marie Dukas, femme d'Andronikos Dukas, vers la fin du XI^me siècle, sur des fondements entièrement nouveaux. Comme l'église menaça de nouveau ruines, Théodore Métochite, grand logothète sous Andronikos II, en fit réparer à grands frais, (1321), toutes les parties endommagées, excepté le dôme. La décoration intérieure est très semblable à celle de Sainte-Sophie. On y admire: sur les murs et autour des portiques, des appliques de marbre gris, coupés de bandes rouge et vert sur fond gris ; de nombreuses images en mosaïque et des peintures à fresque, entre autres, au-dessus de la porte intérieure de la nef, l'image de Théodore Métochite offrant au Seigneur le plan de l'Église. C'est dans ce couvent que le célèbre historien Nicéphore Grégoras, après y avoir été longtemps enfermé, termina ses jours.

C'est vers la fin du XV^e s. que cette église fut convertie en mosquée.

Les mosaïques ont été très détériorés par le tremblement de terre de 1894.

L'intérieur de la mosquée est assez particulier. Une grande abside s'ouvre sur toute la largeur du carré que la coupole recouvre ; les arcs doubleaux qui la soutiennent sont adossés aux murs au lieu d'être supportés par des colonnes. **Un exonarthex** précède l'esonarthex à l'O., le contourne au S. pour aboutir à la chapelle latérale (*). Cette disposition irrégulière lui donne un aspect pittoresque.

On commencera la visite par :

*L'exonarthex*, qui est couvert par une série de calottes surbaissées, séparées par des arcs en saillie. Au dessus de la porte d'entrée, une charmante composition (presque indiscernable) : buste de la Vierge Orante avec le médaillon du Christ sur la poitrine; de chaque côté, un ange vole vers elle. Au dessus de la porte qui conduit dans l'esonarthex : buste colossal du Christ sévère, tel qu'on le trouve à la même place à St Luc et au centre de la coupole à Daphni.

*Au Mur N.*, à g., Joseph est averti par un ange ; dans le fond, Marie se rend chez Elisabeth ; à d., Joseph conduit la Vierge à Bethléem.

*Au Mur E.*, *1^er panneau* : Le recensement à Bethléem ; *2^me panneau* : Nativité du Christ ; *3^me panneau* : Les Mages devant Hérode ; *4^me panneau* : Hérode convoque les grands-prêtres et les scribes (en partie détruit).

*Partie latérale.—Au Mur E.* : Les Mages retournent chez eux (en grande partie détruit).—*Mur S.; 1^er panneau* : Fuite en Egypte ; *2^me panneau* : Hérode ordonne le massacre des Innocents.—*Au Mur N.* (dépouillé) : devait être l'adoration des Mages.—

(*) Cette chapelle renferme des peintures dont la date exacte n'est pas connue et deux arcades sculptées d'un style particulier au XIV^e s.

*Mur O.; 3<sup>me</sup> panneau* : Lamentation des mères ; *4<sup>me</sup> panneau* : Elisabeth poursuivie par un soldat, se réfugie dans une grotte ; *5<sup>me</sup> panneau* : Massacre des Innocents ; *6<sup>me</sup> panneau* : Retour à Nazareth ; *7<sup>me</sup> panneau* : Voyage à Jérusalem.—*1<sup>re</sup> calotte, au N.;* Jésus au milieu des docteurs ; *au S.;* S<sup>t</sup> Jean Baptiste, baptisant.—*2<sup>me</sup> calotte, au N.;* Jésus vient se faire baptiser ; *au S.:* Il est tenté par Satan.—*3<sup>me</sup> calotte au N.;* Noces de Cana ; *au S.:* Multiplication des pains. —*De la 4<sup>me</sup> et de la 5<sup>me</sup> calotte* rien ne reste.—*6<sup>me</sup> calotte. Angle N.-O.:* Jésus et la Samaritaine ; *Angle N.—E.:* Guérison du paralytique ; *Angle S.-E.:* Guérison de l'hydropique (au dessus de chacun de ces angles, un miracle ?); *Angle S.-O.:* rinceau ; au dessus autre guérison de paralytique.

*L'esonarthex* est composée de 4 compartiments, dont les deux extrèmes ont deux hautes coupoles à côtes sur tambour ; les arcs représentent des scènes appartenant à deux cycles distincts. Dans la travée S. est figurée la vie du Christ jusqu'à son entrée à Jérusalem ; à ce cycle correspond, dans la coupole S., un médaillon du Christ entouré de 36 patriarches.

L'autre cycle occupe les 3 autres travées et figure l'enfance et la jeunesse de la Vierge. A ce cycle correspond, dans la coupole N., le médaillon de la Vierge entouré de 16 rois d'Israël et de 10 prophètes. *Au cour de la travée S.:* une grande composition, figurant le Christ et la Vierge en pied, sert de trait d'union aux deux cycles, qui ne se trouvent en aucune autre mosquée aussi complets et aussi reliés l'un à l'autre.

*Dans les panneaux des murs :* trois compositions sont étrangères au cycle. Au dessus de la porte qui conduit à la mosquée : Christ assis, et Thédore Métochite, agenouillé, lui présente l'église.

*Arcade au dessus de la porte latérale ; à l'O.:* Guérison du lépreux ; *A l'E.:* Guérison de la main sèche.—*Mur S.:* Guérison ? (en grande partie disparue).—*Mur O.:* Jésus guérit différentes maladies.—*Pendentif S.-O.:* Jésus guérit l'aveugle et sourd.—*Pendentif N.-O.:* Jésus guérit les deux aveugles.—*Pendentif N.-E.:* Jésus guérit la belle mère de Pierre.—*Pendentif S.-E.:* Jésus guérit l'Hémoroïsse.

Au Pendentif N. O. de la coupole N. le grand prêtre repousse les offrandes de Joachim et d'Anne qui sans doute étaient figurés au Pendentif N. E. aujourd'hui dépouillé.

Au Pendentif S. E.; Joachim au milieu des bergers.

*Au Mur E.; 1<sup>er</sup> panneau :* Anne prie, un ange lui apparaît et lui annonce qu'elle sera mère.—*1<sup>er</sup> arc :* Joachim et Anne se rencontrent devant la porte dorée et s'embrassent.—*2<sup>me</sup> panneau :* Nativité de la Vierge. — *calotte à l'E.;* la Vierge caressée par son père et sa mère.—*calotte à l'O.;* la Vierge bénie par les prêtres.—*2<sup>me</sup> arc à l'E.;* la Vierge fait les sept premiers pas (Le voile qui flotte au-dessus de la tête de la servante est un motif fort intéressant). *3<sup>me</sup> travée calotte :* Présentation de la Vierge au temple.—*3<sup>me</sup> arc E. :* La Vierge et nourrie par un ange.—*3<sup>me</sup> arc O.:* La Vierge y est instruite (presque disparu).

*Au Mur O.; 3<sup>me</sup> panneau :* On distribue aux jeunes filles la laine pour filer le voile du temple ; le sort attribue à Marie la pourpre.—*2<sup>me</sup> arc O.:* Le grand prêtre prie devant l'autel où sont déposés les bâtons des prétendants à la main de Marie.—*1<sup>er</sup> panneau à g.:* Joseph part pour le travail ; *à dr.* il s'aperçoit au retour que Marie est enceinte et lui fait des reproches.

*Pendentif S. O.* Annonciation au puits.—*Le panneau du Mur N.* est entièrement dépouillé.

*Il convient de rendre hommage à la libéralité de l'Administration Turque qui a rendu ces monuments à la science.*

**MOSQUÉE KHIRKAS CHÉRIF**, *située dans un quartier des plus calmes de Stamboul, à Top-Kapou,* au milieu d'un grand jardin, clos par une grille en fer forgé. Cette élégante mosquée octogone, bâtie en 1849 par la mère de feu le Sultan Abdul-Mesdjid, est un type de construction unique à Constantinople ; elle est surmontée d'une seule coupole, ornée tout autour de toits d'une gracieuse bordure de fonte et flanquée d'un minaret cannelé qui supporte un léger et gracieux balcon en fer forgé et des pavillons, auxquels elle est reliée par des galeries vitrées. Dans cette mosquée on y conserve un manteau du Prophète.

**Mosquée Kilidj Ali Pacha**, située à Galata *dans la rue qui conduit à l'échelle de Tophané, vis-à-vis la fontaine.* Construite en 1580 par le célèbre architecte Sinan aux frais de l'amiral Kilidj Ali Pacha, dans une enceinte qui contient de nombreuses dépendances, parmi lesquelles, des bains et un *imaret.*

Au XVI° s., les amiraux turcs (capitans pachas), se décernaient le titre ambitieux de Rois des mers, supporté impatiemment pas les sultans.—D'après une légende, lorsque l'amiral Kilidj Ali Pacha demanda à Mourad III de lui concéder un terrain pour y élever une mosquée, ce Sultan répondit avec irritation : « Puisqu'il est Roi de la mer qu'il la construise sur la mer ». Kilidj Ali Pacha choisit alors sur le rivage, une anse qu'il fit combler, et comme on lui prédisait que sa mosquée ne tarderait pas à s'écrouler, pour prouver que sa construction ne bougerait pas d'une ligne, il plaça de chaque côté de la porte d'entrée une colonnette mobile que l'on peut encore aujourd'hui faire tourner à la main. Cette singularité ne prouve rien, attendu que chacune de ces colonnettes est logée dans un seul bloc de pierre.

## MOSQUÉE KUTCHUK AYA SOFIA *(Petite S^te Sophie).* Ancienne

église de Saint-Serge et Saint Bacchus, *située au S. de l'At-Meïdan,* près de la mer de Marmara. Elevée au VI^me siècle par Justinien, près du palais Hormisdas, demeure première de l'empereur, et transformée en mosquée par Mahomed II.

Cet édifice, à l'aspect carré, dont les dimensions approximatives sont : 34^m long., 30^m larg.; 3^m 50 saillie de l'abside à l'E., profondeur du narthex à l'O., 2^m ; et 19^m 33 hauteur de la coupole sous-œuvre, porte une coupole surbaissée dont le dôme repose sur un tambour octagonal par un système de pendentifs analogues. La coupole présente seize côtes saillantes, dont les contre-parties sont reproduites à l'intérieur. Les piliers de la coupole sont de pierre, les chambranles et les chapitaux byzantins de marbre blanc de Proconnèse, les fûts de colonne en partie du même marbre et en partie de vert antique et autres marbres colorés.

Au premier étage, ces colonnes soutiennent des arceaux en plein cintre. Entre le premier et le second étage règne une très belle frise finement sculptée, On y distingue une longue inscription grecque commençant par les mots :

*Tous les autres souverains ont honoré les noms qui ont fait de grandes œuvres de leur vivant, mais Justinien a préféré dédier ce temple éclatant à Serge, serviteur du Christ, etc.*

L'édifice à l'intérieur étant encore moins orienté vers la Mecque que la grande Sainte-Sophie, présente la disposition la plus bizarre ; le *mihrab,* le *member,* la *mastaba* et la direction des nattes, font tout d'abord perdre de vue le plan de l'édifice. On reconnait enfin que les qua-

tre voûtes en berceau de la nef, forment certainement la croix grecque.
Le minaret est bâti sur une espèce de pytône à colonnettes soutenant
des arceaux trilobés.

**LALELI-DJAMI** *(Mosquée des Tulipes), située Place Bayazid, à la
descente du Tramway.* Bâtie en 1860 par Moustapha III, sur une
plate-forme offrant une belle vue sur la mer de Marmara. C'est un
dôme élégant, flanqué de deux minarets polygonaux à facettes planes. On y admire à l'intérieur, cinq colonnes d'un très beaux marbre
blanc. Trois de ces colonnes furent trouvées près du palais Bouco-
léon du côté de *Tchatladi Kapou.*

**MOSQUÉE de MAHMOUD** *ou de Top-hané*, située à Galata à côté de la
fonderie des canons de Top-hané. Cette grande construction, décorée
d'ornement blancs sur fond jaune, fut construite en 1830 par le Sultan
Mahmoud II le Réformateur. Bien que s'éloignant du style des
grandes mosquées, elle charme néanmoins par la délicatesse des
cannelures de ses deux minarets. Ce qu'il y a de plus remarquable,
ce sont la porte extérieure et la fontaine de marbre, dans la cour à. g.
Près de la grille, un pavillon de style moderne, servait autrefois au
Sultan quand il se rendait à Top-hané.

Mosquée de Mahmoud Pacha, *située près du Grand Bazar, à l'extrémité de la rue
Yeri-Batan-Séraï* sur une petite place ombragée de superbes platanes et entourée de
cafés en plein vent, où se donnent rendez-vous les oisifs du Grand Bazar. Construite au
XVᵉ s. par le grand vézir Mahmoud Pacha, elle est précédé d'un portique dont les colonnes originales sont constituées par des pyramides polygonales tronquées, à facettes
planes, et supportant des arceaux en ogive de marbres alternativement rouge et blanc.

Nous attirons l'attention des visiteurs sur la ruelle située sur le flanc dr. de la mosquée, et au fond de laquelle on aperçoit, dans un cimetière rempli de verdure, un vieux
turbé, décoré à l'extérieur de carreaux de faïence unis, verts et bleus, disposés en forme
d'étoiles ; ce petit coin est plein de charme et de poésie.

**MEHMED-DJAMI** *(Mosquée de Mahomet le Conquérant). Située au
sommet de la 4ᵐᵉ colline, près du Sérradj-Hané (Bazar des Selliers),* au
milieu d'une très grande enceinte contenant un grand nombre d'établissements de bienfaisance.

Cette immense Mosquée, bâtie en 1465 par l'architecte grec Chris-
todoulos, sur les ruines de l'ancienne église des Saints Apôtres, renversée par un tremblement de terre en 1768, rebâtie par Moustapha III
dans un style semi-italien, qui a beaucoup altéré son caractère
primitif, est plus remarquable par sa masse que par son architecture.

On aperçoit de loin son vaste dôme, haut de 78ᵐ avec ses deux minarets polygonaux à facettes planes.

La porte de style arabe est fort élégante ; la fontaine des ablutions, très simple, recouverte d'une coupole de plomb est entourée d'arbres. La cour est entourée d'un magnifique portique ogival soutenu par des colonnes de granit et de marbre.

Tout l'intérieur, décoré de peintures noires sur fond blanc, n'impressionne que par ses lignes dont l'ensemble est fort imposant et frappe par ses grandes dimensions. La grande coupole est soutenue par quatre gros piliers massifs et dans les vides des demi-coupoles latérales figure une croix grecque comme à la mosquée d'Ahmed. En face de l'entrée, au milieu de l'abside, il y a le *mihrab* de marbre blanc comme le *member* et le *mastaba*. A dr. de la grande porte on remarque une tablette de marbre encadrée de lapis-lazuli, sur laquelle on lit en lettres d'or la prophétie de Mahomet *« Ils prendront Constantinople. Heureux le prince, heureuse l'armée qui accompliront cela ! »*.

**MOSQUÉE de NOURI OSMANIEH** *(la Lumière d'Osman), située non loin de la Colonne Brûlée,* dans une enceinte où l'on pénètre par deux beaux porches dont l'un s'ouvre précisément vis-à-vis de l'une des entrées du Grand Bazar. Cette Mosquée fut commencée en 1748 par Mahmoud I et terminée en 1755 par son frère Osman III. Elle est toute en marbre, d'un beau travail, et remarquable par son élévation et ses deux minarets cannelés. En entrant dans l'enceinte à dr. on remarque un plan incliné et une grande galerie vitrée formant ponceau, par lesquels le Sultan peut se rendre dans sa loge. Du côté de l'O., où le sol de l'enceinte est surélevé de quelques marches, la grande entrée est précédée d'une cour demi-circulaire, entourée d'un portique en plein cintre orné de belles colonnes de granit. Sur le côté S. l'édifice présente des petits portiques en marbre avec des fontaines et une porte fort élégante.

Mosquée Selimieh (ou du Sultan Sélim), *située sur la 5ᵐᵉ colline ;* de la terrasse qui l'entoure on jouit d'une belle vue sur la Corne d'Or. Cette Mosquée a été construite en 1520 par Suleïman en l'honneur de feu son père Selim 1ᵉʳ. Très simple de style et de décoration, flanquée de deux minarets polygonaux à facettes planes, précédée du côté de l'O. d'une petite cour entourée d'un portique avec quelques belles colonnes, renferme une bibliothèque fondée en même temps qu'elle.

**MOSQUÉE SULEIMANIEH** *de Soliman 1ᵉʳ le Législateur ou le Magnifique, située derrière le Ministère de la guerre (Séraskiérat),* elle occupe avec celui-ci, presque tout le sommet de la troisième colline ; entourée de nombreuses dépendances : *imarets (asiles), mékiatibs (écoles), médaris (séminaires),* hôpitaux, école de médecine, bibliothèques, bains, et le *Cheikh-ul-Islamat.* C'est un chef-d'œuvre de l'architecte Sinan, élevée par le Sultan Soliman, de 1550 à 1566 avec les matériaux de l'église de S^{te} *Euphémie* de Chalcédoine et ceux du Grand Palais.

Cette mosquée est la plus splendide, la plus somptueuse et la mieux située de toutes les mosquées de la Capitale ; elle est, au dire des poètes turcs, *la splendeur et la joie*. On l'aperçoit de toutes parts, et vue du Grand Pont, qu'elle domine de près, elle produit l'effet le plus saisissant.

On pénètre à l'intérieur par une belle porte (vantaux en bois sculpté, incrusté de nacre) en forme de niche en mitre à stalactites, en marbre blanc relevé de dorures, d'un dessin très pur et d'un aspect monumental ; deux niches du même style lui font pendant de chaque côté. L'intérieur forme un rectangle de 60<sup>m</sup> sur 63, divisé en trois nefs, au centre desquelles s'élève la grande coupole de 26<sup>m</sup> de diamètre, décorée d'ornements peints sur enduits, en vert, blanc et or, et soutenue par quatre massifs carrés, accompagnés de chaque côté de deux énormes colonnes en porphyre d'une hauteur de 26<sup>m</sup> et d'une circonférence à la base de 4<sup>m</sup>. Au fond est une abside avec 5 fenêtres ornées, ainsi que les quatre autres latérales, de vitraux remarquables avec des fleurs et inscriptions à la louange de Dieu, ouvrage du célèbre verrier Serhoch Ibrahim.

Le *mihrab* avec son superbe encadrement, flanqué de deux grands candélabres avec deux énormes cierges, les chaires et le siège du Sultan, sont de marbre blanc richement sculpté.

Méritent une spéciale attention : les carreaux de faïence qui forment le revêtement de l'abside et une chaire adossée contre un pilier à g., toute en noyer, finement découpée à jour. Dans le bas-côté de dr., séparé par une grille de fer, se trouve l'ancienne bibliothèque. De chaque côté de l'entrée, deux escaliers conduisent à une galerie supportée par une série d'arcs en ogive avec colonnettes en marbre vert antique.

La *Suleïmanieh* possède quatre minarets polygonaux ; les deux grands, à facettes planes et à trois galeries, les deux petits à nervures saillantes et à deux galeries.

Le *harem* (cour) de forme rectangulaire, qui précède la mosquée du côté de l'O., est entouré d'un portique formé de 24 colonnes, dont les 2 de chaque côté de la porte principale en porphyre, et les autres alternant, 10 en marbre blanc et 12 en granit rose. Au milieu de cette cour se trouve la fontaine des ablutions, abritée sous un dôme.

Une porte en face de la mosquée et deux autres sur les côtés, toutes trois en cintre surbaissé surmonté d'une ogive, donnent accès dans une cour dallée de marbre blanc.

Tout autour et au pied de la grand coupole il y a une étroite galerie bordée d'une balustrade en fer où l'on parvient par des escaliers de bois placés sur la toiture de l'édifice. De cette galerie on assiste à un curieux phénomène acoustique : tous les bruits intérieurs dans toutes les parties de la nef et des bas côtés s'y concentrent et l'on y entend distinctement les paroles prononcées même à voix basse.

**Validé Djami**, *place de Dolma-Baghtché, au bord de la mer*. Belle mosquée à deux minarets cannelés construite par la mère du Sultan Abdul-Medjid.

**MOSQUÉE YÉNI-DJAMI** ou *Validé Sultane, située à Stamboul en face du Pont de Karakeuy.*—C'est la Sultane Hasseki Kessem-mah-Peï-ker, femme du Sultan Ahmed I grande-mère du Sultan Mehmed IV qui a commencé à la faire construire ; elle fut achevée en 1665 par Turkhan, mère du Sultan Mehmed IV.

Une porte principale se trouve en haut des grands escaliers dans la partie N. de l'enceinte qui fait face au Grand-Pont.

A g. de cet escalier, le long du mur même de la mosquée se trouvent les fontaines d'ablutions et, à côté, un petit perron avec une porte grillée : c'est l'entrée par laquelle le Sultan peut se rendre dans sa loge ; le vestibule ouvert qui occupe la partie supérieure de ce perron est orné de carreaux de faïence d'un dessin remarquable. Précisément à cet endroit, la rue passe sous une grande voûte qui supporte la galerie en pierre adossée à la mosquée par où, en pente douce, le Sultan peut se rendre en voiture ou à cheval dans ses appartements réservés. Cette voûte forme un passage très fréquenté par lequel on rejoint : à g. la ligne du tramway du grand Pont à Sainte Sophie et Ak-Séraï, à dr. l'enceinte au S. d'une vaste esplanade, occupée par les marchands de chapelets, de tuyaux de pipes, de graveurs turcs, etc. Dans cette enceinte se trouve l'entrée principale de cette mosquée, précédée d'un large escalier et de vestibules ouverts avec des très jolies colonnettes ainsi que des fontaines, des *imarets* et des *medressés ;* les marchands ambulants étalent les lundis leurs marchandises et forment une partie du bazar qui a lieu ce jour là.

Cette mosquée se distingue par ses deux minarets cannelés à trois galeries élégantes,

L'intérieur n'a de remarquable que l'ornementation de carreaux de faïence et de vitraux d'une réelle valeur artistique.

**Mosquée Yéni Djami,** *au quartier d'Ak-Séraï,* à l'angle d'une petite place circulaire traversée par le tramway. Cette mosquée plus petite que les autres grandes mosquées impériales, a été construite en 1870 par la Validé Sultane, mère du Sultan Abdul-Aziz.

Elle constitue le plus précieux échantillon de la Renaissance de l'architecture ottomane. Entourée d'une légère grille de fer forgé et flanquée de deux minarets cannelés, elle s'élève au milieu d'une enceinte remplie de verdure.

Un petit porche de marbre blanc de style monumental, en bordure de la rue, donne accès dans l'enceinte.

**Yéni Validé Djami,** *à Ortakeuy,* flanquée de deux gracieux minarets. C'est dans cette mosquée que le Sultan Abdul-Aziz se rendait souvent par mer au *selamlik* du Vendredi.

Cette mosquée, la seule construite sur les bords du Bosphore, côté d'Europe, on l'aperçoit de la pointe de Séraï-Bournou, sitôt qu'on arrive à Constantinople.

## MURAILLES MARITIMES et TERRESTRES

### Le Tour des Murs

Nous recommandons aux touristes de ne pas manquer de faire cette promenade autour des murs qui est une des plus intéressantes de Constantinople.

L'enceinte des Murs qui entourait la pointe de terre triangulaire portant la ville de Stamboul, peut se diviser en trois parties :

**1° Muraille de la Corne d'Or.**

Englobée aujourd'hui au milieu des constructions qui se sont élevées sur la rive du port intérieur. On voit les vestiges de cette muraille, à demi détruite, au quartier de *Yéni-Kapou*, où, à l'intérieur des murs, commencent à s'élever les résidences des anciens Phanariotes.

A *Pétri Kapou* à g., cette muraille longe à l'intérieur la rue où se trouvent, presque en face de la Porte de *Phanar Kapou*, la cathédrale et le Palais du Patriarcat Œcuménique, entourés de hauts murs, peints en bleu.

La partie la mieux conservée des anciens murs riverains de la Corne d'Or est entre le *Phanar* et *Aïvan Seraï*.

**2° Murailles Maritimes.**

**De Sepetdjiler Kiosk à Mermer Koulé, près de Yédi-Koulé.**—*Distance environ 8 Kilom.*

Elevées le long de la côte urbaine de la mer de Marmara et malgré qu'elles sont à demi ruinées, elles présentent encore un certain intérêt.

Le trajet pour voir cette Muraille à l'extérieur ne peut se faire que par mer, soit par le bateau qui fait le service de Psamatia ( *V. l'horaire. Table des Matières* ), soit en mouche à vapeur, soit en barque s'il n'y a ni vent ni houle sur la mer de Marmara.

Les Murs du Seraï rejoignent la Corne d'Or où se trouve *Sepetdjiler Kiosk* (Kiosk des Vanniers), d'où le Sultan donnait au Capitan Pacha son audience de congé.

Avant la pointe du Séraï, on rencontre : les hangars du *Caïk-hané* (où l'on conserve les caïks impériaux, avec quelques autres anciens, hors d'usage, une vieille galère, assez curieuse, d'origine génoise ou vénitienne); puis, suivent des pans de murs démantelés avec l'ancienne porte d'*Odoun Kapou*.

Avant de doubler la pointe du Seraï, s'élève un pavillon peint en jaune et blanc utilisé comme magasin; après la pointe, les murs se relèvent et on rencontre la petite porte *Deïrmen Kapou*, à demi bouchée par des hangars, à laquelle fait suite l'hôpital Mahmoudié enclavé dans la muraille. Puis vient la terrasse de *Gulhané*, portée sur quatre hautes arcades.

Tout près des jardins et du Kiosk de *Gulhané* on voit les ruines de *Indjoulou Kiosk* (Kiosque des perles), qui fut autrefois une merveille de richesse et d'élégance.

Vient ensuite *Ahyr Kapou* (Porte de l'Ecurie) située à côté des écuries du Sérail où l'on y a installé depuis, la caserne de cavalerie de *Gulhané*.

A l'E. de Ahyr Kapou, s'allonge un quai de 120ᵐ qui servait autrefois de lieu d'embarquement aux Vézirs. Ce quai est connu sous le nom de Balouk–Hané (*).

Dans les murailles élevées sur de belles assises de marbre, au delà du phare, on y remarque trois portes anciennes avec des colonnes enchassées dans les murs; une autre porte s'ouvre sur le bord de la mer qui touche presque la porte de *Tchatladi Kapou* (Porte crevassée) (**), où en dehors des murs on remarque une petite mosquée et des petites maisonnettes turques.

L'on arrive ensuite au petit port de *Koum Kapou*; au delà on voit des murailles construites de fragments rapportés, dont beaucoup de colonnes et de chapitaux.

Plus loin la côte forme un brusque ressaut où se trouve le port de *Yéni Kapou* (Porte neuve), flanquée de deux vieilles tours carrées dont l'une porte le nom de *Tour de Bélisaire*.

A partir de ce port, le seul fréquenté le long de la côte de la  mer de Marmara, les murailles disparaissent pour faire place aux maisons du nouveau quartier de *Yéni–Mahallé* auquel font suite les jardins

---

(*) Désigné par Labarte comme l'emplacement de l'ancien port *Bucoléon*.

(**) Selon Labarte cette porte et son échelle répondent à l'ancien port *Julien*, fondé en 361 avant J. C., l'un des ports de commerce de la ville.

maraichers de *Vlanga Bostan* autrefois l'ancien *port Eleuthérien*, comblé par les dépôts du *Lycus* (V. p. 23).

De *Daoud Pacha Kapou* — ancienne porte *S* *Emilien* — jusqu'au port de *Psamatia Kapou* (Porte du Banc de sable) les tours et les pans des murs ruinés se succèdent de loin en loin isolés.

Au delà du petit port de Psamatia, où relâche le bateau à vapeur, on aperçoit, au travers de brèches béantes, les murs éventrés par les tremblements de terre—si fréquents auparavant à Constantinople—, les maisons et les terrains incultes des quartiers de *Narli Kapou* (Porte de la Grenade) et de *Yédi-Koulé* (Chateau des Sept Tours).

Après avoir passé devant une tour de marbre carrée, en ruine complète, on débarque au pied de *Mermer-Koulé* (Tour de Marbre carrée (*), à l'extremité de laquelle se trouve L'ENCEINTE DES MURS TERRESTRES.


### 3° Murailles Terrestres.


**De Mermer-Koulé** (sur la mer de Marmara au S.), **jusqu'à la Porte d'Aïvan-Séraï** (sur la Corne d'Or au N.). — *Distance, environ 6 Kilom. ½.*

Pour faire le tour de ces Murailles, il faut bien une demie journée.

Bien qu'il n'y ait aucun danger à redouter, il est préférable, lorsqu'on le peut, comme dans toutes les excursions qui ont lieu en dehors des murs, de se grouper par plusieures personnes ensemble, surtout si l'on se propose de pénétrer dans l'intérieur des tours.

Il vaut mieux faire cette excursion à cheval bien qu'il y ait partout des routes carrossables.

On peut partir à cheval de son hôtel, ou bien si l'on ne veut pas traverser Galata, le pont et tout Stamboul à cheval, se rendre en chemin de fer à *Yédi-Koulé* ( *Voir l'horaire des Chemins de fer Orientaux*, Table des Matières) où l'on enverra le drogman et les chevaux.

D'Aïvan-Séraï, on peut revenir à cheval par le faubourg de Balata et du Phanare jusqu'au vieux pont d'Azap-Capou (V. p. 30) ou même jusqu'à l'hôtel; mais il est préférable, arrivé au Phanare, de renvoyer les chevaux, et de traverser en *caïk* la Corne d'Or pour se rendre au pont de Galata, d'où on prendra le Tunnel pour monter à Péra.

L'enceinte terrestre de Stamboul est encore percée de 7 portes qui divisent les murailles en autant de sections.

Malgré que ces murs ont été éprouvés par les tremblements de terre de 1893, ils offrent un des spectacles les plus saisissants qu'il

---

(*) Cette tour, dont les belles assises de marbre sont baignées par la mer de Marmara, est encore désignée par le Dᴿ Paspati, sous le nom de Tour de *Basile et Constantin*. Au devant subsistent les vestiges d'un ancien mole sur lequel on peut mettre pied à terre.

soit possible de voir et forment par la pensée, l'idée de l'aspect général que jadis devait présenter cette formidable enceinte.

Le mur intérieur est encore assez bien conservé, tandisque le mur extérieur, en partie abattu, est enfoui au milieu des décombres qui ont comblé la fausse-braie (*).

**De Mermer-Koulé à Yédi-Koulé.** — *Distance 640*<sup>m</sup>.

Du débarcadère de Psamatia on laisse à dr. la tour de *Mermer-Kou-lé* à laquelle fait suite une petite porte basse, percée dans le mur (aujourd'hui murée), et un peu plus loin, on aperçoit les vestiges de l'ancienne tourelle de Jean Paléologue.

Le mur intérieur de cette section est flanqué de dix tours qui ont encore conservé leur division intérieure.

Des cinq tourelles qui s'appuyaient sur le mur extérieur, trois seulement subsistent encore entières.

Le fossé à demi comblé, sert aujourd'hui de chemin et une partie est occupée par des jardins maraîchers.

A vingt mètres env. d'un cimetière turc, on voit la *tour de Romain* (la 4<sup>me</sup> à partir de Mermer-Koulé); sa face S. contient une plaque de marbre blanc sur laquelle est gravée une inscription (**). Au delà, en franchissant le talus sur lequel passe le chemin de fer d'Andrinople, on retrouve au fond du fossé les vestiges d'un barrage et au-dessus, la tour de *Léon et Constantin* ( 7<sup>me</sup> tour), avec une plaque de marbre contenant une inscription.

Plus loin, à une centaine de mètres, une enceinte formée par le mur extérieur, précède deux gigantesques et massives tours carrées de marbre blanc. A la petite porte, percée dans le mur, sont flanquées deux petites colonnes de marbre vert aux chapiteaux corinthiens sur lesquelles s'appuie une lourde arcade.

Entre ces deux puissantes tours s'ouvrait la fameuse *Porte Dorée* (auj. murée) composée de deux petites ouvertures latérales et une au milieu monumentale (***), pratiquées dans le mur intérieur.

Des sculptures qui ornaient autrefois les tours de la Porte Dorée, il ne subsiste qu'une aigle byzantine à l'angle de la tour N. et de part et d'autre des deux colonnes de la porte extérieure, des piédestaux de marbre couverts de sculptures, accolés aux murs, qui devaient servir de supports à des statues.

(*) Chemin de ronde militaire qui était compris entre les deux murs.

(**) Selon le D<sup>r</sup> Paspati la plus belle et la plus célèbre de toutes celles qui ont été retrouvées.

(***) qui était réservée au passage du cortège impérial.

Derrière la Porte Dorée, apparaissent les sommets des énormes tours cylindriques de **Yédi–Koulé ou Chateau de Sept Tours.**

Chateau des Sept Tours

L'intérieur de ce chateau *(entré 5 piastre par personne)*, ne présente plus que des bâtiments en ruine, les restes d'un minaret et quelques arbres, dont un très beau.

Procope nomme ce chateau *Stronghilon*, parce que primitivement il était de forme circulaire ; plus tard il fut reconstruit sur un plan pentagonal avec cinq tours. En 1350, Catacouzène y ajouta deux autres tours ; il pris alors le nom de *Heptapirghon*, que les Turcs n'ont fait que traduire, Mahomet le Conquérant l'ayant trouvé en ruines, le réédifia en 1468. Incendié en 1782, il fut rebâti par Abdul Hamid I.

Ce chateau compris parmi les antiquités byzantines parce qu'il n'est que la reproduction du Cyclobion des Grecs qui datait de la fondation de la ville servait autrefois de prison d'Etat. C'est là que les Sultans enfermaient les Ambassadeurs des puissances avec lesquelles ils étaient en guerre. Dans l'une des tours les plus voisines de la Porte Dorée on y lit encore des inscriptions commémoratives de leur captivité, celles par exemple des envoyés véniliens en 1600 et en 1704. Une autre tour du Chateau y rappelle les souvenirs les plus lugubres : au rez-de-chaussée se trouve une salle ronde où l'on décapitait les condamnés ; leurs têtes étaient jetés dans un puits, nommé le puits du Sang, dont on voit encore l'ouverture, couverte de deux dalles de pierre au milieu du pavé. A g. de la Porte Dorée, dans la cour principale on voit une petite cour ouverte dite *la place des Têtes* où avaient lieu les décapitations et où les têtes y étaient entassées jusqu'au moment où elles atteignaient le sommet des créneaux. Près de là se trouve la Tour des condamnés à mort, dans les fondements de laquelle s'ouvraient une caverne rocheuse où ces condamnés étaient mis préalablement à la torture. C'est aussi dans le château des Sept Tours que les janissaires enfermaient les Sultans qu'ils détrônaient et dont sept ont même eu la vie arrachée. Un grand nombre de têtes de vézirs et de hauts personnages ont été accrochées à ses créneaux.

De la tour de 63ᵐ — la plus haute de celles qui restent — on a un très beau panorama qui embrasse aussi la ligne des remparts et l'ancienne *voie triomphale* des empereurs byzantins qui partait de la Porte Dorée du Cyclobion pour se terminer au Palais Impérial, à l'extrémité E. de la ville.

En face de la Porte Dorée, s'élève l'hôpital arménien et à moins de 100ᵐ, un pont de pierre qui franchit le fossé et conduit à *Yédi Koulé Kapou*, porte ouverte dans le mur intérieur au bout de la rue qui suit la voie du tramway.

**De Yédi-Koulé Kapou à Silivri Kapou,** *Distance 1,336*ᵐ.

Dès qu'on a dépassé *Yédi Koulé Kapou*, la végétation est merveilleuse. — Vingt quatre tours s'appuient sur le mur intérieur ; le mur extérieur sert encore de soutien aux douze tourelles, sur les vingt qui existaient dans le principe.

On aperçoit sur la g., *l'hôpital grec*, en face duquel s'ouvrait, entre deux tours carrées encore entières, (la 21ᵐᵉ et 22ᵐᵉ) et la seconde porte de Rhegium précédée d'un pont que traverse le fossé.

Près de cette porte, à l'intérieur du mur, se trouve, derrière l'église de Notre Dame de Belgrade, un escalier qui permet de monter sur la plate-forme du mur intérieur.

A g. s'étend un grand cimetière, et dans le fossé, au coin d'un petit bâtiment carré, habité par des derviches, apparaît un pont de trois arches, de teinte jaune dorée, qui conduit à *Silivrie-Kapou*, porte qui se trouve entre deux grandes tours : la 34ᵐᵉ, *tour de Brienne* et la 35ᵐᵉ au bout de la grande route de *Alti Mermer* qui aboutit au carrefour d'Ak-Séraï.

En face du pont s'ouvre la *route de Silivrie*, que l'empereur Justinien avait fait paver et dont on voit encore aujourd'hui les dalles singulièrement disjointes.

A g. dans le cimetière se trouvent les vestiges de l'ancien **Aqueduc de Stratigopoulo** qui conduit dans la ville les eaux de la source de *Zootocos*. Cette source se trouve encore dans les cryptes du *Monastère de Baloukli* situé à 600ᵐ du susdit cimetière.

**De Silivrie Kapou à Mevlévi-hané Kapou et à Top-Kapou.**
*Distance environ 1,800*ᵐ

Dans le parcours de ces deux sections, les murs sont assez bien conservés et servent d'appui à 28 tours et à 16 tourelles. Dans le fossé, dont la profondeur varie entre 3 et 7<sup>m</sup>, on trouve les traces de dix barrages.

Continuant à traverser le cimetière, à 800<sup>m</sup> de *Silivrie Kapou*, apparaît *Mevlévihané Kapou*, porte comprise entre deux tours carrées, celle du S., nommée *Tour de Constantin*, contient six colonnes de marbre rouge encastrées dans le mur, de chaque côté de la porte qui s'ouvre à l'extrémité d'une rue qui traverse les hauts quartiers turcs de la 7<sup>me</sup> colline. La plupart des susdites tours avaient des portes de sortie sur la fausse-braie ; aujourd'hui on n'aperçoit que la voûte.

A l'intérieur de la porte de *Mevlévi-Kapou*, il y a le *Tekké des Derviches Mevlévis* (Derviches Danseurs) et à côté de la porte à g. un petit café ; puis, au loin, on aperçoit l'aqueduc qui amène à Stamboul les eaux de Topdjiler, sources de Maltepé. Au delà s'étend la *plaine de Daoud Pacha* qui porte la grande caserne de ce nom (*).

A l'intérieur de la susdite porte, une rue longe l'enceinte et aboutit directement à deux escaliers qui conduisent sur la plate-forme.

A 800<sup>m</sup> environ de cet endroit, on atteint *Top Kapou (Porte du Canon)*, (ancienne *Porte S<sup>t</sup> Romain)*, nommée ainsi à cause du gros canon d'Orhan que les Turcs avaient placé devant elle lors du siège de 1453. A l'intérieur de cette porte se trouve la station terminus du tramway (ligne d'Ak-Séraï-Top-Kapou).

### De Top-Kapou à Edirné-Kapou et à Egri-Kapou.

*Distance environ 2 Kilom.*

Dans l'enceinte, entre les deux premières portes, on rencontre le terrain le plus accidenté et le *vallon de Lycus*, où, rien de plus pittoresque que ces murailles ruinées, percées de larges brèches, sur lesquelles s'appuient à l'extérieur, 21 grandes tours et une douzaine de tourelles en très mauvais état.

Au delà de *Top-Kapou*, on descend le vallon du Lycus;—à g., sur la colline, la grande caserne de cavalerie.—Suivant le fond du fossé, côte à côte avec la route carrossable, on passe sous une voûte de 1<sup>m</sup> 70 d'ouverture qui supporte l'enceinte sur laquelle s'élève *Soulou Koulé (Tour de l'Aqueduc)*, carrée, démantelée, où y ont élu domicile des forgerons tziganes faisant partie de la même tribu des tziganes qui habitent les autres tours de cette portion de l'enceinte, généralement connues sous le nom de *Tours de Yéni Baghtché*.

---

(*) Cette caserne a logé les troupes de l'armée française pendant la guerre de Crimée en 1855.

Après avoir franchi le Lycus, on remonte et on passe à g. devant la *fontaine de Beylerbey*, ombragée par un vieux saule. A partir de cet endroit l'**Aqueduc de Justinien** qui conduit jusqu'au quartier de Vlanga l'eau des sources captées depuis la colline de *Halkali* (*), pénètre dans la ville et l'on a en face de soi le long plateau sur lequel se développe la *grande route d'Andrinople*, à laquelle aboutit la grande rue qui traverse Stamboul dans toute sa longueur, depuis S<sup>te</sup> Sophie, en suivant la crête des six collines riveraines de la Corne d'Or.

Au delà, à dr., dans le fossé, quatre barrages construits sur voûtes ; à g. un cimetière turc, la porte d'Andrinople, *Edirné Kapou* (**).

En dehors de la Porte d'Andrinople s'étend le plus grand cimetière turc de Stamboul que traversent trois routes, au carrefour desquelles est placée une jolie fontaine. La route du milieu, en obliquant un peu sur la dr., conduit directement à Eyoub (V. p. 23).

*D'Edirné Kapou* jusqu'à *Egri Kapou* s'étend un grand cimetière grec fermé, tout le long de la route, d'un mur assez haut.

Le chemin extérieur de cette section cache la muraille intérieure, mais offre une vue pittoresque sur la Corne d'Or. Si l'on veut bien voir la muraille de cette section, il faut traverser la porte d'Andrinople et longer à g. le mur intérieur, qui supporte encore neuf tours, plus ou moins ruinées, jusqu'au **Palais de l'Ebdomon** *(Tekfour Séraï)*. Après avoir visité ce Palais, on rebrousse chemin, par une autre route pour aller visiter la mosquée de *Kahrié* (V. p. 84) et l'on revient ensuite à la porte d'Andrinople pour reprendre le chemin des murs extérieurs (qui sont complétement demantelés) jusqu'à la porte *d'Egri Kapou*.

Si de la porte d'Andrinople on préfère rentrer directement en ville, après avoir franchi cette porte, on a en face de soi la grande artère centrale de Stamboul. A d. s'élève la belle mosquée de *Mihri Mah*; à g. l'église grecque S<sup>t</sup> *Georges*, entre laquelle et l'enceinte, s'ouvre, au pied même du mur, un chemin de ronde; on s'y engage laissant d'abord sur la d. les maisons du quartier grec, et à 200<sup>m</sup> environ, on aperçoit à g. un double escalier qui mène au faîte des murs; à d. un terrain vague en pente au bas duquel on distingue les tourelles byzantines de la mosquée *Kahrié*.

En suivant le mur dans la direction N. on rencontre une tour carrée, derrière laquelle apparaît, au dessus du mur, le *Tekfour Séraï*.

---

(*) située à 2 h. au N. du village de S<sup>t</sup> Stefano.

(**) Ancienne *Porte Polyandria* ou de *Charisios* — réparée après le tremblement de terre de 1894 — au dessus de laquelle est suspendu un boulet de marbre.

Si de là on veut gagner directement *Egri Kapou*, on traversera un carrefour de deux rues—entre lesquelles s'élève la petite mosquée de *Adil Schah–Kadine*—et on y arrive par celle de g.

Au delà de la tour, le mur fait un coude à l'O., au sommet d'un angle que forme avec lui un autre mur dirigé vers l'E., construit en travers du fossé qu'il intercepte.

C'est là que se termine la triple enceinte de Théodose, longue de 5,650ᵐ depuis la mer de Marmara, sur laquelle sont appuyées 94 grandes tours et 71 tourelles, et percée de cinq portes. A cet endroit se rattache le mur construit par Héraclius en 640, pour enfermer dans la ville le faubourg des Blachernes.

Ce mur crénelé, beaucoup plus élevé de celui intérieur de l'enceinte de Théodose, est long de 1,025ᵐ sur 3ᵐ70 d'épaisseur et il est flanqué d'une vingtaine de tours colossales rondes et octogonales qui sont encore très bien conservées.

Dans les jardins qui s'étendent au devant, on ne retrouve aucune trace du fossé ni du mur extérieur.

Entre le mur d'Héraclius et l'enceinte de Théodose, l'espace est occupé par un cimetière grec *(Champ du Tribunal)*, à l'extrémité duquel le mur se replie vers le N., et au coin se dresse la grosse *tour ronde de Caligaria*. Un peu plus loin, au milieu d'un cimetière turc et entre deux tours octogonales, s'ouvre la porte d'*Egri–Kapou* (ancienne porte *Charsias)*, par laquelle Justinien et Alexis Comnène avaient fait leur entrée triomphale.

De cet endroit on peut se rendre à *Balata*, à travers le quartier des Blachernes, par la rue qui aboutit à *Egri–Kapou* et dans laquelle se trouve l'église grecque de Panaghia.

**D'Egri Kapou à Aïvan-Séraï Kapou.** *Distance 700ᵐ.*

Le chemin s'écarte des murs qui sont séparées par des petites maisons et des jardins, mais on aperçoit bien cependant les différents murs.

A partir d'Egri–Kapou à côté de l'entrée de la seconde tour, à l'intérieur de l'enceinte, un escalier conduit à la plate-forme.

Les murailles intérieures sont supportées en cet endroit sur d'énormes arceaux, de même l'intérieur de la tour dont l'entrée est située dans un terrain vague.

---

(*) La 6ᵐᵉ à partir d'Egri Kapou.

(**) La 7ᵐᵉ » id. id. Le Dʳ Paspati dit qu'elle est la mieux conservée de toutes les antiquités byzantines qui subsistent encore à Constantinople.

En suivant l'enceinte à l'extérieur, après avoir contourné le mur qui décrit une courbe très prononcée dans la direction N.-E., on aperçoit la Tour d'**Andronico Paléologue** (*) et la **Tour de Basile** (**) près de laquelle on voit une porte bouchée du Palais des Blachernes et un peu plus loin deux gigantesques tours carrées accouplées, dont la base est entourée d'un massif de maçonnerie saillant et haut de 5ᵐ.

La première est la

**Tour d'Isac d'Ange,** percée sur sa face de trois fenêtres cintrées et sur les trois autres faces d'une seule ouverture cintrée dont celle du N. communique avec la plate-forme de la tour d'Anéma et celle du S. fait communiquer l'intérieur de la tour avec la plate-forme des murs.

L'entrée de cette tour est située sur la place de la mosquée d'Aïvaz Effendi ; on y pénètre par un grand passage voûté qui s'ouvre à l'intérieur de l'enceinte.

La seconde est la

**Tour d'Anéma,** avec une seule ouverture cintrée complètement murée, à la suite de laquelle paraît un mur soutenu par des contreforts saillants où se trouve la *prison d'Anéma,* découverte par le Dʳ Paspati, puis par Mʳ van Millingen qui, en dressant le plan de ces ruines, y a reconnu les substructions du *Palais des Blachernes.*

A partir de cet endroit, l'enceinte devient double. Le mur d'Héraclus dessine une sorte de bastion ; derrière apparaît un second mur avec cinq grandes tours, appelé *Mur de Léon.*

Arrivé au coin d'un petit cimetière turc, à l'endroit où celui-ci finit en pointe, entre le mur et la rue d'Eyoub, se trouve la mosquée d'*Atik Moustapha Pacha* (V. p. 81).

En suivant à d. la rue d'Aïvan Séraï, on passe sur l'emplacement de l'ancienne *Xilo Porta* et celui de la porte d'Eyoub ou d'Aïvan-Séraï (démolie il y a peu d'années). Cette porte s'élevait à l'endroit où débouchent deux rues dans celle d'Aïvan Séraï et qui aboutissent: celle de g. à l'échelle du même nom, celle de d. conduit, d'abord au *Portique Carien* (*) ensuite à l'emplacement du Palais des Blachernes.

C'est là que termine la grande enceinte terrestre de Stamboul, reliée aux *Murs de la Corne d'Or.*

---

(*) Ce monument à l'E. de la porte d'Aïvan-Séraï, endossé au mur de la Corne d'Or, érigé par l'empereur Maurice en 586, était décoré de peintures représentant les actes de la vie de cet empereur, depuis son enfance. Aujourd'hui il est difficilement accessible étant converti en dépôt de charbon.

## MUSÉES

**MUSÉE IMPÉRIAL OTTOMAN ou MUSÉE des ANTIQUITES,** situé en face de *Tchinili Kiosk,* dans l'enceinte du *Vieux Sérail; entrée par la rue Soouk Tchechmé.*

Ouvert tous les jours (excepté le Vendredi) : en hiver de 10 h. a. m. à 4 h. p. m. En été de 9 h ½ a. m. à 3 h ½ p. m.—Entrée 5 piastres par personne. Les catalogues suivants sont vendus à la porte d'entrée, au prix de 5 piastres chacun *Monuments funéraires, Monuments Egyptiens, Monuments hymiarites et palmyréniens, Sculptures, Bronzes et Bijoux,* (3 piastres).

L'ancien **Musée ou Tchinili Kiosk** *(Kiosk aux faïences)* est un des monuments intéressants de Constantinople, qui mérite d'arrêter l'attention du visiteur.

Une inscription arabe et persane, placée au dessus de la porte, nous apprend que ce *kiosk* est un des premiers monuments construits sous Mahomed II, après la conquête, achevé en 1466 (Hégire 870) et réparé par Mourad III en 1590. **Le kiosk,** composé de 2 étages, était autrefois décoré intérieurement et extérieurement de magnifiques faïences persanes bleues et vertes dont la plupart malheureusement ont disparu.

Le plan en est très simple : c'est une croix grecque dont les 4 angles rentrants servent de support à une coupole soutenue par des pendentifs. Les angles rentrants sont occupés par quatre petites salles rectangulaires, surmontées d'une coupole et communiquant chacune avec la salle centrale. La nef centrale est terminée par une abside à pans hexagonaux et éclairée par des larges baies à ogives très surbaissées.—**Tchinili Kiosk** tant par le style de ses faïences que par la disposition du plan, présente une grande analogie avec les monuments de Brousse, en particulier avec la Mosquée Verte.

En avant du Kiosk court une terrasse que borde une élégante balustrade en marbre ajouré qui porte de longues et minces colonnettes à pans hexagonaux soutenant de légères ogives. C'est dans ce Kiosk que le Docteur Dethier a arrangé en 1875 le Musée d'antiquités dont les premiers monuments furent réunis vers 1850 dans l'église de S<sup>te</sup> Irène.

L'étonnante précieuse découverte en 1887 des Sarcophages à Saïda et le nombre très considérable de Monuments acquis, obligea le Gouvernement Impérial Ottoman de construire un nouveau Musée en face de *Tchinili Kiosk* et plus tard des grandes salles, achevées en 1908.

Le nouveau Musée comprend un rez-de-chaussée, formé de deux grandes salles à d. et à g., consacrées à la collection (unique au monde) des *monuments funéraires* grecs et romains, parmi lesquels les fameux *Sarcophages de Sidon*, et un étage, où sont exposées les antiquités orientales (turques, chaldéennes, assyriennes et égyptiennes).

Dans le vestibule d'entrée quelques stèles funéraires et un lion.

C'est à la persévérence et au talent de S. E. Hamdy Bey, directeur du Musée Impérial, que la science est redevable de la création et de l'organisation scientifique du Musée des antiquités, avec la collaboration de M<sup>rs</sup> S. Reinach, André Jaubin et du R. Père Scheill.

Musée d'Armes

## MUSÉE d'ARMES, *dans l'ancienne église Sainte-Irène.*

Entrée tous les jours excepté les vendredis, de 10 h. du matin à 3 h. du soir.

Cette ancienne église bâtie par Constantin le Grand au commencement du IV<sup>e</sup> s., puis brûlée sous Justinien et rebâtie par cet empereur, fut détruite de nouveau par un tremblement de terre au VIII<sup>e</sup> s. et restaurée par Léon l'Isaurien ; elle n'a jamais été convertie en mosquée et sert depuis longtemps de dépôt d'armes dont quelques uns historiques. Dans la cour extérieure on remarque quelques grands sarcophages des empereurs Byzantins, une tête colossale de Méduse, deux lions trouvés près de *Tchatladi-Kapoussi*, et un obélisque de porphyre du tombeau de Constantin le Grand. Dans la cour intérieure, le monument de Porphyrius, intéressant par l'histoire des jeux du cirque.

## MUSÉE DES JANISSAIRES, en turc *Yenichéri Mousessi.*

*Au fond de la place de l'At-Meïdan.*

Ouvert tous les jours de 10 h. a. m. à 5 h. p. m.

Entrée le vendredi 2 piastres, les autres jours 3 piastres.

Ce Musée offre un certain intérêt par la collection d'anciens costumes turcs.—Il se compose d'une grande salle au 1er, où sont exposés des mannequins—la tête et les mains en bois sculpté et colorié—figurant les principaux fonctionnaires et divers types de Janissaires, revêtus des principaux costumes de cette milice jadis célèbre.

Cette collection est divisée en **15** groupes :

### 1er Groupe.

1. Intendant du Harem Impérial.
2. Chambellan.
3. Nains.
4. Sellier du Palais.
5. Valet de pied au service du Harem.
6. Premier valet de chambre des hauts fonctionnaires.
7. Valet du Palais des Sultanes.

### 2me Groupe.

8. Officier.
9. Chef de détachement.
10. Cuisinier de détachement.
11. Porteur d'eau de détachement.

### 3me Groupe.

12. Grand amiral, Ministre de la Marine.
13. Introducteur chez le Grand Vézir et autres grands fonctionnaires.
14. Chef des officiers d'ordonnance de l'Amirauté.
15. Chef des officiers d'ordonnance, attaché au grand amiral.
16. Officier de marine du détachement dit des marins nus.
17. Marin du détachement dit des marins nus.
18. Officier de marine du détachement dit de Galata.

### 4me Groupe.

19. Chef du corps des Janissaires.
20. Lieutenant du chef du corps des Janissaires.

21. Officier chargé d'enregistrer ceux qui entrent dans le corps des Janissaires.
22. Porte-glaive du Sultan.
23. Chef des huissiers de la Cour Ottom.
24. Garde d'honneur.
25. Garde du Palais Impérial.

### 5me Groupe.

26. Chef des bureaux diplomatiques, remplissant les fonctions de Ministre des Affaires Etrangères.
27. Secrétaire du chef des bureaux diplomatiques.
28. Grand référendaire de la Sublime-Porte.
29. Courrier.
30. Gardé des Ambassadeurs.
31. Garçon de bureau des secrétaires de la Sublime Porte.
32. Sergent attaché au service de la Sublime Porte.

### 6me Groupe.

33. Lieutenant du Grand Vézir, remplissant les fonctions de Ministre de l'Intérieur.
34. Premier Secrétaire du Grand Vézir.
35. Officier chargé de précéder le Grand Vézir et les autres Ministres.
36. Officier ouvrant la marche dans les cérémonies.
37. Chef des courriers du Grand Vézirat.
38. Valet de pied du Grand Vézir.

### 7me Groupe.

39. Chef des *Ulémas* et Grand Juge.
40. Grand Juge de *Roumélie.*
41. Chef du clergé Musulman portant la couleur verte.

42. Juge de Constantinople.
43. Juge de la Mecque.
44. Professeur en chef des séminaires turcs.
45. Greffier du chef des *Ulémas* et Grand Juge.
46. *Muezzime* (Crieur de la prière sur les Minarets).
47. Premier valet de chambre du chef des *Ulémas* et Grand Juge.

### 8<sup>me</sup> Groupe.

48. Grand Vézir.
49. Officier d'ordonnance en chef du Palais.
50. Chef des gardiens des portes du Palais
51. Exécuteur en chef des ordres du Grand Vézir.
52. Coureur.

### 9<sup>me</sup> Groupe.

53. Vice-Chancelier, chef du bureau des dépêches de la Sublime Porte.
54. Grand dignitaire chargé de dessiner les chiffres du Sultan.
55. Chef du bureau chargé de délivrer les brevets de promotions.
56. Premier adjoint du chef des huissiers de la Cour Ottomane.
57. Secrétaire du chef des huissiers de la Cour Ottomane.
58. Maître des cérémonies des Vézirs.
59. Adjoint du Maître des cérémonies des Vézirs.

### 10<sup>me</sup> Groupe.

60. Officier remplissant des fonctions analogues à celles de Préfet de la Ville.
61. Officier commandant les bataillons des conscrits.
62. Chef du détachement des hommes chargés d'infliger la bastonnade.
63. Chef des gendarmes spécialement chargés de chercher les voleurs.
64. Exécuteur des fautes disciplinaires et chef des huissiers.
65. Chef de la police secrète des Vézirs.
66. Commissaire de police.

### 11<sup>me</sup> Groupe.

67. Adjoint du Commandant du Dépôt d'armes.
68. Commandant d'un corps de garde.
69. Garde de la salle d'armes.
70. Sergent du Commandant d'un corps de garde.
71. Lieutenant du chef de détachement.

### 12<sup>me</sup> Groupe.

72. Contrôleur Général des finances.
73. Dépositaire des archives.
74. Directeur de l'Hôtel-des-Monnaies.
75. Garderobe du Grand Vézir et d'autres grands fonctionnaires.
76. Garçon de bureau.

### 13<sup>me</sup> Groupe.

77. Lieutenant du chef des gardes du Palais.
78. Fourrier de détachement.
79. Capitaine du détachement des bombardiers.
80. Soldat du détachement des bombardiers.
81. Porte-étendard.
82. Soldat Janissaire.

### 14<sup>me</sup> Groupe.

83. Officier chargé de lire la sentence aux condamnés.
84. Chef des bourreaux.
85. Bourreau.

### 15<sup>me</sup> Groupe.

86. Chef de bataillon de la réforme du Sultan Sélim.
87. Capitaine d'infanterie de la réforme du Sultan Sélim.
88. Soldats de la réforme du Sultan Sélim.
89. Chef de bataillon de la réforme du Sultan Mahmoud.
90. Artilleur à cheval de la réforme du Sultan Mahmoud.
91. Soldats de la réforme du Sultan Mahmoud.

Obélisque de Théodose

**OBÉLISQUE EGYPTIEN** ou de **THÉDOSE** 1ᵉʳ, *Place de l'At-Meïdan.* — C'est la moitié de l'obélisque primitif que l'empereur Toutmos des Pharaons, en 1600 avant Jésus-Christ, avait érigé à Héliopolis (Egypte) comme l'indiquent les hiéroglyphes gravés sur ses 4 faces et encore bien conservés. — Constance II, Julien et Théodose 1ᵉʳ en l'an 400 après Jésus Christ s'occupèrent du transport de ce monument à Byzance; mais ce ne fut qu'Arcadius qui l'érigea.

C'est un monolithe de granit rose de la ville de Syène, haut de 30ᵐ et large à sa base de 4ᵐ. Il repose sur quatre dés supportés par un piédestal en marbre orné de bas reliefs grossiers. Sur le dé à l'E. Théodose est représenté assis sur son trône avec son épouse et ses deux enfants Honorius et Arcadius ; dans le 2ᵐᵉ à l'O. on le voit recevant les hommages des tributaires ; dans le 3ᵐᵉ au S., présidant les jeux olympiques, et dans le 4ᵐᵉ au N. il est debout entouré de ses enfants et des grands dignitaires, tenant en main une couronne, prêt à la poser sur la tête du vainqueur des jeux.

Sur le bas relief du piédestal on lit deux inscriptions en grec et en latin dont voici la traduction.

*« Théodose seul, ayant osé dresser cette colonne quadrangulaire qui gissait sur le sol, en chargea Proclus, et elle fut érigée en 32 jours ».*

Obélisque de Constantin le Porphyrogénéte.

**OBÉLISQUE DÉLABRÉ de CONSTANTIN le PORPHYROGÉNÉTE,**
*Place de l'At-Meïdan.* — Cet Obélisque d'une hauteur de 25ᵐ, n'a
porté les grandes plaques de bronze doré aux figures en relief qui lui
servaient de revêtement que deux siècles et demi, car les Croisés latins l'ont dépouillé, de sorte que l'on ne voit aujourd'hui que les
trous où les crampons en fer qui les retenaient. Cette pyramide d'or
qu'on comparait autrefois au colosse de Rhodes, devait produire un
effet resplendissant sous le ciel bleu et le gai soleil d'orient. Aujour-
d'hui les pierres seules qui le composent, menacent de tomber en ruines.

## PALAIS IMPÉRIAUX

Les principaux dans la Capitale sont :

*Le Palais Impérial de Yildiz Kiosk ;* le *Palais de Dolma Baghtché,* le *Palais de Tchéragan* et celui de *Beylerbey.*

Les Kiosks Impériaux aux Eaux Douces d'Asie et à Beïcos (sur la côte asiatique du Bosphore); ceux aux Eaux Douces d'Europe, et au petit Flamour sont d'une élégance remarquable.

Palais Impérial de Yildiz et Mosquée Hamidié.

**PALAIS IMPÉRIAL DE YILDIZ KIOSK** *(Kiosk de l'Etoile),* situé dans une position magnifique, sur les auteurs d'Ortakeuy au dessus du Palais Impérial de Tchéragan, au milieu d'un admirable parc parsemé de Kiosks qui couvrent tout le versant de la colline.

A d. de la grande allée qui précède la porte principale d'entrée, on admire la belle Mosquée Hamidié au milieu d'une esplanade entourée d'une grille en fer, où l'ex Sultan Abdul Hamid se rendait les vendredis pour faire ses dévotions du *Sélamlik* de ce jour.

Palais de Dolma-Baghtché.

**PALAIS IMPÉRIAL DE DOLMA-BAGHTCHÉ** résidence de S. M. I. le Sultan Mehmed V situé sur la rive européenne du Bosphore, à l'extrémité du faubourg de Cabatache.

Ce Palais merveilleux, unique au monde par sa position, construit par le Sultan Abdul Medjid en 1853, formé de plusieurs palais de marbre blanc de Marmara; avec ses fenêtres et balcons à jour ornés de colonnettes rubanées, de treffles à nervures, d'encadrements à festons et d'innombrables sculptures et d'arabesques, rappelle les anciens Palais de Venise. — Le quai de marbre blanc, d'une longueur d'environ 600ᵐ, est interrompu de distance en distance par des longues marches qui descendent des portes à la rive et se perdent dans la mer. Ce quai est bordé de piliers monumentaux, reliés entre eux par de magnifiques grilles dorées d'une serrurerie fine dont le fer se courbe en mille arabesques fleuries, et rehausse la beauté de ce somptueux Palais. Une belle place plantée d'arbres avec au milieu une très jolie *Tour-horloge* à 4 façades, précède (à d.) une porte monumentale dorée qui donne accès au jardin du Palais Impérial, et ses dépendances au bord de la mer; à g. la grande *mosquée de la Validé* (V. p. 103).

La façade principale et grandiose se trouve du côté de la mer (V. p. 140). Du côté de la terre l'entrée principale dans l'avenue de Bechiktache est un vrai monument (V. p. 28); celle sur la place de Dolma-Baghtché, qui donne accès aux jardins, est aussi très imposante. L'intérieur, dont on ne visite que seulement la moitié, est richement décoré; les plafonds ont été peints par des artistes français, notamment par Séchan. On y voit des lustres de cristal de 250 bougies; des glaces de 30ᵐ carrés; les cheminées décorées de porcelaines de Sèvres. La grande Salle du Trône d'un effet grandiose, est une des plus belles de l'Europe.

C'est dans cette Salle qu'a lieu chaque année l'imposante cérémonie du Baise-main à l'occasion du *Courban Beïram*. Les étrangers de distinction, recommandés par leur Ambassade respective, peuvent y assister de la galerie réservée au corps diplomatique.

La visite commence par le Vestibule puis la Galerie des tableaux anciens ; Escalier avec rampe à balustres de cristal d'une très belle disposition architecturale ; Très grande Salle de bal, une infinité de salons chacun d'un genre différent dont un est orné d'un paysage de Daubigny ; Grande Salle de bain oriental en albâtre ; Galerie de tableaux modernes, parmi lesquels des toiles de Chaplin, Alfred de Dreux, Berchère, Ziem, etc.

Il paraît que les jardins réservés au harem sont d'une merveilleuse beauté. Les communs, les cuisines et la pharmacie se trouvent de l'autre côté de l'avenue de Bechiktache.

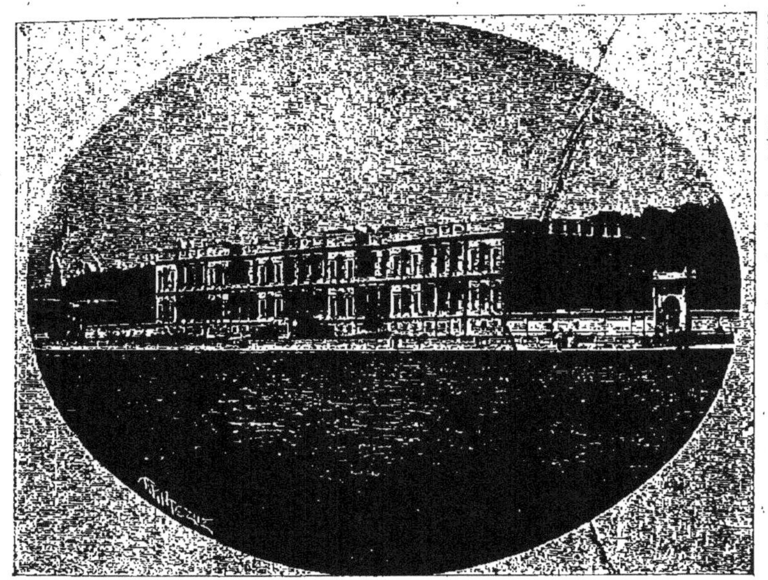

Palais Impérial de Tchéragan.

**PALAIS IMPÉRIAL DE TCHÉRAGAN**, situé sur la rive européenne du Bosphore.

Du côté de la terre dans la grande rue où passe le tramway (Bechiktache-Ortakeuy) on remarque dans le portique qui traverse la rue, le travail délicat des niches du plafond creusé en nids d'abeilles et les chapiteaux des colonnes de marbre.

Ce Palais entièrement de marbre a été construit par le Sultan Abdul Aziz en 1874 sur l'emplacement de l'ancien Palais du grand vézir Damad Ibrahim Pacha dans lequel s'était installé Mahmoud II lorsqu'il avait quitté définitivement sa résidence du Sérail.

L'intérieur est décoré dans le style oriental avec un luxe remarquable.

Palais Impérial de Beylerbey

**PALAIS IMPÉRIAL DE BEYLERBEY** situé sur la rive asiatique du Bosphore (V. p. 150), au pied du contrefort N. du mont Boulgourlou, construit en 1865 par le Sultan Abdul Aziz.

C'est un des plus gracieux Palais de Constantinople, faisant honneur à l'architecture orientale. Un quai de marbre, avec de larges escaliers qui descendent dans la mer, s'étend tout le long du Bosphore au devant de cet édifice, blanc comme la neige. Aux deux extrémités du quai,—bordé d'un mur avec grille—,deux gracieux Kiosks de marbre blanc, dont les toits simulent une fleur de volubilis renversée, complètent la simétrie.

Le parc en terrasses superposées; derrière l'édifice plusieurs groupes en marbre et en bronze représentant des luttes d'animaux sauvages, et les Kiosks disséminés ça et là, forment une des plus belles perspectives, vus surtout de la mer.

L'intérieur est décoré avec une grande richesse. Le péristyle de l'escalier, la grande salle ornée de colonnes sur son pourtour au milieu de laquelle se trouve un grand bassin avec une élégante fontaine de marbre blanc, précèdent l'escalier monumental qui conduit au 1ᵉʳ étage où le grand salon de réception attire l'admiration.

En 1869, ce Palais servit de résidence à l'impératrice Eugénie. En 1889, il a été restauré à l'occasion de la visite de l'empereur Guillaume II à Constantinople.

## PALAIS (ANCIENS).

Tekfour Séraï

LE PALAIS des BLACHERNES (*TEKFOUR-SÉRAÏ*) occupe une hauteur à l'angle N. O. de Stamboul, *entre Egri-Kapou et Edirné Kapou;* c'est un bâtiment rectangulaire en briques à 3 étages, enclavé entre le double mur de Théodose. L'étage inférieur forme une salle voûtée de 17 mètres de long, portée sur deux rangs de colonnes, et s'ouvrant du côté du N. sur une cour par quatre grands arceaux. L'entrée est à l'intérieur des murailles, dans une verrerie appartenant à des Juifs espagnols. Les Grecs désignent ces ruines sous le nom de **Palais de Constantin Porphyrogénète** et quelquefois aussi sous celui de *Palais de Bélisaire.* Gyllès, le Patriarche Constantin, Frick, etc., le considèrent comme une partie du palais fondé par Constantin le Grand à l'Hebdomon en dehors des murs. Justinien le restaura en-suite et l'appela *Novum Consistorium Palatii Justiniani*. Il est souvent fait mention de ce palais dans les récits byzantins. Le pignon du côté occidental est tourné vers le *campus* de l'Hebdomon, jadis champs de Mars de l'armée byzantine.

Le 1ᵉʳ étage, qui n'est qu'un entresol, forme une grande salle rectangulaire sans division intérieure.

Le 2ᵐ étage, formait une grande salle dont le dallage et le toit manquent, mais les murs d'enceinte et les pignons du toit sont bien conservés. Cette salle est large de 10ᵐ 50, longue de 23ᵐ 25 et haute de 6ᵐ 30, et présente sur les quatre côtés, des fenêtres inégales de forme et grandeur, dont quelques unes sont pourvues de balcon, formant un assemblage assez bizarre.

Tout près de cet édifice existe encore le *Tribunalium Hebdomi*, bâti par l'empereur Valens.

**PALAIS de JUSTINIEN** (selon les historiens byzantins **Palais d'Hormisda**, *près de Tchatladi Kapou, sur la voie du chemin de fer*. A g. on remarque au-dessous des maisons du quartier musulman, trois ou quatre voûtes portées sur des piliers de briques qui s'élèvent à plus de 15ᵐ au-dessus du sol : se sont, selon toutes probabilités, les substructions de ce Palais.

## SÉRAÏ.

Le **SÉRAÏ** ou **TOP-KAPOU SÉRAÏ**, situé sur la pointe de Séraï Bournou, domine la mer de Marmara, le Bosphore et la Corne d'Or, situation qui en fait un des plus merveilleux sites du monde.

C'est là qu'étaient situées l'antique Byzance et l'Acropole et plus tard le Palais de l'impératrice Placidie et les demeures des personnages les plus puissants de l'Empire; à l'E., sur le rivage de la Propontide, les Thermes d'Arcadius, etc. Le Grand Palais Impérial construit par Mahomet II le Conquérant au XV⁰ s. n'occupait au S. qu'une partie des Jardins du Séraï. Ce Palais fut ensuite habité par les Sultanes jusqu'au commencement du XIX⁰ s.

Le Séraï ou Sérail, est entouré de toutes parts d'une muraille crénelée flanquée de tours, excepté du côté de la pointe de Séraï Bournou où frappe le courant le plus fort du Bosphore. C'est en cet endroit, sur un petit quai de marbre, que débarque, le 15ᵐᵉ jour du Ramazan, le Sultan avec les Princes Impériaux, les hauts fonctionnaires et sa suite pour se rendre au Palais de Top-Kapou vénérer le manteau du Prophète et y faire ses dévotions, en traversant la vaste esplanade dénudée, coupée par une tranchée courbe, par où passe la voie des chemins de fer orientaux et sur laquelle est jeté un pont en pierres qui permet de rejoindre la terrasse inférieure du Séraï où se trouve la colonne de Théodose et la porte principale du Palais de Top-Kapou.

Ce Séraï comprend : Les Jardins étagés en terrasses, la Cour des Janissaires et le Palais contenant le Trésor Impérial qui n'est accessible qu'à l'aide d'une autorisation impériale.

Les Jardins sont plantés principalement de cyprès et de platanes gigantesques. On y accède par quatre portes: *Yali Kiosk*, à l'extrémité de l'esplanade de la gare des chemins de fer orientaux, *Demir Kapou*, près de l'hôpital de Gul-Hané, *Soouk Tchechmé*, sur la route du Tramway et *Bab-i-Houmayoun*, à côté de la mosquée de Stᵉ Sophie.

La porte de *Soouk–Tchechmé* est la plus fréquentée parce que le tramway y passe devant.

En entrant par cette porte, on a en face de soi une longue allée qui aboutit à la pointe de Séraï–Bournou. A g. une autre allée longe les bâtiments de l'ancien hôpital et de l'école impériale de médecine militaire et aboutit à *Yali Kiosk Kapou*. A dr., une montée conduit à *l'École des Beaux Arts* et à la 1re terrasse où il y a des fragments de statues, de colonnes anciennes, des sarcophages, etc. et d'où l'on domine la pointe du Séraï. Sur cette terrasse, à dr., la nouvelle bâtisse du Musée Impérial d'Antiquités ; à g. le *Tchinili Kiosk* (V. p. 101), et au fond la direction du Musée, derrière laquelle s'élèvent les murs de la terrasse supérieure qui supporte le jardin des fleurs du Palais, dans lequel il y a le Kiosk de Bagdad.

Continuant à monter la pente qui longe à dr. les murs de l'hôtel Impérial des Monnaies, on a devant soi une porte que l'on traverse pour aboutir sur la terrasse supérieure, appelée la **Cour des Janissaires**. Sur cette terrasse, qui consiste en une grande place, on voit d'abord l'énorme platane des Janissaires, dont le tronc creusé servait de cuisine aux soldats de garde de cette milice ; en face, le mur blanc des communs du Séraï, au milieu duquel il a une fontaine en marbre blanc surmontée d'une tour carrée et derrière ce mur, dans le versant du côté de la mer de Marmara, le petit pavillon de *Gulhané kiosk* (Kiosk des Roses), devenu historique depuis que le Sultan Abdul Médjid y signa le 22 Octobre 1839 le *Hatti Chérif de Gulhané*. Aujourd'hui ce Kiosk sert de poudrière gardée par des sentinelles qui ne laissent pas l'approcher.

A dr. de cette place, le portail de la cour de l'hôtel des Monnaies (*Zarb–hané*), à côté duquel, dans l'angle, le Musée d'Armes (V. p. 102) et tout près, après des grands sarcophages de marbre rouge, la porte monumentale nommée *Bab–i–Houmayoun*, de marbre blanc et noir, avec deux petites colonnes de vert antique enchassées dans la muraille. Au dessus on voit un cartouche de marbre représentant le *Thoura* Impérial en or de Mahomet II, avec l'inscription : « *Que Dieu conserve éternellement la gloire de son possesseur. Que Dieu fortifie ses fondements.*

De chaque côté de cette porte il y a deux niches ogivales. Avant de la franchir, on laisse à dr. la rampe qui conduit à l'hôpital et à la caserne de cavalerie de *Gulhané* près de *Ahyr Kapou*, où il n'y a rien d'intéressant à voir. Si l'on franchit la porte *Bab–i–Houmayoun*, on se trouve sur la petite place de Ste Sophie où, à dr. la porte par où passe le Sultan lorsqu'il se rend à cette mosquée ; à g. la fontaine d'Ahmed (V. p. **72/73**) ; en face le Palais du Parlement et du Sénat.

Enfin à g., au fond de la cour des Januissaires, en face de la grande porte *Bab-i-Houmayoun*, se trouve—reliée par une belle allée traversant toute la place dans sa longueur—la *Porte d'Orta-Kapou*, (Porte Centrale), qui donne accès dans la partie réservée du Sérail, flanquée de deux tours à toits pointus qui lui donnent un air de moyen âge. Tous près de cette porte à dr. on voit, sous des arbres, un tronçon de colonne fiché en terre.

*Orta-Kapou*, fermée par une double porte, donne accès dans la seconde cour du Sérail. Entre les deux portes se trouvait le logement du gardien où faisaient antichambre les ambassadeurs avant d'obtenir la permission de franchir la seconde cour, et c'est là qu'attend un employé chargé de conduire au kiosk d'Abdul Medjid les étrangers de distinction autorisés de visiter le vieux sérail.

La visite se fait dans l'ordre suivant :

Après avoir franchi la seconde cour plantée d'arbres et entourée d'une galerie basse soutenue d'une colonnade de marbre dont l'aile g. renferme la salle du Trône, au dessus de laquelle s'élève une Tour carrée, on arrive au Kiosk d'Abdul Medjid, d'où l'on découvre un admirable panorama.

Pour monter dans cette Tour, il faut franchir la troisième porte nommée *Bab-Saadet*, qui s'ouvre dans le coin g. de la seconde cour, porte couverte d'un toit en saillie soutenu par deux colonnes de marbre.

Dans ce Kiosk on offre aux visiteurs avec la proverbiale courtoisie orientale, des cigarettes, du café, de la confiture de rose et de l'eau excellente, ensuite l'on se met en marche, escortés par un chambellan, le cavass de l'Ambassade et des employés.

Dans la 1re salle du pavillon du Trésor, au centre, il y a le Grand Trône en or battu incrusté de milliers de rubis, d'émeraudes et de perles, portant l'inscription suivante en français « *Ce Trône a été pris et envoyé en 1514 pendant la guerre du Sélim contre le schah de Perse Ismaïl* ». Dans les vitrines sont conservés des étoffes superbes brodées, des tapis de table, des armes, une housse de cheval (2 m 44 sur 2 m 13) en velours, ornée d'une broderie de perles grosses chacune comme un gros pois, vases en cristal de roche, en jade, en onyx, coupes et flacons en or d'origine persane. Dans la vitrine de dr., 3 émeraudes, les plus grosses connues.

Dans la galerie supérieure : armures, casques, pendules, cotte de mailles garnie de plaques damasquinées que le Sultan Mourad IV porta en 1638 à la prise de Bagdad ; à côté, cimeterre du même Sultan, dont la garde et la poignée sont incrustées de diamants taillés à plat et sertis en échiquier.

Un petit Trône en ébène et en santal incrusté de nacre et d'écaille d'or et d'argent porte à chaque angle une colonnette soutenant un dôme se terminant en pointe que surmonte un joyau. Toutes les faces sont ornées d'un dessin de plantes en nacre et chaque fleur est formée de rubis, saphirs, émeraudes et perles. Ce petit édifice est un spécimen précieux de l'art turc au XVI⁰ s.

Les anciens Sultans s'asseyaient au centre de ce Trône les jambes croisées ; au dessus de leur tête pendait une chaîne d'or supportant une émeraude, grosse d'environ 10 ᶜ/ₘ et d'une épaisseur de 4 ᶜ/ₘ.

Dans la 2ᵐᵉ salle, des superbes vitrines sont remplies de différents objets ; la vitrine du milieu contient les collections de médailles et monnaies d'or et d'argent

La galerie supérieure renferme les superbes robes d'apparats des Sultans Mahomet II à Mahmoud II (1451–1839). Ces robes, d'un magnifique brocat épais surchargées de broderies, sont placées sur des mannequins avec turbans surmontés d'une aigrette-retenue par un joyau. Le joyau qui soutient une de ces aigrettes est formé de deux émeraudes et d'un rubis, large chacun d'un pouce et demi. A la ceinture de chaque mannequin est une dague magnifique, véritables chefs-d'œuvre ; quelques—unes ont la garde ciselée en or, et une à la poignée, formée d'une seule émeraude. La profusion de toutes ces pierres précieuses est réellement merveilleuse.

Dans la salle du Trône, dont le plafond est orné d'arabesques dorées, on remarque : un Trône en forme de divan avec un baldaquin soutenu par des colonnettes de cuivre doré, orné de pierres précieuses ; une cheminée surmontée d'un petit dôme de cuivre finement découpé ; la fenêtre grillée, à travers laquelle le Sultan écoutait l'ambassadeur à qui il donnait audience et une fontaine où l'on faisait couler toujours de l'eau pendant la conversation du Sultan.

La *Bibliothèque*, à laquelle on monte par un perron de fer, est fermée par une porte de bois incrusté de nacre ; elle renferme plus de **3,000** manuscrits dont quelques uns grecs fort anciens, et en outre **17** manuscrits provenant de Bude, ayant appartenu à Mathias Corvin, roi de Hongrie. Les manuscrits arabes sont rangés dans des casiers de cèdre grillés. Tous ces manuscrits sont un vrai trésor littéraire.

Un peu plus loin se trouve le *Hirka–Chérif Odassi*, Pavillon des reliques de Mahomet où est conservé son *Manteau* qui est exposé le 15ᵐᵉ jour du Ramazan à la vénération de S. M. I. le Sultan et de sa suite.

Dans ce Pavillon sont conservés aussi l'étandard du Prophète *(Sandjak-i-Safir)*, son arc et les cimeterres de ses successeurs.

Dans la troisième cour il y a un autel antique de porphyre rouge.—De là on pénètre dans le jardin des fleurs et sur la terrasse de Top Kapou qui s'avance au dessus de la pointe du Seraï, sur laquelle il y a plusieurs Kiosks dont le plus remarquable est le **Bagdad Kiosk** situé dans l'angle du jardin, entouré d'une galerie vitrée, d'où la vue est splendide.

Ce bâtiment octogone est surmonté d'une coupole ronde en cuivre doré et les murs sont revêtus de marqueterie et de faïences persanes bleues. A l'intérieur sont conservés les riches exemplaires du Koran ; les divans sont recouverts de magnifiques étoffes qui font apprécier l'art décoratif turc. On remarquera la coupole en faïence rose et une cheminée cônique en métal ciselé.

Vers la pointe du jardin, au milieu de grands arbres, on distingue la Colonne de Théodose (ou de Claude II) en granit gris ( V. p. 82 ).

Après cette visite, qui dure environ une heure, on sort de l'enceinte du Palais par une porte au N. et on descend à la pointe du Seraï où un *caïk* de la cour, monté par des vigoureux rameurs en costume blanc à manches très larges vous transporte en 15 min. à côté du *Palais Impérial de Dolma Baghtché* ( V. p. 120 ).

Arc de Triomphe et Tour de Séraskiérat.

## TOURS

**TOUR DU SÉRASKIÉRAT**, construite par le Sultan Mahmoud II en 1808, en grande partie avec du marbre blanc de Marmara, elle s'élève sur le point culminant de Stamboul au milieu de l'esplanade du Ministère de la Guerre, à peu près à la même hauteur que la tour de Galata. On y monte par un escalier en spirale dont les marches sont assez hautes et mal éclairées par de rares fenêtres, au coin desquelles sont tracés en couleur noire le nombre des marches. Après avoir franchi les 2/3 de l'escalier à la 179e marche, on pénètre dans une grande salle circulaire, éclairée par douze fenêtres, qui sert de garde aux coureurs chargés d'annoncer à la ville les incendies et d'où la vue est magnifique ; mais le panorama est beaucoup plus splendide du sommet de la tour où on y arrive par un escalier quelque peu abandonné et par une échelle appuyée contre le mur, au-dessus de laquelle s'ouvre un trou carré large de 60 cm. d'où on monte sur le toit de la tour, entouré d'une grille en fer et au milieu duquel se dresse un immense mât. Il est impossible de pouvoir décrire la beauté de ce panorama, unique au monde. La Mer de Marmara se présente dans sa plus grande partie; du S. on découvre le *mont Olympe*, à l'E. *Scutari*, *Haïdar-Pacha*, *Kadi-Keuy*, les *Iles des Princes*. Au N. s'ouvre entre l'Europe et l'Asie le bleu *Bosphore*, à l'O. *Péra*, *Galata*, *la Corne d'Or*.

Cependant nous ne saurions engager trop vivement les touristes à faire l'ascension de la Tour du Séraskiérat, après avoir fait celle de la Tour de Galata. Ils emporteront ainsi de Constantinople l'impression la plus complète qu'on en puisse avoir.

**TOUR de BÉLISAIRE** *(V. p. 92).*

**TOUR d'ISAC d'ANGE** *(V. p. 100).*

**TOUR d'ANÉMA** *(V. p. 100).*

**TOUR de LÉANDRE** *(V. p. 37/38).*

Tour de Galata.

## TOUR DE GALATA (en turc *Bouyouk Koulé*).

Entrée 5 piastres par personne ; on peut marchander. Si l'on est plusieurs ne donner que 2 piastres par personne.

Cette Tour, bâtie par les Génois en 1348, sous le règne de Catacuzène, formait autrefois le point culminant de l'enceinte fortifiée élevée autour de Galata. — Les Génois la nommèrent *Tour de la Croix* ou *du*

*Christ.* — C'est une construction massive, haute d'une 40ᵐᵉ de mètres qui sert aujourd'hui de poste d'observation pour les incendies. — Un perron extérieur d'une dizaine de marches conduit à l'entrée de la tour, qui se trouve du côté S. 5 paliers de charpente, dont chacun n'atteint pas le tiers de la section circulaire de la Tour, y sont suspendus les uns au dessus des autres, le reste de l'espace restant absolument vide.

96 mauvaises marches de pierre partagées entre ces 5 paliers, conduisent au 1ᵉʳ étage à partir duquel on continue à monter par un escalier de bois, divisé en 3 paliers, pour atteindre à la 141ᵐᵉ marche, au 2ᵐᵉ étage, la grande salle d'observation salle des sentinelles et des coureurs chargés d'annoncer à la ville les incendies, éclairée par 14 grandes fenêtres. Au milieu de la salle un petit escalier de 41 marches de bois en colimaçon conduit au pavillon terminal, mais les gardiens n'y laissent pas monter. Du reste, on est, à cette hauteur, mieux placé dans la grande salle pour contempler le **panorama féerique de Constantinople.** Des tabourets placés dans les embrasures des fenêtres permettent d'admirer, successivement et commodément assis, le tableau que chacune d'elle encadre, en commençant par celle qui se trouve immédiatement au-dessus de la bouche de l'escalier, et en tournant ensuite de g. à d. dans le sens des aiguilles d'une montre :

1ʳᵉ *Fenêtre.* Direction N. O. la rue *Bouyouk-Hendek*, partant du pied même de la tour aboutit à la place de *Chiche-hané-Karacol* : au delà on aperçoit le vallon de Kassim-Pacha, avec le joli pavillon du Ministère de la Marine au bord de la Corne d'Or, au-dessus duquel on aperçoit l'hôpital de la Marine, un grand bâtiment jaune surmonté d'une tour à horloge, et au delà l'Arsenal.

2ᵐᵉ *Fenêtre.* Par dessus les maisons, on aperçoit la haute cheminée du metropolitain Railway. Au delà, dans le lointain, le faubourg grec de Tatavla, l'Église Grecque de Sᵗ-Démétrius.

3ᵐᵉ *Fenêtre.* La Grande Rue de Péra ( Téké ). Au-dessus des maisons, à droite d'abord, le couvent des Derviches-Tourneurs, les palais de la Légation de Suède et de l'Ambassade de Russie, le Lycée Impérial de Galata Séraï, au milieu d'un vaste jardin.

4ᵐᵉ *Fenêtre.* Au premier plan, l'Eglise Protestante Anglaise *Memorial Church*, de style gothique bâtard. Dans le lointain on aperçoit une grande construction rougeâtre, c'est l'hôpital Allemand et plus au fond le palais, peint en blanc, de l'Ambassade d'Allemagne.

5ᵐᵉ *Fenêtre.* Les quartiers de *Yéni-Tcharchi*, de *Top-hané* et de *Foundoukli*, au delà desquels apparait le Bosphore. Au bas de la rue Yéni-Tcharchi dans la Grande Rue de Top-hané, on découvre l'étage supérieur de la grande maîtrise de l'Artillerie ; la grande mosquée Mahmoudié, les vastes ateliers de la fonderie de canons (Top–hané) devant une vaste esplanade, au milieu de laquelle s'élève une jolie tour à horloge surmontée d'un mât de pavillon. A droite de cette esplanade, la mosquée *Kilidj-Ali-Pacha*. Au delà du Bosphore, on admire toute la côte d'Asie, depuis Scutari, le mont Boulgourlou jusqu'à Tchenghelkeuy avec la caserne de cavalerie. Presque en face de la caserne de Top-hané, sur la côte Asiatique, au bord de la mer, le Palais Impérial de Beylerbey.

6ᵐᵉ *Fenêtre*. au pied de la tour, le quartier de Galata, au delà le Bosphore ; vis-à-vis, sur la côte d'Asie, Scutari, avec la forêt de cyprès du *Bouyouk-Mézaristan* (Grand cimetière) et tout près, sur un rocher à fleur d'eau, la Tour de Léandre.

7ᵐᵉ *Fenêtre*. Une suite de maisons du quartier de Galata, puis le port. Sur la côte d'Asie, l'immense caserne Sélimié, grand bâtiment jaune flanqué aux quatre coins de tourelles carrées. A droite de la caserne, l'immense construction, toute récente, de l'Ecole Impériale de Médecine. Tout près de là, au bord du rivage, au milieu des arbres, un obélisque en granit, élevé par les Anglais dans leur cimetière, au devant duquel la nouvelle grande Gare du Chemin de fer Ottoman d'Anatolie.

8ᵐᵉ *Fenêtre*. Au pied de la tour, la suite des maisons de Galata. En face, du côté de Stamboul, la pointe du Sérail; à son extrémité, près du rivage, un petit bâtiment jaune qui sert de magasin. A sa droite, les restes démantelés des anciennes murailles et la Gare des Chemins de fer Orientaux. Immédiatement derrière cette première ligne de constructions riveraines, l'ancienne *Ecole Impériale de Médecine*, peinte en jaune. Au sommet de la colline, au milieu des arbres, le *Vieux-Sérail*, avec sa tour blanche carrée, surmontée d'un toit à forme de pain de sucre. A droite de cette tour, le Kiosk de Bagdad petit bâtiment entouré d'une galerie vitrée et surmonté d'une petite coupole, au delà de ces bâtiments, vers la mer de Marmara, un autre petit chalet construit par le Sultan Abdul Médjid, avec une jolie terrasse qui s'avance du côté de la mer.

9ᵐᵉ *Fenêtre*. Tout en bas, la place de Karakeuy et le pont de Galata. Sur la rive opposée, où aboutit le pont, on aperçoit la mosquée de Yéni-Validé-Sultane, à sa droite, le *Missir Tcharchi*, long bâtiment couvert d'une multitude de petites coupoles. Sur la crête de la colline l'imposante mosquée de Sainte-Sophie, derrière laquelle une partie du grand bâtiment du Ministère de la Justice, et la Mosquée d'Ahmed. A droite, sur la crête de la seconde colline, au milieu des maisons, on découvre la Colonne brûlée ou Colonne de Constantin.

10<sup>me</sup> *Fenêtre*. Au pied de la Tour, les maisons de Galata et le grand bâtiment de la Banque Impériale Ottomane et de la Régie des Tabacs. Au delà, la partie de la Corne d'Or comprise entre les deux ponts. Sur la rive opposée, au milieu des maisons, au pied de la colline, la Mosquée de Rustem Pacha et au-dessus, sur le sommet de la colline, le grand bâtiment du Ministère de la Guerre, avec la tour du Séraskiérat.

11<sup>me</sup> *Fenêtre*. La suite de la Corne d'Or ; sur l'autre rive la Mosquée de Sultan Suleïman. A sa droite, la Mosquée de Scheh–Zadé. A partir de cette Mosquée, jusqu'à celle de Sultan Mehmed, les grandes arcades de l'ancien Aqueduc de Valens.

12<sup>me</sup> *Fenêtre*. Au milieu des maisons du bas-quartier de Galata, la tour carrée, coiffée d'un toit unique pointu, de la Mosquée Arabe–Djami ; au delà, le vieux pont sur la Corne d'Or. Sur la crête la grande Mosquée de Sultan Mehmed.

13<sup>me</sup> *Fenêtre*. Au pied de la Tour, au milieu des maisons du quartier de Galata, les vestiges de l'ancienne enceinte ; sur la rive opposée, la Mosquée de Sultan Sélim, à sa droite, sur la pointe qui s'avance vers la Corne d'Or, la grande école grecque du Phanar.

14<sup>me</sup> *Fenêtre*. Au bord de la Corne d'Or, le Ministère de la Marine. A la suite, vers la gauche, le long du rivage, se développent les ateliers, les chantiers et les magasins de l'Arsenal Maritime (Tersané). Tout au fond de la Corne d'Or, la Mosquée et le grand cimetière d'Eyoub, avec ses beaux cyprès. Au dessus, dans le lointain, sur la crête, l'immense caserne de cavalerie de Ramiz-Tchiflik.

---

## TURBÉS (TOMBEAUX).

**TURBÉ d'ABDUL HAMID I.** rue Baghtché Capou (V. p. 49), construit en marbre blanc, en forme de rotonde.

L'intérieur décoré d'inscriptions contient, au milieu, le catafalque de feu le Sultan Abdul Hamid I († 1789), recouvert de sept grands châles magnifiques et surmonté d'un très grand turban.

Par les fenêtres on peut voir à dr. du susdit catafalque, celui de Moustapha IV († 1808) et 15 autres dont trois surmontés d'un fez.

**TURBÉ d'AHMED I,** († 1617) tout près de la mosquée de ce nom (V. p. 94). Il contient en outre les magnifiques catafalques de ses frères Osman II († 1622) et Mourad IV († 1640), couverts de cachemire et de dentelles de grands prix, et entourés d'énormes cierges.

**TURBÉ de BAYAZID II**, dans un jardin, derrière la mosquée de ce nom. Sur le catafalque de ce Sultan († 1512), on a placé une brique faite avec la poussière recueillie sur ses vêtements pendant sa vie. Dans le Turbé qui lui fait pendant il y a les cercueils de sa mère et de ses deux filles.

**TURBÉ de CHEH ZADÉ**, situé au milieu d'un petit jardin, à l'intérieur de l'enceinte de la mosquée de ce nom ( V. p. 82 ), contenant les dépouilles de deux fils de Suleïman I.

C'est un édifice octogone de marbre, orné de sculptures, dont la coupole est creusée de profondes rainures de manière à former des côtes.

Le péristyle décoré de faïences est formé de quatre colonnettes : deux de marbre rose et deux de vert antique.

La décoration générale de l'intérieur éclairé par trente deux fenêtres formée par des carreaux de faïence cloisonnée d'une élégance remarquable, est un spécimen des plus rares de l'ancien art céramique des Turcs.

**TURBÉ de MAHMOUD II**, situé sur l'Avenue Divan Yolou, près de la Colonne Brûlée (V. p. 80). C'est un monument octogone en marbre blanc de style moderne, avec trois grandes fenêtres fermées par une belle grille en fer doré.

L'intérieur renferme le tombeau du Sultan Mahmoud II le Réformateur († 1839), recouvert de magnifiques tapis en velours noirs brodés en fil d'argent, surmonté d'un fez, orné d'une aigrette et d'une boucle enrichie de diamants.

Ce catafalque est entouré d'une balustrade incrustée de nacre de perle; on y conserve des manuscrits du Koran d'une très grande valeur et deux cassettes précieuses, l'une en nacre, l'autre en argent.

Ce Mausolé renferme aussi les cercueils de la Validé Sultane, son épouse, de son fils le Sultan Abdul Aziz († 1876), de deux de ses filles et de deux de ses sœurs.

Sur le mur, à g. de l'entrée, est suspendu un magnifique tapis de prière, en satin de soie verte et brodé en or.

Au milieu du dôme est suspendu un magnifique lustre en cristal (*); autour du cercueil du Sultan Abdul Aziz, deux candélabres en argent (**), à d. et à g. de la porte sur deux étagères deux magnifiques pendules en bronze doré (***).

---

(*) Envoyé en cadeau au Sultan Abdul Aziz par la reine Victoria.
(**) . . . . . » . . . . » . . . . » . . . . » . . . . . .l'impératrice Eugénie.
(***) . . . . » . . . . » . . . . » . . . . » . . . . .Napoléon III.

**TURBÉ de MAHOMET** II, situé au S. de la mosquée de ce nom. Petit monument surmonté d'un dôme octogonal avec un porche et deux rangs de fenêtres. L'intérieur, orné de peintures et de versets du Koran, renferme le catafalque du Conquérant († 1481), surmonté d'un grand turban et entouré d'une belle balustrade argentée avec quatre gros cierges. Deux autres Turbés sont consacrés; l'un à la mère de Mahomet le Conquérant, l'autre à la mère de Mahmoud II.

**TURBÉ de MOURAD** III, dans l'enceinte de S<sup>te</sup> Sophie (*entrée 5 piastres*).

Mausolé remarquable carré, à angles tronqués, avec coupole reposant sur un tambour octogonal, une balustrade de marbre finement sculptée, et sous le porche très belles faïences; il renferme aussi plusieurs autres cercueils des femmes et des princes de la famille de ce Sultan († 1595).

Dans cette même enceinte, il y a aussi plusieurs autres Turbés, presque tous groupés du côté S. O., entre autres celui de **Sélim II** († 1573) de forme héxagonale renfermant les cercueils des princesses impériales, et le **Turbé de Mehmed III** († 1603) de forme octogonale.

**TURBÉ de MOUSTAPHA** III († 1778) **et de SELIM** III († 1808), dans la rue d'Ak–Séraï au bout du mur d'enceinte, près d'une petite fontaine.

L'intérieur, décoré d'une longue inscription circulaire, contient outre les cercueils des susdits Sultans, (entourés d'une balustrade: l'une toute en nacre, l'autre incrustée), deux autres cercueils recouverts tous les quatre de châles précieux.

Un grand candélabre est suspendu au centre et des chandeliers en argent massif sont placés au pied de chaque cercueil.

**TURBÉ de SULEIMAN** I, à l'E., dans le jardin de la mosquée de ce nom. Petit édifice octogone, surmonté d'une coupole et entouré d'une galerie extérieure couverte, formée de 29 colonnes.

Le vestibule est orné de quatre colonnes de vert antique. A l'intérieur, 8 colonnes dont quatre de marbre blanc et quatre de porphyre supportent le petit dôme, richement décoré d'arabesques où le rouge et le blanc dominent, encadré de gros cabuchons de cristal de roche et d'autres pierres précieuses enchassées dans la voûte, de laquelle pendent un lustre en cristal et des œufs d'autruche.

Les murs sont revêtus de carreaux de faïence blanche et bleu du XV° s.

Ce monument renferme les grands cercueils: du Fondateur Suleiman I († 1556), de Suleiman II († 1691), et d'Ahmed II († 1695) recouverts de magnifiques châles d'étoffes brodées, surmontés de turbans ornés de grandes aigrettes.

On y conserve un joli plan en relief de la ville de la Mecque et d'anciens manuscrits précieux du Koran, ornés d'enluminures de toute beauté, faites à la Mecque.

Ce Mausolé contient aussi tout autour des cercueils de quelques princesses.

**TURBÉ de YÉNI VALIDÉ SULTANE,** situé au fond de l'esplanade qui précède la mosquée de ce nom. Ce bâtiment noirci par le temps, est divisé en deux salles: la première contient les catafalques des Sultans: Mahomet IV († 1687), petit fils de la fondatrice; Moustapha II († 1705); Ahmed III († 1736); Mahmoud I († 1754) et Osman III († 1757). Dans la deuxième salle il y a plusieurs petits cercueils, au milieu desquels domine le grand catafalque de la fondatrice de la mosquée, entouré d'une balustrade, remarquable par ses incrustations.

———o———

## SÉLAMLIK

**LE SÉLAMLIK** est la cérémonie qui a lieu le vendredi vers midi lorsque S. M. I. le Sultan, entouré de son escorte, se rend à la mosquée pour faire ses dévotions.

Sous le règne du Sultan Abdul Hamid, détroné, cette cérémonie, d'un caractère très imposant, avait lieu généralement à la mosquée *Hamidié,* située en face l'ex résidence impériale de Yildiz. — Pour y assister, il fallait demander à son Ambassade une carte d'invitation que l'on présentait au chambellan chargé de recevoir les invités de distinction.

D'une terrasse située en face la mosquée, on pouvait assister debout à la cérémonie, mais, dernièrement, Abdul Hamid appréhendant que de cette terrasse surélevée on pouvait facilement atteindre à sa vie, donna ordre de la raser jusqu'au niveau de la route, de sorte que les étrangers se trouvaient placés derrière une double rangée de soldats, baïonnettes au canon.

Vers les 10 h. 1/2, les troupes allaient former une double haie sur le parcours du cortège impérial.

Les agents ne laissaient plus passer que les voitures des ambassadeurs, des fonctionnaires et des personnes munies de carte.

Arrivaient ensuite les grands dignitaires de l'Empire en tenue de gala, suivis de serviteurs ou d'ordonnances portant dans des valises les uniformes de rechange de leurs chefs.

Vers midi la grande porte dorée du Palais s'ouvrait pour laisser passer l'imposant cortège.

On voyait d'abord apparaître quelques officiers chargés de l'ordre, puis quatre à cinq voitures du Harem Impérial accompagnées par des énuques qui se tenaient aux portières. Venaient ensuite, à pied, des dignitaires civils et militaires chamarrés de décorations, précédant la voiture impériale atelée de deux magnifiques chevaux, conduite par des cochers aux livrées étincelantes, entourée d'une nombreuse et brillante escorte.

A ce moment, le *Muezzine*, du haut du minaret de la mosquée *Hamidié*, chantait d'une voix sonore ce verset sacré :

« *La Illahh il Allahh vé Mahommed résoul Allahh* »
" Il n'y a de Dieu que Dieu et Mahomet est son Prophète ".

Au passage du Sultan les musiques jouaient la marche Hamidié, les troupes lui présentaient les armes et criaient, *Padichahimis tchok yacha* "Que Dieu conserve longue vie à *Notre Padichah*".

Abdul Hamid se tenait seul au fond de la calèche ; souvent en face de lui (à moitié assis) son fils Burhaneddine, le ministre de la guerre ou un haut dignitaire de la Cour. Sur le parcours du Palais à la mosquée, le Sultan saluait gracieusement. Le cortège entrait dans l'enceinte de la mosquée, s'arrêtait devant les marches du perron où le Cheïkh de la mosquée et des dignitaires attendaient le passage du Sultan pour le saluer révérencieusement et le suivre.

Pendant la demi heure de la prière, au dehors se faisait un grand calme.

Le service religieux terminé, le Sultan se mettait quelque fois à l'une des fenêtres de la mosquée pour passer en revue ses troupes, puis il rentrait directement avec le même cérémonial ; souvent il se plaisait de guider lui-même les chevaux de sa calèche.

La revue était très intéressante à voir à cause de la diversité des costumes de l'armée ottomane et de la fierté de ses soldats.

Depuis l'heureux avènement de S. M. I. le Sultan Mehmed V., le *Sélamlik* n'a plus lieu à la mosquée *Hamidié*. Les journaux de la Capitale annoncent à l'avance la mosquée où cette cérémonie doit avoir lieu, de sorte que chacun peut librement assister au passage du Souverain.

# 3<sup>me</sup> PARTIE

# EXCURSIONS AUX ENVIRONS

## DE

## CONSTANTINOPLE

# BANQUE IMPÉRIALE OTTOMANE

*Société Anonyme fondée par Firman Impérial en 1863*

## CAPITAL : Lsg. 10.000.000 ou Frs. 250.000.000

**Siège Central :** à CONSTANTINOPLE (Galata)
**Succursale**     : à Stamboul, Place Yéni Djami
**Bureau**        : à Péra, Grande Rue de Péra, N° 347.

**Siège à LONDRES**       **Siège à PARIS**
26, Throgmorton Street E. C.     7, Rue Meyerbeer.

### AGENCES

| | | | |
|---|---|---|---|
| Ada-Bazar | Beyrouth | Kérassunde | Salonique |
| Adalia | Biledjik | Konia | Samsoun |
| Adana | Brousse | Kutahia | Sivas |
| Afion-Kara- | Caïfa | Larnaca | Smyrne |
|      Hissar | Castambol | Limassol | Tarsous |
| Aïdin | Cavalla | Mersine | Trébizonde |
| Aïntab | Damas | Métélin | Tripoli(*de Syrie*) |
| Ak-Chehir | Dédéaghatch | Monastir | Tripoli(*de Bar.*) |
| Alep | Erzéroum | Mossoul | Uskub |
| Andrinople | Eski-Chehir | Nazli | Xanthie |
| Angora | Famagusta | Nicosie | |
| Bagdad | Jaffa | Ouchak | Alexandrie |
| Bassorah | Jérusalem | Panderma | Le Caire |
| | | | Port-Saïd |

## Toutes sortes d'opérations de Banque.

Service de Lettres de Crédit pour la Turquie et l'Etranger. (Salons spéciaux pour le service des accrédités). Achat, vente et échange de monnaies, - Encaissement de Coupons, - Garde de Valeurs, etc.

**L'AGENCE DE STAMBOUL et LE BUREAU DE PÉRA** vendent aussi des Promesses de Lots Turcs et mettent à la disposition de leurs clients, en location, des coffres-forts présentant des conditions de sécurité de premier ordre.

*Les Bureaux sont ouverts de 10 heures du matin à 4 heures du soir. — Les Vendredis, la fermeture des Bureaux a lieu à 1 heure p. m.*

MER NOIRE
MER DE MARMARA
ILES DES PRINCES
Trajet des Bx à Vapeur du Bosphore
Côte d'Europe
id d'Asie
Ligne d'Haïder Pacha
id de Kadi Keui et de l'Ile des Princes
CARTE DU BOSPHORE — CONSTANTINOPLE.
137-138

# EXCURSION DU BOSPHORE

Par les bateaux confortables de la C^ie « Chirket-Haïrié » qui stationnent au débarcadère à g. du pont de Karakeuy avant de déboucher à Stamboul.

La manière la plus agréable d'admirer le Bosphore est de suivre le matin la côte d'Europe et l'après midi la côte d'Asie pour avoir, dans ces trajets, le soleil à dos.

Durée du trajet direct, tant pour la montée que pour la descente, environ 1 h. 1/2.

Durée du trajet à *zig-zag*, 2 h. 1/2.

Les bateaux desservant la ligne de la côte d'Europe portent au sommet de leur mat un pavillon *rouge*; ceux faisant la ligne de la côte d'Asie, un pavillon *vert*, et ceux qui font le service de *zig-zag* (touchant alternativement la côte d'Europe et la côte d'Asie), un *pavillon rouge et vert*.

Ces bateaux font en moyenne 7 à 8 nœuds à l'heure, soit près de 14 kilom...

Il est important de consulter l'horaire à page 197, les bateaux ne touchant pas régulièrement toutes les échelles.

## MONTÉE.—Ligne directe de la côte d'Europe

Le bateau quitte lentement le débarcadère du pont et traverse le grand port de commerce au milieu d'innombrables barques, *caïks*, mahones et paquebots, laissant à dr. la pointe du *Séraï*, à g. Galata, dominé par l'énorme masse de la *Tour* et sur la crête de la colline les Palais des Ambassades, du Lycée Imp. de Galata-Séraï, de l'hôpital allemand, etc.—Aussitôt qu'il gagne le large, le bateau file librement entre les deux rives accidentées, bordées de palais, de villas, de jolis *kiosks* entourés de jardins et de vieilles maisons pittoresques dont l'ensemble forme une spetacle des plus variés et des plus charmants.

La grande esplanade de Top-hané (Fonderie de canons), fait suite au quai de Galata. Un peu plus, devant Sali-Bazar, mouillent, pendant l'hiver, les stationnaires des six grandes puissances.

Entre la

*1<sup>re</sup> St. à 2 kil. du Pont* **Cabatache** et la.

*2<sup>me</sup> » à 3 kil.* **Béchiktache**, s'élève au bord de la mer l'immence **Palais Impérial de Dolma-Baghtché** (V. p. 108).

Après avoir quitté l'échelle de *Bechiktache*, le bateau passe devant les multiples bâtiments du beau Palais Impérial de Tchéragan, (Voir page 109), également en marbre, construit par le Sultan Abdul-Aziz en 1868, et arrive à la

*3<sup>me</sup> St. à 5 kil. ¼,* **Ortakeuy** à la pointe de *Defterdar-Bournou,* tout à côté de la *mosquée de Validé,* peinte en blanc et jaune: où avait lieu autrefois le *Sélamlik.*—Le village habité en grande partie par des israélites, est bâti au pied d'une colline, au sommet de laquelle apparaissent, au milieu d'une florissante végétation, les murs blancs qui entourent le Palais Impérial de *Yildiz Kiosk.* A partir d'Ortakeuy le bateau passe tout près de la côte bordée de très beaux *yalis* appartenant à de grands personnages turcs et s'arrête à la

*4<sup>me</sup> St. à 6 kil. ¾,* **Kourouthechmé** (*Fontaine sèche*), village habité par des grecs et arméniens, dans une petite baie, au pied d'une haute colline toute boisée; un peu plus loin :

*5<sup>me</sup> St. à 7 kil. ½,* **Arnaout-keuy** (*Village des Albanais*), l'ancien *Anaplos,* habité par des grecs.

Dans ce village, à la place où les grecs ont construit l'église actuelle des *Incorporels,* Constantin avait fait élever une église dédiée à l'archange S<sup>t</sup> Michel. Cette église, réparée par Justinien fut détruite par Mahomet II qui employa ses matériaux à la construction du Château de Roumélie-Hissar.

En quittant ce debarcadère, le bateau double la fameuse pointe d'*Akinti Bournou* (cap du courant).

Après que le gardien, qui stationne toute la journée sur cette pointe, déploie le petit drapeau rouge pour donner le signal du libre passage, le bateau file à toute vapeur, penché par le courant qui est très violent en cet endroit, et se dirige en ligne droite sur le petit débarcadère de *Bébek,* situé sur le quai, à 300<sup>m</sup> à d. du village du même nom, bâti en amont, dans un étroit vallon au fond d'une grande baie. Le rivage forme un amphithéâtre couvert d'une riche végétation : au milieu de ce rivage il y a un joli jardin avec des platanes séculaires, très fréquenté les dimanches, surtout par les habitants de Péra qui vont passer l'après-midi au bord de la mer, sillonnée d'embarcations et respirer, au son d'un petit orchestre, l'air frais du Bosphore.

*6<sup>me</sup> St. à 9 kil. ½,* **Bébek** village habité par des grecs et pendant l'été fréquenté par des Anglais et des Américains résidant à Péra.

Tout le long quai, après la pointe d'Arnaout–Keuy, on aperçoit une grande construction massive, ancien Palais d'Ahmed Feti–Pacha, connu sous le nom de *Sultane Sérai :* un peu plus loin. au bord de la mer, une jolie bâtisse en bois, peinte couleur rose, reliée par un pont couvert à son immense parc sur la montagne, appartenait à feu le prince Halim Pacha, frère du défunt Ismaïl Pacha, Khédive d'Egypte et avant d'arriver à la petite place du jardin de Bébek, le beau Palais que la mère de S. A. le Khédive Abbas Pacha a fait dernièrement construire pour y passer la belle saison.

Au délà du débarcadère de *Bébék*, après quelques grands *Yalis*, la file, jusqu'ici ininterrompue de villas et villages est coupée par les restes d'un cimetière turc, le plus vénéré des musulmans, parceque c'est là qu'ont été ensevelis les premiers Ottomans qui passèrent d'Asie en Europe à la suite de Mahomet II.

Au dessus des cyprès de ce cimetière apparaît, au sommet de la colline, le Robert Collège, collège américain construit en 1873. Le cimetière est barré par les murailles massives crénelées du **Chateau de Roumélie**, construit par Mahomet II le Conquérant en 1452.

Château de Roumélie-Hissar ( *Bosphore* ).

Le Chateau de *Roumélie Hissar* se compose de trois grosses tours rondes et de plusieurs autres petites carrées, échelonnées les unes sur les autres, présentant un aspect très pittoresque (*).

Mahomet II employa à la construction de ce Chateau, qui fut achevé en trois mois, 1.000 maçons et 1.000 chaufourniers ; tous les habitants de la côte d'Asie lui fournirent des matériaux. Les murailles ont 10ᵐ d'épaisseur et une hauteur proportionnelle. Mahomet II a voulu que les fortifications de cette nouvelle citadelle figurassent en caractères arabes, et que chacune des grandes tours représentât la lettre M de forme circulaire.

Dans les murs de ces tours, on voit enclavés des débris de colonnes, architraves, chapiteaux, etc, byzantins.

Ces tours bâties sur le point le plus étroit du canal, étaient armées de gros canons qui lançaient d'énormes boulets de marbre, de manière à dominer entièrement le Bosphore; pour cette raison Mahomet II lui donna le nom de *Boghaz-Kessen* (coupe gorge). C'est dans cet endroit que Darius avait jeté un pont pour faire passer d'Asie en Europe son armée de 700.000 hommes qu'il conduisait contre les Scythes. Plus tard les Croisées et enfin les Turcs passèrent par cet endroit.

De ce Chateau, en continuant à suivre le chemin qui monte, on peut à une bifurcation voisine, gagner à g. le Robert College et atteindre aussi le point culminant de la colline près d'une grande maison turque isolée, au délà du village de Roumélie Hissar. La vue du Bosphore y est admirable. Bebek à d., Bouyoukdéré à g., semblent se trouver au bord de deux lacs, absolument séparés ; très en avant les mamelons boisés de la côte d'Asie ; au N. s'étendent à perte de vue, les montagnes ondulées qui vont jusqu'aux Balkans. Au sommet de cette colline, couverte de chênes on entend l'écho puissant *qui répète le pas d'un cheval, aussi bruyamment que si c'était la marche d'un escadron.*

Après avoir franchi le cimetière turc et les murs de ces tours, le bateau touche à la :

7ᵐᵉ *St. à 10 kil.* ½. **Roumélie-Hissar**, petit village composé d'un pâté de vieilles maisons habitées par des Turcs.

En quittant le débarcadère de Roumélie–Hissar, le bateau passe devant le petit village de **Balta-Liman**, situé au dessus d'un petit port où vient se jeter une petite rivière au pied d'une colline élevée couronnée par une plate–forme contenant un turbé ; lieu de promenade et d'excursion d'où l'on jouit d'une belle vue sur le Bosphore.

Dans ce village on y remarque l'ancien *Konak* de Rechid Pacha, occupé actuellement par Fatmé Sultane, fille d'Abdul Medjid.—C'est dans ce *Konak* qu'ont été signés le traité de commerce de 1838, le traité des cinq puissances en 1841 et la convention de 1849 relative aux principautés danubiennes.

<table>
<tr><td rowspan="2">8ᵐᵉ St.</td><td>à 12 kil. Boyadjikeuy (village des teinturiers), au fond d'une baie, habité par des Grecs.</td></tr>
<tr><td>à 12 kil. ¾, Emirghian (**) l'antique Kyparodes, joli petit village tout ombragé de platanes et de cyprès.</td></tr>
</table>

---

(*) On peut monter sur ces tours et au sommet du chateau, en s'adressant aux maisons turques construites dans l'enceinte de cette forteresse.

(**) **D'Emirghian** on peut, par une belle route se rendre à Péra, à Bebek et à Maslak. La route qui suit la rive du Bosphore, carrossable, depuis Galata jusqu'à Bebek et de Bebek à Emirghian praticable seulement par les piétons ou les cavaliers, ne se poursuit pas au délà d'Emirghian.

La distance qui sépare Boyadjikeuy d'Emirghian étant à peine de 500ᵐ, la Cⁱᵉ Chirket-Haïrié a fait construire depuis 3 ans un seul débarcadère pour ces deux village.

Tout près du débarcadère, à d., sur le quai, se trouve un petit palais avec jardin, occupé par le chargé d'Affaires du Monténégro ; ce joli palais a été donné en cadeau par le Sultan Abdul-Aziz au Prince de Monténégro, lors de sa visite à Constantinople. — Un peu plus loin on aperçoit une longue et basse construction entourée d'un admirable jardin, c'est l'ancien palais de feu Ismaïl Pacha, Khédive d'Egypte.

A la suite, une échancrure du rivage entre des collines boisées forme le petit port profond et bien abrité de :

*9ᵐᵉ St. à 13 kilom.* ¼ **Stenia,** village situé sur la rive d. de ce port, habité presque entièrement par des chrétiens.

Le port de Stenia reçut souvent des flottes qui menacèrent Byzance (712-921-941) et détruisirent de fond en comble la petite ville.

Dans la vallée qui s'ouvre derrière le village, se trouve la route qui conduit à Maslak. De Stenia on peut faire aussi de jolies promenades : à g. jusqu'à *Pacha-Liman* en traversant les terres de Khosref Pacha ; à d. jusqu'à Thérapia en passant par les vignes du grand Logothète d'Aristarchi Bey.

*10ᵐᵉ St. à 13 Kilom.* ½ **Yénikeuy** l'antique *Cantes Bacchiæ.* Grand village de 10,000 habitants, situé sur les pentes d'une colline boisée et couverte de vignobles.

Aussitôt doublé le promontoire dont l'extremité est occupée par le nouveau palais d'été de l'Ambassade d'Autriche—Hongrie, peint en blanc et surmonté d'un superbe écusson doré aux aigles impériales, on passe devant des villas, derrière lesquelles s'étend un bois de pins et on entre dans la baie de **Kalender,** où se trouve un joli petit Kiosk Impérial et des cafés situés aux pieds de collines abruptes dans des bouquets d'arbres.

Le bateau file devant la belle villa Huber, le palais et le parc de l'Ambassade d'Allemagne, le Summer Palace Hotel, traverse le petit port de *Thérapia,* où sont amarrés pendant l'été les stationnaires des six grandes puissances et un stationnaire Ottoman, et s'arrête au débarcadère de Thérapia, en face duquel on admire le somptueux nouveau grand hôtel Tokatlian, (ancien hôtel Petala et d'Angleterre).

*11ᵐᵉ St.* **Thérapia,** village de 5.000 habitants presque tous grecs. Le nom grec *Thérapia (Guérison)* est justifié par la salubrité du lieu, toujours rafraichi par la brise de la mer-Noire. Son port a été témoin de plusieurs combats entre les Vénitiens et les Génois.

A g. du débarcadère, autour d'un golfe profond qui lui sert de port, s'étale le reste de la ville ; sur ce golfe débouche la valée de *Krio-néro,* agréable promenade pour aller boire *l'eau fraiche* à la source ombragée qui porte son nom.

Le rivage de ce côté est couvert de cafés qui s'avancent sur l'eau ; au fond se trouve le jardin public qui doit son existence à la générosité de Mʳ Zarifi dont la superbe propriété est située sur la rive opposée.

A d. du débarcadère, sur le quai, au pied d'une grande colline, se trouvent le *Palais de l'Ambassade d'Italie* reconstruit en 1906 « style art nouveau », très original.

*L'Ambassade de France*, grande maison, toute en bois, peinte en rouge foncé, de simple apparence, mais vaste, commode, d'une fraîcheur à l'abri des ardeurs de l'été et dans la plus admirable situation du Bosphore.

Ambassade de France à Thérapia

Cette maison appartenait autrefois à la famille Ypsilanti ; le Sultan Selim III l'a confisquée et donnée à la France pendant l'ambassade du maréchal Sébastiani. Derrière le palais se développent des jardins en terrasse, plantés d'arbres centenaires d'une hauteur prodigieuse, d'où l'on jouit d'une perspective merveilleuse.

A l'extremité N. du quai de Thérapia on voit, l'imposant *Palais de l'Ambassade d'Angleterre*, tout peint en blanc, dans la forme d'un grand chalet suisse, au pied d'une colline à pic, de laquelle le sépare un magnifique parc.

Au delà de cette ambassade, la côte se replie brusquement à l'O. et forme un petit promontoire, nommé :

**Kiretch Bournou** *(cap de chaux)*, *12<sup>me</sup> St.*, au sommet de laquelle se trouvent encore les ruines de quelques anciens édifices.

Cet endroit était désigné autrefois sous le nom de *Clef du Pont-Euxin* parce que c'est de là que l'on découvre au loin les eaux de la mer-Noire.

Le bateau traverse le grand golfe de Bouyoukdéré, au fond duquel on aperçoit à g. la grande prairie à l'entrée de la vallée du même nom près du village turc de *Kéfélikeuy*, et un bouquet de platanes séculaires portant le nom de *Yédi–Kardaches* (7 frères) connu aussi sous le nom de *Platane de Godefroy de Bouillon*.

*13<sup>me</sup> St. à 19 kil. ½.* **Bouyoukdéré** *(grande vallée)*, le plus aristocratique de tous les villages du Bosphore principalement habité par des grecs et des arméniens.

Derrière le débarcadère on remarque le petit palais d'été de la Légation d'Espagne, peint en blanc.—A d. s'étend un quai assez large, planté d'arbres, sur lequel s'élèvent d'élégantes jolies villas, et presque au milieu, le coquet Palais d'été en pierre de l'Ambassade de Russie, surmonté d'un écusson blanc aux aigles impériales et entouré de tous côtés d'un immense parc.

**Bouyoukdéré** possède des lieux de promenades très agréables, pour lesquelles on peut se procurer de très bons chevaux aux écuries françaises de Thérapia.

*Voici quelques unes de ces promenades :*

**Au Paradis**, à 250<sup>m</sup> d'alt., sommet du *Cabatache*, d'où à travers des arbres séculaires on a une très belle vue sur le Bosphore.

**A Roumélie Kavak** à l'entrée à d. de la Mer-Noire, promenade aussi intéressante par terre que par mer.

A **la forêt de Belgrade**, la seule qu'on trouve en Thrace; elle a 28 Kilom. de circonférence et couvre les pentes de la petite chaîne de montagnes que le Balkan projette jusqu'au Bosphore. La forêt offre les promenades les plus charmantes et les sites les plus pittoresques. Les arbres de diverses essences qui la composent : le hêtre, le bouleau, le chêne, le platane, l'yeuse, le pin, l'orme et le peuplier, ne sont pas remarquables par leur croissance; néanmoins ils forment des couverts très agréables où l'on peut chasser la bécasse, le chevreuil, le sanglier et quelquefois même le cerf.

Des gardes spéciaux veillent à la fois sur la forêt et sur les travaux d'art des aqueducs qui amènent l'eau potable à Constantinople; des deux grands réservoirs appelés le *Karanlik Bend* au N. et le *Bouyouk Bend* au S., entre lesquels, dans le vallon, se trouvait le village de **Belgrade** (').

De chaque côté de ces bends, il y en a deux autres plus petits construits par Andronicos Comnène dont l'un se trouve sur la route de *Pacha-Déré*. Les eaux de ces quatre réservoirs se concentrent au *Bach-Havouz* ou grande citerne de *Pyrgos*, bâtie également par Andronicos Comnène.

---

(') Évacué en 1894 par ordre du Sultan parce que par sa situation, en contre-haut des bends, il contaminait les eaux et pouvait être le point de départ d'épidémies.

A. l'O. de Belgrade et au N. de *Pacha Déré* dans la *vallée de Evhad-Eddin*, se trouve l'autre *bend de Aïrat*, bâti en 1766 par Moustapha III ; ses eaux vont se jeter dans la grande citerne de Pyrgos d'où elles coulent alors vers la Capitale en franchissant les deux vallées de *Kiaat-hané-Sou* et d'*Ali-Bey-Sou*, par deux aqueducs dont l'un porte le nom de grand *aqueduc de Justinien*.

De Belgrade (à travers la forêt par *Pyrgos*), on peut se rendre à Péra par trois directions: 1° par *Ayas-Agha* (5 kilom.), où l'on rejoint la route de *Baghtché-keuy* à Péra; 2° par la vallée du *Kiaat-hané-Sou*, où l'on rejoint au confluent de Deïrmendéré (6 kilom.) la même route de Baghtché-keuy à Péra, au-dessous d'*Ayas-Agha* : 3° par la vallée d'*Ali-Bey-Sou* où l'on rencontre (7 kilom. ½) le village de ce nom, et d'où l'on gagne *Kiaat-hané* par la route des Eaux Douces d'Europe, (V. p. 153).

A **Kestané Déré** ou **Ghul Déré** (*Vallée des roses*), creusée aux flancs du mont *Cabatache*, au N., derrière le parc de l'ambassade de Russie, et près du village *Sari-Yar*. Cette vallée jouit d'une réputation particulière à cause de la qualité supérieure des sources que l'on y rencontre parmi lesquelles celle de Kiaat-hané Déré offre l'un des endroits les plus délicieux de la vallée. Cette dernière promenade avec celles des sources de Kestané-Sou, de Djirdjir-Sou et de Hunkiar-Sou sont beaucoup fréquentées, pendant l'été, les dimanches et les Vendredis.

Après la pointe du quai de Bouyoukdéré se cache la :

*14<sup>me</sup> St*. **Mezar Bournou** (*cap des tombeaux*), l'antique promontoire *Simas*, où s'élevait un temple de *Venus Meretricia*, très vénéré des navigateurs.—Ce village situé près du cimetière de *Sari-Yar* à l'entrée de la petite vallée de *Kiaat-hané-Sou*, célèbre par la beauté de ses jardins et la pureté de ses eaux, est habité par des Turcs, des Grecs et quelques familles arméniennes. A d. sur la rive opposée (Asie) se montre le mont Géant (V. p. 147).

A un Kilom. plus loin, vient la :

*15<sup>me</sup> St. à 22 kil. ¾* **Yéni-Mahallé** (*nouveau village*), bâtie sur un petit promontoire et habité presque exclusivement par des pêcheurs grecs et arméniens. Les vieilles maisons en bois, superposées les unes sur les autres jusqu'au sommet de la colline escarpée, conservent le cachet oriental et sont l'admiration des voyageurs.

Au délà, on laisse sur la g. le fort de *Déli-Tabia*, construit en 1783 par Toussaint, sous le règne du Sultan Abdul Hamid 1 et réparé au commencement du XIX<sup>e</sup> s. par Meunier, au service du Sultan Selim III.

Au débarcadère de Yéni-Mahallé—à l'abri du vent du N.—stationnent la nuit, pendant l'été, trois bateaux pour effectuer le matin à la première heure le service de la descente du Bosphore au Pont.

Enfin :

**Roumelie Kavak** (*peuplier d'Europe*), *16<sup>me</sup> et dernière St*. de la rive droite du Bosphore, *à 25 Kilom. du Pont de Karakeuy*. Au sommet des falaises de *Kara-Tach*, en grec *Mavromolos*, se dressent les murailles de l'ancien château construit en 1622 par le Sultan Mourad IV.

A côté du débarcadère à g., au bord de l'eau, à l'ombre de platanes séculaires, existe un café turc, d'où on peut à son aise admirer: la mer-Noire à perte de vue, les superbes deux rives fortifiées de l'entrée merveilleuse du détroit et le passage continuel des bateaux à vapeur, obligés de s'arrêter à *Anatolie Kavak* pour déposer à l'office sanitaire: à l'entrée la patente pour la libre pratique dans le Bosphore; à la sortie le Firman qui permet de le quitter.

———o———

### DESCENTE par la **Ligne directe de la Côte d'Asie**

Durée du trajet direct, environ 1 h. ½ — du trajet à zig-zag, 2 h. ½.

**Anatolie-Kavak** (*) *(Peuplier d'Asie) 12ᵐᵉ et dernière* Sᵗ. de la côte d'Asie à partir du grand Pont de Karakeuy. Ce village est situé en face de **Roumélie-Kavak** dans une situation pittoresque, au pied d'un château génois.—L'Office sanitaire et un lazaret, seuls méritent d'être mentionnés.

**D'Anatolie-Kavak** on peut monter à pied (1 h. aller et retour) au sommet du promontoire de *Hiéron* (120ᵐ), qui porte les ruines d'un château bâti par les Génois au xivᵉ s. appelé par les Turcs, *Yoros Kalessi* ; on peut encore voir sur les murs de ce château les armes de Gênes et de Byzance, ainsi que de nombreux monogrammes byzantins et sur la façade E., une porte dont le seuil et les chambranles sont construits avec des blocs de marbre d'un ancien temple païen. Ce promontoire, le dernier contrefort jeté par les montagnes de la Bithynie, intercepte un détroit qui a toujours été considéré comme la première barrière du Bosphore contre les invasions du nord ; il a été fortifié depuis les temps les plus anciens.

Cette possession fut disputée aux Génois par les Vénitiens (1350) et par les Byzantins eux-mêmes ; c'est en cet endroit que ces derniers résistèrent aux premières attaques des Turcs.

Si au lieu de descendre, l'on remonte la rive asiatique du Bosphore, le long dela côte au delà du promontoire de *Mezar-Bournou d'Asie*, on rencontre le petit port *Oumour-Yeri*, formé par un des contreforts du

**Mont du Géant** (V. p. 148), au pied duquel il y a la petite échelle de *Sudludjé*, quelques maisons et un café ombragés par un beau bouquet d'arbres, d'où l'on peut monter au sommet de la montagne en 20 min. par un sentier bien tracé, plus loin la batterie de *Madjar Kalessi*, qui croise ses feux avec celle de *Déli Tabia* (V. p. 146) et au delà, vers la mer-Noire, la côte forme une baie irrégulièrement découpée dominée par une haute falaise à pic.

(*) Quoique ce village soit la dernière station de la côte d'Asie à partir du pont, il n'est desservi que par deux ou trois bateaux de la côte d'Europe et jamais par ceux de la côte d'Asie.

*D'Anatolie-Kavak* en continuant la descente du Bosphore on arrive à

**Beïcos,** *11me et dernière St.* des bateaux faisant le service de la côte d'Asie, *à 18 kilom. du grand pont de Karakeuy.* Le village est situé dans un golfe splendide et habité presque exclusivement par des turcs.

La baie de Beïcos était autrefois renommée pour la pêche de l'espadon et du luffer. C'est là que la flotte anglo-française se réunit avant de commencer les opérations contre la Russie (Guerre de Crimée 1854-56). C'est dans cette baie, nommée dans l'antiquité *Baie d'Amycus* que fut tué par Pollux le roi des Bébryces au retour de l'expédition des Argonautes.

**Excursion au Mont Géant** (en turc *Youch-Dagh*, à 190ᵐ d'alt).—Au débarcadère de Beïcos on trouve des voitures pour se rendre jusqu'au sommet de la colline.

*Durée du trajet environ 50 minutes.—Prix aller et retour de 15 à 25 piastres.*

En quittant le débarcadère il faut longer la mer à g., puis tourner à d. La route aprèˢ le village, oblique à g. dans la direction d'une fontaine entourée de platanes-séculaires. A une 50ᵐᵉ de mètres plus loin, on prend à dr. une autre route bordée de platanes et que traverse de magnifiques pelouses plantées d'arbes superbes. Arpès avoir franchi le *Tokat-Déré*, on prend la première route à g. qui monte en serpentant un bois de châtaigniers d'où se présente une vue splendide sur le Bosphore. En sortant du bois, on continue à monter à travers des brousailles et des lauriers-cerises jusqu'au sommet, d'où le panorama qui est magnifique s'étend : au N. jusqu'à la mer-Noire ; au S. jusqu'au long promontoire *Boz-Bournou* dans la mer de Marmara ; à l'E. sur une région montagneuse et pittoresque ; à l'O. sur le Bosphore qui se présente sous l'aspect le plus enchanteur.

Sur la montagne, on trouve une mosquée, un café, un puits et une petite maison. Le tombeau du *Géant* se trouve derrière la mosquée. C'est une fosse longue de 6ᵐ et large de 2ᵐ, entourée d'un petit enclos de pierres, plantée de fleurs et gardé par un imam.

Les musulmans qui visitent ce tombeau du prétendu Josué (Youcha), juge des Hébreux, y suspendent en guise d'offrande les débris de leurs vêtements, croyant les préserver de toutes maladies.

Le pied de la montagne forme deux promontoires le *Madjar Bournou* et le *Selvi-Bournou*, séparés par la petite baie d'*Oumour-Liman*, qui fait face au golfe de Bouyoukdéré.

Du Mont Géant on peut descendre par de bons sentiers dans la jolie vallée de Tokat, ou vers le kiosk de *Hunkiar-Iskelessi* à travers de belles prairies.

De Beïcos on peut se rendre aussi, en traversant le petit village de *Yali-Keuy*, jusqu'à celui de

**Hunkiar-Iskelessi,** séjour favori des Sultans Suleïman II le Magnifique (1680) Mahmoud I (1746), Sélim III (1795).—C'est dans ce charmant village que le 26 Juin 1833 fut signé le fameux *Traité de Hunkiar-Iskelessi* qui fermait les Dardanelles aux flottes étrangères.

Hunkiar-Iskelessi *(échelle du Souverain),* est situé à l'entrée de la vallée la plus verdoyante du Bosphore où se trouve une vaste pleine revêtue d'un beau tapis de gazon et de nombreux platanes, dont quelques uns de dimensions remarquables. Cette plaine est traversée du N.-E. au S.-O. par deux petits ruisseaux qui sortent de deux vallées parallèles, dont la plus septentrionale est celle de *Tokat-Déré.*

La vallée de *Hunkiar-Iskelessi,* proprement dite, qui à son embouchure se confond avec celle de *Tokat-Déré,* se resserre en une gorge extrèmement pittoresque. Cette gorge se trouve close près du village de *Deressi-Keuy* connu par ses sources ferrugineuses par des hauteurs (275ᵐ) fort boisées, qui la séparent de la vallée étroite et accidentée, au fond de laquelle se trouve le gros village d'*Arnaout-keuy d'Asie*. De ce village on peut regagner directement *Beïcos* par un autre chemin plus au S.-E.

Avant de quitter *Hunkiar-Iskelessi*, visiter le *Kiosk* et le parc de Mehmed Ali Pacha d'Egypte, qui a été offert par son fils Ibrahim Pacha au Sultan. Ce Kiosk a coûté 6,000,000 de francs.

*10ᵐᵉ St. à 17 kilom. du Pont.* **Pacha Baghtché**, situé au pied d'une verte colline et au fond d'une vaste baie sur laquelle débouchent de charmants vallons. A l'entrée de celui de la *Sultaniéh*, s'étend une gracieuse plaine de 3 kilom. de long, bordée au N. par les jardins impériaux, plantés par Bayazid II, et arrosés par les eaux du *Guemuch-Sou* (Ruisseau argentin); ce village possède une mosquée bâtie par Moustapha III sur le petit promontoire de *Baghtché-Bournou.*

De Pacha Baghtché à Kandilli on peut suivre, à pied, le bord du Bosphore : cette délicieuse promenade demande environ 1 h. ½ tandisque le bateau passe devant le village d'*Indjikeuy* et les dépôts de pétrole et s'arrête à la

*9ᵐᵉ St.* **Tchiboucli**, situé à l'entrée d'un vallon ombragé de grands arbres. Dans ce village l'abbé Alexandre avait fondé au vᵉ s. le couvent des *Veilleurs (Akimiton)* dont les moines priaient et chantaient nuit et jour sans interruption.

Avant que le bateau double le promontoire boisé, on voit une villa en ruines, à l'entré d'un vallon, puis filant devant le village de plaisance turc de *Rifaat Pacha* s'arrête à la

*8ᵐᵉ St.* **Kalindja**, village habité par des turcs élevé sur la pointe du même nom. Avec ses belles villas sur des terrasses et des jardins superposés, il présente l'aspect le plus riant.

Le bateau longe les pieds d'une colline boisée, bordée de villas, parmi lesquelles une vieille en ruines se présente sous un aspect des plus pittoresques et passe ensuite devant une petite baie où débouche le joli vallon boisé de *Peha-Keurfés;* un peu plus loin s'ouvre la renommée vallée du *Bouyouk Gueuk-Sou* ancien *Arété* qui arrose la jolie prairie des **Eaux Douces d'Asie** (V. p. 153), on voit, au delà de l'embouchure du *Kutchuk Gueuk Sou* (petit ruisseau azuré), une fontaine et un joli Kiosk impérial en marbre blanc.

De cette magnifique promenade des **Eaux Douces d'Asie** on peut gagner à pied Kandilli en passant derrière la

*7ᵐᵉ St.* **Anatolie-Hissar** *(château d'Asie), à 11 Kilom. ½ du Pont,* nommé aussi *Guzel Hissar*, (Beau Château) à cause de la beauté des environs.

Ce village est bâtie juste en face de celui de *Roumélie-Hissar*, le point le plus étroit du Bosphore (V. p. 141).

*6<sup>me</sup> St.* **Kandilli** *(Lanterne)*, nommé dans l'antiquité *Perriroon* à cause de la violence du courant qui vient s'y briser directement.—Ce village est habité en majorité par des Turcs et par quelques européens qui y ont établi leur résidence sur les hauteurs.

Le bateau dépasse un promontoire sur lequel s'élève un grand *Konak* entouré de jardins, et atteint la

*5<sup>me</sup> St.* **Vanikeuy**, village turc, au pied de la colline *Idjadié*, point très élevé d'où l'on découvre le panorama le plus complet sur le Bosphore. Sur le plateau de cette colline il y a une tour à signaux et une batterie de canons pour annoncer les incendies par 7 coups de canon. De cette colline on peut se rendre sur les hauteurs de *Kouleli*, par un joli chemin qui offre à chaque instant des aperçus nouveaux sur le Bosphore, en passant près d'un Kiosk du Sultan.

Entre **Vanikeuy** et **Beylerbey**, se trouve, sur la côte d'Asie, le courant le plus violent, nommé par les Turcs *Akinti Mascara* ou *Chëitan Akinti* (courant effronté ou courant endiablé).

Après *Vanikeuy* le bateau passe devant le riant village de *Kouleli* (*) et du grand hôpital militaire de *Gumuch-Souyou* (eau argentine), au dessus duquel il y a un Kiosk impérial, et puis fait escale à la :

*4<sup>me</sup> St.* **Tchenguelkeuy**, (village du croc) ainsi nommé à cause de la vieille ancre de fer que Mahomet II trouva sur le rivage.

*3<sup>me</sup> St.* **Beyberbey**, petit village habité exclusivement par des Turcs, situé au pied du versant N. du Mont Boulgourlou (V. p. 160), très connu à cause du beau Palais Impérial, au bord de la mer, derrière lequel s'étend un immense parc à terrasses superposées d'un très bel effet (V. p. 110).

C'est dans ce Palais qu'a séjourné l'impératrice Eugénie, lors de sa visite au Sultan Abdul Aziz en 1870.

C'est dans ce Palais qu'a séjourné l'impératrice Eugénie, lors de sa visite au Sultan Abdul Aziz en 1870.

De l'échelle de Beylerbey, le bateau cotoie le quai du Palais Impérial de ce nom et passe devant le hameau de *Istavros*, pour atteindre l'échelle de la :

*2<sup>me</sup> St.* **Couscoundjouk** *(Nid d'Oiseaux)*, à 5 kilom. du Pont. Petit village habité par des Juifs qui y ont trois synagogues et par quelques familles grecques et arméniennes.

La dernière St. de la descente de la rive d'Asie, à partir de Beïcos, est la :

*1<sup>re</sup> St. (à partir du pont).* **Scutari** (V. p. 37).

---

(*) où aucun bateau de la C<sup>ie</sup> Chirket-Haïrié ne s'arrête.

Le bateau en passant à courte distance à g. de la **Tour de Léandre** (V. p. 38), franchit obliquement le Bosphore, entre dans le grand port de commerce, laissant à g. la pointe du Sérail et accoste à son échelle du Pont près de la rive de Stamboul.

De Scutari au Pont, durée du trajet 30 minutes (V. l'horaire Table des Matières).

---

## EXCURSION AUX EAUX DOUCES d'ASIE

**Les Eaux Douces d'Asie** se composent de deux prairies, l'une sur la rive g. de l'*Arété* au bord du Bosphore, l'autre dans la vallée sur la rive dr. de la petite rivière.

Prendre la rue en face du débarcadère d'Anatolie-Hissar (V. p. 149) tourner à d. pour franchir *l'Arété* et gagner en 10 min. la prairie au bord du Bosphore (*). De là on peut remonter en caïk la petite rivière pour descendre en deçà du deuxième pont.

A quelques mètres de la fontaine qui se trouve dans la prairie s'élève le Kiosk Impérial des Eaux Douces d'Asie (**), bâti par Mahmoud I en 1740, restauré par Sélim III en 1795 et reconstruit en 1815 par la Validé Sultane mère d'Abdul Medjid, dans le style du Palais Impérial de Dolma Baghtché.

En remontant la vallée on atteint un pont au delà duquel s'étend la seconde prairie, plus vaste que la première, où il y a des petits cabarets fréquentés les jours de fêtes par la classe populaire pour voir des danseurs, des chanteurs et des saltimbanques.

Si au lieu de franchir le pont, on continue à remonter la rive g. de la rivière, après avoir dépassé un moulin et une mosquée, on descend sur une jolie prairie et au delà de deux cafés, on atteint un troisième pont que l'on franchit pour revenir sur la rive d. à Anatolie-Hissar.

---

(*) A propos de cette prairie, Théophile Gautier dit :

« C'est une vaste pelouse, veloutée d'un frais gazon, encadrée de frênes, de platanes et de sycomores, qui s'encombre, le vendredi, d'arabas et de talikas, et voit s'étendre sur des tapis de Smyrne des belles femmes. Une charmante **fontaine** en marbre blanc toute brodée d'arabesques, toute historiée d'inscriptions en lettres d'or, coiffée d'un grand toit à forte projection et de petits dômes surmontés de croissants, qui s'aperçoit de la mer et se détache sur un fond d'opulente verdure, désigne au voyageur cette promenade favorite des Osmanlis ».

(**) Où avait habité le Prince Humbert d'Italie.

**EXCURSION DE LA CORNE D'OR.** *Durée du trajet 1 h. aller et retour.*

Prendre le petit bateau à vapeur à l'entrée du Grand Pont, à d. en allant de Galata, qui dessert les 11 échelles indiquées ci-après : celles du côté de Stamboul indiquées par un (S); celles de la rive opposée, du côté de Galata, par un (G).

Pour la description de la Corne d'Or (V. p. **23**).

Prix unique des billets de passage pour toutes les échelles: 1<sup>re</sup> classe 50 paras; 2<sup>me</sup> cl. 30 paras.

Prix d'une échelle à l'autre: 1<sup>re</sup> cl. 1 piastre; 2<sup>me</sup> cl. 20 paras.

Départs: toutes les demi h. à partir de 12 h. du matin à 1 h. du soir à la turque.

Le bateau en quittant le pont traverse directement en biais la Corne d'Or pour toucher la :

1<sup>re</sup> St. (S) de Yemich Iskelessi (Odoun Kapou), intéressante par le commerce en gros de fruits secs, citrons et oranges, et un peu plus loin sur le rivage par les immenses dépôts de bois de construction.

Le bateau s'écartant de cette échelle, près de laquelle sont amarrés de nombreux petits voiliers de commerce, franchit l'espace du premier port entre le Grand Pont et le vieux Pont et s'engage sous une arche de ce dernier pour pénétrer dans le grand port de guerre, situé dans la partie supérieure de la Corne d'Or, au milieu de laquelle on voit des postes militaires flottants.

Le bateau se dirige sur la :

2<sup>me</sup> St. (S) de Djoubali, où se trouve la grande manufacture de la Régie co-intéressée des Tabacs de l'Empire Ottoman.

3<sup>me</sup> St. (S) Aya Kapou, au pied de la colline qui porte la mosquée Sélimieh (V. p. 88), puis longeant la côte, le bateau touche la :

4<sup>me</sup> St. (S) du Phanare, dont le débarcadère est situé à côté d'un grand café au bord de l'eau, très fréquenté les jours de fêtes. On aperçoit à mi-côte la grande école commerciale du Patriarcat grec — construction peinte en rouge — et plus loin, au sommet d'une colline éloignée, la construction massive en ruines du *Tekfour Séraï* (V. p. 111).

5<sup>me</sup> St. (S) Balata, quartier des Juifs, sans importance. Le bateau traverse la Corne d'Or pour toucher à la rive opposée, la :

6<sup>me</sup> St. (G) de Kassim Pacha, échelle située à l'extremité occidentale de l'Arsenal maritime (Tersané) et longeant la côte, s'arrête à la :

7<sup>me</sup> St. (G) de Haskeuy, quartier des Juifs, devasté dernièrement par un grand incendie.

Durant le trajet de Kassim Pacha à Haskeuy, on aperçoit parfaitement bien à d. le plateau de l'Ak Meïdan et les petites colonnettes de marbre destinées à marquer la place où tombèrent, dans les excercices, militaires qui avaient lieu jadis, les flèches tirées par les meilleurs archers de l'armée Ottomane.

Le bateau traverse de nouveau la Corne d'Or pour toucher à la:

8<sup>me</sup> St. (S) d'Aïvan Séraï, et retournant ensuite sur la rive opposée, se dirige sur la:

9<sup>me</sup> St. (G) de Halidjioglou, quartier des Juifs, près des dépôts de l'artillerie. Il traverse encore une fois la Corne d'Or pour toucher à la:

10<sup>me</sup> St. (S) de Defterdar Iskelessi, où l'on voit en amont du débarcadère la grande fabrique impériale de *fez*.

Finalement le bateau s'arrête à la:

11<sup>me</sup> et dernière St. (S) d'Eyoub, près de la mosquée de ce nom (V. p. 82), au pied de la colline d'où on a une belle vue.

Pendant la belle saison le service de ces bateaux s'étend jusqu'à *Kara–Aghatch*, au fond de la Corne d'Or, tout près d'un pont jeté sur la rivière de *Kiaat–hané* d'où l'on peut faire à pied ou en caïk la promenade renommée des Eaux Douces d'Europe (V. ci–dessous).

---

## EAUX DOUCES D'EUROPE.

**Kiaat-Hané Sou** *(Barbyzès)* ainsi nommé d'une ancienne fabrique de papier et de parchemin dont les ruines curieuses se trouvent à *Tchoban–Tchechmé*. Cette rivière qui vient, avec l'*Ali Bey Sou (Cydaris)*, se jeter au fond de la *Corne d'Or*, s'étend depuis le village de *Kara–Aghatch*, jusqu'à celui de *Kiaat–hané*.

Cette promenade agréable des Eaux Douces d'Europe, d'une étendue, de près de 3 kilom., est très fréquentée pendant les mois de Mai et de Juin, les dimanches par les européens et le vendredi, par la société turque. La vallée présente une succession de fraîches prairies, de beaux bouquets d'arbres, entre lesquels serpente le *Barbyzès*.

On peut s'y rendre par terre et par mer.

**Excursion par mer**. Bateaux à vapeur de la Corne d'Or à l'entrée du Pont de Karakeuy, à d. en venant de Galata. Durée du trajet du Pont à la dernière échelle de *Kara-Aghatch*, 1 h. ¼. Prix **2** piastres en 1re et 1 piastre en 2me.—A l'échelle de *Kara-Aghatch*, près du pont en bois, stationnent des barques et des *caïks* qu'on peut utiliser jusqu'au bout de la rivière ; prix pour l'aller seulement, 5 à 8 piastres et pour l'aller et retour 10 à 15 piastres.—La durée du trajet en *caïk*, du pont aux Eaux Douces d'Europe est d'environ 2 h. ¼—Prix à convenir d'avance, mais généralement on paye pour un *caïk* à une paire de rames, la journée, pendant la semaine 20 à 30 piastres ; à 2 paires de rames, 30 à 40 piastres.—Le vendredi et le dimanche, environ le double de ces prix.

**Excursion par terre** ( V. p. 37 ).

—◦◇◦—

## EXCURSION AUX ILES DES PRINCES

*EXCURSION très facile et très recommandée.—Bateaux à vapeur de la Cie Mahsoussé à l'entrée du Pont de Karakeuy, à g. en allant de Galata. — Service journalier régulier. (Pour Itinéraires et Prix des billets de passage, consulter la TABLE DES MATIÈRES : Cie Mahsoussé).*

*Si l'on se contente de visiter seulement* **PRINKIPO** *(la plus importante), une journée suffit, en partant par le premier bateau, pour revenir par le dernier. — Si l'on veut visiter aussi* **HALKI**, *il vaut mieux y consacrer 2 jours et coucher à Prinkipo où on trouve de très bons hôtels.*

*En partant du pont, le bateau touche d'abord à* Kadikeuy, *puis doublant le cap de* Moda-Bournou, *il laisse sur la gauche la petite baie de* Kalamich, *la pointe et le phare de* Phener-Baghtché *et se dirige sur les îles de* Proti, Antigoni. Halki *et* Prinkipo ; *quelques uns des bateaux continuent leur voyage jusqu'aux villages de* Kartal *et de* Pendik *situés tous les deux sur la côte d'Asie à 20 et 45 m. respectivement de Prinkipo.*

Ces îles, au nombre de 9, dont 5 petites et 4 grandes, situées à **24** Kilom. au S.—E. de Constantinople, dans la mer de Marmara, entre le Bosphore et le golfe d'Ismidt, constituent un lieu de villégiature fort agréable, surtout **PRINKIPO** et **HALKI**, très fréquentées comme stations balnéaires pendant la belle saison, par la société élégante de Constantinople.—Le climat est réputé par sa douceur, sa régularité et sa salubrité.

On les nommait autrefois *Démonissi* (îles du peuple) et *Papadanissia*, en turc *Papas-Adassi* (îles des Prêtres), à cause du grand nombre de couvents grecs ; la nationalité grecque y était dominante, enfin îles des Princes, parce que dans le moyen-âge c'était leur refuge ou lieu de plaisance.

Les quatre grandes îles sont : **Proti, Antigoni, Halki et Prinkipo.**

**PROTI** (1 h. de trajet du Pont), fermée à l'O. par un petit massif montagneux, terminé par des falaises abruptes de rochers rouges ; au N., au contraire, inclinée en pentes douces, où, au fond, dans une petite baie, se trouve le débarcadère en avant d'un petit groupe de maisons de campagne entourées de jardins, le sommet duquel est couronné de quelques rochers de forme très bizarre ; dans le voisinage on voit encore les ruines d'une grande citerne. Une petite route, partant du port, longue de 700ᵐ. conduit à une grande citerne en ruines. Près de là se trouvait jadis un monastère ou Michel Rangabé se retira après sa fuite devant les Bulgares en apprenant que Léon l'Arménien venait d'être proclamé empereur à sa place. Ce dernier fut, plus tard, assassiné par Michel-Bègue et son corps enterré dans ce même couvent, où ses quatre fils, après avoir été mutilés, furent forcés de prendre l'habit monastiques. Romain Sécapène, beau-père de Constantin Porphyrogénète y fut aussi relégué par ses propres fils qu'il avait associé au pouvoir. Un autre couvent, bâti par Romain Diogène, où cet empereur y termina ses jours, était situé sur le point le plus élevé de l'île. Le corps de l'empereur Léon y fut enterré. Léon Phocas et son fils Nicéphore, sous Jean Tzimiskis, furent relégués dans cette île.

**ANTIGONI** en turc *Bourgas Adassi (île de la Tour)* appelée aussi *Boghaz Adassi (île de la gorge)* à cause de l'étroit chenal qui la sépare de Halki. Dans le village de cette île la seconde en venant de Constantinople, il y a l'ancienne église de *Saint Jean-Baptiste*, bâtie par l'impératrice Théodora, après la mort de son époux Théophile l'Iconoclaste (829-842) à l'endroit même où le martyr Méthodius (patriarche nommé par Elle) resta enfermé pendant sept ans dans un souterrain, avec deux brigands. Sur le sommet de cette île, il y avait un couvent de *la Transfiguration*, bâti par Basile le Macédonien (867-886) ; dans ce couvent furent enfermés: Etienne le Magister, par Romain Lécapénus (925) et Etienne fils de Lécapénus, par Constantin Porphyrogénète (911-959). L'église de ce couvent fut reconstruite par le Grec Kourmonsi. Près de là on remarque encore six citernes. Près du port, au bord de la mer, on voit encore les restes d'un château-fort appelé *Panormum castrum*, ruines de la Tour du N. qui complétait le formidable de système de défense de l'île par le moyen d'une Statue de femme bicéphale dont le souffle écartait les flammes à 15 aunes. (18 m.) des murailles. Du sommet de cette île s'étend une vue splendide sur les autres îles et les côtes de la Bithynie. Dans cette île il y a aussi le monastère grec de Saint Georges.

Le bateau en quittant le débarcadère d'Antigoni, longe le canal qui le sépare de l'île de Halki et contourne à g. celle de Pytis, puis il longe la côte O. de l'île de Halki, où l'on voit à d. le grand édifice de l'Ecole de Commerce de la communauté grecque ( ancien monastère *Panaïa* ). Sur le sommet de la colline qui forme promontoire au N., on aperçoit, au milieu des arbres, le palais de l'école de théologie du patriarcat Oecuménique, construit en 1895. Dès qu'on double le promontoire, on voit l'île de Prinkipo tandisque le bateau tourne à droite pour aller accoster au débarcadère de **Halki**.

**HALKI.** Cette île était appelée autrefois *Chalkitis* à cause d'une ancienne mine de cuivre dont on voit encore les scories près de *Tcham-Liman*. Elle se compose de trois collines, dont les deux sont séparées par une profonde dépression de terrain.

La petite ville de **Halki**, de 3,000 habitants, très jolie et séduisante, est bordée à d. d'un petit quai baigné par l'eau de mer bien transparente en cet endroit ; en face du débarcadère il y a l'église grecque *S<sup>t</sup> Nicolas*, réparée en 1857, et à g., sur le quai, *l'École navale ottomane*, construite en 1860.

A **Halki** se trouve le monastère de la *Panaïa*, bâti par Jean Paléologue. Une petite chapelle de la Vierge, bâtie par Marie Comnène, épouse de Jean Paléologue, unie plus tard à la grande église de Saint Jean–Baptiste. Le couvent, ainsi que la grande église, furent détruits en 1672 par un incendie, mais rebâtis par Panayote Nicosios (1673) grand interprète de la Sublime Porte qui fonda la puissance des Phanariotes au XVII<sup>me</sup> siècle. Le couvent fut restauré en 1796 par le prince Alexandre Ypsilanti et en 1837 transformé en école commerciale. Vers le N. se trouve le tombeau de Sir Edward Burton, Ambassadeur d'Angleterre auprès de la Sublime Porte, 1598. Le couvent de la *Trinité*, fondé par Photius, patriarche de Constantinople, fut rebâti après la prise de la ville, par Byzantin Métrophane, fils d'un briquetier de Haskeuy (1554); en 1821 devenu la proie des flammes, il fut rebâti d'une manière plus splendide par le patriarche Germain I. et transformé en école de théologie d'où sortirent des prélats illustres.

Le couvent de *Saint Georges*, jadis sous la dépendance de l'archevêque de Chalcédoine, fut restauré en 1758 par Yoannikios Caradja, patriarche de Constantinople, qui y fit planter deux allées de cyprès et le légua au *Saint Sépulcre* de Jérusalem.

Dans l'église du village S<sup>t</sup> Nicolas, le célèbre patriarche Samuel I fut enterré en 1775.

On peut faire de belles promenades dans cette île à dos d'âne que l'on prend au débarcadère. Pour se rendre aux deux monastères de la

*Trinité* et de la *Panaïa* (sans compter le temps qu'on passe à les visiter), il faut un peu plus d'une heure. Pour visiter *Tcham–Liman* (golfe de sapins)—très belle position, en face de la côte d'Asie—il faut, du débarcadère, environ 35 minutes. Prix de la course pour faire cette tournée, 5 à 10 piastres, il faut faire son prix à l'avance.

En quittant **Halki**, le bateau traverse une magnifique baie, au fond de laquelle se trouve l'étroit chenal qui sépare les deux îles, et vient se ranger le long d'un môle en pierre, débarcadère de l'île de :

**PRINKIPO**, la plus belle, la plus peuplée, la mieux cultivée, la plus grande des îles circonvoisines qu'elle surpasse en hauteur. Son nom de Prinkipo lui vient de celui d'un palais construit par Justinien près du couvent de S' Nicolas. Mais on dit aussi que ce nom vient de l'ancien couvent de femmes bâti d'abord par Justin et reconstruit magnifiquement par l'impératrice Irène.

*L'île de Prinkipo* (8 kilom. de circonférence) est bâtie sur une berge élevée, formée de deux pics séparés par une profonde dépression.

La ville toute entière composée de magnifiques villas entourées de très beaux jardins, s'élève en amphithéâtre sur le flanc O. de la colline du N. Les rues sont bien entretenues et une excellente route carrossable qui aboutit à la jetée, fait tout le tour de la colline, d'où on admire un superbe panorama sur un immense lac fermé : à g., par les îles qui paraissent former une langue de terre continue, à d., par la côte d'Asie, au fond de laquelle apparaît une vision de Stamboul avec ses grands dômes et minarets scintillant au soleil.

Pour se rendre compte du spectacle ravissant que présente le tour de cette île, il faut le faire en voiture, à cheval ou à dos d'âne. Une route carrossable, construite en 1889, permet de faire le tour en 1 h.½, en passant derrière le monastère de *S'-Georges*, qui domine la route.

Un peu plus haut du débarcadère stationnent toujours des voitures, des loueurs de chevaux et d'ânes. Comme il n'y a pas de tarifs, il faut toujours faire le prix d'avance. Généralement en été on paye pour faire le tour de l'île :
Voiture à 1 cheval 50 piastres, à 2 chevaux 70 piastres, cheval 20 piastres, âne 15 piastres.

En partant de la place du débarcadère, on suit la route qui monte à dr. et traverse le quartier le plus pittoresque, le plus élégant et puis des vignobles et des oliviers.

Aussitôt qu'on rencontre un moulin à vent, en face de Halki, la route commence à descendre dans un vallon riant d'où on remonte à g. jusqu'au col, première halte où se trouvent deux cafés.

De ce col on peut gagner en 15 min. à pied ou à dos d'âne, le monastère grec de S' Georges (à 200<sup>m</sup> env. d'alt.) par un sentier pittoresque, escarpé sur le flanc du pic S. La situation de ce couvent, composé de masures sans intérêt et dont une partie sert actuellement d'hospice d'aliénés, est admirable; il s'élève sur un amoncellement de rochers dénudés d'où on domine la mer et les collines des iles, et on admire les environs couverts d'une riche végétation de myrthes et de térébinthes.

Au delà du col, la route descend la côte E. par un second vallon où se trouve le couvent de *S<sup>t</sup> Nicolas* et les traces d'une tour byzantine; de ce monastère, une bonne route qui longe tout le rivage E. de l'île, ramène au débarcadère.

Tout autour du rivage il y a des bains. L'Hôtel Giacomo et l'Hôtel Calypso ont des terrasses sur la mer.

Du bord de la mer on voit les ruines d'un ancien couvent nommé *Kamares*, fondé par l'empereur Justin et reconstruit par l'impératrice Irène. Cette impératrice fut envoyée par Nicéphore, au moment où elle projetait de s'unir avec Charlemagne, d'abord dans ce couvent et plus tard à Lesbos où elle mourut en 803; son corps fut transporté à Prinkipo et inhumé dans le susdit couvent. Dans ce même couvent Irène fit enfermer Euphrosyne, fille de son fils Constantin, enlevée par l'empereur Michel le Bègue (820–829) qui l'épousa en secondes noces. Son fils Théophile, en 840, l'envoya de nouveau à Prinkipo. Michel Calaphate enferma dans ce couvent l'impératrice Zoë, fille de Constantin Porphyrogénète et épouse de Romain Argyrus et ensuite de Michel le Paphlagone (1041).—L'empereur Michel Dukas relégua dans ce couvent Anna Dellassiné, fille d'Alexis Comnène (1081–1118) avec ses enfants. Une mine de fer fut découverte sous les décombres du couvent, *Kamares*, dont on trouve encore des traces. Près du couvent on aperçoit les ruines d'une tour bâtie par Alexis l'Apocauche, lequel éleva aussi deux autres tours pour s'y réfugier en cas de besoin, dont l'une se trouve vers le N. du village, et l'autre à l'endroit appelé *Kato Pighadi*. Le couvent de *S<sup>t</sup>-Nicolas* près du bord de la mer, était autrefois l'église du village de *Karya*, détruit au XVI<sup>me</sup> siècle. Celui de la *Transfiguration* ou de *Christos*, situé sur la colline septentrionale, au milieu d'une forêt de pins, a été bâti par le religieux Mélétios en 1597. C'est dans l'église de ce couvent que se trouve le tombeau du patriarche Chrysanthos de Constantionple (†1834).—Le troisième couvent, celui de *Saint Georges*, s'élève sur le sommet le plus élevé de l'île et sur un soubasssement de rochers d'où l'on domine la mer et toutes les collines des autres îles; il sert maintenant de maison d'aliénés. La position de ce couvent est magnifique. C'est dans l'île de Prinkipo que fut envoyé, par l'empereur Constantin en 350, l'archevêque arménien *Nersès*, à cause de sa résistance contre Arius, où il y resta une année.—A l'O., on aperçoit les ruines d'un ancien fort qui fut détruit par l'amiral Boltoglou pendant le siège de Constantinople en 1453.

Les cinq petites îles sont: OXIA ( *la Pointue* ), PLATY ( *la Plate* ) les deux les plus à l'Occident qui tirent leurs noms de leur forme; celle de PYTYS (*des Sapins*) est entre *Proti* et *Halki*, celle d'*Andirobithos*, la plus orientale, et celle de *Néandros*, la plus au midi.

**Oxia** située derrière les îles de *Proti* et d'*Antigoni*, est formée de rochers escarpés; isolée avec la suivante au S. O. de l'archipel principal, stérile et inhabitée. On y trouve sur la côte E. les ruines et les citernes d'un ancien monastère *S^t Michel* et un petit port formé par des môles. Des mouettes y nichent par milliers dans les crevasses des rochers. C'est dans cette île que fut relégué un certain Gébon, qui, sous le règne de Michel l'Ivrogne (856–867) vint à Constantinople et se fit passer pour le fils de l'impératrice Théodora. Après l'abdication de l'empereur Dukas Parapinakes (1078), Niképhoritzes fut relégué à *Oxia* par Nicéphore Botoniate.—Sous Michel Comnène (1143–1180), le supérieur du couvent de *S^t Michel*, Michel Courcoua, estimé à cause de son érudition, fut nommé patriarche de Constantinople, mais il démissionna après trois ans et revint à son couvent.

**Platy** non loin d'*Oxia*, stérile et inhabitée.—Vers l'E. de l'île se trouve encore un petit port et non loin, on voit les ruines d'un corps de garde habité autrefois par les gardiens des prisonniers de cet îlot. On y aperçoit encore maintenant les ruines d'une ancienne église *des 40 Martyrs*, bâtie par le patriarche Ignace Rangnabé en 860, et au milieu de l'île, subsistent encore les ruines des prisons souterraines byzantines couvertes de voutes. L'empereur Constantin VIII relégua à *Platy* le Magister Prussianos et à *Oxia* le patricien Basile, à la suite d'une querelle suscitée entre eux. Sous le règne de Zoë et de Michel le Paphlagone, on relégua à Platy le patricien Constantin Dalassinos qui aurait manifesté son mécontentement de l'avénement au trône de Michel, ancien changeur de Constantinople.— Dans cette île se trouvent deux *palais* somptueux, construits par *Sir Henry Bulwer*, ancien ambassadeur d'Angleterre (1857–1865), qu'il vendit ensuite au vice–roi d'Egypte. Ces palais abandonnés tombent aujourd'hui en ruines.

**Pytis** (inhabitée), ainsi nommée des pins *pitys* qui la couvraient, est située entre les îles d'*Antigoni* et de *Prinkipo*.

*Andhirobithos* ou *Thérébinthos*, peu cultivée, est située vis–à–vis du couvent de *S^t Nicolas* à *Prinkipo*. On y voit les ruines d'un couvent, bâti par le Patriarche Théodose qui y fut envoyé par l'empereur en 1184. Le patriarche Ignace y fut relégué par Michel, fils de Théophile. Enfin l'empereur Constantin, fils de Romain Lécapénus, fut envoyé en 945 dans cette île déserte, à la suite d'une dispute avec son père.

*Néandros* au S. de *Prinkipo*, presque stérile, sert de pâturage.

## EXCURSION au MONT BOULGOURLOU par Kadikeuy.

On peut s'y rendre aussi par Scutari (V. p. 49/50) et retourner par Kadikeuy.

Si l'on y va par Kadikeuy, il faut prendre au pont — 1ᵉʳ ponton à g. — le bateau de cette ligne. (V. l'horaire Table des Matières). Au débarcadère de Kadikeuy, stationnent des voitures de louage — landaux 50 piastres, aller et retour ; victoria 30 à 40 piastres, pourboire compris.—Durée du trajet 1 h ½ environ.

Après avoir traversé le quai, à g. du débarcadère de Kadikeuy, on passe à côté de la gare de Haïdar-Pacha et on monte par une rampe à la porte du cimetière anglais (à côté de l'entrée de l'hôpital militaire), où l'on descend de voiture pour traverser à pied ce beau cimetière jusqu'à l'extremité N.; là on retrouve la voiture.

Laissant à g. la grande caserne de *Sélimieh* et la Faculté Impériale de Médecine, on se dirige vers le grand cimetière de Scutari que l'on traverse pour rejoindre la large route de Scutari à Boulgourlou-keuy. Arrivé à ce village, on descend de voiture sur la place où jaillit la source de *Kourbali-Sou* (*) (V. p. 43), et de là on monte à pied en 20 min. au sommet du mont *Boulgourlou*, à 240ᵐ d'alt. du niveau de la mer. Sur ce plateau il y a un pin, quelques thuyas et une hutte en planches où on y trouve du café, des locoums et de l'eau excellente de *Kourbali*.

De là on découvre un panorama splendide; au premier plan, on aperçoit le Bosphore depuis Bouyoukdéré jusqu'à la pointe du Séraï comme un grand lac isolé. D'un côté de ce lac, Scutari; de l'autre, la ville de Constantinople toute entière. Puis au N. la côte d'Asie avec le mont Géant (V. p. 147) reconnaissable au bouquet d'arbres qui le couronne et qui se prolonge jusqu'à la mer Noire; au S. la mer de Marmara; à l'E. le golfe de Nicomédie avec les montagnes et les plaines de l'Asie.

Retour par Scutari, V. p. 39.

## EXCURSION de SCUTARI à ALEMDAGH

*Durée du Trajet :* environ 3 h. en voiture (23 Kilom.).
Voiture 80 à 100 pᵗʳᵉˢ. Cheval 40 à 50 pᵗʳᵉˢ.
*Prix d'aller et retour* (à débattre).

(*) Le *Kourbali-Sou* (rivière de Chalcédoine), après avoir arrosé les pentes méridionales de la montagne, se jette au fond de la baie de Chalcédoine, derrière Kadikeuy.

En suivant la route du mont Boulgourlou (V. p. 39), laissant sur la g. celle de Boulgourloukeuy, la chaussée qui se trouve en face conduit directement à *Sultan Tchiflik*. Dans ce parcours on traverse un grand plateau nu, fermé à l'horizon par les crêtes lointaines du *Tchatak-Dagh*, qui permet de temps en temps d'apercevoir les Iles des Princes et le golfe d'Ismidt.

Dès que la route passe à une faible distance du village d'*Erméni-keuy*, on aperçoit devant soi et à g. la grande forêt d'*Alemdagh*. Traversant ensuite de superbes futaies de chênes et de châtaigniers, à d. Kiosk de feu le Sultan Abdul Aziz, l'on arrive en quelques minutes au village d'*Alemdagh* (Montagne du monde) où l'on trouve quatre petits hôtels dont le confortable laisse quelque peu à désirer.

Ce village est très fréquenté de Mai à Septembre.

Le charme de ce site de délices réside dans la beauté de l'immense forêt qui l'entoure et dans la pureté des eaux renommées qui jaillissent de ses nombreuses sources.

Retour, pour ne pas refaire la même route, en quittant *Alemdagh*, on suit par le côté opposé, la route parallèle à celle que l'on avait fait à l'arrivée, qui passe à travers des bois et aboutit au village d'*Erméni-keuy*. Après quelques centaines de mètres on regagne la chaussée de Scutari où on prend le bateau pour retourner au pont de Karakeuy à Galata.


## EXCURSION à PHÉNER BAGHTCHÉ

Prendre le bateau à vapeur de la C<sup>ie</sup> Mahsoussé au Pont, à g. venant de Galata, pour Haïdar Pacha ( Consulter l'horaire Table des Matières ).

Arrivé au débarcadère de Haïdar Pacha, on traverse le Quai ; en face se trouve la nouvelle grande gare du chemin de fer d'Anatolie, où le train de coïncidence attend pour vous conduire en 44 minutes à Phéner Baghtché ( *Voir Itinéraires et prix des places*, Chemin de fer d'Anatolie, Table des Matières).

Le train traverse la belle plaine de Haïdar Pacha, laisse le village de ce nom à g. et s'approchant sensiblement de la baie de Calamiche, franchit le pont sur le *Kourbali-Sou* ( V. p. 43) pour atteindre la 1<sup>re</sup> station de Kizil Toprak (Voir Itinéraires chemin de fer d'Anatolie, Table des Matières).

A 4 minutes de *Kizil Toprak* se trouve la jolie petite station *Bifurcation ;* on laisse à d. la ligne d'Ismidt pour suivre l'embranchement, bordé de jardins et de belles villas, et en sept minutes on arrive à :

**Phéner Baghtché**, situé sur une presqu'île étroite, qui s'avance dans la mer de Marmara et forme la rive E. de la baie de Calamiche. Des arbres séculaires, à partir de la gare jusqu'au rivage, permettent de passer à l'ombre une délicieuse journée.

A la pointe, à l'endroit où s'élevait dans l'antiquité un temple à Vénus, on a bâti une tour avec un phare fixe, d'où on a une belle vue sur les Iles des Princes, la baie de Calamiche et la mer de Marmara.

Phéner Baghtché est très fréquenté les dimanches et fêtes par la population de Constantinople. Une quantité de Cotters et des barques à voile font continuellement la traversée de la pointe de Moda–Bournou à celle de Phéner Baghtché. Cette promenade dans la grande baie de Calamiche est une des plus agréables à faire lorsqu'il n'y a pas trop de vent.

Prix de la traversée en barque 5 piastres ; prix à l'heure à débattre.

A Haïdar Pacha, à Kadikeuy et à Moda Bournou on trouve des voitures moyennant 25 à 30 piastres aller et retour.

———o———

# 4<sup>me</sup> PARTIE

## RENSEIGNEMENTS UTIELS :

# POSTES IMPÉRIALES OTTOMANES

DIRECTION GÉNÉRALE, *R. Soouk Tchechmé, Stamboul.*
BUREAU CENTRAL, *R. Yéni Djami, S.* Ouvert de 8 h. mat. à 7 h. soir.
BUREAU DU PONT GALATA, Ouvert de 2 h. à 10 h. à la turque.
BUREAU DE GALATA, *R. Voïwode,* Ouvert de 7 h. 30 mat. à 7 h. 30 soir.
BUREAU DE PÉRA, *Grande Rue, 431,* Ouvert de 8 h. mat. à 6 h. 45 soir.
BUREAU DE PANCALDI, Ouvert de 8 h. 30 mat. à 5 h. 15 soir.

## Tarif Postal Ottoman

| Service Intérieur | Pias | Par. |
|---|---|---|
| Lettres affranchies, pour chaque 20 grammes . . . . . . . . . . | 1* | — |
| Pour chaque fraction de 20 » . . . . . . . . . . | — | 30 |
| Lettres non affranchies » 20 » . . . . . . . . . . | 2** | — |
| Cartes postales simples . . . . . . . . . . . . . . | — | 20 |
| » » avec réponse payée . . . . . . . . . . | 1 | — |
| Journaux et imprimés (Poids max. 2,000 gr.) — Entre deux bureaux du littoral, par mer, pour chaque 75 grammes . . . . . . . . | — | 10a |
| Journaux et imprimés (Poids max. 2,000 gr.) — Pour d'autres cas, pour chaque 50 grammes. . . | — | 10a |
| Papiers d'affaires (Poids max. 2,000 gr.) — Entre deux bureaux du littoral, par mer, pour chaque 75 grammes . . . . . . . . | — | 10 |
| Papiers d'affaires (Poids max. 2,000 gr.) — Pour d'autres cas, pour chaque 50 gr. . . . . | — | 10 |
| Echantillons de marchandises (jusqu'au poids de 2,000 gr. (b). — Entre deux bureaux du littoral, par mer, pour chaque 75 grammes . . . . . . . . | — | 10a |
| Echantillons de marchandises (jusqu'au poids de 2,000 gr. (b). — Pour d'autres cas, pour chaque 50 gr. . . . . | — | 10a |
| Droit fixe de recommandation . . . . . . . . . . . . . . | 1 | — |
| Droit fixe d'avis de réception . . . . . . . . . . . . . . | 1 | — |

(*) Cette taxe est réduite à 20 paras pour les lettres échangées par terre ou par mer entre deux bureaux du littoral qui disposent des moyens de communication soit par terre soit par mer.

(**) Cette taxe est réduite à 1 piastre pour les lettres échangées par terre ou par mer entre deux bureaux du littoral qui disposent des moyens de communication soit par terre, soit par mer.

(a) Les envois ne dépassant pas 30 grammes, sont soumis à une taxe réduite de 5 paras.

(b) Les envois dépassant le poids de 250 grammes sont soumis à une taxe de 20 paras par 50 grammes, jusqu'au poids maximum de 2000 grammes.

| Service International | Pays de l'Union | Pays hors de l'Union |
|---|---|---|
| | Piastres | Piastres |
| Lettres affranchies, pour chaque 15 grammes . . . . . | 1 — | 2 — |
| Cartes postales simples . . . . . . . . . . . . | 0 20 | 1 — |
| » » avec réponse payée . . . . . . . | 1 — | 2 — |
| Journaux et imprimés, pour chaque 50 grammes (Poids maximum 2000 grammes). . . . . . . . . . . | 0 10 | 0 20 |
| Papiers d'affaires, pour chaque 50 grammes (Poids maximum 2000 grammes) . . . . . . . . . . . . | 0 10 (a) | 0 20 (b) |
| Echantillons de marchandises, pour chaque 50 gram. (Poids maximum 350 grammes) . . . . . . . . . . | 0 10 (c) | 0 20 (d) |
| Droit fixe de recommandation . . . . . . . . . . | 1 — | 1 — |
| Droit fixe d'avis de réception . . . . . . . . . . | 1 — | 1 — |

(a) Minimum de perception 1 piastre     (c) Minimum de perception 20 paras
(b) » » » 2 »     (d) » » » 1 piastre

## POSTES ÉTRANGÈRES.

**ALLEMANDE**, R. Voïwode, 29, G. Ouverte de 8 h. mat. à 6 h soir ; *dimanche* de 9 à 11 h. matin.
— **Succursale à Péra**, Grande Rue, 465. Ouverte de 8 h. mat. à 6 h. soir ; *dimanche* de 10 h. à midi.
— **Succursale à Stamboul**, Passage Katerdjoglou. Ouverte lundi, mercredi et vendredi de 12 h. 1/2 à 6 h. soir ; mardi, jeudi et samedi de 1 h. à 6 h. soir ; *dimanche* fermée.

---

**ANGLAISE**, Voïwoda Han, près de la Deutsche Orientbank, G. Ouverte de 8 h. 30 mat. à 6 h. soir ; *dimanche* de 9 h. 30 à 11 h. mat.
— **Succursale à Stamboul**, Hazzopoulo Han. Ouverte lundi, mercredi et vendredi de midi à 6 h. soir ; mardi, jeudi et samedi de 1 h. à 6 h. soir ; *dimanche* fermée.

**AUTRICHIENNE**, R. Mahmoudié, Camondo Han, G. Ouverte de 8 h. mat. à 6 h. soir ; *dimanche* de 8 h. à 10 h. m.
— **Succursale à Péra**, Grande Rue, 438. Ouverte de 8 h. mat. à 6 h. soir ; *dimanche* de 9 à 11 h. mat.
— **Succursales à Stamboul**, Camondo Han et R. Baghtché Capou. Ouvertes de 12 h. 30 à 6 h. soir ; *dimanche* ferm.

---

**FRANÇAISE**, R. Voïwode, G. Ouverte de 8 h. mat. à 6 h. soir ; *dimanche* de 9 à 11 h. mat. et de 4 h. à 6 h. soir.
— **Succursale à Péra**, Passage Oriental, 15, 16. Ouverte de 9 h. mat. à 6 h. soir ; *dimanche* de 9 h. à 11 h. mat.
— **Succursale à Stamboul**, Camondo Han. Ouverte de 9 h. mat. à 6 h. soir ; *dimanche* fermée.

---

**ITALIENNE**, R. Mertébany et R. Zulfarissé, G. Ouverte de 8 h. mat. à 6 h. soir ; *dimanche* de 9 h. à midi.
— **Succursale à Péra**, Grande Rue, 394. Ouverte de 8 h. mat. à 6 h. soir ; *dimanche* de 9 h. à midi.
— **Succursale à Stamboul**, Hazzopoulo Han, Ouverte de 9 h. mat. à 6 h. soir ; *dimanche* fermée.

---

**RUSSE**, R. Kiretch Capou, à l'Agence Russe de Navigation, G. Ouverte de 8 h. mat. à 5 h. soir ; *dimanche* fermée.
— **Succursale à Galata**, 35, R. Voïwode, au-dessus de Helbig Han. Ouverte de 8 h. mat. à 6 h. soir ; *dimanche* de 9 h. à 11 h. m.
— **Succursale à Stamboul**, R. Baghtché Capou, 29. Ouverte de 8 h. mat. à 5 h. soir ; *dimanche* fermée.

# TÉLÉGRAPHES de L'EMPIRE OTTOMAN.

*Bureau Central à Péra, R. Tépé-Bachi, 37.*

Le service est fait à l'**Intérieur** et à l'**Extérieur** par l'Administration des Postes et Télégraphes de l'Empire Ottoman.

Pour les rélations internationales il est fait aussi par *The Eastern Telegraph Company* $L^d$, et par la *Oesteuropaeische Telegraphengesellschaft*, dont les bureaux sont situés dans le même local du bureau central du Gouvernement, R. Tépé–Bachi, 37, Péra.

Les Télégrammes à diriger par les cables sous marins de ces deux compagnies doivent être déposés aux guichets des bureaux ottomans.

Les différents tarifs de ces deux compagnies étant sensiblement différents, il faut indiquer la voie par laquelle on désire envoyer la dépêche ; cette indication mise en tête de la dépêche n'entre pas dans le calcul des mots taxés.

BUREAUX DES POSTES ET TÉLÉGRAPHES DANS LA CAPITALE ET LA BANLIEUE.

| | |
|---|---|
| Palais Impérial, | * Ministère de la Marine, |
| Sublime Porte, | * Cheikh–ul–Islamat, |
| * Séraskérat, | * Bechiktache. |

A GALATA, *R. Voïwode, 36.*

A STAMBOUL, { *Place Yéni Djami.*

{ *R. Soouk Tchechmé.*

AU BOSPHORE.

| | |
|---|---|
| Bebek, | * Scutari, |
| Beïcos, | Sirkédji, |
| Bouyoukdéré, | * Tchenguelkeuy, |
| * Courou–Tchechmé, | Thérapia, |
| * Emirghian, | Yénikeuy. |
| * Eyoub–Sultan, | |

| EN ASIE | AUX ILES DES PRINCES |
|---|---|
| Haïdar Pacha, | Halki, |
| Kadikeuy, | Prinkipo. |

(*) Les bureaux des localités précedées d'un astérisque * reçoivent les dépêches seulement en langue turque.

## Tarif Télégraphique Intérieur.

Entre les stations télégraphiques de la *Capitale* et de la *Banlieue* pour une dépêche simple de 20 mots . . . . . . . . . . . . . . P^tres 2.50

TÉLÉGRAMMES EMPRUNTANT EXCLUSIVEMENT LES LIGNES DE L'ÉTAT

| | | Taxe par mot |
|---|---|---|
| | | Paras |
| Entre les bureaux d'un même Villayet | | |
| — Minimum de perception. . . . . . . . . . | P^tres 5.— | 0.10 |
| Entre les bureaux de 2 Villayets limitrophes | | |
| — Minimum de perception. . . . . . . . . . | » 7.50 | 0.20 |
| Entre les bureaux de 2 Villayets non limitrophes | | |
| — Minimum de perception. . . . . . . . . . | » 10.— | 1.— |
| Médine et les autres bureaux de l'Empire ( voie de Damas ) | — | 1.— |

Bosnie, f^cs 0.27. — Hedjaz, f^cs 2.55. — Tripoli d'Afrique, f^cs 0.88. — Bulgarie, f^cs 0.21. — Egypte 1^re région 1.15 ; 2^me région 1.40 ; 3^me région 1.65.

### Tarif Télégraphique Etranger à partir de Constantinople.
La taxation se fait par mot.

| | FR. | C. | | | FR. | C. |
|---|---|---|---|---|---|---|
| Pour l'Allemagne | » | 55 | Pour | Madère ( Ile de ) | 1. | 38 |
| » l'Autriche | » | 34 | » | Malacca ( dét. de ) | 3. | 44 |
| » Belgique | » | 60 | » | Malte | » | 69 |
| » Birmanie | 2. | 35 | » | le Monténégro | » | 27 |
| » Boston | 1. | 77 | » | New-York | 1. | 77 |
| » Chicago | 2. | 07 | » | Norvège | » | 72 |
| » Chine | 5. | 50 | » | Pays-Bas | » | 60 |
| » Conchinchine | 4. | 22 | » | Penang ( Iles de ) | 3. | 40 |
| » Danemark | » | 60 | » | Perse | 1. | 60 |
| » Espagne | » | 65 | » | Philadelphie | 1. | 97 |
| » France et Corse | » | 56 | » | Portugal | » | 69 |
| » Grande-Bretagne | » | 71 | » | Roumanie | » | 26 |
| » —Ceylan | 2. | 45 | » | Russie d'Europe | » | 72 |
| » —Gibraltar | » | 69 | » | Russie d'Asie 1^re | | |
| » la Grèce ( Iles ) | » | 42 | | région (v. Bulga- | | |
| » Grèce Continentale | » | 38 | | rie ou Serbie) | 1. | 15 |
| » Hongrie | » | 34 | | 2^me région (v. Bul- | | |
| » Iles de la Manche | » | 71 | | garie ou Serbie) | 1. | 45 |
| » Indes Britanniques | 2. | 35 | » | Serbie | » | 27 |
| » Italie | » | 48 | » | Singapour | 4. | 10 |
| » Japon y compris | ) 6. | 02 | » | Suède | » | 69 |
| » l'Ile Tsushima | ) | | » | Suisse | » | 54 |
| » Java | 3. | 89 | » | Sumatra | 4. | 39 |
| » Luxembourg | ) » | 60 | » | Washington | 1. | 97 |
| » (Grand Duché du) | ) | | | | | |

Dans le régime extra-européen, le montant de la taxe totale à percevoir pour la transmission d'un télégramme doit être arrondie en multiple du quart de franc.

# SOCIÉTÉ DES TRAMWAYS DE CONSTANTINOPLE.

## TARIF EN PARAS ARGENT

| LIGNE DE CHICHLI | 1re Cl. Paras | 2me Cl. Paras |
|---|---|---|
| Galata à *Chichli.* | 80 | 60 |
| Galata à *Galata-Séraï* | 60 | 40 |
| Galata-Séraï à *Chichli.* | 40 | 30 |
| Municipalité au *Jardin du Taxim* | 50 | 40 |
| *Militaires.* | | 20 |

| LIGNE DE BECHIKTACHE | Paras | Paras |
|---|---|---|
| Galata à *Ortakeuy* | 60 | 40 |
| Galata à *Béchiktache* | 50 | 30 |
| Galata à *Cabatach* | 30 | 20 |
| Cabatach à *Béchiktache* | 30 | 20 |
| Béchiktache à *Ortakeuy* | 30 | 20 |
| Galata à *Azap-Capou.* | | 20 |
| *Militaires.* | | 10 |

| LIGNE DE STAMBOUL | Paras |
|---|---|
| Emin-Eunu à *Ak-Séraï* | 60 |
| Emin-Eunu à *Tchemberli-tache* | 40 |
| Dikili-tache à *Sultan Bayazid* | 40 |
| Tchemberli-tache à *Ak-Séraï* | 40 |
| Vlanga à *Yédi-Koulé.* | 30 |
| Ak-Séraï à *Top-Capou* | 40 |
| Ak-Séraï à *Tchapa* | 30 |
| Tchapa à *Top-Capou.* | 30 |
| *Militaires.* | 20 |

CARNETS D'ABONNEMENTS VALABLES SUR TOUTES LES LIGNES.

Carnet de 20 Billets de 30 Paras, Piast. 15
Carnet de 20 » de 40 » » 20
*Médjidié à 20 Piastres.*

# TUNNEL.

## THE METROPOLITAN RAILWAY OF CONSTANTINOPLE
## FROM GALATA TO PERA *(Limited).*
*Bureau de la Direction,* Place du Tunnel, Péra.

### TARIF ET ITINÉRAIRE.

| VOYAGEURS | | 1re classe | 2e classe |
|---|---|---|---|
| Voyages simples | Piastres | 0 30 | — 20 |
| Carnet d'abonnement de 40 billets valables pour la montée ou la descente indistinctement. | » | 30 — | 20 — |
| Un hamal avec son fardeau | » | — — | 2 — |

*Départ : toutes les 5 minutes, du matin jusqu'au soir.*

### DURÉE DU TRAJET: DEUX MINUTES ET DEMIE.

*N. B.* — Les enfants au dessous de 5 ans sont transportés gratuitement à la condition d'être portés par les personnes qui les accompagnent.

Les militaires en uniforme paient moitié prix (excepté les officiers).

# PONTS EN FER.

DE KARAKEUY : *De la place Karakeuy,* GALATA *à la place Emin Eunu,* STAMBOUL
D'AZAP-CAPOU : *De la rue Azap-Capou,* GALATA *à Oun-Capan,* STAMBOUL.

| TARIF DES PÉAGES. | Entre Karakeuy et Emin-Eunu. Recette journalière environ 15,000 pias. | | Entre Azap Capon, et Oun Capan. Recette journalière environ 2,000 piast. | |
|---|---|---|---|---|
| | Piastres | Paras | Piastres | Paras |
| Piéton | — | 10 | — | 10 |
| Chaise à porteur | 2 | — | 2 | — |
| Voiture à 1 cheval | 2 | — | 1 | 20 |
| Voiture à 2 chevaux et Automobile | 2 | 20 | 2 | — |
| Portefaix (hamal) | — | 20 | — | 20 |
| Cheval | 1 | — | 1 | — |
| Bicyclette | 1 | — | 1 | — |

## — ÉGLISES CATHOLIQUES —

A Galata :

S<sup>t</sup> *Benoît*, dans le couvent des Lazaristes, R. Kemer Alti, fondé il y a 4 siècles par les PP. Bénédictins.

S<sup>t</sup> *Georges* (chapelle autrichienne), R. Tchinar, reconstruite après l'incendie de 1678.

S<sup>t</sup> *Pierre et Paul*, près de la Tour de Galata, fréquentée par la colonie maltaise.

A Péra :

S<sup>t</sup> *Esprit* (Cathédrale), G<sup>de</sup> Rue de Pancaldi (V. p. 47).

S<sup>t</sup> *Antoine*, G<sup>de</sup> Rue de Péra, 381 (V. p. 45).

S<sup>t</sup> *Louis* (chapelle de l'Ambassade de France), R. des Postes (V. p. 44).

S<sup>t</sup> *Marie Draperis*, G<sup>de</sup> Rue de Péra, 427 (V. p. 44).

*Terre Sainte (Oratoire)*, R. des Postes.

## — ÉGLISES ARMÉNO-CATHOLIQUES —

*Sainte Marie* (Cathédrale), R. Sakyz Aghatch, 131.

*Saint Sauveur* (Basilique), R. Kouyoun, G.

*Sainte Trinité*, Impasse Latine, P.

*Saint Jacques*, Grande Rue de Pancaldi.

*Oratoire* des RR. PP. Mékitaristes de Venise, R. Bouyoukdéré, à Pancaldi.

## — TEMPLES PROTESTANTS —

*Chapelle de l'Ambassade d'Allemagne*, R. Aïnali Tchechmé, P.

*Chapelle de l'Ambassade Anglaise*, R. Tépé Bachi, P.

*Chapelle de la Légation des Pays-Bas* (Evangelical Union Church of Pera), Grande Rue de Péra.

*Chapelle de la Légation de Suède* (Culte Protestant Grec), Grande Rue de Péra.

*Memorial Church of Christ Church*, R. Yazidji, P.

*United Free Church of Scotland Jewis Mission*, R. Perchembé Bazar, G.

## — HOPITAUX CIVILS —

*Allemand*, R. Pervouz Agha, 79, P. Très belle position, vue splendide sur le Bosphore.

*Anglais*, R. Medressé, G. (V. p. 40).

*Austro-Hongrois*, R. Iskender, avant d'arriver au vieux Pont.

*Bulgare*, à Chichli.

*Français* (Civil et Maritime), G<sup>de</sup> Rue de Péra, **22**.
*Geremia*, R. Aïnali Tchechmé, P.
*International des Enfants*, à Férikeuy.
*Italien*, R. Defterdar Yocouchou, près de Top–hané.
*Municipal du VI Cercle*, R. Olivo, P.
*Paix (De la)*, *des aliénés*, sur la route de Chichli à Maslak.
*Russe*, à Nichantache. P.
*Saint Georges*, R. Félék, G.

## — CERCLES ou CLUBS —

BRITISH INSTITUTE OF CONSTANTINOPLE *at the Francis Memorial Building*,
 R. Coulé, près de l'hôpital anglais, G.
CERCLE D'ORIENT, Grande Rue de Péra, **142**.
CLUB DE CONSTANTINOPLE, R. Kabristan, **46**, P.
DEUTSCHER HANDWERKE VEREIN, R. du Journal, **24**, P.
SOCIETA OPERAJA ITALIANA, R. Ezadji, **8**, P.
TEUTONIA, Grande Rue de Péra, **605**, Téké.
UNION FRANÇAISE, R. Kabristan, **41**, P.

## — MONNAIES —

La fabrication des monnaies est faite par l'Etat.

La Direction de l'hôtel Impérial des monnaies achète les matières d'or, d'après le titre, à raison de 48 piastres le drachme d'or fin à 1000 millièmes. Une Ocque d'or fin est égale à 1 kil. 242 gr. 945 milligrammes : cette quantité équivaut à 92 livres turques ( la livre turque à 22 fr. 75, soit Francs 2,093 ).

L'étalon monétaire dans l'Empire Ottoman est la Livre Turque qui pèse 13 gr., 510 milligrammes, au titre de 916, 66 millièmes. Sa valeur nominale est de 100 piastres or.

La Livre Turque dans le petit commerce est acceptée actuellement à 108 piastres argent.

LA LIVRE TURQUE en or se subdivise en ½ livre et en ¼ de livre;

—EN ARGENT elle vaut, 5 médjidiés, ¼ de médjidié et 3 piastres;

*Le médjidié* (presque analogue à la pièce de 5 fr.) se subdivise en 4 quarts de médjidié;

*Le quart de médjidié* (presque analogue à la pièce de 1 fr.), se subdivise en 5 petites piastres;

*La piastre* se subdivise en 4 pièces de 10 paras, monnaie en cuivre très mince (*) ;

*La demie piastre* argent ( 20 paras), est très rare ; par contre, les pièces d'argent de 2 piastres (presque analogues à celles de ½ franc) sont très courants.

*Le quart de piastre* en nickel (10 paras), se subdivise en 2 pièces de 5 paras, très rares.

*Les pièces métalliques* de 2 p<sup>tres</sup> ½ (100 paras); de 1 p<sup>tre</sup> ¼ (50 paras), et de ½ piastre (20 paras), sont dificiles à reconnaître, d'ailleurs elles commencent à disparaître, et depuis la frappe des pièces de une et de 2 piastres argent, elles deviennent rares dans la circulation à Constantinople.

(*) Les nouvelles pièces de 10 paras en nickel, ressemblent à celle de 2 piastres en argent surtout lorsqu'elles sont neuves; il y a donc lieu de ne pas confondre les unes avec les autres.

# TARIF DES VOITURES DE PLACE

POUR CONSTANTINOPLE ET LA BANLIEUE

## en Piastres argent (Médjidié 20 piastres)

PÉAGE DU PONT A LA CHARGE DU VOYAGEUR

| TARIF GÉNÉRAL<br>en dehors des stations ci-dessous. | DU LEVER DU<br>SOLEIL A MINUIT | DE MINUIT AU<br>LEVER DU SOLEIL |
|---|---|---|
| Petite course . . . . . . (20 minutes)... | 5 — | 7 ½ |
| Course moyenne . . . . (30 » )... | 7 ½ | 10 — |
| Grande course . . . . . (45 » )... | 10 — | 15 — |
| Id. . . id. . . . . . . ( 1 heure )... | 15 — | 20 — |
| Courses à l'heure : | | |
| — la première heure . . . . . . . . | 15 — | |
| — les heures successives . . . . . | 10 — | |

## TARIF DE LA COURSE ENTRE LES STATIONS SUIVANTES :

*Du lever du Soleil à Minuit (1) :*

Piastres

| | | | |
|---|---|---|---|
| **PÉRA**<br>DE LA PLACE DU TUNNEL | { à Nichantache et environs . . . .<br>{ » Chichli » . . . | } | 7 ½ |
| DE CHICHLI . . . . . . | à Béchiktache, Yéni-<br>   Mahallé, Yildiz » . . . | | 10.— |
| | à Cabatache » . . . | | 5.— |
| | au Taxime »  . . .<br>à Kassim Pacha » . . .<br>» Béchiktache » . . . | } | 7 ½ |
| **GALATA**<br>DE LA PLACE DE KARAKEUY | » Yéni-Mahallé, Bé-<br>   chikt. et Yildiz » . . .<br>» Ortakeuy » . . .<br>» Nichantache » . . .<br>» Chichli » . . .<br>» Yéni-Chéhir » , . . | } | 10.— |
| | » l'Asile des pauvres » . . .<br>» Bébék Iskelessi » . . .<br>» Haskeuy . » . . . | } | 15.— |
| **DE BÉCHIKTACHE** | { à Nichantache » . . .<br>{ » Arnaoutkeuy » . . . | } | 15.— |

(1) **Courses de minuit au lever du soleil.**

    celles de 5 p^res, se paient 7 p^res ½ | celles de 10 p^res, se paient 15 p^res
    » » 7 » ½ » 10 » | » » 15 » » 20 »

# RENSEIGNEMENTS UTILES

## par ordre alphabétique

### — AGENCES DE VOYAGE —

COMPAGNIE INTERNATIONALE DES WAGONS LITS, représentée par Bô (John), au Péra Palace Hôtel.

COOK (THOS) & SON, et billets de passage, représentée par Young (Frank), R. Kabristan, 10, 12, P.

### — ANNUAIRE —

L'ANNUAIRE ORIENTAL est le seul Ouvrage, dans son genre, publié en Orient dépuis 1880. *Voir annonce page 196.*

### — ASSURANCES CONTRE L'INCENDIE —

L'UNION DE PARIS, représentée par Kaïserlian (Simon), *Voir annonce page 517,* Passage Katerdjoglou, 56 à 59, S.

WESTERN, représentée par Lecte (P. C. A.), *Voir annonce page 512,* Voïwoda Han, 2, G.

### — ASSURANCES SUR LA VIE —

ASSURANCES Gles DE TRIESTE, représentées par Misrachi (Albert), *Voir annonce page 514,* Latif Han, G.

LA NATIONALE de Paris, repr. par Lachèze (Louis), *Voir annonce page 2,* Bahtiar Han, G.

LA NEW YORK, repr. par Whittall (J. W.) & Cie, *Voir annonce page 516,* Whittall Han, S.

L'UNION de Paris, repr. par Kaïserlian (Simon), *Voir annonce page 517,* Passage Katerdjoglou, 56 à 59, S.

UNIVERSO, représen. par Tékéian (Parsek), *Voir annonce page 514,* Kodjamanoglou Han, 2, S.

### — BAINS TURCS —

On en trouve dans les principaux quartiers de la Capitale.

A Péra les meilleurs sont :

BAGHTCHÉLI, R. Baghtchéli Hamam (V. p. 35).

GALATA-SÉRAÏ, R. Souterazi (V. p. 35).

Le jour reservés aux femmes : la nuit aux hommes.

Le prix d'un bain, compris le linge, savon, massage, café et service, varie de 7 à 10 piastres.

Les bains turcs publics se composent généralement d'un vestibule appelé *muchellah*, avec une galerie et des chambres contenant des lits, et de deux salles de bains chauffées à la vapeur, recouvertes de coupoles dans lesquelles sont enclavées de nombreux verres pour laisser pénétrer la lumière.

Après s'être déshabillé, on vous apporte 3 grandes serviettes blanches; l'une pour entourer la tête, en guise de turban, l'autre pour les épaules et la troisième pour la porter autour de la taille depuis la ceinture ; puis hissé sur des *galenzès* (*), soutenu par le garçon de service, on est conduit dans la première salle où l'air est déjà saturée de vapeur d'eau à un degré élevé, et là, on commence à sentir la difficulté de respirer ; mais après quelques minutes de repos sur un petit sofa, on s'habitue à cette température.

Les trois serviettes sont alors remplacées par une seulement, en couleur que l'on porte autour de la taille et on est aussitôt introduit dans la grande salle de bain, au milieu de laquelle se trouve le couvercle en marbre de la chaudière ( *Guiebektachi*) sur lequel on s'étend pour transpirer et pour se faire masser, si on le veut.

Dans cette atmosphère plus élevée, une abondante transpiration ne tarde pas à se déterminer. C'est à ce moment que commence le massage non sans donner les premiers instants quelque inquiétude.

Le masseur après avoir croisé les bras du baigneur sur le dos, et l'avoir mis ventre à terre, prend d'une main les jambes et de l'autre les bras de celui-ci et, en lui appuyant son genou sur les épaules, fait, d'un effort, craquer toutes les articulations.

La transpiration croissant alors, les frictions commencent et durent pendant cinq minutes, après quoi le baigneur va s'asseoir sur le rebord du marbre à côté d'une vasque pour subir un lavage au savon, plusieurs fois répété, et des immersion d'eau tiède.

Cette opération terminée, le baigneur passe dans la première chambre où le *tellek* ( garçon de bain ) vient l'essuyer et après l'avoir recouvert des trois serviettes qu'on lui a retirées en cet endroit, il est reconduit avec le même cérémonial dans la chambre où il a déposé ses vêtements.

Là, étendu sur un sofa et entouré de légères couvertures blanches en coton, sirote un café ou une limonade en éprouvant une sorte de rêverie somnolente à laquelle les orientaux ont donné le nom de *kief*, dont l'expérience seule peut faire apprécier les charmes.

(*) Patins dont la semelle repose sur des planchettes de 6 à 8 centim. de hauteur:

## — BANQUES —

On y trouve toutes facilités pour né-
gocier chèques, traites, lettres de crédits,
change de monnaies, billets de banque
étrangers, etc.

BANQUE IMPÉRIALE OTTOMANE *( V.
page 136 )*.

BANQUE DE SALONIQUE. Siège à Salonique. Succursale, R. Mertébany, Galata ; Agence R. Kutuf-
hané, Stamboul.

CRÉDIT LYONNAIS *(V. page 509)*.

DEUTSCHE ORIENTBANK *( V. page
503)*.

WIENER BANK *(V. page 172)*.

## — BRASSERIES —

En outre de la bonne bière qu'on y dé-
bite à partir de 50 paras le verre, on peut
s'y faire servir des repas à la carte à toute
heure.

*A Péra* les principales et les
mieux fréquentées sont :
Du PETIT ROUBION, tenue par Auzière
( A. ), *Voir annonce page 506*,
R. du Théâtre, 32, P.
SUISSE, tenue par Lalas (Nicolis
G. ), Impasse Testa.
VIENNOISE, tenue par Ivrakis ( T. ),
Grande Rue de Péra, 396.

*A Galata*, plusieures, médio-
crement fréquentées.

*A Stamboul*, une au buffet de
la Gare et une à l'Avenue de la
Sublime Porte.

## — BUREAUX DE PLACEMENT —

L'UNION INTERNATIONALE DES AMIES
DE LA JEUNE FILLE, *pour institu-
trices et gouvernantes*, R. Iskender, 44, G.
DE DOMESTICITÉ, R. Asmali Mesdjid, 33, P.

## — CAFÉS —

Presque dans tous les quartiers il y a
des cafés où on ne sert que du café à la
turque à 20 paras la petite tasse et du locoum (*).

**Principaux cafés européens:**

Du LUXEMBOURG, tenu par Tzango-
poulos (D.), Grande Rue de
Péra, 130.
DE SAINT PETERSBOURG, tenu par
Bourdon & David, Grande Rue
de Péra, 432.
TOKATLIAN, tenu par Tokatlian,
Grande Rue de Péra, 180.

## — CAFÉS CONCERT —

*A Péra* il n'y en a plus.
*A Galata* il y en a plusieurs fréquentés généralement par des
marins.

## — CARTES POSTALES —

On en trouve chez les libraires,
papetiers, débits de tabacs, marchands de journaux, etc.

**Les marchands spéciaux sont:**

Galanakis (A.) & Cⁱᵉ, Passage
Oriental, P.

(*) Ou Rahat Locoum, douceur turque.

Israïlovich (Moïse), R. Hamidié
    Djaddessy, 81, S.
Nicolaïwitsch (N. S.), R. Yuksek
    Kaldérim, 49, G.

---

#### — CHAISES A PORTEURS —

Le service est fait par les *Tou-loumbadji* ou *Hamals* de chaque quartier *(Voir p. 189, Déména-gements)*.

Ces portefaix n'ont pas de tarif, ils exigent pour une course, 30 piastres environ. Pour mariages, soirées, etc., presque le double de ce prix.

---

#### — CHAMBRES MEUBLÉES A LOUER —

Dans la plupart des rues de Péra on trouve des chambres à louer ; ci-après quelques maisons de famille recommandables.

Agostini (P.), R. Minaret, 6, P.
Bianchi (V<sup>ve</sup>), R. du Théâtre, 3, P.
Cristianovich (Louis), R. Yémé-nédji, 33, P.
Dumas (Carmèle), R. de la Chan-cellerie, 9, P.
Muller (Marie), R. Asmali Mes-djid, 31, P.

---

#### —CHANGEURS DE MONNAIES (SARAFS)—

Le change de la monnaie en Turquie joue un grand rôle dans la vie sociale.

Malgré la grande frappe de monnaie divisionnaire, celle-ci est en grande partie accaparée par les gros changeurs qui la mettent en circulation, prélevant leur bénéfice, comme bon leur semble.

Cette monnaie devenant donc insuffisante aux besoins des transactions journalières, on ne peut se la procurer que moyennant un agio perçu par ces *Sarafs* qui cherchent souvent à abuser de l'ignorance des nouveaux venus pour prélever un change plus élevé que celui du cours du jour.

Avant donc de s'adresser aux *Sarafs* pour changer, on fera bien de s'informer dans une maison de banque ou dans la partie financière des journaux de la Capitale du cours des monnaies.

Lorsqu'on s'adresse au *Saraf*, il faut être toujours sur ses gardes ; commencer par convenir du cours, puis, avant de lui remettre la pièce, bien examiner la monnaie qu'il vous donne, voir si le compte est juste, n'accepter aucune pièce étrangère (pas même les francs), refuser toute *pièce turque rognée* qu'on ne pourra placer qu'avec une nouvelle perte.

Dans les petites transactions commerciales, les monnaies d'or sont acceptées :

Livre turque . . . P<sup>iast</sup>. arg. **108.**
Livre anglaise . . » » **120.**
Napoléon (Louis d'Or)» » **95.**

Les *sarafs* les changent actuellement :

Livre turque... P<sup>tres</sup> arg<sup>t</sup>. **107 ½**
*( 5 médjidiés, ¼ de médj. et 2 p. ½ )*
Livre anglaise.... P<sup>tres</sup> arg<sup>t</sup>. **118**
*( 5 médjidiés, ¾ de médj. et 3 p. )*
Napoléon ....... P<sup>tres</sup> arg<sup>t</sup>. **93 ½**
*( 4 médjidiés, 2/4 de médj. et 3 p. ½ ).*

---

Sauf pour l'achat de tabacs, cigarettes, timbres fiscaux et timbres poste turcs, dans le commerce en général, le médjidié est compté à 20 piastres et le quart de médjidié à 5 piastres.

Il est à remarquer que dans toutes les administrations du Gouvernement, le médjidié est reçu à 19 piastres (*), mais par contre les appointements des fonctionnaires sont également payés à raison de 19 p^tres le médjidié.

— Changeurs de monnaies —

Alexis et Jacovidès, G^de Rue de Galata, 28.

Cavadas (Nic.) et C^ie, R. Karakeuy, 17, G.

Coutelis Frères, Grande Rue de Péra, 371.

Honiguian (Kircor), G^de Rue de Péra, 218 (Place Galata-Séraï).

Ludwigsohn (J.), R. Karakeuy, 24, G.

Tzallas (Lucas), Grande Rue de Péra, 459.

Yannios (M.), Grande Rue de Péra, 389 bis.

— CHAUSSURES —

**GEORGIADÈS (Alexandre D.),** et galoches. *Voir annonce page 501*, R. Yéni-Djami, 2, vis-à-vis le Tunnel, G.

(*) La Société des Quais le reçoit à 18 piastres et par conséquent le quart de médjidié à 4 piastres ½.

**POLLAK (D. H.) et C^ie.** *Voir annonce page 501*, Grande Rue de Péra, 403.

— CIGARETTES (Voyez Tabacs) —

— CONFISERIES ET PATISSERIES —

Les confiseries turques diffèrent des européennes. Les premières fabriquent des bonbons, fruits candits turcs, *rahat-locoum* et des sirops. Les secondes sont fournies de toutes sortes de bonbons, fruits candits, fondants, biscuits, patisseries, glaces, sirops, liqueurs, etc, et sont fréquentées aussi par les dames européennes.

— Principales Confiseries et Patisseries —

Angiopoulos (K.), R. Hamal Bachi, 21, et G^de Rue de Péra, 84.

Bourdon (H.) & J. David, G^de Rue de Péra, 432.

Hadji Békir Zadé Mouhieddine Eff., R. Baghtché Capou, 14, S.

Hadji Sarime Merdjimekian, G^de Rue de Péra, 52.

Kardommati (P.), Grande Rue de Galata, 37.

Romanet (Louis), Grande Rue de Péra, 345.

Tokatlian (M.), Grande Rue de Péra, 186.

— CUISINE TURQUE —

C'est une cuisine de haut goût, dont les principaux ingrédients sont les légumes — aubergines, courges, tomates, oignons, porreaux—riz, beaucoup de poivre, et mélangés avec du sucre, du miel et du zeste de citron.

La viande préférée, et généralement usitée, est de mouton, d'agneau et le poulet; le veau, le bœuf, le dindon, le canard et le gibier font rarement partie de cette cuisine.

Un plat très recherché des Turcs et des Orientaux c'est le légume farci, tel que artichaut, aubergine, courge, tomate, et particulièrement les feuilles de vignes farcies, qu'on appelent *Yalandji dolmassi*, boulettes composées de riz et d'une grande quantité d'oignons hachés, enveloppés dans ces feuilles, cuits au petit feu, assaisonnés de beaucoup d'huile.

*Le rôti* se compose ordinairement de mouton et de poulet. La viande de mouton est frequemment préparée aussi en petits morceaux carrés, alternativement gras et maigre, enfilée sur des brochettes et grillée au petit feu; cette grillade appelée *Chiche Kébape*, est servie assaisonnée de sel et de poivre, avec beaucoup de jus de viande, sur du pitta (1) coupé en petits morceaux, sur lesquels on y ajoute du *Yaourt* (2).

_______________

(1) sorte de pain, sans levain, plat, très mince et peu cuit.
(2) lait caillé.

Le *Donner Kébape* est aussi un met très apprécié, composé de viande de mouton rôtie à la broche que l'on découpe en toutes petites tranches, au fur et à mesure qu'elle est bien cuite.

Le beurre, le fromage et le lait font également partie de l'alimentation des Turcs, ce dernier est consommé sous forme de *Kaïmak* (1).

Le *Pilaf* joue le role principal dans toutes les tables, on le sert souvent avec du *Yaourt* presque toujours au milieu ou à la fin du repas, jamais au commencement. D'ailleurs les Turcs n'ont pas l'habitude des Menus, et avec raison, à cause de la très grande variété de plats servis dans chaque repas, alternés toujours avec des douceurs, de la salade d'haricots blanc, etc.

La salade de concombres et de tomates avec de l'oignon est beaucoup goutée des Orientaux.

Les fruits, très abondants en Turquie, sont servis la plupart du temps en compote. Les sirops de fruits, aromatisés d'essence de roses *(Cherbet)*, sont généralement bus à demi glacés, entre et après les repas.

Finalement le traditionnel café

_______________

(1) Crème de lait très épaisse servie en petits rouleaux.

turc, exquis, servi dans des petites tasses, savouré d'une délicieuse cigarette d'excellent tabac turc, clôture le copieux repas.

———

## — CURIOSITÉS ORIENTALES —

A Constantinople et dans les principales villes de la Turquie, les marchands de curiosités orientales, ont la spécialité de la vente, outre des tapis turcs et persans, d'objets anciens, quelquefois rares, et alors d'un prix très élevé souvent pas en rapport avec la valeur réelle de l'objet acheté.

On trouve aussi dans ces magasins, des étoffes de Brousse, de Damas, des petits meubles en moucharabi, etc., *nec plus ultra* de l'industrie Ottomane.

### — Principaux Marchands —

**AKAOUI FRÈRES,** *Voir annonce page 62*, R. Aïnadjilar, 34, au Grand Bazar, S.

Levy (D.), Stamboul Yéni Tcharchi Han, 4, S.

Puskulian (Miguir.) & Frères, R. Kaïsserlioglou, 21, au Gᵈ Bazar, S.

Rophé (Albert), R. Tarakdjilar, 108, S.

Suriani (Elias) & Cⁱᵉ, Bouyouk Yaldis Han, 8, S.

———

## — DÉMÉNAGEMENTS —

Il n'existe à Constantinople aucune entreprise de déménagements à l'instar de celles existant en Europe, on doit par conséquent se soumettre aux exigences des *Touloumbadjis* (Pompiers irréguliers) qui ont le monopole des déménagements dans leur quartier.

Les *Touloumbadjis* stationnent presque dans chaque angle de rue, toujours vigilants, soit pour empêcher les déménagements sans leur concours, soit pour se rendre avec leur pompe du quartier sur les lieux d'un incendie aussitôt que les gardiens de la Tour de Galata traversent les rues pour annoncer aux corps de garde et aux Ambassades l'endroit où l'incendie a commencé.

Ces *Touloumbadjis* ont aussi l'exclusivité du service des chaises à porteur (V. p. 184).

———

## — DENTISTES —

Alexandre (Voyez Stavridès).

Barry (Joseph), R. Asmali Mesdjid, 11, P.

Bouchet (E.), R. Sol, 11, P.

**CONSTANTINIDI** (Georges), chirurgien dentiste, Cité de Syrie, Grande Rue de Péra, vis-à-vis l'Ambassade de Russie.

Contopoulos (P.), R. Zumbul, 12, P.

Faber (Dʳ Frank R.), americain, Passage Galata-Seraï, P.

Heyde (Dʳ H. von der), du Palais Impérial, R. Tépé Bachi, appᵗˢ Tchongas, 4, P.

Mavro (Alex.), de l'asile des pauvres, Gᵈᵉ Rue de Péra, 451.

**STAVRIDÈS (Alexandre D.),** chirurgien dentiste diplômé de l'Ecole Dentaire de Paris. Maladies de la bouche et des dents. Consultations de 9 h. à midi et de 2 h. à 7 h. p. m., Grande Rue de Péra, 204, vis-à-vis le Lycée Imp. de Galata-Séraï.

---

## — HANS —

Ce sont des vastes édifices à Galata et à Stamboul où sont installés les comptoirs des négociants.

Le *Validé Han*, R. Tchakmak-djilar Yocouchou à Stamboul, est un des plus grands Hans, contenant les comptoirs des Persans qui leurs servent aussi d'habitation.

Il y a aussi une quantité de Hans à Stamboul qui servent de logement aux provinciaux, de passage à Constantinople pour faire leurs achats.

Dans toutes les grandes villes de la Turquie, les comptoirs des négociants sont installés dans des Hans. A Smyrne on les nomment *Local* au lieu de *Han*.

---

## — HOTELS —

La plupart sont situés à Péra.

Les prix de pension varient suivant la saison et la situation de la chambre.

La femme de chambre se charge généralement du blanchissage du linge ; dans certains hôtels de 4 à 5 fr. la douzaine.

Les voyageurs qui ont à faire un long séjour ou qui ne voudraient pas prendre leur repas à l'hôtel, ils pourront faire des conditions spéciales avec le directeur de l'hôtel.

Comme partout, il y a des pourboires à donner à la femme de chambre, au garçon de table, au portier et à l'homme de peine.

---

## — HOTELS DE 1ᵉʳ ORDRE —

BRISTOL, Boulevard des Petits Champs, 31, *( Voir annonce page 502)*. Ascenseur. 80 chambres de 5 à 15 fr. Pension de 12 à 25 fr. petit déjeuner 1 fr. 50, déjeuner 4 fr., dîner 5 fr.

GRAND HOTEL CONTINENTAL ET FRANÇAIS, tenu par Agostini (J.), Boul^d des Petits Champs, 47, P. *( Voir annonce page 508)*.

KROECKER, R. Kabristan, 40, P. 80 chambres, depuis 5 fr. Pension 12 fr., demi-pension (sans le déjeuner de midi) 10 fr. Salle de billard. Jardin *( Voir annonce page 501)*.

DE LONDRES, Boul^d des Petits Champs, 11 bis, P. 80 chambres de 5 à 15 fr. Pension de 12 à 25 fr., petit déjeuner 1 fr. 50, déjeuner 4 fr., dîner 5 fr. Ascenseur.

PÉRA PALACE, R. Kabristan, P. 150 chambres depuis 10 fr. Petit déjeuner 2 fr. 10; déjeuner 5 fr. 25, dîner 6 fr. 30, pension depuis 20 fr. Ascenseur, éclairage électrique.

SUMMER PALACE à Thérapia (Bosphore) ; mêmes Prix du Péra Palace (Voir ci-dessus).

TOKATLIAN à Thérapia (Bosphore) 100 chambres depuis 6 fr. par jour (service et éclairage compris). Pension depuis 15 fr. Ascenseur.

— HOTELS —

ANGLETERRE ET ROYAL, R. Tépé Bachi, P. 40 chambres de 5 à 12 fr.; petit déjeuner 1 fr. 50, déjeuner 4 fr., diner 5 fr. Pension de 12 à 16 fr.

GRANDE BRETAGNE, R. Vénédik, 3, P. 35 chambres; lit avec café turc 3 fr. Pension 7 à 12 fr. demi-pension 6 à 10 fr., déjeuner 2 fr.; diner 3 fr.

KHEDIVIAL PALACE, Grande Rue de Péra, 463. 45 chambres. Lit 5 fr. compris café au lait, petit déjeuner 1 fr. Pension 10 fr. demi-pension 8 fr., déjeuner 2 fr. 50; diner 3 fr.

DE LYON, R. Glavany, 11, P. 13 chambres depuis 2 fr. 25. Pension 6 fr.

MESSERET, Avenue de la Sublime Porte, S. 62 chambres à 10, 15 et 20 piastres par jour, thé où café compris.

MÉTROPOLE, Grande Rue de Péra 250. 32 chambres de 3 à 6 fr. par jour. Petit déjeuner 1 fr.

NOUVEL HOTEL D'ORIENT, R. Tépé Bachi, 47, P. 16 chambres de 3 et 4 fr. Pension 6 à 10 fr. déjeuner 2 fr. diner 3 fr. et à la carte.

D'ORIENT, R. Hamal Bachi, 4, P. 15 chambres. Prix unique piastres 10 par lit.

DES PRINCES, R. Tépé Bachi, 12, P. 14 chambres de 3, 5, 6 et 8 fr. par jour compris café le matin.

———

— JOURNAUX —

Depuis le rétablissement de la Constitution plus 200 journaux paraissent à Constantinople dont la plupart Turcs, 2 Allemands, plusieurs arméniens et grecs, 3 israélites, 1 russé, et les quatre suivants, quotidiens, en caractères latins, vendus à 10 paras le numero (5 centimes).

**Levant Herald and Eastern Express** *(anglo-français)*, R. Asmali Mesdjid, 35, P.

MONITEUR ORIENTAL (THE ORIENTAL ADVERTISSER) *( anglo-français )*, R. Kutchuk Hendek, 29,31, P.

**Stamboul** *(français)*, R. Derviche, 7, P.

**La Turquie** *(Italo-français)*, R. Timoni, 2.

plus les :

BULLETINS mensuels des CHAMBRES DE COMMERCE DE CONSTANTINOPLE ANGLAISE, FRANÇAISE et ITALIENNE.

———

— LIBRAIRES —

La plupart des libraires turcs se trouvent au Grand Bazar, Rue Sahaflar.

Les Libraires Grecs à Galata; les Arméniens, Avenue de la Sublime Porte à Stamboul.

— Principaux Libraires à Péra —

KEIL (OTTO), fournisseur de S. M. I. le Sultan, Grande Rue de

Péra, 457, près de l'Ambassade de Russie.

Ognienovich (S.) et C<sup>ie</sup>, Grande Rue de Péra, 402.

Valery (D.), *Librairie Française*, Passage Oriental, 6, P.

WEISS (S. H.), Grande Rue de Péra, 483.

---

— MÉDECINS —

**ANTONIADIS (G. N.),** Diplômé de l'Université de Vienne. Ancien interne des hôpitaux de Vienne. Spécialiste pour les maladies vénériennes et de la peau. Consultations de 8 h. à midi et de 2 h. à 6 h. p. m. tous les jours excepté dimanche, R. Serkis, 20, P.

Balilis (S.), de la Légation de Grèce, R. Kouloglou, 12, P.

**ESKENAZI (D' Isaïe),** accoucheur gynécologue. Consultations de 1 h. à 3 h. p. m. R. Kabristan, 65, P.

Eskenazi (S.), spécialiste pour les maladies de la gorge, etc., R. Asmali Mesdjid, 58, P.

Euthyboule (D.), de l'hôpital français, R. de Brousse, 20, P.

**GABUZZI (Gerolamo),** de la Légation d'Espagne R. Margarite, 9, P.

Hodara (Menahem Bey), dermatologue, R. du Tunnel, 6, P.

Kambouroglou (Alexandre Pacha), et chirurgien, R. de Brousse, 14, P.

Lacombe (de), de l'hôpital français, G<sup>de</sup> Rue de Péra, 350.

Mac Clean (John F.), M. D., en chef de l'hôpital maritime anglais, R. de Brousse, 15, P.

Mirabel, de l'Ambassade de France, R. Tom Tom, 21, P.

Moïssidès (M.), Cité de Syrie, 8, P.

Mordtmann (A.D.), de l'Ambassade d'Allemagne, R. Kartal, 1, P.

**NARLY (D')** spécialiste pour les maladies des oreilles, du larynx et du nez, Consultations de 1 à 3 h. p. m. R. Agha Hamam, 3, P.

Palamidis (D<sup>r</sup> G.), accouchenr gynécologue. Consultat. de 8 ½ à 11 h. ½ à la turque. Grande Rue de Péra, 458, à côté du Consulat de Russie. — A Stamboul, Djoubali Aya-Capou.

Remlinger (Paul), directeur de l'institut impérial de bactériologie et de l'institut antirabique, G<sup>de</sup> Rue de Péra, 458.

**RITZO (Basile P.),** et chirurgien, R. Glavany, 6, appart. Sinapian, 3, P.

Semeraü (Wladislaw), en chef de la C<sup>ie</sup> des chemins de fer orientaux, R. Hadji Ali, Appart. Fayk Bey, 10, G.

Stékoulis (C.), de la Légation des Pays-Bas, R. Souterazi, 7, P.

**TCHOUCLOS (D' E.),** maladies du VENTRE: estomac, intestins, etc. (et maladies SECRÈTES). Consultations tous les jours à Péra, R. de Pologne, 33, de 9 h. à 12 h.; à Galata,

Fermélédjiler Yéni Han, de 1 h. à 5 h. p. m.

Violi (J. B.), spécialiste pour les maladies des enfants, R. Ensiz, 6, P.

Zeri (Riccardo), de l'hôpital italien, R. Kouloglou, 14, P.

---

— PARFUMERIE —

Armao (A.), Grande Rue de Péra, 265.

---

— PHARMACIES —

**BRITANNIQUE.**Diplômée de Mérite Londres 1884. J. Canzuch et V. Giannetti, Grande Rue de Péra, 247. Service de nuit.

Della–Sudda (Eugène), Grande Rue de Péra, 298.

Matcovich (D<sup>r</sup> A. J.), Grande Rue de Péra, 433.

Reboul (J. C.), *Parisienne*, Grande Rue de Péra, 116.

---

— PHOTOGRAPHES —

Berggren (G.), et paysagiste, *Voir annonce page 508*, R. Derviche, 2, P.

*Phébus* (Maison), *Voir annonce page 507*, Grande Rue de Péra, 359.

---

— RESTAURANTS —

En dehors des Brasseries et Hôtels mentionnés, il existe à Péra et à Galata beaucoup d'autres restaurants où l'on sert à la carte ; rares sont les restaurants à prix-fixe.

A Péra :

*Du petit Roubion*, tenu par Auzière (A.), rue du Théâtre, 20, *Voir annonce page 506*.

Bourdon (H.) et J. David, G<sup>de</sup> Rue de Péra, 432.

Ruggieri (Georges), à prix fixe, Passage d'Andria, 7 à 9.

Tokatlian (M.), Grande Rue de Péra, 180.

A Galata :

*Gambetta*, tenu par Stafilopatis (A.), R. Voïwode, 14.

*Del Genio*, tenu par Dimitriadis et Photinato, R. Karakeuy, 22, près du Pont.

*Grand Aïnali*, tenu par Valis (A. & N.), R. Helvadji, 22.

Guiraud (Jean), *des Agences*, Cité Française.

*Victoria*, tenu par Taflambas (L.), Grande Rue de Galata, 39.

*Yénidounia*, tenu par Politis (E.), Grande Rue de Galata, 230.

A Stamboul :

Sur la route du tramway, entre le Pont et la Gare de Sirkedji, on trouve une quantité de restaurants grecs et arméniens où l'on ne prépare que la cuisine à la turque ; prix à la carte.

— TABACS et CIGARETTES TURCS —

Le monopole pour la fabrbrication et la vente des tabacs et cigarettes dans toute la Turquie a été concédé à la *Régie Cointéressés des Tabacs de l'Empire Ottoman* depuis le 15/27 Mai 1883.

Cette Administration : possède trois Manufactures: une à Djoubali (Corne d'Or); une à Samsoun (mer Noire); et la troisième à Salonique et 4 magasins de vente de spécialités, sis à:

Péra, Grande Rue, 192.

Galata, R. Karakeuy, 27, 29.

Stamboul, Place Emin Eunu en face du Pont, et R. Eski Zaptié.

On trouve aussi des petits débits de tabac et cigarettes dans presque toutes les rues centrales de la Capitale.

— TAILLEURS —
(Marchands)

**MARTINO (J).** *Voir annonce p* 502, Grande Rue de Péra, 497

**VIDOEVICH & FILS,** Grande R de Péra, 481.

— TAPIS ORIENTAUX —
(Marchands)

**AKAOUI Frères.** *Voir annonce* *page 62,* R. Aïnadjilar, 34, au Grand Bazar, S.

Djismardahoss (Z.), R. Eski Zaptié, 17, S.

Hadji Ali Ekber Karadaghli, Djéférié Han, 16, S.

*Héréké* (Magasin de Vente de la Fabrique Impériale de), Grande Rue de Péra, 206.

Pardo (Robert S.), R. Kabristan 14, P.

Piperno (Albert) & Fils, Ekberi Han, 7, S.

Syrigo (Jean L.), *d'Anatolie,* Sain Pierre Han, 1, G.

# 5<sup>me</sup> PARTIE

# CHIRKET-HAÏRIÉ

**Itinéraires du Bosphore** à partir du 6/19 Avril 1909.
**Service Journalier et des Dimanches**

---

## *MONTÉE*

| HEURES à la turq. | | Service Nᵒˢ | DÉPART DU PONT. |
|:---:|:---:|:---:|---|
| H. | M. | | |
| *12 | 30 | 2 | Pour Béchiktache 12 h. 45, Ortakeuy 12. 52, Couroutchesmé 12. 58, Arnaoutkeuy 1. 08, Bebek 1. 10, Roumélie Hissar 1, 17, Emirghian 1.24, Sténia 1. 29, Yénikeuy 1. 35, *Beïcos arr.* 1. **45**. |
| 12 | 45 | 4 | » Béchiktache 1 h. —, *Couscoundjouk* 1. 08, *Beylerbey* 1. **16**, *Tchenguelkeuy* 1. **24**, *Vanikeuy* 1. **30**, Arnaoutkeuy arr. 1. 35. |
| 12 | 55 | 8 | » Arnaoutkeuy 1 h. 20, Roumélie Hissar 1. 35, *Anatolie Hissar* 1. **45**, *Candili arr.* 1. **50** |
| * 1 | — | 6 | » Béchiktache 1 h. 15, Yénikeuy 1. 45, Thérapia 1. 55, Bouyoukdéré 2. 05, Mézarbournou 2. 10, Yénimahallé 2. 15, Roumélie Kavak 2. 22, *Anatolie Kavak arr.* 2. **30**. |
| * 1 | 15 | 10 | » Béchiktache 1 h. 30, *Couscoundjouk* 1. **37**, Ortakeuy 1. 42, *Beylerbey* 1. **49**, *Tchenguelkeuy* 1. **55**, *Candili* 2.**05**, Bebek arr. 2.**10**. |
| * 1 | 20 | 12 | » *Scutari* 1 h. **35**, *Vanikeuy* 1. **50**, *Candili* 1. **55**, *Anatolie Hissar* 2.**—**. *Canlidja* 2. **08**, *Tchiboukli* 2. **15**, *Pacha Baghtché*, 2. **22**, *Beïcos* 2. **30**, Yénikeuy arr. 2. 40. |
| * 2 | — | 14 | » Béchiktache 2 h. 15, Ortakeuy 2. 22, Couroutchechmé 2. 28, Arnaoutkeuy 2. 33, Bébek 2. 40, Roumélie Hissar 2. 47, Emirghian 2. 54, Stenia 2.59, Yénikeuy 3. 03, Thérapia 3. 13, Bouyoukdéré 3. 23, Mézarbournou 3.28, Yénimahallé arr. 3. 33. |
| 2 | 15 | 16 | » Bébek arr. 2 h. 45. |
| * 2 | 20 | 18 | » *Couscoundjouk* 2 h. **37**, *Beylerbey* 2. **45**, *Tchenguelkeuy* 2. **50**, *Candili* 3. **—**, *Anatolie Hissar* 3. **05**, *Canlidja* 3. **13**, *Tchiboukli* 3. **20**, *Pacha Baghtché* 3. **27**, *Beïcos* 3. **35**, Yénikeuy arr. 3. 42. |
| 2 | 25 | 20 | » Ortakeuy 2 h. 40, *Beylerbey* 2. **50**, *Couscoundjouk arr.* 2. **57**. |
| * 2 | 40 | 22 | » Béchiktache 2 h. 55, Ortakeuy 3.02, Couroutchechmé 3. 09, Arnaoutkeuy 3.14, Bébek 3. 21, Roumélie-Hissar 3.28, Emirghian arr.3.35 |
| * 3 | — | 24 | » Béchiktache 3. h 15, Emirghian 3.42, Stenia 3. 47, Yénikeuy 3.53, Thérapia 4. 03, Bouyoukdéré 4. 12, Mézarbournou 4. 17, Yénimahallé 4, 22, *Anatolie-Kavak* 4. **30**, Roumélie Kavak arr. 4. 38. |
| * 3 | 05 | 26 | » Arnaoutkeuy 3 h. 30, *Vanikeuy arr.* 3. **40**. |
| * 3 | 35 | 28 | » Béchiktache 3 h. 50, *Couscoundjouk* 3. **57**, *Beylerbey* 4. **04**, *Tchenguelkeuy* 4. **09**, *Vanikeuy* 4. **15**, *Candili* 4. **21**, *Anatolie Hissar* 4. **26**, *Canlidja* 4. **35**, Emirghian arr. 4. 40. |

**N. B.** Les chiffres après le nom de chaque Echelle, indiquent les heures de départ.
*Les noms des Echelles DE LA COTE D'ASIE sont indiqués en ces caractères et les heures de départs de ces échelles,* en chiffres noirs.
(*) *Les services qui ne sont pas indiqués par cet astérisque n'auront pas lieu les Dimanches.*

| | | | |
|---|---|---|---|
| 4 | — | 30 | Pour Béchiktache 4 h. 15, *Candili* **4. 35**, Roumélie Hissar 4. 40, *Canlidja* **4. 48**, *Tchiboukli* **4. 54**, Yénikeuy **5. 15**, *Pacha Baghtché*, **5. 01**, *Béïcos* arr. **5. 09**. |
| 4 | 20 | 32 | » Ortakeuy 4 h. 42, Couroutchechmé 4. 49, *Beylerbey* arr. **4. 56**. |
| • 4 | 30 | 34 | » Béchiktache 4 h. 45, Ortakeuy 4. 52, Couroutchechmé 4. 58, Arnaoutkeuy 5. 03, Bebek 5. 10, Roumélie Hissar 5. 17, Emirghian 5. 24, Stenia 5. 31, Yénikeux 5. 35, Thérapia 5. 43, Bouyoukdéré 5. 52, Mezarbournou 5. 57, Yenimahallé arr. 6. 02. |
| 5 | — | 36 | » Béchiktache 5 h. 15, *Couscoundjouk* **5.22**, Ortakeuy 5.30, *Beylerbey* **5. 37**, *Tchenguelkeuy* **5.42**, *Vanikeuy* **5.50**, Arnaoutkeuy arr. 5.55. |
| • 5 | 30 | 38 | » Béchiktache 5 h. 45, *Vanikeuy* **5. 58**, *Candili* **6. 04**, *Anatolie Hissar* **6. 09**, *Canlidja* **6. 17**, *Tchiboukli* **6. 24**, *Pacha Baghtché* **6. 31**, *Béïcos* **6. 40**, Yénikeuy arr. 6. 50. |
| • 6 | — | 40 | » Béchiktache 6. 15, Ortakeuy 6. 22, Couroutchechmé 6. 28, -Arnaoutkeuy 6. 33, Bebek 6. 40, Roumélie–Hissar 6. 47, Emirghian 6. 54, Stenia 6. 59, Yenikeny 7. 04, Thérapia 7. 14, Bouyoukdéré 7. 24, Mézarbournou 7. 29, Yénimahallé 7. 34, Roumelie-Kavak 7. 42, *Anatolie-Kavak* arr. **7. 50**. |
| • 7 | — | 44 | » Béchiktache 7 h. 15, *Couscoundjouk* **7. 22**, *Beylerbey* **7. 30**, *Tchenguelkeuy* **7.35**, *Vanikeuy* **7. 41**, *Candili* **7. 48**, *Anatolie Hissar* arr. 7. h. **53**. |
| • 7 | 20 | 46 | » Béchiktache 7 h. 35, Ortakeuy 7. 42, Arnaoutkeuy 7. 50, Bebek 7.57, *Candili* **8. 03**, *Anatolie-Hissar* **8.09**, Roumélie Hissar 8.17, Emirghian 8. 25, *Canlidja* **8. 32**, *Tchiboukli* **8. 38**, Yénikeuy 8. 45, *Béïcos* **9. 00**, Pacha Baghtché arr. 9. 08. |
| • 7 | 20 | 42 | (De Yénikeuy pour *Béïcos*, arr. 7 h. **30**). |
| • 8 | — | 48 | Pour Béchiktache 8 h. 15, Ortakeuy 8. 22, Couroutchechmé 8.28, Arnaoutkeuy 8. 33, Bebek 8. 40, Roumélie-Hissar 8.47, Emirghian 8. 54, Stenia 9. 00, Yénikeuy 9. 05, Therapia 9. 15, Bouyoukdéré 9. 24, Mezarbournou 9. 29, Yenimahallé arr. 9. 33. |
| • 8 | 30 | 50 | » Béchiktache 8 h. 45, *Couscoundjouk* **8. 52**, *Beylerbey* **8. 59**, *Tchenguel-keuy* **9. 04**, *Vanikeuy* **9. 10**, Arnaoutkeuy arr. 9. 15. |
| • 9 | 15 | 52 | » Béchiktache 9 h. 30, Ortakeuy 9. 37, Couroutchechmé 9.44, Arnaoutkeuy 9. 50, Bebek 9. 59, Roumélie Hissar arr. 10. 05. |
| • 9 | 20 | 54 | » *Vanikeuy* **9 h. 45**, *Candili* **9. 50**, *Anatolie Hissar* **9. 55**, *Canlidja* **10. 03**, *Tchiboukli* **10. 10**, *Yénikeuy* **10.31**, *Pacha Baghtché* **10.17**, *Béïcos* arr. **10. 25**. |
| 9 | 35 | 56 | » Béchiktache 9 h. 50, *Couscoundjouk* **9. 57**, *Beylerbey* **10. 05**, *Tchenguelkeuy* **10. 10**, *Candili* **10. 20**, Bebek arr. 10. 25. |
| • 9 | 45 | 58 | » Béchiktache 10 h. —, Roumélie-Hissar 10. 20, Emirghian 10. 27, Stenia 10. 32, Yénikeuy 10.37, Therapia 10.47, Bouyoukdéré 10.57, Mezarbournou 11.02, Yénimahallé 11. 07, Roumélie Kavak 11. 14, *Anatolie Karak* arr. **11. 20**. |
| *10 | 10 | 60 | » Béchiktache 10. 25, Ortakeuy 10. 32, Couroutchechmé 10. 38, Arnaoutkeuy 10. 43, Bebek 10. 50, *Candili* **10. 55**, *Anatolie Hissar* 11.—, *Roumélie Hissar* arr. **11. 05**. |
| *10 | 20 | 62 | » *Beylerbey* **10. 42**, *Tchenguelkeuy* arr. **10. 47**. |
| *10 | 30 | 64 | » Béchiktache 10 h. 45, *Candili* **11. —**, *Anatolie Hissar* **11. 05**, *Canlidja* **11. 13**, *Tchiboukli* **11. 20**, *Pacha Baghtché* **11. 27**, *Béïcos* **11. 35**, Yénikeuy arr. 11. 45. |
| 10 | 35 | 66 | » Ortakeuy 10 h. 51, Arnaoutkeuy 11.02, *Vanikeuy* arr. **11. 08**. |
| *10 | 59 | 68 | » Yénikeuy 11. 30, Thérapia 11. 38, Kiretchbournou 11. 43, Bouyoudéré 11. 48, Mezarbournou 11. 53, Yénimahallé 11. 57, *Anatolie Kavak* **12. 07**, Roumélie Kavak arr. 12. 15. |
| 10 | 55 | 70 | » Béchiktache 11 h. 10, *Couscoundjouk* **11. 17**, *Beylerbey* **11. 25**, *Tchenguelkeuy* arr. 11 h. **30**. |

| | | | |
|---|---|---|---|
| 11 | — | 72 | Pour Ortakeuy 11. 18, Couroutchechmé 11. 26, Arnaoutkeuy arr. 11. 30. |
| *11 | 05 | 74 | » Béchiktache 11 h. 20, Bebek 11. 37, Roumélie Hissar 11. 44, Emirghian 11.51, Stenia 11.56, Yenikeuy 11.01, *Pacha Baghtché* 12.08, *Beïcos arr.* 12. 16. |
| *11 | 30 | 76 | » *Candili* 12 h.—, *Anatolie Hissar* 12. 05, *Canlidja* 12. 13, *Tchiboukli* 12. 20, *Pacha Baghtché* 12. 27, *Beïcos arr.* 12. 35. |
| 11 | 30 | 78 | » Béchiktache 11 h. 45, Ortakeuy 11. 50, Arnaoutkeuy arr. 12. 00. |
| *11 | 35 | 80 | » Béchiktache 11 h. 50, *Couscoundjouk* 11. 57, *Beylerbey* 12. 05, *Tchenguelkeuy* 12. 10, *Vanikeuy* 12. 16, *Candili* 12. 22, Bebek arr. 12. 28. |
| 11 | 40 | 82 | » Emirghian 12 h. 15, Yénikeuy 12. 25, Thérapia 12. 35, Bouyoukdéré 12. 43, Mezarbournou 12. 48, Yénimahallé arr. 12. 52. |
| *11 | 50 | 84 | » Bebek 12 h. 20, Roumélie Hissar 12. 27, Emirghian 12. 34, Sténia arr. 12. 39. |
| *12 | — | 86 | » Béchiktache 12 h. 15, Ortakeuy 12. 22, Couroutchechmé 12. 30, Arnaoutkeuy 12. 35, Bebek arr. 12 h. 42. |
| *12 | 20 | 88 | » *Couscoundjouk* 12 h. 42, *Beylerbey* 12. 48, *Tchenguelkeuy* 12. 53, *Vanikeuy* 12. 59, *Candili* 1. 05, *Anatolie Hissar* 1. 10, *Canlidja* 1. 17, *Tchiboukli* 1. 23, *Pacha Baghtché* 1. 29, *Beïcos arr.* 1. 37. |
| *12 | 30 | 90 | » Béchiktache 12 h. 45, Ortakeuy 12. 52, Couroutchechmé 12. 58, Arnaoutkeuy 1. 03, Emirghian 1. 15, Stenia 1. 20, Yénikeuy 1. 24, Thérapia 1. 32, Bouyoukdéré 1. 40, Mezarbournou 1. 45, Yénimahallé arr. 1. 50. |
| *1 | 15 | 92 | » Béchiktache 1 h. 30, Ortakeuy 1. 36, Arnaoutkeuy 1. 42, Bebek 1. 48, Roumelie Hissar 1. 55, Emirghian 2. 02, Yenikeuy 2. 09, Therapia 2.18, Bouyoukdéré 2.26, Mezarbournou 2.31, Yenimahallé arr. 2.35. |
| *1 | 15 | 94 | » *Scutari* 1 h. 32, *Couscoundjouk* 1. 38, *Beylerbey* 1. 45, *Tchenguelkeuy* 1. 50, *Vanikeuy* 1. 55, *Candili* 2. 00, *Anatolie Hissar* 2. 05, *Canlidja* 2. 13, *Pacha Baghtché* 2. 22, *Beïcos arr.* 2. 30. |

# CHIRKET-HAÏRIÉ

### Itinéraires du Bosphore à partir du 6/19 Avril 1909

### Service Journalier et des Dimanches.

———o———

## DESCENTE

### POUR LE PONT

| HEURES à la Turq. | | Service Nᵒˢ | |
|---|---|---|---|
| H. | M. | | |
| *11 | — | 1 | D'Arnaoutkeuy, *Yénikeuy* 11 h. **08**, *Tchenguelkeuy* 11. **14**, *Beylerbey* 11. **20**, *Couscoundjouk* 11. **28**, Pont arr. 11. 45. |
| *11 | — | 3 | » Sténia, Emirghian 11 h. 05, Roumélie Hissar 11. 12, Bebek 11. 19, Arnaoutkeuy 11. 26, Couroutchechmé 11. 31, Ortakeuy 11. 37, Béchiktache 11. 45, Pont arr. 12. 03. |
| *11 | — | 7 | » Yénimahallé, Mezarbournou 11. h. 05, Bouyoukdéré 11. 10, Thérapia 11. 18, Yénikeuy 11. 26, Emirghian 11. 34, Roumélie Hiszar 11.42, Bebek 11. 49, Arnaoutkeuy 11. 56, Pont arr. 12. 20. |
| *11 | 15 | 5 | » *Bëicos Pacha Baghtché* **11.23**, *Tchiboukli* **11. 30**, *Canlidja* **11. 37**, *Anatolie Hissar* **11. 44**, *Candili* **11. 49**, *Tchenguelkeuy* **12—**, *Beylerbey* **12. 05**, *Couscoundjouk* **12. 13**, Pont arr. 12. 30. |
| *11 | 45 | 15 | » Roumélie Kavak, Anatolie Kavak 11 h. 53, Yénimahallé 12,—, Mezarboursou 12, 05, Bouyoukdéré 12. 10, Kiretch Bournou 12. 15, Thérapia 12. 20, Yénikeuy 12. 28, Pont arr. 1. 03. |
| 12 | — | 9 | » Arnaoutkeuy, Couroutchechmé 12 h. 05, Ortakeuy 12, 11, Béchiktache 12. 18, Pont arr. 12. 35, |
| *12 | — | 11 | » *Bëicos, Pacha Baghtché* **12 h. 08**, *Tchiboukli* **12. 15**, *Canlidja* **12. 21**, *Anatolie Hissar* **12. 27**, *Candili* **12. 32**, Pont arr. 12. 55, |
| *12 | 10 | 17 | » *Bëicos, Pacha Baghtché* **12 h. 18**, Yénikeuy 12.28, Sténia 12,35, Emirghian 12. 40, Roumélie Hissar 12, 47, Bebek 12. 54, Arnaoutkeuy 1. 01, Couroutchehmé 1. 06, Ortakeuy 1. 12, Béchiktache 1. 19, Pont arr. 1. 35. |
| *12 | 30 | 13 | » Bebek, *Candili* **12 h. 35**, *Yénikeuy* **12.41**, *Tchenguelkeuy* **12. 48**, *Beylerbey* **12. 53**, *Couscoundjouk* **1.—**, Béchiktache 1. 07, Pont arr. 1.25. |
| *12 | 40 | 23 | » *Canlidja*, Emirghian arr. 12 h. 45. |
| *12 | 40 | 33 | » *Anatolie Kavak*, Roumélie Kavak 12 h. 48, Yénimahallé 1.—, Mezarbournou 1. 05, Bouyoukdéré 1. 10, Thérapia 1. 18, Yénikeuy 1. 26, Pont arr. 2. 02. |
| *12 | 45 | 29 | » Yénikeuy, *Bëicos* **1.—**, *Pacha Baghtché* **1. 08**, *Tchiboukli* **1. 15**, *Canlidja* **1. 21**, *Anatolie Hissar* **1. 29**, *Candili* 1, 35, Pont arr. 1. 58. |

**N. B.** Les chiffres après le nom de chaque échelle indiquent les heures de départ.

*Les noms des échelles DE LA COTE D'ASIE sont indiqués en ces caractères* et les heures de départ de ces échelles en **chiffres noirs**.

(*) Les services qui ne sont pas indiqués par cet astérisque n'auront pas lieu les dimanches.

| | | | |
|---|---|---|---|
| * 12 | 55 | 19 | *De Candili,* Bebek 1 h.—, Arnaoutkeuy 1. 07, Tchenguelkeuy 1. 20, *Beylerbey* 1. 25, *Couscoundjouk* 1. 32, Pont arr. 1 50. |
| 1 | 05 | 25 | » Emirghian, Roumélie Hissar 1 h. 12, Bebek 1. 19, Pont arr. 1. 45. |
| 1 | 19 | 27 | » *Beylerbey, Tchenguelkeuy* 1 h. **24**, *Vanikeuy* 1. **30**, Arnaoutkeuy 1. 40, Couroutchechmé 1. 45, Ortakeuy 1. 52, Pont arr. 2. 12. |
| 1 | 20 | 35 | » *Beïcos,* Yénikeuy 1 h. 26, Sténia 1. 35, Emirghian 1. 40, Roumélie-Hissar 1. 47, Bébek 1. 54, Arnaoutkeuy 2. 01, Béchiktache 2. 12, Pont arr. 2. 30. |
| * 1 | 35 | 21 | » *Couscoundjouk,* Béchiktache 1 h. 45, Cabatache 1. 50, Pont arr. 2 h. |
| 1 | 35 | 31 | » Roumélie Hissar, *Anatolie Hissar* 1. **45**, *Candili* 1. **50**, *Vanikeuy* 1. **56**, *Tchenguelkeuy* 2. **02**, *Beylerbey* 2. **07**, *Couzcoundjouk* 2. **14**, Béchiktache 2. 24, Pont arr, 2. 40. |
| * 1 | 39 | 39 | » Sténia, Yénikeuy 1 h. 35, *Beïcos* 2. —, *Pacha Baghtché* 2. **08**, *Tchiboukli* 2. **15**, *Canlidja* 2. 21, *Anatolie Hissar* 2. **27**, *Candili* 2. **32**, *Tchenguelkeuy* 2. **42**, *Beylerbey* 2. **47**, Pont arr. 3. **05**. |
| * 2 | — | 43 | » Yénimahallé, Mézarbournou 2. 05, Bouyoukdéré 2. 10, Thérapia 2. 18, Yénikeuy 2. 26, Sténia 2. 31, Emirghian 2, 36, Roumélie Hissar 2. 43, Bebek 2. 50, Pont arr. 3. 15. |
| * 2 | 05 | 37 | » *Candili,* Bebek 2. 15, Arnaoutkeuy 2. 22, Couroutchechmé 2. 27, Ortakeuy 2. 34, Pont arr. 2, 53. |
| 2 | 40 | 41 | » Ortakeuy, *Beylerbey* 2. **50**, *Couscoundjouk* 2. 57, Béchiktache 3. 05, Pont arr. 3. 22. |
| * 2 | 50 | 47 | » Yénikeuy, *Beïcos* 3 h. *Pacha Baghtché* **3. 08**, *Tchiboukli* 3. **15**, *Canlidja* 3. 21, *Anatolie Hissar* 3. 27, *Candili* 3. **33**, *Vanikeuy* 3. **38**, Béchiktache 3. 50, Pont arr. 4. 08. |
| 3 | — | 45 | » Bèbek, Arnaoutkeuy 3. 07, Couroutchechmé 3. 12, Ortakeuy 3. 18, Béchiktache 3. 25, Pont. arr. 3. 42. |
| * 3 | 35 | 49 | » Arnaoutkeuy, *Vanikeuy,* **3** h. **40**, *Tchenguelkeuy* **3. 45**, *Beylerbey* 3. **50**, *Couscoundjouk* 3, 58, Pont arr. 4. 20. |
| * 2 | 36 | 51 | » Roumélie Kavak, *Anatolie-Kavak,* 2 h. 45, Yénimahallé 3. 00, Mézarbournou 3.05, Bouyoukdéré 3. 10, Kiretchbournou 3.15, Therapia 3.20, Yénikeuy 3. 28, Sténia 3. 33, Emirghian 3. 38, Pont arr. 4. 07. |
| * 3 | 45 | 53 | » Emirghian, Roumélie-Hissar 3. 52, Bebek 3. 59, Arnaoutkeuy 4. 06, Couroutchechmé 4.11, Ortakeuy 4.17, Béchiktache 4.24, Pont arr. 4.40. |
| * 3 | 50 | 55 | » Yénikeuy, *Beïcos* 4. —, *Pacha Baghtché* 4. **08**, *Tchiboukli* 4. **15**, *Canlidja* 4. 21, *Anatolie Hissar* 4. 28, *Candilli* 4. **33**, *Vanikeuy* 4. **40**, *Tchenguelkeuy* **4.45**, *Beylerbey* 4. **50**, Pont arr. 5. **10**. |
| * 4 | — | 59 | » Yénimahallé, Mézarbournou 4. 05, Bouyoukdéré 4. 10, Therapia 4. 18, Yénikeuy 4. 26, Sténia 4. 32, Emirghian 4. 37, Pont arr. 5. 07. |
| 4 | 35 | 61 | » *Canlidja,* Emirghian 4 h. 45, Roumélie Hissar 4. 52, Bebek 4. 59, Arnaoutkeuy 5.06 Couroutchechmé 5. 11, Ortakeuy 5. 18, Béchiktache 5. 24, Pont arr. 5. 40. |
| * 4 | 30 | 63 | » *Anatolie Kavak,* Roumélie-Kavak 4. 38, Yéni-mahallé 5. 00, Mézarbournou 5.05, Bouyoukdéré 5.10, Thérapia 5.18, Yénikeuy 5.26, Emirghian 5.36, Roumélie-Hissar 5.40, Bebek 5.46, Arnaoutkeuy 5. 53, Couroutchechmé 5. 58, Ortakeuy 6.05, Béchiktache 6.12, Pont arr. 6. 30. |
| 4 | 50 | 57 | » Ortakeuy, *Beylerbey* 5 h. —, *Couscoundjouk* 5. **07**, Bechiktache 5. 13, Pont arr. 5. 31. |
| * 5 | 15 | 65 | » Yénikeuy, *Beïcos* 5 h. 30, *Pacha-Baghtché* 5. **38**, *Tchiboukli* 5. **45**, *Canlidja* 5. **51**, *Anatolie-Hissar* 5. **57**, *Candili* 6. **02**, *Vanikeuy* 6.**10**, Pont arr. 6. **32**, |
| 6 | 05 | 67 | » Arnaoutkeuy, *Vanikeuy* 6. **12**, *Tchenguelkeuy* 6. **18**, *Beylerbey* 6.**23**, *Couscoundjouk* 6. **30**, Béchiktache 6. 38, Pont arr. 6. 55. |
| * 6 | 30 | 69 | » Yénimahallé, Mézarborrnou 6 h. 35, Bouyoukdéré 6. 40, Thérapia 6. 48, Yénikeny 6. 56, Sténia 7. 01, Emirghian 7. 06, Roumélie-Hissar 7. 13, Bébek 7. 20, Arnaoutkeuy 7. 27, Couroutchechmé 7. 32, Ortakeuy 7.38, Béchiktache 7. 45, Pont arr. 8. 03. |

| | | | |
|---|---|---|---|
| * 7 | 20 | 71 | De Yénikeuy, *Beïcos* **7** *h.* **30**, *Pacha-Baghtché* **7. 38**, *Tchiboukli* **7. 45**, *Canlidja* **7. 52**, Emirghian 7. 57, Roumélie-Hissar 8. 04, *Anatolie-Hissar* **8. 09**, *Candili* **8. 14**. Bébek 8. 20, Béchiklache 8. 35, Pont arr. 8. 52. |
| * 7 | 34 | 75 | » Yénimahallé, Roumélie Kavak 7 h. 42, *Anatolie Kavak* **7. 50**, Mézarbournou 8.10, Bouyoukdéré 8, 15, Thérapia 8. 23, Yénikeuy 8. 31, Sténia 8. 36, Emirghian 8. 41, Roumélie-Hissar 8. 48, Bébek 8. 55, Arnaoutkeuy 9. 02, Béchiklache 9. 15, Pont arr. 9. 33. |
| * 8 | 15 | 73 | » *Anatolie-Hissar*, Bébek 8 h. 25. Arnaoutkeuy 8. 32, Couroutchéché 8. 37, *Tchenguelkeuy* **8. 46**, *Beylerbey* **8. 51**, Ortakeuy 8. 57, *Couscoundjouk* **9. 04**, Béchiklache 9. 11, Pont arr. 9. 28. |
| * 8 | 45 | 79 | » Yénikeuy, *Beïcos* 9.—, *Pacha-Baghtché* **9. 08**, *Tchiboukli* **9. 15**, *Canlidja* **9. 22**, *Anatolie-Hissar* **9. 28**. *Candili* **9. 35**. *Vanikeuy* **9. 41**, *Tchenguelkeuy* **9. 47**, *Beylerbey* **9. 53**, *Couscoundjouk* **9. 59**, *Scutari* 10. 06, Pont arr. 10. 22. |
| * 8 | 59 | 77 | » *Beylerbey*, *Tchenguelkeuy* **9** *h.*—, *Vanikeuy* **9. 10**. Arnaoutkeuy 9. 15, Couroutchechmé 9. 20, Ortakeuy 9. 27, Pont arr. 9. 43. |
| * 9 | 40 | 87 | » Yénimahallé, Mézarbournou 9 h. 45, Bouyoukdéré 9. 50. Thérapia 9. 58, Yénikeuy 10. 06, Sténia 10. 11. Emirghian 10. 16, Roumélie-Hissar 10. 23, Bébek 10. 30. Arnaoutkeuy 10. 36, Couroutchechmé 10. 41, Ortakeuy 10. 47, Béchiklache 10. 53, Pont arr. 11. 11. |
| * 9 | 58 | 81 | » Bébek, Roumélie-Hissar 10 h. 05, Pont arr. 10. 30. |
| 10 | 20 | 85 | » *Candili*, Bébek 10 h. 25, *Tchenguelkeuy* **10. 35**, Beylerbey 10. 40, Pont arr. 11. 03. |
| *10 | 42 | 83 | » *Beylerbey*, *Tchenguelkeuy* **10** h, **50**, Pont arr, 11. 12. |
| *10 | 50 | 89 | » Bébek, *Candili* **10. 55**, *Anatolie-Hissar* 11 h.—, Roumélie-Hissar 11.05, Pont arr. 11. 30. |
| *10 | 40 | 93 | » Yénikeuy, *Beïcos* 11 h. —, *Pacha-Baghtché* 11 h. **08**, *Tchiboukli* 11.15, *Canlidja* 11. 28, Emirghian 11. 22, *Anatolie-Hissar* 11. **35**, *Candili* 11. 40. Bébek 11. 46, *Tchenguelkeuy* 11. **52**, *Beylerbey* 11. **57**, *Couscoundjouk* 12. **05**, Béchiklache 12. 13, Pont arr. 12. 40. |
| *11 | 14 | 97 | » Roumélie Kavak, *Anatolie Kavak* 11. 20, Yénimahallé 11. 30, Mézarbournou 11. 35, Bouyoukdéré 11. 40, Thérapia 11. 48, Yénikeuy 11. 56, Emirghian 12. 04, Roumélie Hissar 12. 11, Bébek 12. 17, Arnaoutkeuy 12. 23, Ortakeuy 12. 30, Béchiklache 12. 37, Pont arr. 12. 55. |
| 11 | 02 | 91 | » Arnaoutkeuy, *Vanikeuy* 11 h. **08**, Ortakeuy 11, 18, Pont arr. 11. 38. |
| *11 | 27 | 99 | » *Pacha-Baghtché*, *Beïcos* 11 h. **35**, Yénikeuy arr. 11. 45. |
| 11 | 30 | 95 | » *Tchenguekeuy*, Béchiklache 11 h. 40, Pont 11. 57. |

### Ligne de Scutari - Pont

**DU PONT A SCUTARI**

| H. M. | |
|---|---|
| 11 — | |
| 11 45 | |
| 12 15 | |
| 12 50 | |
| 1 20 | |
| 1 45 | |
| 2 10 | |
| 2 35 | |
| 3 — | |
| 3 20 | |
| 3 50 | |
| 4 25 | |
| 4 50 | |
| 5 30 | |
| 6 — | |
| 6 30 | Béch.Couse.Scut |
| 7 25 | Béch.Scut.Cous. |
| 8 20 | Béch.Scut.Cous. |
| 8 35 | Béchiktache |
| 9 — | |
| 9 30 | |
| 10 — | |
| 10 20 | Scut. Cousc. |
| 10 40 | |
| 11 — | |
| 11 30 | Scut. Cousc. |
| 12 — | Scut. Cousc. |
| 12 30 | Scut. Cousc. |
| 1 15 | (Ser. du Bosph.) |

**DE SCUTARI AU PONT**

| H. M. | |
|---|---|
| 11 — | Couse. Scut. |
| 11 45 | |
| 12 30 | |
| 1 — | |
| 1 25 | |
| 1 50 | |
| 2 15 | |
| 2 40 | |
| 3 05 | |
| 3 30 | |
| 4 — | |
| 4 30 | |
| 5 — | |
| 5 30 | |
| 6 — | |
| 6 30 | |
| 7 — | Béchiktache |
| 7 30 | » |
| 8 15 | » |
| 9 — | |
| 9 30 | |
| 9 50 | Béchiktache |
| 10 20 | |
| 10 30 | |
| 10 55 | |
| 11 20 | |
| 11 40 | |
| 12 45 | |

### Ligne de Béchiktache-Scutari

**DE SCUT. A BÉCHIKT.**

| H. M. | Service N° |
|---|---|
| 11 — | |
| 12 10 | Couse. Béch.Cab. Coïn.2 |
| 12 45 | coïn. 6 |
| 1 25 | Couse. Béch.Cab. Pont coïnc.14 |
| 2 — | |
| 2 40 | ........coïnc.24 |
| 3 — | Béch.Cab.Coïn.28 |
| 3 30 | |
| 4 15 | Béch.Cab.Coïn.34 |
| 4 45 | Béch. Cab.Coïn36 |
| 5 15 | Coïncidence 38 |
| 5 45 | » 40 |
| 6 30 | » 44 |
| 7 — | » 46 |
| 7 30 | |
| 8 15 | » 50 |
| 9 — | » 52.54 |
| 9 30 | Cab.Béch.Coïn 58 |
| 10 — | » » » 64 |
| 10 30 | » » |
| 11 15 | Coïncidence76 80 |
| 11 50 | » 86 88 |
| 12 35 | » 92 94 |

**DE BÉCHIKT. A SCUT.**

| H. M. | |
|---|---|
| 11 15 | |
| 12 30 | |
| 1 — | |
| 1 50 | |
| 2 25 | |
| 2 55 | |
| 3 15 | |
| 3 45 | |
| 4 25 | |
| 5 — | |
| 5 30 | |
| 6 — | |
| 6 45 | |
| 7 40 | |
| 8 35 | |
| 8 50 | |
| 9 15 | |
| 9 45 | |
| 10 15 | |
| 10 45 | |
| 11 30 | |
| 12 — | Couscoundjouk |
| 12 45 | Couscoundjouk |

### Ligne de Harem-Saladjak

| Serv. N° | 1 | 3 | 5 | 7 | 9 |
|---|---|---|---|---|---|
| | H. M. | H. M. | H. M. | H. M. | H. M. |
| Pont | 1 30 | 3 — | 4 — | 10 30 | 11 30 |
| Harem | 1 45 | 3 15 | 4 20 | 10 45 | 11 45 |
| Saladjak | 1 50 | 3 20 | 4 25 | 10 50 | 11 50 |

| Serv. N° | 2 | 4 | 6 | 8 | 10 |
|---|---|---|---|---|---|
| | H. M. | H. M. | H. M. | H. M. | H. M. |
| Harem | 1 45 | 3 15 | 4 20 | 10 45 | 11 45 |
| Saladjak | 1 50 | 3-20 | 4 25 | 10 50 | 11 50 |
| Pont | 2 05 | 3 30 | 4 35 | 11 — | 12 — |

Les services 3, 5, 7 et 4, 6, 8 n'auront pas lieu les Vendredis.

Les services 5, 7 et 6, 8 n'auront pas lieu les Dimanches.

### Service du Ferry-Boat.

| | H. M. | H. M. | H. M. |
|---|---|---|---|
| Scutari | 3 20 | 5 — | 10 15 |
| Cabatache | 3 30 | 5 10 | 10 25 |
| Sirkédji | 3 45 | 5 20 | 10 30 |

| | H. M. | H. M. | H. M. |
|---|---|---|---|
| Sirkédji | 4 15 | 6 15 | 11 15 |
| Cabatache | 4 25 | 6 25 | — — |
| Scutari | 4 40 | 6 35 | 11 35 |

## CHIRKET-HAÏRIE

### Nouveau Tarif des Billets de Passage.

| Du Pont aux Echelles ci-après. et vice-versa | BILLETS SIMPLES | | | | BILLETS aller-retour | | Carnets d'Abonem. de 50 BILLETS. | | | |
|---|---|---|---|---|---|---|---|---|---|---|
| | I classe | | II classe | | | | I. classe | | II. classe | |
| | Mont. | Desc. | Mont. | Desc. | I. cl. | II. cl. | Piast. | Paras | Piast. | Parsa |
| | Paras | Paras | Paras | Paras | Paras | Paras | | | | |
| Scutari, Harem, Saladjak, . . Cabatache . . | 50 | 50 | 30 | 30 | 90 | 50 | 53 | 20 | 29 | 30 |
| Béchiktache, Couscoundjouk. | 60 | 50 | 40 | 30 | 100 | 60 | 59 | 20 | 35 | 30 |
| Ortakeuy, Couroutchechmé Beylerbey . . | 70 | 60 | 50 | 40 | 110 | 70 | 65 | 10 | 41 | 30 |
| Arnaoutkeuy, Tchenguelkeuy. | 80 | 70 | 60 | 50 | 120 | 80 | 71 | 10 | 47 | 20 |
| Bebek, Vanikeuy, . . Candilli . . . | 90 | 80 | 70 | 60 | 140 | 100 | 83 | 10 | 59 | 20 |
| Roumelie Hissar, Emirghian, . . Anatolie Hissar, Canlidja . . . | 110 | 100 | 90 | 80 | 160 | 120 | 95 | — | 71 | 10 |
| Sténia. . . . | 130 | 120 | 90 | 80 | 200 | 120 | 112 | 20 | 71 | 10 |
| Pacha Baghtché, Tchiboukli . . | 150 | 140 | 110 | 100 | 200 | 140 | 112 | 20 | 78 | 30 |
| Yénikeuy jusqu'à Roumélie Kavak Béïcos jusqu'à Anatolie Kavak | 170 | 160 | 110 | 100 | 200 | 140 | 112 | 20 | 78 | 30 |

### Tarif DES ÉCHELLES INTERMÉDIAIRES.

Entre une échelle et l'autre 20 paras et 10 paras en plus par chaque échelle suivante.

## COMPAGNIE de NAVIGATION « MAHSOUSSÉ »

—o—

### Ligne des Iles des Princes

A partir de 8/21 Mai 1909 N. S. jusqu'à nouvel avis

### Service Journalier

*Heures à la Turque d'après l'horloge de Yéni Djami.*

| H. | M. | **Départs du Pont** |
|---|---|---|
| 1 | 45 | Pour Kadikeuy 2 h. 00, Proti 2. 22, Antigoni 2. 35, Halki, 2, 50, Prinkipo arr. 3 h. 00. |
| 2 | 45 | » Proti 3 h. 30, Antigoni 3. 43, Halki 3. 58, Prinkipo 4. 08, Cartal 4. 33, Pendik 4. 48, et Yalova arr. 6. 10. |
| 9 | 30 | » Proti 10 h. 07, Antigoni 10. 20, Halki 10. 35, Prinkipo 10. 45, Cartal 11.10, Pendik arr. 11 h. 25. |
| 10 | 30 | » Proti 11 h. 07, Antigoni 11. 20, Halki 11. 35, Prinkipo 11. 45, Cartal 12.10, Pendik arr. 12 h. 25. |
| 11 | 45 | » Proti 12 h. 22, Antigoni 12. 35, Halki 12. 50, Prinkipo arr. 1 h. 00. |

### Départs pour le Pont

| H. | M. | |
|---|---|---|
| 11 | 00 | De Prinkipo, Halki 11 h. 10, Antigoni 11. 25, Proti 11. 38, Pont arr. 12 h. 15. |
| 11 | 15 | » Pendik, Cartal 11 h. 30, Prinkipo 12. 00, Halki 12. 10, Antigoni 12.25, Proti 12. 38, Pont arr. 1 h. 15. |
| 12 | 45 | » Pendik, Cartal 1 h. 00, Prinkipo 1. 30, Halki 1. 40, Antigoni 1.55, Proti 2.08, Pont arr. 2 h. 45. |
| 3 | 30 | » Prinkipo, Halki 3 h. 40, Antigoni 3. 55, Proti 4. 08, Pont arr. 4 h. 45. |
| 7 | 30 | » Yalova, Pendik 8 h. 45, Cartal 9. 00, Prinkipo 9. 30, Halki 9. 40, Antigoni 9. 55, Proti 10. 08, Kadikeuy 10. 33, Pont arr. 10 h. 50. |

### Service des Dimanches

**Départs du Pont**

| H. | M. | |
|---|---|---|
| 1 | 30 | Pour Kadikeuy 1 h. 50, Proti 2. 15, Antigoni 2. 28, Halki 2. 43, Prinkipo 2. 53, Cartal 3. 18, Pendik arr. 3. 33. |
| 2 | 30 | » Proti 3 h. 07, Antigoni 3. 20, Halki 3. 35, Prinkipo arr. 3 h. 45. |
| 10 | 45 | » Proti 11 h. 22, Antigoni 11. 35, Halki 11. 50, Prinkipo 12.00, Cartal 12.25, Pendik arr. 12 h. 40. |

### Départs pour le Pont

| H. | M. | |
|---|---|---|
| 11 | 30 | De Prinkipo, Halki 11 h. 40, Antigoni 11. 55, Proti 12. 08, Pont arr. 12 h. 45. |
| 11 | 45 | » Pendik, Cartal 12 h. 00, Prinkipo 12. 30, Halki 12. 40, Antigoni 12.53, Proti 1. 06, Pont arr. 1 h. 43. |
| 9 | 00 | » Prinkipo, Halki 9 h. 10, Antigoni 9. 25, Proti 9. 38, Pont arr. 10 h. 15. |
| 9 | 45 | » Pendik, Cartal 10 h. 00, Prinkipo 10. 30, Halki 10. 40, Antigoni 10.55, Proti 11. 08, Kadikeuy 11. 33, Pont arr. 11 h. 53. |

Toutes les fois qu'il y aura du brouillard assez épais pour empêcher le voyage des bateaux, ceux-ci ne quitteront les échelles où ils se trouvent qu'après l'éclaircissement du temps.

Pour éviter les accidents, les guichets et les portes d'entrées devront être fermés aux heures de départ des bateaux, MM. les passagers sont priés de s'embarquer à temps.

## Ligne de Kadikeuy

| Service Journalier | | | | Service des Dimanches | | | |
| --- | --- | --- | --- | --- | --- | --- | --- |
| Dép. du Pont | | Dép. de Kadikeuy. | | Dép. du Pont | | Dép. de Kadikeuy. | |
| H. M. | H. M. | H. M. | H. M. | H. M. | H. M. | H. M. | H. M. |
| 11 — | 6 — | 11 — | 6 — | 12 — | 10 30 | 12 — | 10 30 |
| 11 30 | 7 — | 11 30 | 7 — | 12 45 | 11 15 | 12 45 | 11 15 |
| 12 — | 8 — | 12 — | 8 — | 1 30 | 11 45 | 1 30 | 11 45 |
| 12 30 | 8 45 | 12 30 | 8 45 | 2 15 | 12 15 | 2 15 | 12 15 |
| 1 — | 9 30 | 1 — | 9 30 | 3 — | 1 — | 3 — | 1 — |
| 1 30 | 10 — | 1 30 | 10 — | 3 45 | | 3 45 | |
| 2 — | 10 30 | 2 — | 10 30 | 4 30 | | 4 30 | |
| 2 30 | 11 — | 2 30 | 11 — | 5 15 | | 5 15 | |
| 3 — | 11 30 | 3 — | 11 30 | 6 — | | 6 — | |
| 3 30 | 12 — | 3 30 | 12 — | 7 — | | 7 — | |
| 4 — | 12 30 | 4 — | 12 30 | 8 — | | 8 — | |
| 4 30 | 1 — | 4 30 | 1 — | 9 — | | 9 — | |
| 5 15 | | 5 15 | | 9 45 | | 9 45 | |

## LIGNE DE SAN-STEFANO

### Départs du Pont

| N° du Voyage | 1 | 3 | 5 | 7 | 9 | 11 | 13 |
| --- | --- | --- | --- | --- | --- | --- | --- |
| *Echelles* Desservies | H. M. | H. M. | H. M. | H. M. | H. M. | H. M. | H. M. |
| du Pont | 12 05 | 1 15 | 2 45 | 10 00 | 11 15 | 12 15 | |
| » Coum-capou | 12 23 | 1 33 | 3 03 | 10 18 | 11 33 | 12 33 | |
| » Yéni-capou | — — | 1 40 | 3 10 | 10 25 | 11 40 | 12 40 | |
| » Psamathia | — — | 1 48 | 3 18 | 10 33 | 11 48 | 12 48 | |
| » Macri-keuy | 12 53 | 2 08 | 3 38 | 10 53 | 12 10 | 1 10 | |
| *Arr. à S. Stéfano* | — — | — — | — — | — — | 12 28 | — — | |

### Départs pour le Pont

| N° du Voyage | 2 | 4 | 6 | 8 | 10 | 12 | |
| --- | --- | --- | --- | --- | --- | --- | --- |
| *Echelles* Desservies | H. M. | H. M. | H. M. | H. M. | H. M. | H. M. | |
| de San-Stéfano | — — | 11 40 | — — | — — | — — | — — | |
| » Macri-keuy | 11 00 | 12 00 | 1 35 | 2 30 | 3 45 | 11 00 | |
| » Psamathia | 11 22 | 12 22 | 1 57 | 2 52 | 4 07 | 11 22 | |
| » Yéni-capou | 11 30 | 12 30 | 2 05 | 3 00 | 4 15 | — — | |
| » Coum-capou | 11 37 | 12 37 | 2 12 | 3 07 | 4 22 | 11 33 | |
| *Arrivée au Pont* | 11 55 | 12 55 | 2 30 | 3 25 | 4 40 | 11 51 | |

## COMPAGNIE DE NAVIGATION A VAPEUR
## « EGÉE ». — P. M. COURTGI & Cⁱᵉ.

—o—

### ITINÉRAIRES.

### Ligne de Crète.

ALLER : CONSTANTINOPLE - LA CANÉE

DÉPART DE CONSTANTINOPLE, *Mercredi à 5 h. soir, chaque 15 jours à partir du 13 Mai 1908 N. S.* — POUR :

| | | |
|---|---|---|
| Gallipoli | Smyrne | Rethymo |
| Dardanelles | Chio | La Canée. |
| Mételin | Candie | ARRIVÉE *à la Canée lundi soir.* |

RETOUR : LA CANÉE - CONSTANTINOPLE

DÉPART DE LA CANÉE, *Lundi à 4 h. soir, chaque 15 jours à partir du 11 Mai 1908 N. S.* — POUR :

| | | |
|---|---|---|
| Chio | Mételin | Dardanelles |
| Smyrne | Aïvaly (facultatif) | Gallipoli |
| Yéra | Edremid ( id ) | |
| Plomari | Ténédos | ARRIVÉE *à Cons/ple samedi soir.* |

N. B. Les bateaux de cette Ligne continuent leur voyage jusqu'au Danube *(Voir Itinéraire ci-après).*

### Ligne du Danube

ALLER : CONSTANTINOPLE - BRAÏLA.

DÉPART DE CONSTANTINOPLE, *Jeudi à 3 h. soir, chaque 15 jours à partir du 14 Mai 1908 N. S.* — POUR ;

| | | |
|---|---|---|
| Varna | Toultcha | Braïla |
| Soulina | Galatz | ARRIVÉE *à Braïla samedi soir.* |

RETOUR : BRAÏLA - CONSTANTINOPLE.

DÉPART DE BRAÏLA, *Mercredi à 4 h. soir, chaque 15 jours à partir du 13 Mai 1908 N. S.* — POUR :

| | | |
|---|---|---|
| Galatz | Varna (facultatif) | ARRIVÉE *à Cons/ple samedi matin* |
| Soulina | | |

### Ligne de la Mer - Noire

ALLER : CONSTANTINOPLE - TRÉBIZONDE.

DÉPART DE CONSTANTINOPLE, *tous les samedis à 4 h. soir* — POUR :

| | | |
|---|---|---|
| Zoungouldak | Sinope | Trébizonde |
| Inéboli | Samsoun | ARRIVÉE *à Trébizonde jeudi soir.* |

RETOUR : TRÉBIZONDE - CONSTANTINOPLE

DÉPART DE TRÉBIZONDE, *tous les Mercredis à 4 h. soir* — POUR :

| | | |
|---|---|---|
| Kerassunde | Samsoun | Inéboli |
| Ordou | Sinope | ARRIVÉE *à Cons/ple Lundi matin* |

# KHEDIVIAL MAIL STEAMSHIP AND GRAVING DOCK COMPANY LIMITED. (Administration des Paquebots-Poste).

### Direction Générale a Alexandrie.
### Agence Principale a Constantinople.

## Ligne Constantinople-Smyrne-Pirée-Alexandrie. (*)
### Durée du voyage 3 jours 1/2.

| PORTS | ALLER | | | | PORTS | RETOUR | | | |
| | ARRIVÉES | | DÉPARTS | | | ARRIVÉES | | DÉPARTS | |
| | Jours | Heur. | Jours | Heur. | | Jours | Heur. | Jours | Heur. |
|---|---|---|---|---|---|---|---|---|---|
| Constantinople . | --- | --- | Mardi | 3 h. s. | Alexandrie. . . | --- | --- | Mercr. | 4 h. s. |
| Mételin. . . . . | Mercr. | 8h. m. | Mercr. | 9 » m. | Pirée . . . . . | Vend. | 10h. m | Vend. | 4 » s. |
| Smyrne . . . . | id | 1 » s. | id | 5 » s. | Smyrne . . . . | Sam. | 10» m. | Sam. | 4 » s. |
| Pirée . . . . . | Jeudi | 10» m. | Jeudi | 4 » s. | Mételin . . . . | Sam. | 9 » s. | Sam. | 11» s. |
| Alexandrie. . . | Same. | 8 » m. | --- | --- | Constantinople . | Dima. | 4» s. | --- | --- |

Les passagers ont le temps de visiter Athènes pendant le séjours du bateau au Pirée

### CONDITIONS GÉNÉRALES DES PASSAGERS

*Nourriture.* --- Service de table de première ordre. --- Les frais de nourriture sont compris dans les prix de passage.

**Deux femmes de chambre** sont attachées au service du Salon des Dames de 1re et de 2me classe ; en outre à bord de chaque paquebot se trouve un médecin européen.

*Billets simples de Famille d'aller et retour. Voir page 206.*

Nota. --- Les steamers employés pour cette ligne sont de première classe, et ont tous les aménagements et le confort désirables.

## Service de la Palestine et Syrie avec extention en Turquie.
### Chaque 15 jours à partir du 13 Février 1909

| PORTS | ALLER | | PORTS | RETOUR | |
| | ARRIVÉES | DÉPARTS | | ARRIVÉES | DÉPARTS |
|---|---|---|---|---|---|
| Constantinople. . | . . . . . | Sam. 4 h. s. | Alexandrie. . . . | . . . . . | Sam. 4 h.s. |
| Gallipoli . . . . | Dim. 6 h. m. | Dim. 8 h.m. | Port Saïd. . . . | Dim. 9 h.m. | Dim. 5 h.s. |
| Dardanelles . . . | Dim. 10 h.m | Dim. midi | Jaffa . . . . . | Lun. 7 h.m. | Lun. 4 h.s. |
| Mételin. . . . . | Dim. 8 h. s. | Dim. 11 h. s. | Caïffa. . . . . | Lun. 6 h. s. | Lun. 10 h.s. |
| Smyrne. . . . . | Lun. 6 h.m. | Lun. 5 h .s. | Beyrouth. . . . | Mar. 6 h.m. | Mer. 10 h.m. |
| Chio . . . . . . | Lun. 10 h.s. | Lun. minuit | Tripoli de Syrie . | Merc. 2 h. s. | Merc 7 h.s. |
| Rhôdes . . . . . | Mar. 3 h. s. | Mar. 6 h. s. | Alexandrette. . . | Jeud. 9 h.m. | Jeudi 6 h.s. |
| Mersine. . . . . | Jeudi 9 h.m. | Jeudi 6 h. s. | Mersine. . . . . | Ven. 6 h.m. | Ven. 4 h.s. |
| Alexandrette. . . | Ven. 6 h.m. | Ven. 4 h. s. | Rhôdes . . . . . | Dim. 6 h.m. | Dim. 10h.m. |
| Tripoli de Syrie . | Sam. 6 h.m. | Sam.10 h.m. | Chio. . . . . . | Lun. 5 h.m. | Lun. 7 h.m. |
| Beyrouth. . . . | Sam. 2 h. s. | Dim 10 h.m. | Smyrne. . . . . | Lun. 1 h s. | Lun. 7 h.s. |
| Caïffa. . . . . | Dim. 5 h. s. | Dim.10 h. s. | Mételin . . . . | Lun. minuit | Mar. 2 h.m. |
| Jaffa . . . . . | Lun. 6 h.m. | Lun. 4 h. s. | Dardanelles . . . | Mar. 10 h.m | Mardi midi. |
| Port-Saïd. . . . | Mar. 7 h.m. | Mar. 3 h. s. | Gallipoli . . . . | Mar. 3 h. s. | Mar. 5 h.s. |
| Alexandrie. . . | Merc. 6 h.m. | . . . . . | Constantinople. . | Merc. 7 h.m. | . . . . . |

(*) En cas de quarantaine le présent itinéraire sera modifié.

# MER MÉDITERRANNÉE
## Ligne de la Syrie.--- SERVICE HEBDOMADAIRE.

| PORTS | ALLER | | | | PORTS | RETOUR | | | |
| | ARRIVÉES | | DÉPARTS | | | ARRIVÉES | | DÉPARTS | |
| | Jours | Heures | Jours | heures | | Jours | heures | Jours | heures |
|---|---|---|---|---|---|---|---|---|---|
| Alexandrie . | --- | --- | Sam. | 4 h. s. | Alexandrett. | — | — | Vendr. | 4 h. s. |
| Port-Saïd . . | Dim. | 9 h. m. | Dim. | 5 » s. | Tripoli. . . | Sam. | 6 h. m. | Sam. | 10 » m. |
| Jaffa. . . . | Lundi | 7 » m. | Lundi | 1 » s. | Beyrouth . . | Sam. | 2 » s. | Dim. | 10 » m. |
| Caïffa . . . | Lundi | 6 » s. | Lundi | 10 » s. | Caïffa . . . . | Dim. | 5 » s. | Diman. | 10 » s. |
| Beyrouth . . | Mardi | 6 » m. | Mercr | 10 » m. | Jaffa. . . . | Lundi | 6 » m. | Lundi | 4 » s. |
| Tripoli. . . | Mercr | 2 » m. | Mercr | 7 » s. | Port-Saïd . . | Mardi | 7 » m. | Mardi | 3 » s. |
| Mersine | Jeudi | 9 » m. | Jeudi | 6 » s. | | | | | |
| Alexandrett. | Vendr | 6 » m. | — | — | Alexandrie | Mercr. | 7 » m. | — | — |

## Itinéraire N° 1.-- Soudan Express Mail Line. Service de Huitaine.

| PORTS | RETOUR | | PORTS | ALLER | |
| | ARRIVÉES | DÉPARTS | | ARRIVÉES | DÉPARTS |
|---|---|---|---|---|---|
| Suez-Docks . | — | Mercr. 5 h. s. | Souakim . . . | — | Mardi midi |
| Port-Soudan. | Dim 5 h. m. | Lundi midi | Port-Soudan. | Mar. 3 h. s. | Mercr. 9 h. s. |
| Souakim . . | Lundi 3 h. s. | — | Suez-Docks. | Dim. 5 h. m. | — |

## Itinéraire N° 2. -- Aden-Mail Line. --- Service de Quinzaine.

| PORTS | RETOUR | | PORTS | ALLER | |
| | ARRIVÉES | DÉPARTS | | ARRIVÉES | DÉPARTS |
|---|---|---|---|---|---|
| Suez-Docks. . | — | Lun. 5 h. s. | Aden. . . . . | — | Mardi midi |
| Tor. . . . . | Mar. 7 h. m. | Mar. 9 h. m. | Hodeida . . | Mercr. 4 h. s. | Jeudi 6 h. s. |
| Yambo. . . | Jeudi 9 h. m. | Jeudi midi | Massawah. | Ven. 3 h. s. | Sam. 10 h. m. |
| Djeddah . . . | Ven. 11 h. m. | Sam. 4 h. s. | Souakim. . | Dim. 4 h. s. | Mar. 10 h. m. |
| Port-Soudan. | Dim. 9 h. m. | Dim. 2 h. s. | Port-Soudan. | Mar. 1 h. s. | Mar. 5 h. s. |
| Souakim. . . | Dim. 5 h. s. | Mar. 6 h. m. | Djeddah . . . | Mer. 10 h. m. | Jeudi 4 h. s. |
| Massawah . . | Mercredi midi | Jeudi 10 h. m. | Yambo. . . . | Ven. 2 h. s. | Ven. 5 h. s. |
| Hodeida . . . | Ven. 8 h. m. | Sam. 10 h. m. | Tor. . . . . | Dim. 3 h. s. | Dim. 6 h. s. |
| Aden . . . . | Dim. 2 h. s. | — | Suez-Docks. | Lun. 9 h. m. | — |

## Prix des Billets de passage

| De Constantinople à destination de | 1re classe Nourriture comprise | 2me classe | 3me classe Pont |
|---|---|---|---|
| | FRANCS | FRANCS | Piastres ar. |
| Alexandrette . . . . . . . . . . | 195.— | 136.50 | 95 |
| Alexandrie . . . . . . . . . . . | 325.— | 234.— | 120 |
| Beyrouth . . . . . . . . . . . . | 234.— | 156.— | 100 |
| Caïffa . . . . . . . . . . . . . | 260.— | 169.— | 120 |
| Chio. . . . . . . . . . . . . . | 91.— | 60.— | 40 |
| Dardanelles . . . . . . . . . . | 28.60 | 19.50 | 20 |
| Gallipolli . . . . . . . . . . . | 26.— | 17.— | 20 |
| Jaffa . . . . . . . . . . . . . | 260.— | 169.— | 120 |
| Mersine . . . . . . . . . . . . | 162.50 | 117.— | 80 |
| Mételin . . . . . . . . . . . . | 46.— | 31.20 | 30 |
| Pirée . . . . . . . . , . . . . | 78.— | 52.— | 47.50 |
| Port–Saïd . . . . . . . . . . . | 286.— | 208.50 | 120 |
| Rhôdes . . . . . . . . . . . . | 110.50 | 78.— | 60 |
| Smyrne . . . . . . . . . . . . | 60.— | 40.— | 30 |
| Tripoli de Syrie. . . . . . . . | 224.— | 156.— | 100 |

## Billets de Famille et d'Aller et Retour

## 10 % de Réduction.

# COMPAGNIE DES MESSAGERIES MARITIMES

## SERVICES RÉGULIERS DE CONSTANTINOPLE SYRIE ET ÉGYPTE

**Tous les 14 jours, le Jeudi,** pour Smyrne, Vathy, Beyrouth (transbordement à Beyrouth, pour Jaffa, Port-Saïd et Alexandrie), Larnaca, Mersine, Alexandrette, Lattaquié, Tripoli, Beyrouth, Jaffa et Caïffa, **ou alternativement,** pour Smyrne, Rhodes, Beyrouth (transbordement à Beyrouth, pour Jaffa, Port-Saïd et Alexandrie), Lattaquié, Alexandrette, Mersine, Larnaca, Tripoli, Beyrouth, Jaffa et Caïffa.

## MER NOIRE

**Tous les 14 jours, le Lundi,** pour Samsoun, Trébizonde et Batoum.

**Tous les 14 jours, le Mardi,** pour Odessa.

## MARSEILLE

par navires des lignes libres de Mer Noire, par Paquebots-Poste à grande vitesse.

### *DÉPARTS DES NAVIRES DES LIGNES LIBRES*

**Chaque deux semaines, le Mardi et le Samedi.**

N.B. Les dates de départ des navires des lignes libres peuvent être avancées ou retardées suivant les exigences du trafic.

### *DÉPARTS DES PAQUEBOTS-POSTE*

**Tous les 14 jours, le Jeudi**

avec faculté d'être reportés au vendredi matin pendant les mois de Mai, Juin, Juillet et Août.

*Durée de la traversée : 6 jours.*

**Billets d'aller et retour.**— La Compagnie des Messageries Maritimes délivre au départ de Marseille et de toutes les Escales de ses lignes de la Méditerranée, des billets d'aller et retour qui comportent une réduction de 15 °/₀ sur la totalité des prix des deux passages. Ces billets sont valables 12 mois.

Les passagers qui n'auraient pas pris de billet d'aller et retour ont droit, s'ils repartent dans un délai de douze mois après la date de leur débarquement, à une réduction de 25 °/₀ sur le prix de leur passage de retour, à condition qu'ils aient payé le prix plein du tarif à l'aller.

**Billets de Famille.** — Les familles de trois personnes au moins (payant trois places entières), bénéficieront d'une réduction de 10 °/₀ sur le prix de leurs billets.

Les réductions ne se cumulent pas et ces conditions ne sont pas applicables aux passagers voyageant avec des billets en service combiné.

# TARIF

## *DES PRIX DE PASSAGE AU DÉPART DE CONSTANTINOPLE*

Ces prix comprennent la nourriture et le vin de table pour le parcours maritime

| PAR PAQUEBOTS-POSTE | | | | PAR NAVIRES DES LIGNES DE MER NOIRE | | |
| --- | --- | --- | --- | --- | --- | --- |
| POUR | 1re classe | 2me classe | 3me classe | POUR | classe arrière | classe avant |
| Alexandrie . . . | 315 | 225 | 130 | Batoum . . . . . | 100 | 60 |
| Alexandrette (1) | 275 | 190 | 120 | Calamata . . . . | 85 | 42 |
| — (2) | 255 | 177 | 105 | La Canée . . . . | 85 | 42 |
| Beyrouth . . . . | 205 | 140 | 85 | Dardanelles . . . | 20 | 10 |
| Caïffa . . . . . . | 383 | 271 | 161 | Moudania . . . . | 20 | 10 |
| Dardanelles . . . | 25 | 12 | 10 | Odessa. . . . . . | 60 | 40 |
| Jaffa. . . . . . . | 235 | 165 | 98 | Patras. . . . . . | 90 | 45 |
| Larnaca (1) . . . | 240 | 165 | 100 | Pirée. . . . . . . | 80 | 40 |
| — (2) . . . | 300 | 207 | 125 | Salonique . . . . | 70 | 35 |
| Lattaquié (1). . . | 310 | 215 | 125 | Samsoun. . . . . | 60 | 30 |
| — (2). . . | 230 | 157 | 98 | Smyrne . . . . . | 50 | 25 |
| Mersine (1) . . . | 265 | 182 | 110 | Syra. . . . . . . | 80 | 40 |
| — (2) . . . | 270 | 187 | 113 | Trébizonde. . . . | 90 | 50 |
| Naples . . . . . . | 225 | 150 | 90 | | | |
| Pirée. . . . . . . | 90 | 60 | 40 | | | |
| Port-Saïd . . . . | 270 | 195 | 110 | | | |
| Smyrne . . . . . | 60 | 40 | 25 | | | |
| Rhodes . . . . . | 115 | 85 | 55 | | | |
| Tripoli . . . . . . | 325 | 225 | 135 | | | |
| Vathy . . . . . . | 90 | 60 | 40 | | | |

(1) En passant par Larnaca.
(2) En passant par Tripoli.

| | | | | | |
| --- | --- | --- | --- | --- | --- |
| Marseille | 1re classe | Frcs 260 | Marseille | Classe arrière | Frcs 160 |
| | 2e classe | » 160 | | . . . . avant | » 110 |
| Paris | 1re cl.p.paq. et ch.de fer » | 275 | Paris | 1re Cl. paq.Ch.de fer » | 200 |
| | 2me cl. id. 1re cl. id. » | 212 | | | |
| | 2e cl. p. et 2e cl.Ch.de f. » | 200 | | | |
| Paris Aller–Ret. | 1re cl. paq. Ch. de fer » | 546 | Paris Al. R. | 1re cl.paq.et.Ch.de fer » | 362 |
| | 2e cl. . . . . . . . . » | 352 | | | |

# NAVIGAZIONE GÉNÉRALE ITALIANA
### SOCIÉTÉS RÉUNIES FLORIO ET RUBATTINO
*DIRECTION GÉNÉRALE à ROME.*
*DIRECTIONS DÉPARTEMENTALES à PALERME et à GÊNES.*
*SIÈGES à NAPLES ET à VENISE.*
### SOCIÉTÉ ANONYME.
**Capital Statutaire L. it. 60,000,000, versé.**

INSPECTION et AGENCE GÉNÉRALE, *Cité Hudavendighiar, sur les Quais, Galata*

## Ligne de Constantinople.

### DÉPARTS.

Pour GÊNES, **lundis** *à 5 h. p. m.*
touchant Dardanelles, Salonique ou Smyrne (altern.), Pirée, Canée, Catane, Messine, Naples et Livourne.

Pour VENISE, **mercredis** *à 10 h. matin.*
touchant Pirée, Patras, Corfou, Santi Quaranta, Brindisi, Bari et Ancône.

Pour ODESSA, **jeudis** *à 3 h. p. m.*

Pour BRAÏLA, **dimanches** *à 3 h. p. m.*
touchant Constanza, Soulina et Galatz.

Pour BATOUM, **jeudi** *à midi (chaque 14 jours à partir du 11 Février 1909).*
touchant, Inéboli, Samsoun, Kerassunde Trébizonde et Batoum.

Pour CATANE, **mardi** *à 11 h. m. (chaque 14 jours à partir du 11 Février 1909).*
touchant, Candie, Canée, Derna, Benghazi, Misrata, Tripoli, Malte et Syracuse.

### ARRIVÉES.

De VENISE, Ancône, Bari, Brindisi, Corfou et Pirée, *chaque* **samedi** *matin.*

De BRAÏLA, Galatz, Soulina et Constanza, *chaque* **mardi** *matin.*

De GÊNES, Livourne, Naples, Palerme, Messine, Catane, Canée, Pirée, Salonique ou Smyrne (alternativement) et Dardanelles, *chaque* **mercredi** *matin.*

D'ODESSA, *chaque* **dimanche** *matin.*

De BATOUM, Trébizonde, Kérassunde, Samsoun et Inéboli, **Dimanche** *matin (chaque 14 jours à partir de 7 Février 1909.*

De CATANE, **mercredi** *matin (chaque 14 j. à partir du 10 Février 1909).* Syracusi, Malte, Tripoli, Misrata, Benghaze, Derna, Canée, Candie et Smyrne.

Passagers et marchandises sont reçus aussi pour les Indes, l'Extrême Orient et les deux Amériques.

Pour plus amples renseignements, s'adresser à l'agence Principale sur les Quais Cité Hudavendighiar, Galata.

## Prix des Billets de Passage (sans nourriture)

| DE CONSTANTINOPLE à | 1<sup>re</sup> Classe Francs | | 2<sup>me</sup> Classe Francs | |
|---|---|---|---|---|
| Patras | 95 | 10 | 63 | 40 |
| Corfou | 126 | — | » | — |
| Brindisi | 150 | — | 100 | — |
| Bari | 156 | — | 104 | — |
| Ancône | 180 | — | 120 | — |
| Venise | 195 | — | 130 | — |
| Catane | 117 | 60 | 78 | 40 |
| Naples | 126 | — | 84 | — |
| Livourne | 151 | 20 | 100 | 80 |
| Gênes | 157 | 50 | 105 | — |
| Smyrne | 47 | 10 | 32 | 50 |
| Salonique | 47 | 10 | 32 | 50 |
| Constantza | 32 | — | 22 | — |
| Galatz | 55 | — | 35 | — |
| Odessa | 52 | 50 | 35 | — |
| Pirée (nourriture comprise) | 80 | — | 55 | — |
| **Nourriture par jour (vin compris)** | 8 | — | 6 | — |

# COMPAGNIE DE NAVIGATION A VAPEUR
## N. PAQUET & Cⁱᵉ
### DIRECTION, 4, Place Sadi Carnot, MARSEILLE

**Service régulier de Bateaux à Vapeur Français**

ENTRE

MARSEILLE, CONSTANTINOPLE, SAMSOUN, TRÉBIZONDE, BATOUM ET NOVOROSSISK
MARSEILLE, MALAGA, LE MAROC ET LES ILES CANARIES, etc.

*PRIX DES PLACES*

| De Constantinople à | 1ᵉ classe | 2ᵉ classe | Pont | De Constantinople à | 1ᵉ classe | 2ᵉ classe | Pont Prs. |
|---|---|---|---|---|---|---|---|
| Londres ......... Fr. | 248 | 185 | — | Trébizonde....... Fr. | 90 | 70 | 80 |
| Paris............ » | 200 | 150 | — | Batoum.......... » | 100 | 80 | 120 |
| Marseille ........ » | 160 | 120 | Fr. 40 | Novorossisk ..... » | 150 | 120 | 150 |
| Samsoun.......... » | 60 | 50 | Ps. 60 | | | | |

Les billets directs de Constantinople à Paris et vice-versa sont valables pendant 45 jours à partir de la date de leur émission.— Les porteurs de ces billets peuvent à leur choix, user des lignes— « Arles-Lyon-Dijon-Nimes-Clermont-Ferrant-Nevers » — «Arles-Lyon-Torare-St.-Germain-des-Fossés-Nevers » — ils ont droit de s'arrêter à toutes les stations ou à l'une de leur choix durant la validité de leurs billets.

*Bagages :* Pour Paris 1ʳᵉ et 2ᵐᵉ classe, 30 kilos. — Pour Marseille 1ʳᵉ classe. 100 kilos ; 2ᵐᵉ classe 60 kilos ; pont 30 kilos.

**Les services réguliers sont faits par les**

BATEAUX DE 1re CLASSE

| | | | |
|---|---|---|---|
| IONIE. | **6000** tonneaux | MINGRÉLIE. | **2000** tonneaux |
| PHRYGIE | **5000** » | ARMÉNIE | **3000** » |
| IMÉRÉTHIE. | **4000** » | LA GAULE | **2000** » |
| CARAMANIE | **3500** » | OUED-SEBOU | **2000** » |
| CIRCASSIE. | **3500** » | MEURTHE | **1500** » |
| ANATOLIE | **3000** » | LA MOSELLE. | **400** » |

---

**Service Spécial pour Passagers**

Expéditions pour toute la France et l'Étranger. — Assurances pour compte
des Assureurs Français

AGENTS ET CORRESPONDANTS DE LA COMPAGNIE

A **Paris,** { *pour Passagers :* Société Générale de Transports Maritimes à vapeur,
8, Rue Menars (Rue du 4 Septembre).
*pour Marchandises :* MM. **F. PUTHET et Cie**, 22, Rue Albouy.

» **Lyon**, MM. F. PUTHET et Cie, 2, Quai St.-Clair.

» **Londres**, MM. F. PUTHET & Cie, 90, 91, Bartholomew Close E. C.

» **Anvers**, M. ADOLF DEPPE, 16, Rue de Bordeaux.

» **Constantinople**, M. TIMOTHÉE REBOUL, *Sur les Quais à Tophané.*

| | | | |
|---|---|---|---|
| » **Trébizonde,** | B. A. MISSIR | A **Samsoun,** | J. HÉKIMIAN FILS |
| » **Batoum,** | V. D'ARNAUD | » **Kérassunde,** | M. PYLOSSIAN |
| Aux **Dardanelles,** | A. J. CAPSUTO | » **Tiflis,** | PAREGHENDANIAN |
| A **Smyrne,** | VAN DER ZEE | » **Novorossisk,** | DUMORTIER FRÈRES |

**Suit Mouvement présumé des bateaux**

## MOUVEMENTS PRÉSUMÉS DES BATEAUX PENDANT L'ANNÉE 1909
### Ligne de Constantinople et de la Mer Noire

*Itinéraire d'ALLER*

| Marseille | Dardanelles | | Cons/tinople | | Samsoun | | Trébizonde | | Batoum | | Novo rossis[k] |
| dép. | arr. | dép. | arr. | dép. | arr. | dép. | arr. | dép. | arr. | dép. | arr. |
| Mercr. | Lundi | Lundi | Mardi | Mardi | Jeudi | Jeudi | Vend- | Vend- | Sam- | Dim- | Lundi |
| 13Jan. | 18Jan. | 18Jan. | 19Jan. | 19Jan. | 21Jan. | 21Jan. | 22Jan. | 22Jan. | 23Jan. | 24Jan. | 25Jan. |
| 27 » | 1er Fé- | 1er Fé- | 2 Fé- | 2 Fé- | 4 Fé- | 4 Fé- | 5 Fé- | 5 Fé- | 6 Fé- | 7 Fé- | 8 Fé- |
| 10 Fé- | 15 » | 15 » | 16 » | 16 » | 18 » | 18 » | 19 » | 19 » | 20 » | 21 » | 22 » |
| 24 » | 1er Ma- | 1er Ma- | 2 Ma- | 2 Ma- | 4 Ma- | 4 Ma- | 5 Ma- | 5 Ma- | 6 Ma- | 7 Ma- | 8 Ma- |
| 10 Ma- | 15 » | 15 » | 16 » | 16 » | 18 » | 18 » | 19 » | 19 » | 20 » | 21 » | 22 » |
| 24 » | 29 » | 29 » | 30 » | 30 » | 1er Av- | 1er Av- | 2 Av- | 2 Av- | 3 Av- | 4 Av- | 5 Av- |
| 7 Av. | 12 Av- | 12 Av- | 13 Av- | 13 Av- | 15 » | 15 » | 16 » | 16 » | 17 » | 18 » | 19 » |
| 21 » | 26 » | 26 » | 27 » | 27 » | 29 » | 29 » | 30 » | 30 » | 1er Mai | 2 Mai | 3 Mai |
| 5 Mai | 10 Mai | 10 Mai | 11 Mai | 11 Mai | 13 Mai | 13 Mai | 14 Mai | 14 Mai | 15 » | 16 » | 17 » |
| 19 » | 24 » | 24 » | 25 » | 25 » | 27 » | 27 » | 28 » | 28 » | 29 » | 30 » | 31 » |
| 2 Juin | 7Juin | 7Juin | 8Juin | 8Juin | 10Juin | 10Juin | 11Juin | 11Juin | 12Juin | 13Juin | 14Juin |
| 16 » | 21 » | 21 » | 22 » | 22 » | 24 » | 24 » | 25 » | 25 » | 26 » | 27 » | 28 » |
| 30 » | 5Juil. | 5Juil. | 6Juil- | 6Juil- | 8Juil- | 8 Jui- | 9 Jui- | 9 Jui- | 10 Jui- | 11 Jui- | 12 Jui- |
| 14 Jui- | 19 » | 19 » | 20 » | 20 » | 22 » | 22 » | 23 » | 23 » | 24 » | 25 » | 26 » |

Les départs de Marseille ont lieu à onze heures du matin. Dans les autres ports les heures de départ son fixées par les Agents.

*Itinéraire de RETOUR*

| Novorossisk | Batoum | | Trébizonde | | Samsoun | | Cons/ple | | Marseille |
| dép. | arr. | dép. | arr. | dép. | arr. | dép. | arr. | dép. | arr. |
| | Lundi | Mercr' | Jeudi | Jeudi | Vend- | Sam- | Lundi | Mardi | Lundi |
| Janvier | 4Jan. | 7Jan. | 8Jan. | 8Jan. | 9Jan. | 10Jan. | 12Jan. | 13Jan. | 18 » |
| » | 18 » | 21 » | 22 » | 22 » | 23 » | 24 » | 26 » | 27 » | 1er Février |
| Février | 1er Fé- | 4 Fé- | 5 Fé- | 5 Fé- | 6 Fé- | 7 Fé- | 9 Fé- | 10 Fé- | 15 » |
| » | 15 » | 18 » | 19 » | 19 » | 20 » | 21 » | 23 » | 24 » | 1er Mars |
| Mars | 1er Ma- | 4 Ma- | 5 Ma- | 5 Ma- | 6 Ma- | 7 Ma- | 9 Ma- | 10 Ma- | 15 » |
| » | 15 » | 18 » | 19 » | 19 » | 20 » | 21 » | 23 » | 24 » | 29 » |
| » | 29 » | 1er Av. | 2 Av- | 2 Av | 3 Av- | 4 Av- | 6 Av | 7 Av. | 12 Avril |
| Avril | 12 Av- | 15 » | 16 » | 16 » | 17 » | 18 » | 20 » | 21 » | 26 » |
| » | 26 » | 29 » | 30 » | 30 » | 1er Mai | 2 Mai | 4 Mai | 5 Mai | 10 Mai |
| Mai | 10 Mai | 13 Mai | 14 Mai | 14 Mai | 15 » | 16 » | 18 » | 19 » | 24 » |
| » | 24 » | 27 » | 28 » | 28 » | 29 » | 30 » | 1er Jui- | 2Juin | 7 Juin |
| Juin | 7Juin | 10Juin | 11Juin | 11Juin | 12Juin | 13Juin | 15 » | 16 » | 21 » |
| » | 21 » | 24 » | 25 » | 25 » | 26 » | 27 » | 29 » | 30 » | 5 Juillet |
| Juillet | 5 Jui- | 8 Jui- | 9 Jui- | 9 Jui- | 10 Jui- | 11 Jui- | 13 Jui- | 14 Jui- | 19 » |

*N. B.* — La Compagnie se réserve la faculté d'avancer ou de reculer les dates des départs dans les deux sens, comme de modifier les itinéraires et conditions.

# SERVICE MARITIME ROUMAIN

## DIRECTION : BUCAREST, 5 STR. SCULPTUREI.

Lignes de Navigation rapides pour voyageurs, marchandises et poste, de et pour l'Orient, en correspondance avec les trains internationaux, **Ostende et Orient Express, le Rapide de Berlin et les trains accélérés roumains.**

1ère Ligne, Constantza-Constantinople-Smyrne-Alexandrie *( Voyez Itinéraire page 242 )*.

Service hebdomadaire, trajet maritime **Constantza-Alexandrie en 64 heures.**

Trajet **Constantinople-Alexandrie** en 52 heures.

Trajet **Smyrne-Alexandrie** en 34 heures.

2me Ligne. Constantza-Constantinople-Le Pirée *( Voyez Itinéraire pages 240/41 )*.

Service hebdomadaire, trajet **Constantza-Le Pirée** en 34 heures.

Trajet **Constantinople—Le Pirée** en 22 heures.

Ces lignes sont desservies par les vapeurs :

## « REGELE—CAROL I »  « ROMANIA »  « IMPERATUL TRAÏAN »
## « DACIA » et « PRINCIPESA—MARIA »

Fumoirs. Salons pour dames. Cabines de luxe et cabines spéciales pour familles. Restaurant de premier ordre. Eclairage électrique. Calorifères. Bains. Télégraphie sans fil. Médecin et coiffeur à bord.

**La révision des bagages et des passeports pour les voyageurs en route de ou pour Constantza est faite à bord même des bateaux.**

L'accostage des vapeurs du Service Maritime Roumain à Constantza, Constantinople et Alexandrie se fait au quai même.

Les billets directs d'aller ou d'aller et retour combinés avec les chemins de fer étrangers, à grande reduction de prix, pour Constantinople, Smyrne, Alexandrie ou vice—versa, se trouvent en vente dans les principales gares ainsi que dans les principaux Bureaux de voyage de l'Europe.

La nourriture est comprise dans les prix des billets, pour le trajet maritime, sauf le vin, la bière, les liqueurs et eaux minérales qui se trouvent à bord aux prix du tarif.

Tarifs combinés pour le transport de marchandises d'Alexandrie, Smyrne et Constantinople aux stations des Chemins de fer roumains et vice—versa.

Expédition des bagages directement depuis les principales stations des chemins de fer de l'Europe Occidentale pour Constantinople, Smyrne, Alexandrie et vice—versa.

**20 bis**

## ITINÉRAIRE DE LA LIGNE
### Constantza - Constantinople - Le Pirée (*)

| *ALLER* | | | | *RETOUR* | | | |
|---|---|---|---|---|---|---|---|
| Constantza | dép. | Jeudi | 11 h. 30 p. m. | Le Pirée | dép. | Dimanche | 5 h. — p. m. |
| Constantinople | arr. | Vendredi | 11 h. 30 a. m. | Constantinople | arr. | Lundi | 5 h. — p. m. |
| » | dép. | Samedi | 10 h. — a. m. | » | dép. | Mardi | 10 h. — a. m. |
| Le Pirée | arr. | Dimanche | 8 h. — a. m. | Constantza | arr. | » | 10 h. — p. m. |

*) Le service de cette ligne est provisoirement suspendu.

Tant à l'aller qu'au retour, les paquebots s'arreteront aux Dardanelles (Tchanak-Kalé), le temps strictement nécessaire pour embarquer ou débarquer les voyageurs.

## ITINÉRAIRE DE LA LIGNE locale Constantza—Constantinople

| *ALLER* | | | *RETOUR* | | |
|---|---|---|---|---|---|
| Constantza | dép. chaque | Jeudi et Dim. 11h.½ p.m. | Constantinople | dép. chaque | Mardi et Samedi 10h.— a.m. |
| Constantinople | arr. » | Vendr. et Lun. 11h.½ a.m. | Constantza | arr. » | » » 10h.— p.m. |

A—adultes
R—Billets d'aller et retour.

| Cl. | Bucarest A | Bucarest R | Galatz A | Galatz R | Braïla A | Braïla R | Londres A | Paris A |
|---|---|---|---|---|---|---|---|---|
| 1 | 80 80 | 112 05 | 83 10 | 115 05 | 80 80 | 112 05 | 330 50 | 314 25 |
| 2 | 52 05 | 73 95 | 53 55 | 75 90 | 52 05 | 73 95 | 214 60 | 208 65 |
| 3 | 19 85 | — | 20 75 | — | 19 85 | — | — | — |
| 1 | — | — | — | — | — | — | — | — |
| 2 | — | — | — | — | — | — | — | — |
| 3 | — | — | — | — | — | — | — | — |
| 1 | 140 80 | 204 05 | 143 10 | 207 05 | 140 80 | 204 05 | 390 50 | 374 25 |
| 2 | 92 05 | 133 65 | 93 55 | 135 60 | 92 05 | 133 65 | 254 60 | 248 65 |
| 3 | 26 25 | — | 27 15 | — | 26 25 | — | — | — |
| 1 | 165 80 | 240 05 | 168 10 | 243 05 | 165 80 | 240 05 | 415 50 | 399 25 |
| 2 | 112 05 | 163 05 | 113 55 | 165 10 | 112 05 | 163 45 | 274 60 | 208 65 |
| 3 | 29 45 | — | 30 35 | — | 29 45 | — | — | — |
| 1 | 285 80 | 455 55 | 288 10 | 456 55 | 285 80 | 455 55 | 535 50 | 519 25 |
| 2 | 177 05 | 282 15 | 178 55 | 284 10 | 177 05 | 282 45 | 339 60 | 333 65 |
| 3 | 41 45 | — | 42 35 | — | 41 45 | — | — | — |

## TARIF

Billets locaux et directs, d'aller et retour, donnant droit de faire escales dans tous les ports en route dans la limite de leur validité, qui est inscrite sur les billets. Les prix sont indiqués en francs et centimes.

| Cl. | Berlin A | Hambourg A | Vienne A | Budapest A | Constantza A | Constantza R | Cons/ple A | Cons/ple R | Dardanelles A | Dardanelles R | Smyrne A | Smyrne R | Le Pirée A | Le Pirée R |
|---|---|---|---|---|---|---|---|---|---|---|---|---|---|---|
| 1 | 208 70 | 240 15 | 146 85 | 117 95 | 55 — | 78 50 | | | | | | | | |
| 2 | 136 40 | 154 — | 96 65 | 77 55 | 35 — | 51 80 | | | | | | | | |
| 3 | 65 40 | 76 65 | — | — | 8 40 | — | | | | | | | | |
| 1 | — | — | — | — | 90 — | 134 50 | 30 — | 54 — | | | | | | |
| 2 | — | — | — | — | 60 — | 88 50 | 20 — | 36 — | | | | | | |
| 3 | — | — | — | — | 10 50 | — | 4 20 | — | | | | | | |
| 1 | 208 50 | 300 90 | 206 85 | 177 95 | 115 — | 170 50 | 60 — | 108 — | 40 — | 72 — | | | | |
| 2 | 176 40 | 194 50 | 136 65 | 117 55 | 75 — | 111 50 | 40 — | 72 — | 25 — | 45 — | | | | |
| 3 | 71 80 | 95 20 | — | — | 14 80 | — | 6 30 | — | 4 20 | — | | | | |
| 1 | 293 50 | 324 40 | 231 85 | 202 95 | 140 — | 206 50 | 85 — | 153 — | 65 — | 117 — | — | — | | |
| 2 | 196 40 | 213 54 | 156 65 | 137 55 | 95 — | 141 — | 60 — | 108 — | 45 — | 81 — | — | — | | |
| 3 | 75 — | 88 15 | — | — | 18 — | — | 10 — | — | 6 30 | — | — | — | | |
| 1 | 413 50 | 444 40 | 351 85 | 322 95 | 260 — | 420 — | 210 — | 378 — | 170 — | 306 — | 140 — | 252 — | 135 — | 243 — |
| 2 | 261 40 | 278 50 | 221 65 | 202 55 | 160 — | 260 — | 130 — | 234 — | 110 — | 198 — | 100 — | 180 — | 80 — | 144 — |
| 3 | 87 — | 98 15 | — | — | 30 — | — | 25 — | — | 20 — | — | 18 — | — | 18 — | — |

Les billets du Service Maritime Roumain les combinées avec les chemins de fer rou... liqueurs et eaux minérales qui se vendent à bord aux prix du tarif.

Les voyageurs n'ont pas le droit d'emporter à bord les boissons précitées.

Les enfants âgés de plus de dix ans payent le prix intégral. Les enfants de 4 à 10 ans payent moitié prix à condition qu'ils occupent une couchette à deux.

Si une famille a avec elle plusieurs enfants âgés de moins de quatre ans, un des enfants sera exempt de payement, tandisque les autres payeront un quart de place.

de 1re et 2me classe, tant dans les relations locales que dans celles directes ou étrangers, donnent droit à la nourriture à bord sauf vin, bière, bord aux prix du tarif.

## ITINÉRAIRE DE LA LIGNE
### Constantza - Constantinople - Smyrne - Alexandrie (*)

| ALLER | | | | RETOUR | | | |
|---|---|---|---|---|---|---|---|
| Constantza | dép. Jeudi | 11 30 | p. m. | Alexandrie | dép. Vendredi | 4. — | p. m. |
| Constantinople | arr. Vendredi | 11 30 | a. m. | Smyrne | arr. Dimanche | à l'aube. | |
| » | dép. Samedi | 1 | p. m. | » | dép. » | 6. — | p. m. |
| Smyrne | arr. Dimanche | Le matin. | | Constantinople | arr. Lundi | 3. — | p. m. |
| » | dép. » | 4 | p. m. | » | dép. Mardi | 10. — | a. m. |
| Alexandrie | arr. Mardi | à l'aube | | Constantza | arr. » | 10. — | p. m. |

---

(*) Tant à l'aller qu'au retour les paquebots s'arrêteront aux Dardanelles (Tchanak–Kalé), le temps strictement nécessaire pour embarquer ou débarquer les voyageurs.

En cas de quarantaine en Turquie contre les provenances d'Alexandrie, le Service Maritime Roumain se réserve la faculté de faire partir ses vapeurs à ou de Port–Saïd, et cela sans aucune publication préalable.

# DÉPARTS ET ARRIVÉES

## DES

# BATEAUX A VAPEUR

## DES

## COMPAGNIES de NAVIGATION

### Desservant le port de Constantinople

---

## ITINÉRAIRES
### Du 1er au 30 Juin 1909 (*)

> Les Bateaux qui accostent aux Quais sont
> indiqués par le signe suivant ⛴

---

**Petit Cabotage du Bosphore, des îles etc.**

*Voir page 197 et suivantes.*

---

(*) Renseignements officiels.

## Départs du Mardi 1ᵉʳ Juin 1909

| COMPAGNIES | NOMS DES BATEAUX | HEURES DES DÉP. | DESTINATION | ARRIVÉE AU DERNIER PORT. |
|---|---|---|---|---|
| Khedivié 🚢 | Osmanieh | 3 h. soir | Pour Métclin, Smyrne, Pirée et Alexandrie. | Arr. à Alexandrie Samedi 8 h. matin. |
| Roumain 🚢 | Imp. Traian | 10 h. m. | Pour Constanza. | Arr. 10 h. soir. |

## Départs du Mercredi 2 Juin 1909

| COMPAGNIES | NOMS DES BATEAUX | HEURES DES DÉP. | DESTINATION | ARRIVÉE AU DERNIER PORT. |
|---|---|---|---|---|
| Nav. Gⁱᵉ Italiana 🚢 | Serbia | 10 h. m. | Pour Pirée, (par le Canal de Corinthe), Patras, Corfou, Santi Quaranta, Brindisi, Bari, Ancona et Venise. | Arr. à Venise Mardi matin. |
| Panhellénique | Scaramangas | 4 h. soir | Pour Dardanelles, Métclin, Smyrne, Chio, Pirée, Calamata, Catacolo, Patras, Corfou et Trieste. | Arr. à Trieste Samedi soir. |
| Paquet 🚢 | Phrygie | 11 h. m. | Pour Marseille. | Arr. Lundi mat. |
| Russe . . . . . . . | Tzaritza | 5 h. soir | Pour Bourgas, Varna et Odessa. | Arr. à Odessa. Vendrədi 4 h. s. |

### Arrivées du Mardi 1er Juin 1909

| COMPAGNIES | NOMS DES BATEAUX | HEURES DES ARR. | DES PORTS SUIVANTS | DÉPART DU PREMIER PORT |
|---|---|---|---|---|
| Nav. G^ie Italiana | Serbia | matin | De Braïla, Galatz, Soulina et Constanza. | Dép. de Braïla Samedi matin. |
| [Paquet | Phryggie | matin | De Novorossiski, Batoum, Trébizonde et Samsoun. | Dép. de Batoum Mercredi soir. |
| Russe . . . . . . . | Tzaritza | 6 h. m. | De Pt-Saïd, Jaffa, Caïfa, Beyrouth Tripoli, Alexandrette, Mersine, Chio, Smyrne, Salonique, Mont Athos et Dardanelles. | Dép. de Port-Saïd Mercredi soir. |

### Arrivées du Mercredi 2 Juin 1909

| COMPAGNIES | NOMS DES BATEAUX | HEURES DES ARR. | DES PORTS SUIVANTS | DÉPART DU PREMIER PORT |
|---|---|---|---|---|
| Khedivié | Menzaleh | matin | D'Alexandrie, Port-Saïd, Jaffa, Caïfa., Beyrouth, Tripoli, Alexandrette, Mersine, Rhôdes, Chio, Smyrne, Mételin, Dardanelles et Gallipoli | Dép. d'Alexandrie Samedi 4 h. s. |
| Lloyd Autrich. | Hungaria | 6 h. m. | De Trieste, Brindisi, Corfou, Patras, Argostoli, Calamata, Cérigo, Pirée, Syra, Vathy, Chio, Tchechmé, Smyrne, Mételin, Dardanelles et Gallipoli. | Dép. de Trieste Dimanche 10 h. m. |
| Mess. Maritim. | Sénégal | soir | De la côte de Syrie, Beyrouth, Rhôdes, Smyrne et Dardanelles. | Dép. de Beyrout Samedi 10 h. m. |
| Nav. G^ie Italiana | Singapore | 7 h. m. | De Gênes, Livourne, Naples, Palerme, Messine, Catane, Pirée, Salonique et Dardanelles. | Dép. de Gênes Mardi soir. |
| D° . . . . . . . . | Eutella | 7 h. m. | De Catane, Siracuse, Malte, Tripoli, Misrata, Benghazi, Derna, Canée, Candie et Smyrne. | Dép. de Catane Vendredi matin. |
| Norddeutscher Lloyd | Skutari | matin | De Batoum, Trébizonde, Samsoun et Inéboli. | . . . . . . |
| Panhellénique | Scaramangas | matin | De Trébizonde, Ordou, Kérassunde et Samsoun. | Dép. de Trébizonde Samedi soir. |
| Russe . . . . . . . | Oleg | 3 h. soir | De Sébastopol. | Dép. Mardi 9 h. m. |

## Départs du Jeudi 3 Juin 1909

| COMPAGNIES | NOMS DES BATEAUX | HEURES DES DÉP. | DESTINATION | ARRIVÉE AU DERNIER PORT. |
|---|---|---|---|---|
| **Mess. Maritim.** | *Sénégal* | 4 h. s. | Pour Smyrne, Pirée, Naples et Marseille. | Arr. à Marseille Jeudi matin. |
| **Nav. Gle Italiana** | *M. Minghetti* | 11 h. m. | Pour Candie, Canée, Derna, Benghazi, Misrata, Tripoli, Malte, Siracuse et Catane. | Arr. à Catane Samedi soir. |
| **D°** | *Eutella* | midi | Pour Inéboli, Samsoun, Kérassunde, Trébizonde et Batoum. | Arr. à Batoum Lundi matin. |
| **D°** | *Singapore* | 5 h. soir | Pour Odessa. | Arr. à Odessa Samedi matin. |
| **Norddeutscher Lloyd** | *Skutari* | 2 h. soir | Pour Smyrne, Pirée, Catane, Naples, Gênes, et Marseille. | Arr. à Marseille . . . . . . . |
| **Russe** . . . . . . . | *Odessa* | 4 h. s. | Pour Dardanelles, Smyrne, Pirée et Alexandrie. | Arr. à Alexandrie Lundi 11 h. mat. |

## Départs du Vendredi 4 Juin 1909

| COMPAGNIES | NOMS DES BATEAUX | HEURES DES DÉP. | DESTINATION | ARRIVÉE AU DERNIER PORT. |
|---|---|---|---|---|
| **Egée** . . . . . . . | *Smyrni* | 4 h. s. | Pour Varna, Soulina, Toultcha, Galatz et Braïla | Arr. à Braïla Mardi soir. |
| **Lloyd Autrich.** | *Baron Beck* | 4 h. soir | Pour Varna, Constanza Soulina, Galatz et Braïla. | Arr. à Braïla |
| **Russe** . . . . . . . | *Oleg* | 10 h. m. | Pour Sébastopol. | Arr. à Sébastopol Samedi 4 h. s. |

### Arrivées du Jeudi 3 Juin 1909

| Compagnies | Noms des Bateaux | Heures des arr. | Des Ports Suivants | Départ du Premier Port |
|---|---|---|---|---|
| **Lloyd Autrich.** | *Castore* | midi | De Batoum, Rizeh, Trébizonde, Kérassunde, Samsoun et Inéboli. | Dép. de Batoum Vendredi à minuit. |
| **D.** | *Gorilia* | 8 h. m. | De Braïla Galatz, Soulina et Constanza. | Dép. de Braïla. |
| **Russe** . . . . . . . | *Tchiha-tchoff* | 7 h. soir | D'Alexandrie, Pirée, Smyrne et Dardanelles. | Dép. d'Alexandrie Dimanche 6 h. soir. |

### Arrivées du Vendredi 4 Juin 1909

| Compagnies | Noms des Bateaux | Heures des arr. | Des Ports Suivants | Départ du Premier Port |
|---|---|---|---|---|
| **Lloyd Autrich.** | *Helios* | 6 h. m. | De Trieste, Durazzo, Vallona, Santi Quaranta, Canée, Réthymo, Candie, Pirée, Volo, Salonique, Cavalla, P. Lagos, Dédéaghatch, Dardanelles et Rodosto. | Dép. de Trieste Vendredi 8 h. s. |
| **Roumain** | *Imp. Traian* | 11 h. 30 m | De Constanza. | Dép. Jeudi 11 h, 30 soir. |

## Départs du Samedi 5 Juin 1909

| COMPAGNIES | NOMS DES BATEAUX | HEURES DES DÉP. | DESTINATION | ARRIVÉE AU DERNIER PORT |
|---|---|---|---|---|
| **Egée** . . . . . . . . . . . . . | | 4 h. soir | Pour Zongouldak, Inéboli, Sinope, Samsoun et Trébizonde. | Arr. à Trébizonde Mercredi soir. |
| **Khédivié** . . . . | *Menzaleh* | 4 h. soir | Pour Gallipoli, Dardanelles, Mételin, Smyrne, Chio, Rhodes, Mersine, Alexandrette, Tripoli, Beyrouth, Caïfa, Jaffa, Port-Saïd et Alexandrie. | Arr. à Alexandrie Mercredi 6 h. matin. |
| **Lloyd Autrich.** | *Leopolis* | 10 h. m. | Pour Pirée, Patras, Corfou, Brindisi et Trieste. | Arr. à Trieste Jeudi 1 h. soir. |
| **D°  S.** | *Bucovina* | 2 h. soir | Pour Inéboli, Samsoun, Kérassunde, Trébizonde, Rizeh et Batoum. | Arr. à Batoum Jeudi 6 h. matin. |
| **D°  S.** | *Tirol* | 4 h. s. | Pour Dardanelles, Dédéaghatch, P. Lagos, Cavalla, Salonique, Volo, Pirée, Candie, Canée, Réthymo, Santi Quaranta, Vallona, Durazzo, Medua et Trieste | Arr. à Trieste |
| **Roumain** | *RegeleCarol* | 10 h. m. | Pour Constanza. | Arr. à 10 h. soir. |
| **D°** | *Imp. Traian* | 11 h. m. | Pour Smyrne et Alexandrie. | Arr. à Alexandrie Mardi 6 h. m. |
| **Russe** . . . . . . . | *Pr. Eugénie* | 4 h. soir | Pour Dardanelles, Mont Athos, Salonique, Smyrne, Chio, Rhodes, Mersine, Alexandrette, Tripoli, Beyrouth, Caïfa, Jaffa et Port-Saïd. | Arr. à Port-Saïd Mercredi mat. |
| **D°** . . . . . . . . . | *Tchihatchoff* | 10 h. m. | Pour Odessa. | Arr. Dimanche 3 h. soir. |

## Départs du Dimanche 6 Juin 1909

| COMPAGNIES | NOMS DES BATEAUX | HEURES DES DÉP. | DESTINATION | ARRIVÉE AU DERNIER PORT |
|---|---|---|---|---|
| **Nav. Gⁱᵉ Italiana** | *Bulgaria* | 3 h. s. | Pour Constanza, Soulina, Galatz et Braïla. | Arr. à Braïla Mercredi à 2 h. 30 s. |

## Arrivées du Samedi 5 Juin 1909

| COMPAGNIES | NOMS DES BATEAUX | HEURES DES ARR. | DES PORTS SUIVANTS | DÉPART DU PREMIER PORT |
|---|---|---|---|---|
| Nav. G^ie Italiana | *Bulgaria* | 7 h. m. | De Venise, Ancône, Bari, Brindisi, S^te Quaranta, Corfou, Patras (par le Canal de Corinthe), Pirée. | Dép. de Venise Samedi soir. |
| Norddeutscher Lloyd | *Therapia* | 6 h. s. | De Barcelone, Marseille, Gênes, Naples, Catane, Pirée et Smyrne. | Dép. de Marseille |
| Russe . . . . . . . | *Pr. Eugénie* | 7 h. m. | D'Odessa, Varna et Bourgas. | Dép. d'Odessa Mercredi 4 h. s. |

## Arrivées du Dimanche 6 Juin 1909

| COMPAGNIES | NOMS DES BATEAUX | HEURES DES ARR. | DES PORTS SUIVANTS | DÉPART DU PREMIER PORT |
|---|---|---|---|---|
| Khédivié | *Ismaïlia* | 1 h. soir | D'Alexandrie, Pirée, Smyrne et Métélin. | Dép. d'Alexandrie Mercredi 4 h. s. |
| Mess. Maritim. | *Crimée* | matin | De Marseille, Calamata, Pirée, Smyrne et Dardan. | Dép. de Marseille Samedi 4 h. s. |
| Nav. G^ie Italiana | *Washington* | matin | D'Odessa | Dép. Vendredi s. |
| Panhellénique | *Sapho* | matin | De Trieste, Corfou, Catacolo, Calamata, Pirée, Chio, Smyrne, Métélin et Dardanelles. | Dép. de Trieste Vendredi. |
| Russe . . . . . . . | *Azoff* | 7 h. m. | D'Odessa | Dép. Vendredi 2 h. soir. |

## Départs du Lundi 7 Juin 1909

| COMPAGNIES | NOMS DES BATEAUX | HEURES DES DÉP. | DESTINATIONS | ARRIVÉE AU DERNIER PORT |
|---|---|---|---|---|
| **Lloyd Autrich.** | *Achille* | 8 h.30m. | Pour Rodosto, Gallipoli, Dardanelles, Mételin, Vathy, Tchéchmé, Chio, Smyrne, Pirée, Calamata, Zanthe, Patras, Corfou, Brindisi et Trieste. Durée du trajet 14 jours | Arr. à Trieste Vendredi 6 h. soir. |
| **Mess. Maritim.** ⛴ | *Crimée* | 4 h. soir | Pour Samsoun, Trébizonde et Batoum. | Arr. à Batoum Vendredi matin. |
| **Nav. G<sup>le</sup> Italiana** | *Washington* | 5 h. soir | Pour Dardanelles, Salonique, Pirée, Canée, Catane, Messine, Naples, Livourne et Gênes. | Arr. à Gênes Samedi matin. |
| **Norddeutscher Lloyd** | *Theropia* | midi | Pour Batoum. | Arr. Mardi mat. |
| **Panhellénique** | *Sapho* | 4 h. soir | Pour Samsoun et Trébizonde. | Arr. à Trébizonde Jeudi à l'aube. |

## Départs du Mardi 8 Juin 1909

| COMPAGNIES | NOMS DES BATEAUX | HEURES DES DÉP. | DESTINATIONS | ARRIVÉE AU DERNIER PORT |
|---|---|---|---|---|
| **Khédivié** ⛴ | *Ismaïlia* | 3 h. soir | Pour Métélin, Smyrne, Pirée et Alexandrie. | Arr. à Alexandrie Samedi 8 h. matin. |
| **Mess. Maritim.** ⛴ | *Bosphore* | 4 h. soir | Pour Moudania, Smyrne, Pirée et Marseille. | Arr. à Marseille Mercredi mat. |
| **Paquet** ⛴ | *Ionie* | 4 h. soir | Pour Zongouldak, Samsoun, Trébizonde, Batoum et Novorossiski. | Arr. à Batoum Samedi mat. à Novorossiski Lundi matin. |
| **Roumain** ⛴ | *Dacia* | 10 h. m. | Pour Constanza. | Arr. 10 h. soir. |

## Arrivées du Lundi 7 Juin 1909

| Compagnies | Noms des Bateaux | Heures des Arr. | Des Ports Suivants | Départ du Premier Port |
|---|---|---|---|---|
| Egée . . . . . . . . | | matin | De Trébizonde, Kérassunde, Ordou, Samsoun, Sinope et Inéboli. | Dép. de Trébizonde Mardi 4 h. s. |
| Lloyd Autrich. | *Bregenz* | 5 h. mat. | De Trieste, Brindisi, Corfou, Patras, Pirée et Dardanelles. | Dép. de Trieste Mardi 2 h. s. |
| Mess. Maritim. | *Bosphore* | matin | De Batoum, Trébizonde et Samsoun. | Dép. de Batoum Lundi soir. |
| Roumain . . . . | *Prin. Maria* | 11 h. m 30 | De Constanza. | Dép. Dimanche 11 h. 30 soir. |
| D° | *Dacia* | 2 h. s. | D'Alexandrie et Smyrne | Dép. d'Alexandrie. |
| Russe . . . . . . | *Emp Nicolas II* | 4 h. s. | D'Odessa. | Dép. Dimanche 1 h. mat. |

## Arrivées du Mardi 8 Juin 1909

| Compagnies | Noms des Bateaux | Heures des Arr. | Des Ports Suivants | Départ du Premier Port |
|---|---|---|---|---|
| Nav. G^le Italiana | *Montenegro* | matin | De Braïla, Galatz, Soulina et Constanza. | Dép. de Braïla Samedi matin. |
| Paquet . . . . . . | *Ionie* | matin | De Marseille. | Dép. Mercredi midi. |
| Russe . . . . . . . | *Tzar* | 4 h. m. | D'Alexandrie, P.-Saïd, Jaffa, Caïfa, Beyrouth, Tripoli, Alexandrette, Mersine, Rhodes, Chio, Smyrne, Métélin et Dardanelles. | Dép. d'Alexandrie Mercredi 4 h. s. |
| D° . . . . . . . . | *Rostoff* | 7 h. m. | De Batoum, Rizeh, Trébizonde, Kérassunde, Ordou, Samsoun, Sinope et Inéboli. | Dép. de Batoum, Mardi 10 h. soir. |

## Départs du Mercredi 9 Juin 1909

| Compagnies | Noms des Bateaux | Heures des dép. | Destination | Arrivée au dernier Port. |
|---|---|---|---|---|
| **Nav. G^ie Italiana** | *Montenegro* | 10 h. m. | Pour Pirée (par le Canal de Corinthe), Patras, Corfou, Santi Quaranta, Brindisi, Bari, Ancone et Venise. | Arr. à Venise Mardi matin. |
| **Panhellénique** | *Albania* | 4 h. soir | Pour Dardanelles, Métlelin, Smyrne, Chio, Pirée, Calamata, Catacolo, Patras, Corfou et Trieste. | Arr. à Trieste Samedi soir. |
| **Russe** | *Tzar* | 4 h. soir | Pour Odessa. | Arrivée Vendredi 6 h. mat. |
| **D°** | *Azoff* | 10 h. m. | Pour Inéboli, Sinope, Samsoun, Ordou, Kérassunde, Trébizonde, Rizeh, et Batoum. | Arr. à Batoum Lundi 6 h. matin. |

## Départs du Jeudi 10 Juin 1909

| Compagnies | Noms des Bateaux | Heures des dép. | Destination | Arrivée au dernier Port. |
|---|---|---|---|---|
| **Mess. Maritim.** | *Saghalien* | 4 h. soir | Pour Smyrne, Rhodes, Beyrouth, Lattaquié, Alexandrette, Mersine, Larnaca, Tripoli, Beyrouth, Jaffa et Caïffa. | Arr. à Beyrouth 1re touchée (1) Dimanche à minuit. |
| **Nav. G^ie Italiana** | *Catania* | 5 h. s. | Pour Odessa. | Arr. Samedi mat. |
| **Norddeustcher Lloyd** | *Preussen* | 2 h. s. | Pour Smyrne, Pirée, Catane, Naples, Marseille et Barcelone. | |
| **Russe** | *Rostoff* | 4 h. soir | Pour Odessa. | Arr. Samedi 6 h. matin. |
| **D°** | *Imp. Nicolas II* | 10 h. m. | Pour Dardanelles, Smyrne, Pirée et Alexandrie. | Arr. au Pirée Samedi matin et à Alexandrie Lundi 11 h. mat. |

(1) Transbordement à Beyrouth (1re touchée), pour Jaffa, Port Saïd et Alexandrie.

### Arrivées du Mercredi 9 Juin 1909

| Compagnies | Noms des Bateaux | Heures des Arr. | Des Ports Suivants | Départ du Premier Port |
|---|---|---|---|---|
| Lloyd Autrich. | *Ettore* | 6 h. m. | De Trieste, Brindisi, Corfou, Patras, Zanthe, Calamata, Pirée, Syra, Vathy, Chio, Tchechmé, Smyrne, Mételin, Dardanelles et Gallipoli. | Dép. de Trieste Dimanche 10 h. m. |
| Mess. Maritim. | *Saghalien* | soir | De Marseille, Naples, Pirée, Smyrne et Dardanelles. | Dép. de Marseille Jeudi 4 h. soir. |
| Nav. G.ᵉ Italiana | *Catania* | 7 h. m. | De Gênes, Livourne, Naples, Palerme, Messine, Catane, Canée, Pirée, Smyrne et Dardanelles. | Dép. de Gênes Mardi soir. |
| Norddeutscher Lloyd | *Preussen* | matin | De Nicolaïeff et Odessa. | |
| Panhellénique | *Albania* | matin | De Trébizonde, Ordou, Kérassunde et Samsoun. | Dép. de Trébizonde Samedi soir. |
| Russe . . . . . . . | *Oleg* | 1 h. soir | De Sébastopol. | Dép. Mardi 9 h. m |

### Arrivées du Jeudi 10 Juin 1909

| Compagnies | Noms des Bateaux | Heures des Arr. | Des Ports Suivants | Départ du Premier Port |
|---|---|---|---|---|
| Lolyd Autrich. | *Palacky* | 8 h. m. | De Braïla, Galatz, Soulina et Varna. | Dép. de Braïla. |
| D° . . . . . . . | *Elektra* | midi | De Batoum, Rizeh, Trébizonde, Kérassunde, Samsoun et Inéboli. | Dép. de Batoum Vendredi à minuit. |
| Russe . . . . . . . | *Reine Olga* | 7 h. soir | D'Alexandrie, Pirée, Smyrne et Dardanelles. | Dép. d'Alexandrie Dimanche 6 h. soir. |

## Départs du Vendredi 11 Juin 1909

| COMPAGNIES | NOMS DES BATEAUX | HEURES DES DÉP. | DESTINATION | ARRIVÉE AU DERNIER PORT. |
|---|---|---|---|---|
| Lloyd Autrich. | *Praga* | 4 h. s. | Pour Varna, Soulina, Galatz et Braïla. | Arr. à Braïla. |
| Mess. Maritim. | *Memphis* | 4 h. soir | Pour Dardanelles, Salonique, Syra, Calamata, Patras et Marseille. | Arr. à Marseille Mardi matin. |
| Russe . . . . . . . . | *Oleg* | 10 h. m. | Pour Sébastopol. | Arr. Samedi 4 h. soir. |

## Départs du Samedi 12 Juin 1909

| COMPAGNIES | NOMS DES BATEAUX | HEURES DES DÉP. | DESTINATION | ARRIVÉE AU DERNIER PORT. |
|---|---|---|---|---|
| Egée . . . . . . . . . | . . . . | 4 h. soir | Pour Zongouldak, Inéboli, Sinope, Samsoun et Trébizonde. | Arr. à Trébizonde Mercredi soir. |
| Lloyd Autrich. | *Bruenn* | 10 h. m. | Pour Pirée, Patras, Corfou, Brindisi et Trieste. | Arr. à Trieste Jeudi 1 h. soir. |
| D° S. | *Carinthia* | 2 h. s. | Pour Inéboli, Samsoun, Kérassunde, Trébizonde, Rizeh et Batoum. | Arr. à Batoum. |
| D° . . . . . . . . | *Goritia* | 4 h. 30 s. | Pour Bourgas, Constanza et Odessa. | Arr. à Odessa Mardi 5 h. soir. |
| Roumain | *Prin. Maria* | 10 h. m. | Pour Constanza. | Arr. à 10 h. soir. |
| D° | *Regele Carol* | 11 h. m. | Pour Smyrne et Alexandrie | Arr. à Alexandrie Mardi 6 h. m. |
| Russe . . . . . . . | *Tzaritza* | 4 h. soir | Pour Dardanelles, Mételin, Smyrne, Chio, Rhodes, Mersine, Alexandrette, Tripoli, Beyrouth, Caïfa, Jaffa, Port-Saïd et Alexandrie. | Arr. à Alexandrie Mercredi 8 h. m. |
| D° . . . . . . . . | *Reine Olga* | 10 h. m. | Pour Odessa. | Arr. Dim. 3 h. s. |

## Arrivées du Vendredi 11 Juin 1909

| COMPAGNIES | NOMS DES BATEAUX | HEURES DES ARR | DES PORTS SUIVANTS | DÉPART DU PREMIER PORT |
|---|---|---|---|---|
| **Mess. Maritim.** | *Memphis* | matin | D'Odessa. | Dép. Mercredi s. |
| **Lloyd Autrich.** | *Baron Call* | 6 h. mat. | De Trieste, Durazzo, Vallona, Santi Quaranta, Canée, Réthymo, Candie, Pirée, Volo, Salonique, Cavalla, P. Lagos, Dédéaghatch, Dardanelles et Rodosto. | Dép. de Trieste Vendredi 8 h. s. |
| **Roumain** | *Regele Carol* | 11 h. 30m | De Constanza. | Dép. Jeudi 11 h. 30 soir. |
| **Russe** | *Tzaritza* | 7 h. mat. | D'Odessa. | Dép. Mercredi 2 h. soir. |

## Arrivées du Samedi 12 Juin 1909

| COMPAGNIES | NOMS DES BATEAUX | HEURES DES ARR | DES PORTS SUIVANTS | DÉPART DU PREMIER PORT |
|---|---|---|---|---|
| **Lloyd Autrich.** | *Dalmatia* | 6 h. m. | D'Odessa, Constanza et Bourgas. | Dép. d'Odessa Mercredi 1 h. m. |
| **Nav. G.ᵉ Italiana** | *Bosnia* | 7 h. m. | De Venise, Ancone, Bari, Brindisi, S.ᵗ Quaranta, Corfou, Patras (par le Canal de Corinthe), Pirée. | Dep. de Venise Samedi soir. |
| **Norddeutscher Lloyd** | *Bayern* | 6. h. s. | De Marseille, Gênes, Naples, Catane, Pirée, et Smyrne. | |

## Départs du Dimanche 13 Juin 1909

| COMPAGNIES | NOMS DES BATEAUX | HEURES DES DÉP. | DESTINATION | ARRIVÉE AU DERNIER PORT. |
|---|---|---|---|---|
| **Nav. G<sup></sup> Italiana** | *Bosnia* | 1 h. s. | Pour Constanza, Souli-na, Galatz et Braïla | Arr. à Braïla Mercredi 2 h. s. |
| **Norddeutscher Lloyd** | *Bayern* | midi | Pour Odessa et Nico-laïeff. | |

## Départs du Lundi 14 Juin 1909

| COMPAGNIES | NOMS DES BATEAUX | HEURES DES DÉP. | DESTINATION | ARRIVÉE AU DERNIER PORT. |
|---|---|---|---|---|
| **Lloyd Autrich.** | *Calicia* | 4 h. soir | Pour Dardanelles, Dé-déaghatch, Cavalla, Salo-nique, Candie, Réthymo, Canée, Santi-Quaranta, Vallona et Trieste. Durée du trajet 10 jours. | Arr. à Trieste Jeudi 5 h. s. |
| **Mess. Maritim.** | *Sidon* | 4 h. soir | Pour Odessa. | Arr. Mercredi m. |
| **Nav. G<sup></sup> Italiana** | *Singapore* | 5 h. soir | Pour Dardanelles, Smyr-ne, Pirée, Canée, Catane, Messine, Naples, Livour-ne et Gênes. | Arr. à Gênes Sa-medi à l'aube. |
| **Panhellénique** | *Thraki* | 4 h. soir | Pour Samsoun et Tré-bizonde. | Arr. à Trébizon-de Jeudi matin. |

## Arrivées du Dimanche 13 Juin 1909

| COMPAGNIES | NOMS DES BATEAUX | HEURES DES ARR. | DES PORTS SUIVANTS | DÉPART DU PREMIER PORT |
|---|---|---|---|---|
| **Khédivié** | *Osmanieh* | 4 h. soir | D'Alexandrie, Pirée, Smyrne et Métclin. | Dép. d'Alexandrie Mercredi 4 h. s. |
| **Nav. G⁰ Italiana** | *Singapore* | matin | D'Odessa. | Dép. Vendredi s. |
| **D°** | *Eutella* | matin | De Batoum, Trébizonde, Kérassunde, Samsoun et Inéboli. | Dép. de Batoum Mercredi soir, |
| **Panhellénique** | *Thraki* | matin | De Trieste, Corfou, Patras, Catacolo, Calamata, Pirée, Chio, Smyrne, Mételin et Dardanelles. | Dép. de Trieste Vendredi. |

## Arrivées du Lundi 14 Juin 1909

| COMPAGNIES | NOMS DES BATEAUX | HEURES DES ARR. | DES PORTS SUIVANTS | DÉPART DU PREMIER PORT |
|---|---|---|---|---|
| **Egée** . . . . . . . . | . . . . | matin | De Trébizonde, Kérassunde, Ordou, Samsoun, Sinope et Inéboli. | Dép. de Trébizonde Mardi 4 h. s. |
| **D°** . . . . . . | *Smyrni* | matin | De Braïla, Galatz, Soulina et Varna. | Dép. de Braïla Jeudi soir. |
| **Lloyd Autrich.** | *Leopolis* | 5 h. m. | De Trieste, Brindisi, Corfou, Patras, Pirée et Dardanelles. | Dép. de Trieste Mardi 2 h. soir. |
| **Mess. Maritim.** | *Sidon* | matin | De Marseille, Patras, Syra et Salonique. | Dép. de Marseille Samedi 4 h. soir. |
| **Roumain** | *Prin. Maria* | 11 h. 30 | De Constanza. | Dép. Dimanche 11 h. 30 soir. |
| **D°** | *Imp. Traian* | 2 h. soir | D'Alexandrie et Smyrne | Dép. d'Alexandrie Vendredi. |
| **Russe** . . . . . . . | *Tchihatcheff* | 4 h. soir | D'Odessa. | Dép. Dimanche 1 h. matin. |

## Départs du Mardi 15 Juin 1909

| COMPAGNIES | NOMS DES BATEAUX | HEURES DES DÉP. | DESTINATION | ARRIVÉE AU DERNIER PORT. |
|---|---|---|---|---|
| **Khédivié** | *Osmanieh* | 3 h. soir | Pour Mételin, Smyrne, Pirée et Alexandrie. | Arr. à Alexandrie Samedi 8 h. m. |
| **Roumain** | *Imp. Traian* | 10 h. m. | Pour Constantza. | Arr. à 10 h. soir. |

## Départs du Mercredi 16 Juin 1909

| COMPAGNIES | NOMS DES BATEAUX | HEURES DES DÉP. | DESTINATION | ARRIVÉE AU DERNIER PORT. |
|---|---|---|---|---|
| **Nav. Gᵗᵉ Italiana** | *Bulgaria* | 10 h. m. | Pour Pirée (par le Canal de Corinthe), Patras, Corfou, Santi Quaranta, Brindisi, Bari, Ancone et Venise. | Arr. à Venise Mardi matin. |
| **Panhellénique** | *Sapho* | 4 h. soir | Pour Dardanelles, Mételin, Smyrne, Chio, Pirée, Calamata, Catacolo, Patras, Corfou et Trieste. | Arr. à Trieste Samedi soir. |
| **Paquet** | *Imeréthie* | 11 h. m. | Pour Marseille. | Arr. Mardi mat. |
| **Russe** . . . . . . | *Korniloff* | 4 h. soir | Pour Bourgas, Varna et Odessa. | Arr. à Odessa, Vendredi 4 h. soir. |

## Arrivées du Mardi 15 Juin 1909

| COMPAGNIES | NOMS DES BATEAUX | HEURES DES ARR. | DES PORTS SUIVANTS | DÉPART DU PREMIER PORT |
|---|---|---|---|---|
| Nav. G<sup>le</sup> Italiana | Bulgaria | matin | De Braïla, Galatz, Soulina, Costanza. | Dép. de Braïla Samedi matin. |
| Paquet M. | Lacrethie | 6 h. m. | De Novorossiski, Batoum, Trébizonde et Samsoun. | Dép. de Batoum Mercredi matin. |
| Russe . . . . . . . | Korniloff | 6 h. m. | De Port-Saïd, Jaffa, Caïfa, Beyrouth, Tripoli, Alexandrette, Mersine, Rhodes, Chio, Smyrne Salonique, Mont Athos et Dardanelles | Dép. de Port-Saïd Mercredi soir. |

## Arrivées du Mercredi 16 Juin 1909

| COMPAGNIES | NOMS DES BATEAUX | HEURES DES ARR. | DES PORTS SUIVANTS | DÉPART DU PREMIER PORT |
|---|---|---|---|---|
| Khédivié . . . . . | Minieh | matin | D'Alexandrie, Port-Saïd Jaffa, Caïfa, Beyrouth, Tripoli, Alexandrette, Mersine, Rhodes, Chio, Smyrne, Mételin, Dardanelles et Gallipoli. | Dép. d'Alexandrie Samedi. |
| Lloyd Autrich. | Galicia | 6 h. soir | De Trieste, Brindisi, Corfou, Patras, Zanthe, Calamaia, Cérigo, Pirée, Argostoli, Syra, Vathy, Chio, Tchechmé, Smyrne, Mételin, Dardanelles et Gallipoli. | Dép. de Trieste Dimanche 10 h. m. |
| Mess. Maritim. | Niger | soir | De la côte de Syrie, Beyrouth, Vathy, Smyrne et Dardanelles. | Dép. de Beyrouth Samedi à midi. |
| Nav. G<sup>le</sup> Italiana | Loranzo | 7 h. m. | De Gênes, Livourne, Naples, Palerme, Messine, Catane, Pirée, Salonique et Dardanelles. | Dép. de Gênes Mardi soir. |
| D° | Giava | 7 h. m. | De Catane, Siracuse, Malte, Tripoli, Misrata, Benghazi, Derna, Canée, Candie et Smyrne. | Dép. de Catane Vendredi matin. |
| Norddeutscher Lloyd | Therapia | matin | De Batoum, Trébizonde, Samsoun et Inéboli. | . . . . . . . . |
| Panhellénique | Sapho | matin | De Trébizonde, Ordou, Kérassunde et Samsoun. | Dép. de Trébizonde Samedi soir. |
| Russe . . . . . . . | Oleg | 1 h. soir | De Sébastopol. | Dép. Mardi 9 h. m |

### Départs du Jeudi 17 Juin 1909

| COMPAGNIES | NOMS DES BATEAUX | HEURES DES DÉP. | DESTINATION | ARRIVÉE AU DERNIER PORT |
|---|---|---|---|---|
| **Mess. Maritim.** | *Niger* | 4 h. soir | Pour Smyrne, Pirée, Naples et Marseille. | Arr. à Marseille Jeudi matin. |
| **Nav. G" Italiana** | *Giara* | 11 h. m. | Pour Candie, Canée-Derna, Benghazi, Misrata, Tripoli, Malte, Siracuse et Catane. | Arr. à Catane Samedi soir. |
| **D°** | *Eutella* | midi | Pour Inéboli, Samsoun, Trébizonde et Batoum. | Arr. à Batoum Lundi matin. |
| **D°** | *Levanzo* | 5 h. soir | Pour Odessa. | Arr. Samedi mat. |
| **Norddeutscher Lloyd** | *Therapia* | 2 h. soir | Pour Smyrne, Pirée, Catane, Naples, Gênes et Marseille. | Arr. à Marseille |
| **Russe.** . . . . . . | *Tchihatchoff* | 4 h. soir | Pour Dardanelles, Smyrne, Pirée et Alexandrie. | Arr. à Alexandrie Lundi à 11 h. mat. |

### Départs du Vendredi 18 Juin 1909

| COMPAGNIES | NOMS DES BATEAUX | HEURES DES DÉP. | DESTINATION | ARRIVÉE AU DERNIER PORT |
|---|---|---|---|---|
| **Egée** . . . . . | *Smyrni* | 4 h. s. | Pour Varna, Soulina, Toultcha, Galatz et Braïla | Arr. à Braïla Mardi soir. |
| **Lloyd Autrich.** | *Graz* | 5 h. s. | Pour Varna, Constanza, Soulina, Galatz et Braïla. | Arr. à Braïla |
| **Russe** . . . . . . | *Oleg* | 10 h. m. | Pour Sébastopol. | Arr. Samedi 4 h. soir. |

## Arrivées du Jeudi 17 Juin 1909

| COMPAGNIES | NOMS DES BATEAUX | HEURES DES ARR. | DES PORTS SUIVANTS | DÉPART DU PREMIER PORT |
|---|---|---|---|---|
| Lloyd Autrich. | Graz | 8 h. m. | De Braïla, Galatz, Sou-lina, et Varna. | Dép. de Braïla . . . . . . . |
| D°. . . . . | Hungaria | midi | De Batoum, Rizeh, Trébizonde, Kérassunde, Samsoun et Tréboli. | Dép. de Batoum, Vendredi, à minuit. |
| Russe . . . . . . . | Odessa | 7 h. s. | D'Alexandrie, Pirée, Smyrne et Dardanelles. | Dép. d'Alexandrie Dimanche 6 h. s. |

## Arrivées du Vendredi 18 Juin 1909

| COMPAGNIES | NOMS DES BATEAUX | HEURES DES ARR. | DES PORTS SUIVANTS | DÉPART DU PREMIER PORT |
|---|---|---|---|---|
| Lloyd Autrich. | Dalmatia | 6 h. m. | De Trieste, Durazzo, Vallona, Santi Quaranta, Canée, Réthymo, Candie, Pirée, Volo, Salonique, Cavalla, P. Lagos, Dé-dénghatch, Dardanelles et Rodosto. | Dép. de Trieste Vendredi 8 h. soir. |
| Roumain | Imp. Traian | 11 h. 30m | De Constanza. | Dép. Jeudi 11 h. 30 soir. |

## Départs du Samedi 19 Juin 1909

| COMPAGNIES | NOMS DES BATEAUX | HEURES DES DÉP. | DESTINATION | ARRIVÉE AU DERNIER PORT. |
|---|---|---|---|---|
| **Egée**. . . . . . . . . . | | 4 h. soir | Pour Zongouldak, Iné-boli, Sinope, Samsoun et Trébizonde. | Arr. à Trébizon-de Mercredi soir. |
| **Khédivié** 🚢 | *Minieh* | 4 h. s. | Pour Gallipoli, Darda-nelles, Mételin, Smyrne, Chio, Rhodes, Mersine, Alexandrette, Tripoli, Beyrouth, Caïfa, Jaffa, Port-Saïd et Alexandrie. | Arr. à Alexandrie Mercredi 7 h. mat. |
| **Lloyd Autrich.** 🚢 | *Baron Beck* | 4 h. soir | Pour Pirée, Patras, Cor-fou, Brindisi et Trieste. | Arr. à Trieste Jeudi 6 h. soir. |
| **D°  S.** 🚢 | *Dalmatia* | 2 h. s. | Pour Inéboli, Samsoun, Kérassunde, Trébizonde, Rizeh et Batoum. | Arr. à Batoum . . . . . . |
| **D°** 🚢 **S.** | *Bucovina* | 4 h. s. | Pour Dardanelles, Dé-déaghatch, P. Lagos, Ca-valla, Salonique, Volo, Pirée, Candie, Canée, Réthymo, Santi Quaran-ta, Valona, Durazzo, Me-dua et Trieste. | Arr. à Trieste. . . . . . . . . |
| **Roumain** 🚢 | *Prin.Maria* | 10 h. m. | Pour Constanza. . . . | Arr. à 10 h. soir. |
| **D°** 🚢 | *Imp.Traian* | 11 h. m. | Pour Smyrne et Ale-xandrie. | Arr. à Smyrne, Dimanche 6 h. ma-tin et Alexandrie Mardi 6 h. m. |
| **Russe**. . . . . . . | *Tzar* | 4 h. soir | Pour Dardanelles, Mont Athos, Salonique, Smyrne, Chio, Rhodes, Mersine, Alexandrette, Tripoli, Bey-routh, Caïfa, Jaffa et Port-Saïd. | Arr. à Port-Saïd Mercredi matin. |
| **D°**. . . . . . . | *Odessa* | 10 h. m. | Pour Odessa, | Arr. Dimanche 3 h. soir. |

## Départs du Dimanche 20 Juin 1909

| COMPAGNIES | NOMS DES BATEAUX | HEURES DES DÉP. | DESTINATION | ARRIVÉE AU DERNIER PORT. |
|---|---|---|---|---|
| **Nav. G°ᵉ Italiana** | *Romania* | 1 h. s. | Pour Constanza, Souli-na, Galatz et Braïla. | Arr. à Braïla Mercredi 2 h. s |

## Arrivées du Samedi 19 Juin 1909

| COMPAGNIES | NOMS DES BATEAUX | HEURES DES ARR. | DES PORTS SUIVANTS | DÉPART DU PREMIER PORT |
|---|---|---|---|---|
| Nav. G<sup>le</sup> Italiana | *Romania* | 7 h. m. | De Venise, Ancone, Bari, Brindisi, Santi Quaranta, Corfou, Patras (par le Canal de Corinthe), Pirée, | Dép. de Venise Samedi. |
| Norddeutscher Lloyd | *Sachsen* | 6. h. s. | De Barcelone, Marseille, Gênes, Naples, Catane, Pirée et Smyrne. | Dép. de Marseille . . . . . , . . |
| Russe . . . . . . . | *Tzar* | 7 h. mat. | D'Odessa, Bourgas et Varna. | Dép. d'Odessa Mercredi 4 h. soir. |

## Arrivées du Dimanche 20 Juin 1909

| COMPAGNIES | NOMS DES BATEAUX | HEURES DES ARR. | DES PORTS SUIVANTS | DÉPART DU PREMIER PORT |
|---|---|---|---|---|
| Khedivié | *Ismaïlia* | 4 h. s. | D'Alexandrie, Pirée, Smyrne et Métélin. | Dép. d'Alexandrie Mercredi 5 h. s. |
| Mess. Maritim. | *Danube* | matin | De Marseille, Canée, Pirée, Smyrne et Dardanelles. | Dép. de Marseille Samedi 4 h. soir. |
| Nav. G<sup>le</sup> Italiana | *Catania* | matin | D'Odessa. | Dép. Vendredi s. |
| D<sup>o</sup> . . . . . . . . | *Eutella* | matin | De Batoum, Trébizonde, Samsoun et Inéboli. | Dép. de Batoum Mercredi soir. |
| Panhellénique | *Samos* | matin | De Trieste, Corfou, Patras, Catacolo, Calamata, Pirée, Chio, Smyrne, Métélin et Dardanelles. | Dép. de Trieste Vendredi soir. |
| Russe | *Rostoff* | matin | D'Odessa, | Dép. Vendredi 2 h. soir. |

## Départs du Lundi 21 Juin 1909

| Compagnies | Noms des Bateaux | Heures des dép. | Destination | Arrivée au dernier Port. |
|---|---|---|---|---|
| **Lloyd Autrich.** | *Castore* | 8 h. 30 m | Pour Rodosto, Gallipoli, Dardanelles, Mételin Vathy, Tchechmé, Chio, Smyrne, Pirée, Calamata, Zanthe, Patras, Corfou, Brindisi et Trieste. Durée du trajet 14 jours. | Arr. à Trieste Vendredi 4 h. soir. |
| **Mess. Maritim.** | *Danube* | 4 h. soir | Pour Samsoun, Trébizonde et Batoum. | Arr. à Batoum Vendredi matin. |
| **Nav. G<sup>le</sup> Italiana** | *Catania* | 5 h. soir | Pour Dardanelles, Salonique, Pirée, Canée, Catane, Messine, Naples, Livourne et Gênes. | Arr. à Gênes Samedi à l'aube. |
| **Norddeutscher Lloyd** | *Sachsen* | midi | Pour Batoum. | |
| **Panhellénique** | *Samos* | 4 h. soir | Pour Samsoun et Trébizonde. | Arr. à Trébizonde Jeudi. |

## Départs du Mardi 22 Juin 1909

| Compagnies | Noms des Bateaux | Heures des dép. | Destination | Arrivée au dernier Port. |
|---|---|---|---|---|
| **Khédivié** | *Ismaïlia* | 3 h. soir | Pour Métélin, Smyrne, Pirée et Alexandrie. | Arr. à Alexandrie Samedi 8 h. matin. |
| **Mess. Maritim.** | *Crimée* | 5 h. soir | Pour Moudania, Smyrne, Pirée et Marseille. | Arr. à Marseille Mercredi matin. |
| **Paquet** | *Phrygie* | 4 h. soir | Pour Zongouldak, Samsoun, Trébizonde, Batoum et Novorossiski. | Arr. à Batoum Samedi mat. à Novorossiski Lundi mat. |
| **Roumain** | *Regele Carol* | 10 h. m. | Pour Constanza. | Arr. Mardi 10 h. s. |

## Arrivées du Lundi 21 Juin 1909

| COMPAGNIES | NOMS DES BATEAUX | HEURES DES ARR. | DES PORTS SUIVANTS | DÉPART DU PREMIER PORT |
|---|---|---|---|---|
| Egée . . . . . . . | . . . . . | matin | De Trébizonde, Kérassunde, Ordou, Samsoun, Sinope et Inéboli. | Dép. de Trébizonde Mardi 2 h. soir. |
| Lloyd Autrich. | Bruenn | 5 h. s. | De Trieste, Brindisi, Corfou, Patras, Pirée et Dardanelles. | Dép. de Trieste Mardi 2 h. soir. |
| Mess. Maritim. | Crimée | matin | De Batoum, Trébizonde et Samsoun. | Dép. de Batoum Lundi soir. |
| Roumain | Prin. Maria | 11h30m. | De Constanza. | Dép. Dimanche 11 h. 30 soir. |
| D°. | Regele Carol | 2 h. s. | D'Alexandrie, Smyrne et Dardanelles. | Dép. d'Alexandrie Vendredi. |
| Russe . . . . . . | Reine Olga | 4 h. s. | D'Odessa. | Dép. Dimanche 1 h. matin. |

## Arrivées du Mardi 22 Juin 1909

| COMPAGNIES | NOMS DES BATEAUX | HEURES DES ARR. | DES PORTS SUIVANTS | DÉPART DU PREMIER PORT |
|---|---|---|---|---|
| Nav. G.le Italiana | Bosnia | matin | De Braïla, Galatz, Soulina, et Constanza. | Dép. de Braïla Samedi matin. |
| Paquet | Phrygie | matin | De Marseille. | Dép. Mercredi m. |
| Russe . . . . . . | Césarévitch | 6 h. m. | D'Alexandrie, Port-Saïd, Jaffa, Caïffa, Beyrouth, Tripoli, Alexandrette, Mersine, Rhodes, Chio, Smyrne, Mételin et Dardanelles. | Dép. d'Alexandrie Mercredi 4 h. soir. |
| D°. | Azoff | 8 h. m. | De Batoum, Rizeh, Trébizonde, Kérassunde, Ordou, Samsoun, Sinope et Inéboli. | Dép. de Batoum Mardi 10 h. soir. |

## Départs du Mercredi 23 Juin 1909

| COMPAGNIES | NOMS DES BATEAUX | HEURES DES DÉP. | DESTINATIONS | ARRIVÉE AU DERNIER PORT |
|---|---|---|---|---|
| Nav. G⁣ᵉ Italiana | *Bosnia* | 10 h. m. | Pour Pirée (par le Canal de Corinthe), Patras, Corfou, S⁣ᵗ Quaranta, Brindisi, Bari, Ancone et Venise. | Arr. à Venise Mardi matin. |
| Panhellénique | *Thraki* | 4 h. s. | Pour Dardanelles, Mételin, Smyrne, Chio, Pirée, Calamata, Catacolo, Patras, Corfou et Trieste. | Arr. à Trieste Samedi. |
| Russe . . . . . . | *Césarévitch* | 4 h. s. | Pour Odessa. | Arr. Vendredi 6 h. matin. |
| D° . . . . . | *Rostoff* | 4 h. s. | Pour Inéboli, Sinope, Samsoun, Ordou, Kérassunde, Trébizonde, Rizeh, et Batoum. | Arr. à Batoum Lundi 6 h. mat. |

## Départs du Jeudi 24 Juin 1909

| COMPAGNIES | NOMS DES BATEAUX | HEURES DES DÉP. | DESTINATIONS | ARRIVÉE AU DERNIER PORT |
|---|---|---|---|---|
| Messag. Marit. | *Sénégal* | 4 h. s. | Pour Smyrne, Vathy, Beyrouth, Larnaca, Mersine, Alexandrette, Lattaquié, Tripoli, Beyrouth, Jaffa et Caïfa (1). | Arr. à Beyrouth Lundi matin. |
| Nav. G⁣ᵉ Italiana | *Siracusa* | 5 h. s. | Pour Odessa. | Arr. Samedi m. |
| Norddeutscher Lloyd | *Bayern* | 2 h. s. | Pour Smyrne, Pirée, Catane, Naples, Marseille et Barcelone. | |
| Russe . . . . . | *Azoff* | 4 h. s. | Pour Odessa. | Arr. Samedi 6 h. m |
| D° . . . . . . . | *Reine Olga* | 4 h. s. | Pour Dardanelles, Smyrne, Pirée et Alexandrie. | Arr. au Pirée Samedi m. et à Alexandrie Lundi à 11 h. mat. |

(1) Transbordement à Beyrouth (1⁣ʳᵉ touchée) pour Jaffa, Port-Saïd et Alexandrie.

## Arrivées du Mercredi 23 Juin 1909

| Compagnies | Noms des Bateaux | Heures des Arr. | Des Ports Suivants | Départ du Premier Port. |
|---|---|---|---|---|
| **Lloyd Autrich.** | . . . . | 6 h. m. | De Trieste, Brindisi, Corfou, Patras, Zanthe, Calamata, Pirée, Syra, Vathy, Chio, Tchechmé, Smyrne, Métclin, Dardanelles et Gallipoli. | Dép. de Trieste Dimanche 10 h. m. |
| **Mess. Maritim**  | *Sénégal* | soir | De Marseille, Naples, Pirée, Smyrne et Dardanelles. | Dép. de Marseille Jeudi 4 h. soir. |
| **Nav. G^ie Italiana** | *Siracusa* | 7 h. m. | De Gênes, Livourne, Naples, Palerme, Messine, Catane, Canée, Pirée, Smyrne et Dardanelles. | Dép. de Gênes Mardi soir. |
| **Norddeutscher Lloyd** | *Bayern* | midi | De Nicolaïeff et Odessa. | . . . |
| **Panhellénique** | *Thraki* | matin | De Trébizonde, Ordou, Kérassunde et Samsoun. | Dép. de Trébizonde Jeudi soir. |
| **Russe** . . . . . . | *Oleg* | 1 h. s. | De Sébastopol. | Dép. Mardi 9 h. matin. |

## Arrivées du Jeudi 24 Juin 1909

| Compagnies | Noms des Bateaux | Heures des Arr. | Des Ports Suivants | Départ du Premier Port. |
|---|---|---|---|---|
| **Lloyd Autrich.** | *Palacky* | 8 h. m. | De Braïla, Galatz, Soulina et Varna. | Dép. de Braïla. |
| **id^o** . . . . . | *Ettore* | midi | De Batoum, Rizeh, Trébizonde, Kérassunde, Samsoun et Inéboli. | Dép. de Batoum Vendredi à minuit. |
| **Russe** . . . . | *Empereur Nicolas II* | 7 h. s. | D'Alexandrie, Pirée, Smyrne et Dardanelles. | Dép. d'Alexandrie Dimanche 6 h. s. |

## Départs du Vendredi 25 Juin 1909

| COMPAGNIES | NOMS DES BATEAUX | HEURES DES DÉP. | DESTINATION | ARRIVÉE AU DERNIER PORT. |
|---|---|---|---|---|
| **Lloyd Autrich.** | *Palacky* | 4 h. s. | Pour Varna, Soulina, Galatz et Braïla. | Arr. à Braïla. |
| **Mess. Maritim.** | *Sidon* | 4 h. soir | Pour Dardanelles, Salonique, Syra, Calamata, Patras et Marseille. | Arr. à Marseille Mardi matin. |
| **Russe** . . . . . . . | *Oleg* | 10 h. m. | Pour Séhastopol. | Arr. Samedi 4 h. soir. |

## Départs du Samedi 26 Juin 1909

| COMPAGNIES | NOMS DES BATEAUX | HEURES DES DÉP. | DESTINATION | ARRIVÉE AU DERNIER PORT. |
|---|---|---|---|---|
| **Egée** . . . . . . . . | | 4 h. soir | Pour Zongouldak, Inéboli, Sinope, Samsoun et Trébizonde. | Arr. à Trébizonde Mercredi soir. |
| **Lloyd Autrich.** | *Praga* | 10 h. m. | Pour Pirée, Patras, Corfou, Brindisi et Trieste. | Arr. à Trieste Jeudi 1 h. soir. |
| **D°** . . . . . . | . . . . . . | 2 h. s. | Pour Inéboli, Samsoun, Kérassunde, Trébizonde, Rizeh et Batoum. | Arr. à Batoum. |
| **D°** . . . . . . | . . . . . . | 4 h. 30 s. | Pour Bourgas, Constanza et Odessa. | Arr. à Odessa Mardi 5 h. soir. |
| **Roumain** | *Prin. Maria* | 10 h. m. | Pour Constanza. | Arr. à 10 h. soir. |
| **D°** | *Regele Carol* | 11 h. m. | Pour Smyrne et Alexandrie | Arr. à Alexandrie Mardi 6 h. m. |
| **Russe** . . . . . . | *Kornitoff* | 4 h. soir | Pour Dardanelles, Mételin Smyrne, Chio, Rhodes, Mersine, Alexandrette, Tripoli, Beyrouth, Caïfa, Jaffa, Port-Saïd et Alexandrie. | Arr. à Alexandrie Mercredi 8 h. m. |
| **D°** . . . . . . . | *Em. Nicolas II* | 10 h. m. | Pour Odessa. | Arr. Dim. 3 h. s. |

## Arrivées du Vendredi 25 Juin 1909

| COMPAGNIES | NOMS DES BATEAUX | HEURES DES ARR. | DES PORTS SUIVANTS | DÉPART DU PREMIER PORT. |
|---|---|---|---|---|
| Mess. Maritim. | Nidon | matin | D'Odessa. | Dép. Mercredi s. |
| Lloyd Autrich. | . . . . . | 5 h. mat | De Trieste, Durazzo, Vallona, Santi Quaranta, Canée, Réthymo, Candie, Pirée, Volo, Salonique, Cavalla, P. Laghos, Dédéaghatch, Dardanelles et Rodosto. | Dép. de Trieste Vendredi 8 h. soir. |
| Roumain | Regele Carol | 11h.30 m | De Constanza. | Dép. Jeudi 11 h. 30 soir. |
| Russe . . . . . | Korniloff | 7 h. mat. | D'Odessa. | Dep. Mercredi 2 h. soir. |

## Arrivées du Samedi 26 Juin 1909

| COMPAGNIES | NOMS DES BATEAUX | HEURES DES ARR. | DES PORTS SUIVANTS | DÉPART DU PREMIER PORT. |
|---|---|---|---|---|
| Lloyd Autrich | Baron Call | 6 h. m. | D'Odessa, Constanza et Bourgas. | Dép. d'Odesia Mecredi 1 h. m. |
| Nav. G.ie Italiana | Serbia. | 7 h. m. | De Venise, Ancone, Bari, Brindisi, S.ta Quaranta, Corfou, Patras (par le Canal de Corinthe) et Pirée. | Dép. de Venise Samedi. |
| Norddeutscher Lloyd | Scutari | 6 h. s. | De Marseille, Gênes, Naples, Catane, Pirée et Smyrne. | |

## Départs du Dimanche 23 Juin 1909

| COMPAGNIES | NOMS DES BATEAUX | HEURES DES DÉP. | DESTINATION | ARRIVÉE AU DERNIER PORT. |
|---|---|---|---|---|
| **Nav. G⁰ⁱᵉ Italiana** | *Serbia* | 4 h. s. | Pour Constanza, Souli- na, Galatz et Braïla | Arr. à Braïla Mercredi 2 h. s. |
| **Norddeutscher Lloyd** | *Skutari* | midi | Pour Odessa et Nico- laïeff. | |

## Départs du Lundi 28 Juin 1909

| COMPAGNIES | NOMS DES BATEAUX | HEURES DES DÉP. | DESTINATION | ARRIVÉE AU DERNIER PORT. |
|---|---|---|---|---|
| **Lloyd Autrich.** | . . . . . | 4 h. soir | Pour Dardanelles, Dé- déaghatch, Cavalla, Salo- nique, Candie, Réthymo, Canée, Santi-Quaranta, Vallona et Trieste, Durée du trajet 10 jours. | Arr. à Trieste Jeudi 5 h. s. |
| **Mess. Maritim.** | *Bagdad* | 4 h. soir | Pour Odessa. | Arr. Mercredi m. |
| **Nav. G⁰ⁱᵉ Italiana** | *Levanzo* | 5 h. soir | Pour Dardanelles, Smyr- ne, Pirée, Canée, Catane, Messine, Naples, Livour- ne et Gênes. | Arr. à Gênes Sa- medi à l'aube. |
| **Panhellénique** | *Scaraman- gas* | 4 h. soir | Pour Samsoun et Tré- bizonde. | Arr. à Trébizon- de Jeudi matin. |

### Arrivées du Dimanche 27 Juin 1909

| COMPAGNIES | NOMS DES BATEAUX | HEURES DES DÉP. | DES PORTS SUIVANTS | DÉPART DU PREMIER PORT |
|---|---|---|---|---|
| Khedivié | Osmanieh | 4 h. soir | D'Alexandrie, Pirée, Smyrne et Métélin. | Dép. d'Alexandrie Mercredi 5 h. s. |
| D° | Menzaleh | 2 h. soir | De Rizeh, Trébizonde, Kérassunde, Ordou, Samsoun et Inéboli. | Dép. de Trébizonde Lundi 10 h. m |
| Nav. G⁰ Italiana | Levanzo | matin | D'Odessa. | Dép. Vendredi soir. |
| D° | Eutella | matin | De Batoum Trébizonde, Samsoun et Inéboli. | Dép. de Batoum Mercredi soir. |
| Panhellénique | Scaramangas | matin | De Trieste, Corfou, Patras, Catacolo, Calamata, Pirée, Chio, Smyrne, Métélin et Dardannelles. | Dép. de Trieste Vendredi. |

### Arrivées du Lundi 28 Juin 1909

| COMPAGNIES | NOMS DES BATEAUX | HEURES DES DÉP. | DES PORTS SUIVANTS | DÉPART DU PREMIER PORT |
|---|---|---|---|---|
| Egée | Braïla | matin | De Trébizonde, Kérassunde, Ordou, Samsoun, Sinope et Inéboli. | Dép. de Trébizonde Mardi 4 h. soir. |
| D° | Smyrni | matin | De Braïla, Galatz, Soulina, et Varna. | Dép. de Braïla Jeudi soir. |
| Lloyd Autrich. | Bruenn | 5 h. s. | De Trieste, Brindisi, Corfou, Patras, Pirée et Dardanelles. | Dép. de Trieste Mardi 2 h. soir. |
| Mess. Maritim. | Bagdad | matin | De Marseille, Patras, Syra et Salonique. | Dép. de Marseille Samedi 4 h. soir. |
| Roumain | Prin. Maria | 11h 30m. | De Constantza. | Dép. Dimanche 11 h. 30. soir |
| D° | Imp. Traian | 2 h. soir | D'Alexandrie et Smyrne. | Dép. d'Alexan- Jeudi soir. |
| Russe | Odessa | 4 h. s. | D'Odessa. | Dép. Dimanche 1 h. matin. |

## Départs du Mardi 29 Juin 1909

| COMPAGNIES | NOMS DES BATEAUX | HEURES DES DÉP. | DESTINATION | ARRIVÉE AU DERNIER PORT. |
|---|---|---|---|---|
| **Khedivié** | *Osmanieh* | 3 h. soir | Pour Métélin, Smyrne, Pirée et Alexandrie. | Arr. à Alexandrie Samedi 8 h. matin. |
| **Roumain** | *Imp. Traian* | 10 h. m. | Pour Constanza. | Arr. 10 h. soir. |

## Départs du Mercredi 30 Juin 1909

| COMPAGNIES | NOMS DES BATEAUX | HEURES DES DÉP. | DESTINATION | ARRIVÉE AU DERNIER PORT. |
|---|---|---|---|---|
| **Nav. G<sup>le</sup> Italiana** | *Romania* | 10 h. m. | Pour Pirée, (par le Canal de Corinthe), Patras, Corfou, Santi Quaranta, Brindisi, Bari, Ancona et Venise. | Arr. à Venise Mardi matin. |
| **Panhellénique** | *Samos* | 4 h. soir | Pour Dardanelles, Métélin, Smyrne, Chio, Pirée, Calamata, Catacolo, Patras, Corfou et Trieste. | Arr. à Trieste Samedi soir. |
| **Paquet** | *Ionie* | 11 h. m. | Pour Marseille. | Arr. Lundi mat. |
| **Russe** | *Princ. Eugénie* | 5 h. soir | Pour Bourgas, Varna et Odessa. | Arr. à Odessa. Vendredi 4 h. s. |

### Arrivées du Mardi 29 Juin 1909

| COMPAGNIES | NOMS DES BATEAUX | HEURES DES ARR. | DES PORTS SUIVANTS | DÉPART DU PREMIER PORT |
|---|---|---|---|---|
| Nav. G<sup>le</sup> Italiana | *Romania* | matin | De Braïla, Galatz, Soulina et Constanza. | Dép. de Braïla Samedi matin. |
| Paquet | *Ionie* | matin | De Novorossiski, Batoum, Trébizonde et Samsoun. | Dép. de Batoum Mercredi soir. |
| Russe . . . . . . . . | *Princ. Eugénie* | 6 h. m. | De Pt-Saïd, Jaffa, Caïfa, Beyrouth Tripoli, Alexandrette, Mersine, Rhodes, Chio, Smyrne, Salonique, Mont Athos et Dardanelles. | Dép. de Port-Saïd Mercredi soir. |

### Arrivées du Mercredi 30 Juin 1909

| COMPAGNIES | NOMS DES BATEAUX | HEURES DES ARR. | DES PORTS SUIVANTS | DÉPART DU PREMIER PORT |
|---|---|---|---|---|
| Khedivié | *Menzaleh* | matin | D'Alexandrie, Port-Saïd, Jaffa, Caïfa., Beyrouth, Tripoli, Alexandrette, Mersine, Rhodes, Chio, Smyrne, Métclin, Dardanelles et Gallipoli | Dép. d'Alexandrie Samedi 4 h. s. |
| Lloyd Autrich. | *Hungaria* | 6 h. m. | De Trieste, Brindisi, Corfou, Patras, Argostoli, Calamata, Cérigo, Pirée, Syra, Vathy, Chio, Tchecimé, Smyrne, Métclin, Dardanelles et Gallipoli. | Dép. de Trieste Dimanche 10 h. m. |
| Mess. Maritim. | *Saghalien* | soir | De la côte de Syrie, Beyrouth, Rhodes, Smyrne et Dardanelles. | Dép. de Beyrout Samedi 10 h. m. |
| Nav. G<sup>le</sup> Italiana | *Vinc. Florio* | 7 h. m. | De Gênes, Livourne, Naples, Palerme, Messine, Catane, Pirée, Salonique et Dardanelles. | Dép. de Gênes Mardi soir. |
| D° . . . . . . . . | *Letimbro* | 7 h. m. | De Catane, Siracuse, Malte, Tripoli, Misrata, Benghazi, Derna, Canée, Candie et Smyrne. | Dép. de Catane Vendredi matin. |
| Norddeutscher Lloyd | *Sachsen* | matin | De Batoum, Trébizonde, Samsoun et Inéboli. | . . . . . . . |
| Panhellénique | *Samos* | matin | De Trébizonde, Ordou, Kérassunde et Samsoun. | Dép. de Trébizonde Samedi soir. |
| Russe . . . . . . . | *Olég* | 3 h. soir | De Sébastopol. | Dép. Mardi 9 h. m. |

# 6ᵐᵉ PARTIE

# CHEMINS de FER
## EN
# TURQUIE

# VOYAGES EN ORIENT

## G. Le BOURGEOIS & C^ie

### 38, Boulevard des Italiens-1, rue du Helder, **PARIS**

( شرقده سياحت ـ ز. لو بوردژواو شركاسی )

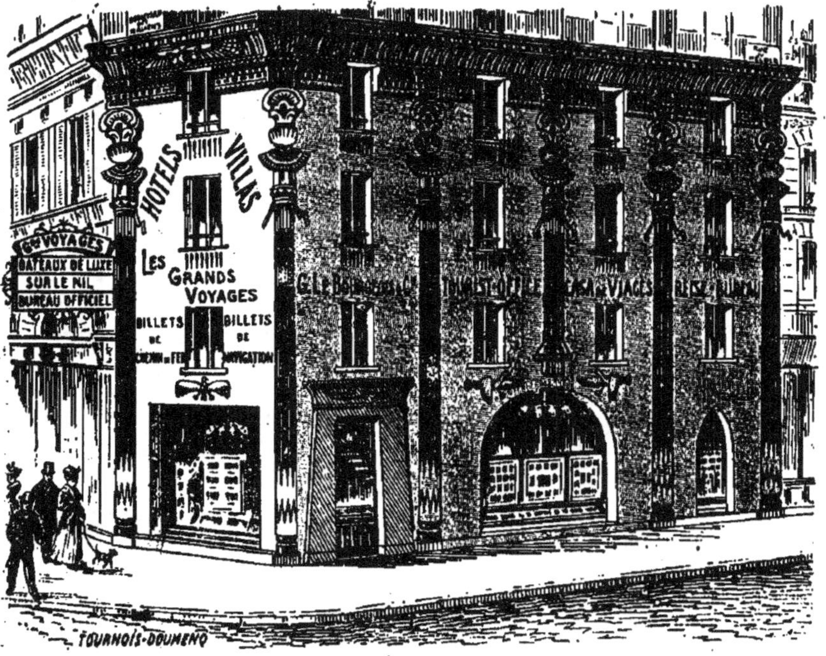


## ORGANISATION de VOYAGES en FRANCE

### SÉJOURS DANS LES VILLES D'EAUX.

## BILLETS de FAMILLE

MM. G. Le Bourgeois et C^ie, dont la clientèle comprend l'élite du Tourisme contemporain, étudient, préparent des voyages pour toutes les parties du monde.

Ils désignent leurs hôtels correspondants qui sont choisis parmi les meilleurs comme confort et bonnes conditions.

Ils donnent gracieusement tous renseignements utiles.

## 20^me année.

# CHEMIN DE FER HAMIDIÉ DU HÉDJAZ

## Ligne Caïfa—Damas

### Horaire des Trains de Voyageurs, réglé sur l'heure à la Turque.

| Distance Kil. | PRIX DES PLACES Non compris le droit de timbre | | | | STATIONS | DÉPART | | |
|---|---|---|---|---|---|---|---|---|
| | 1re cl. | | 3e cl. | | | Heures | Minutes | |
| | plast. | cent | plast. | cent | | | | |
| — | — | | — | — | CAÏFA . . . . . . . . . . . . . dép. | 12 | — | jour |
| 22 | 11 | — | 5 | 50 | Tel–i–Chéman . . . . . . . » | 12 | 43 | » |
| 37 | 18 | 50 | 9 | 25 | Afoulé . . . . . . . . . » | 1 | 13 | » |
| 52 | 26 | — | 13 | — | Chatta . . . . . . . . . » | 1 | 43 | » |
| 60 | 30 | — | 15 | — | Bissan . . . . . . . . . » | 2 | 4 | » |
| 77 | 38 | 50 | 19 | 25 | Djissir . . . . . . . . . » | 2 | 42 | » |
| 87 | 43 | 50 | 21 | 75 | SAMACH . . . . . . . . . » | 3 | 20 | » |
| 96 | 48 | — | 24 | — | El–Hamé . . . . . . . . . » | 3 | 41 | » |
| 108 | 54 | — | 27 | — | Wadi–Kilid . . . . . . . . . » | 4 | 20 | » |
| 120 | 60 | — | 30 | — | Chédjéré . . . . . . . . . » | 4 | 50 | » |
| 125 | 62 | 50 | 31 | 25 | El–Mékarime . . . . . . . . . » | 5 | 20 | » |
| 136 | 68 | — | 34 | — | Zeizoun . . . . . . . . . » | 6 | 3 | » |
| 146 | 73 | — | 36 | 50 | Tel–i–Chehab . . . . . . . . . » | 6 | 37 | » |
| 150 | 75 | — | 37 | 50 | M'zérib . . . . . . . . . » | 6 | 55 | » |
| 162 | 81 | — | 40 | 50 | DERAA . . . . . . . . . arr. | 7 | 18 | » |
| — | — | | — | — | (Buffet) . . . . . . . . . dép. | 7 | 55 | » |
| 178 | 89 | — | 44 | — | Gazali . . . . . . . . . » | 8 | 31 | » |
| 193 | 96 | 50 | 47 | — | Ezraa . . . . . . . . . » | 9 | 2 | » |
| 207 | 103 | 50 | 49 | 75 | Mahadjé . . . . . . . . . » | 9 | 26 | » |
| 245 | 107 | 50 | 51 | 50 | Habab . . . . . . . . . » | 9 | 42 | » |
| 222 | 111 | — | 52 | 75 | Djibab . . . . . . . . . » | 9 | 54 | » |
| 235 | 117 | 50 | 55 | 50 | Mesmié . . . . . . . . . » | 10 | 20 | » |
| 254 | 127 | — | 59 | 25 | Dérali . . . . . . . . . » | 10 | 54 | » |
| 264 | 132 | — | 61 | 25 | Kiswé . . . . . . . . . » | 11 | 45 | » |
| 285 | 142 | 50 | 65 | 50 | DAMAS ( Cadem ) . . . . . arr. | 12 | — | soir |

Ligne Damas-Beyrouth Voir page 353.

Les voyageurs venant de la direction de CAÏFA trouvent à DÉRAA la correspondance des trains pour la grande ligne vers MÉDINE.

Les *SAMEDI, LUNDI, MERCREDI,* les voyageurs venant de la Direction de MÉDINE trouvent à DARAA la correspondance des trains vers CAÏFA.

Il n'existe pas de coïncidence entre la station de M'ZERIB-HEDJAZ et M'ZERIB.—DAMAS, HAMA-PROLONGEMENT aux trains réguliers.

A DARAA on trouve un buffet où sont servis des repas à prix fixe au passage de tous les trains réguliers de voyageurs.

Le prix des billets est calculé en piastres or, correspondant au centième de la livre turque, et en centièmes de piastre.

La Livre Sterling est comptée pour Piastres 109,25 ; le Napoléon pour Piastres 86,50 ; le Médjidié Piastres 18,50 ; les monnaies d'argent étrangères ne sont pas acceptées.

# CHEMIN DE FER HAMIDIÉ DU HÉDJAZ

## Ligne Damas—Caïfa

### Horaire des Trains Voyageurs réglé sur l'heure à la Turque.

| Distance Kil. | PRIX DES PLACES Non compris le droit de timbre | | | | STATIONS | DÉPART | | |
|---|---|---|---|---|---|---|---|---|
| | 1e cl. | | 3e cl. | | | Heures | Minutes | |
| | piast. | cent | piast. | cent | | | | |
| — | — | — | — | — | DAMAS (Cadém) . . . . . . . dép. | 12 | — | jour |
| 21 | 10 | 50 | 4 | 25 | Kiswé . . . . . . . . . . . . » | 12 | 49 | » |
| 31 | 15 | 50 | 6 | 25 | Dérali . . . . . . . . . . . . » | 1 | 7 | » |
| 50 | 25 | — | 10 | — | Mesmié. . . . . . . . . . . . » | 1 | 44 | » |
| 63 | 31 | 50 | 12 | 75 | Djibab . . . . . . . . . . . . » | 2 | 7 | » |
| 70 | 35 | — | 14 | — | Habab . . . . . . . . . . . . » | 2 | 19 | » |
| 79 | 39 | 50 | 16 | — | Mahadjé. . , . . . . . . . . » | 2 | 35 | » |
| 92 | 46 | — | 18 | 50 | Ezraa. . . . . . , . . . . . . » | 2 | 59 | » |
| 107 | 53 | 50 | 21 | 50 | Gazali . . . . . . . . . . . . » | 3 | 31 | » |
| 124 | 62 | — | 25 | — | DERAA. . . . . . . . . . . . arr. | 4 | 5 | » |
| — | — | — | — | — | (Buffet). . . . . . . . . . . . dép. | 4 | 42 | » |
| 136 | 68 | — | 25 | — | M'zérib . . . . . . . . . . . . » | 5 | 10 | » |
| 140 | 70 | — | 29 | — | Tel-i-Chéhab . . . . . . . . » | 5 | 24 | » |
| 149 | 74 | 50 | 31 | 50 | Zéizoun . . . . . . . . . . . . » | 6 | 1 | » |
| 160 | 80 | — | 34 | 25 | El–Mékarim . . . . . . . . . » | 6 | 46 | » |
| 165 | 82 | 50 | 35 | 50 | Chédjéré . . . . . . . . . . . » | 7 | 1 | » |
| 177 | 88 | 50 | 38 | 50 | Wadi–Kilid . . . . . . . . . » | 7 | 36 | » |
| 189 | 94 | 50 | 41 | 50 | El–Hamé . . . . . . . . . . . » | 8 | 10 | » |
| 198 | 99 | — | 43 | 75 | SAMACH. . . . . . . . . . . » | 8 | 50 | » |
| 208 | 104 | — | 46 | 25 | Djissir . . . . . . . . . . . . » | 9 | 15 | » |
| 226 | 113 | — | 50 | 50 | Bissan . . . . . . . . . . . . » | 10 | — | » |
| 234 | 117 | — | 52 | 75 | Chatta . . . . . . . . . . . . » | 10 | 17 | » |
| 248 | 124 | — | 56 | 25 | Afoulé . . . . . . . . . . . . » | 10 | 52 | » |
| 263 | 131 | 50 | 60 | — | Tel-i-Chémam. . . . . . . . » | 11 | 22 | » |
| 285 | 142 | 50 | 65 | 50 | CAÏFA . . . . . . . . . . . . arr. | 12 | — | soir |

Les enfants ne paient pas jusqu'à 4 ans à condition d'être tenus sur les genoux; de 4 à 10 ans ils paient demi prix.

Un voyageur payant place entière, a droit à 30 kilog. de bagages en franchise et les enfants payant demi tarif à 20 kilogrammes seulement.

**Les trains spéciaux** sont comptés normalement soit depuis CAÏFA soit depuis DAMAS avec un minimum garanti de 35 piastres or par kilomètre parcouru. La demande d'un train spécial doit parvenir quarante huit heures à l'avance à la Direction-Générale de l'Exploitation à Caïfa et le montant garanti est exigible d'avance.

# CHEMIN de FER HAMIDIÉ du HÉDJAZ
### *Horaire des trains de voyageurs, d'après l'heure à la turque.*
### Ligne de Damas—Mahan—Tebouk—Medine

Départ de Cadem : les *SAMEDI, LUNDI, MERCREDI*, arrivée à MAHAN le lendemain
Coïncidence de ces trains à DÉRAA pour les voyageurs avec le train en provenance
   de CAÏFA et destinés pour MEDINE.
Départ de MAHAN : *DIMANCHE, MARDI et JEUDI*, arrivée à TÉBOUK, le lendemain
Départ de TÉBOUK : *LUNDI, MERCREDI et VENDREDI* arrivée à EL-OULA le
   même jour.
Départ d'EL-OULA : *LUNDI, MERCREDI et VENDREDI* arrivée à MEDINE le lend.

| Distance kilométrique | PRIX DES PLACES Non compris le droit de timbre | | | | STATIONS | | Heures | Minutes | jour ou nuit | jours de la semaine |
|---|---|---|---|---|---|---|---|---|---|---|
| | 1ᵉ cl. | | 3ᵉ cl. | | | | | | | |
| | piast. | cent | piast. | cent | | | | | | |
| — | — | — | — | — | DAMAS (Cadem) | dép. | 6 | — | nuit | |
| 21 | 10 | 50 | 4 | 25 | Kiswé | » | 6 | 49 | » | |
| 31 | 15 | 50 | 6 | 25 | Dérali | » | 7 | 7 | » | |
| 50 | 25 | — | 10 | — | Mesmié | » | 7 | 44 | » | |
| 63 | 31 | 50 | 12 | 75 | Djibab | » | 8 | 7 | » | |
| 70 | 35 | — | 14 | — | Habab | » | 8 | 19 | » | Mercredi |
| 79 | 39 | 50 | 16 | — | Mahadjé | » | 8 | 35 | » | |
| 92 | 46 | — | 18 | 50 | Ezraa | » | 9 | 3 | » | |
| 107 | 53 | 50 | 21 | 50 | Gazali | » | 9 | 35 | » | |
| 124 | 62 | — | 25 | — | DERAA | arr. | 10 | 9 | » | |
| — | — | — | — | — | (buffet) | dép. | 10 | 45 | » | |
| 136 | 68 | — | 28 | 25 | Nassib | » | 11 | 13 | » | |
| 162 | 81 | — | 34 | 75 | Mafrak | » | 12 | 13 | nuit | |
| 186 | 93 | — | 40 | 75 | Semra | » | 1 | 11 | » | |
| 203 | 101 | 50 | 45 | — | Zerka | » | 2 | — | » | |
| 223 | 111 | 50 | 50 | — | AMAN | » | 4 | — | » | Lundi |
| 235 | 117 | 50 | 53 | — | Kassir | » | 4 | 57 | » | |
| 250 | 125 | — | 56 | 50 | Lubin | » | 5 | 38 | » | |
| 261 | 130 | 50 | 59 | 25 | Djizé | » | 6 | 15 | » | |
| 280 | 140 | — | 64 | — | Dabaa | » | 6 | 57 | » | |
| 296 | 148 | — | 68 | 25 | Hanzébib | » | 7 | 32 | » | |
| 310 | 155 | — | 71 | 50 | Sévaca | » | 8 | 1 | » | |
| 327 | 163 | 50 | 76 | — | KATRANE | » | 8 | 55 | » | Samedi |
| 348 | 174 | — | 81 | — | Menzil | » | 9 | 37 | » | |
| 368 | 184 | — | 86 | — | Harbet-ul-Kreikra | » | 10 | 19 | » | |
| 379 | 189 | 50 | 88 | 75 | El-Hassa | » | 11 | 3 | » | |
| 398 | 199 | — | 93 | 75 | Djirouf-Dervich | » | 11 | 55 | » | |
| 424 | 212 | — | 100 | — | Anézé | » | 12 | 51 | » | |
| 441 | 220 | 50 | 104 | 25 | Vadi-djerdoun | » | 1 | 30 | » | dimanche mardi jeudi |
| 460 | 230 | — | 109 | — | MAHAN | arr. | 2 | 9 | jour | |
| — | — | — | — | — | (buffet avec hôtel) | dép. | 3 | 30 | » | |
| 573 | 286 | 50 | 137 | 25 | Mudéwéré | » | 8 | 49 | » | |
| 609 | 304 | 50 | 146 | 25 | ZAT-UL-HADJ | » | 10 | 36 | » | |
| 693 | 346 | 50 | 167 | 25 | TEBOUK | dép. | 3 | 30 | nuit | lundi mercredi vendredi |
| 955 | 477 | 50 | 232 | 75 | Médain-Salih | » | 5 | 45 | jour | |
| 980 | 490 | — | 239 | — | EL-OULA | » | 7 | 5 | » | |
| 1303 | 751 | 50 | 369 | 75 | MEDINE | arr. | 12 | — | MAT. | |

Le prix des billets est calculé en piastres or correspondant au centième de la livre
turque, et en centièmes de piastre.—Le prix de la place est exigible avec l'appoint nécessaire, le chemin de fer n'étant pas astreint à rendre la monnaie. — La livre sterling est
comptée pour 109,25 piastres, le Napoléon pour 86,50 piastres, le médjidié pour 18,50 piastres ; les monnaies d'argent étrangères ne sont pas acceptées.—Les enfants ne paient pas
jusqu'à 4 ans à condition d'être tenus sur les genoux ; de 4 à 10 ans ils paient demi-prix.

# CHEMIN de FER HAMIDIÉ du HÉDJAZ
## *Horaire des trains de voyageurs, d'après l'heure à la turque.*
### Ligne Medine—Tebouk—Mahan—Damas

Départ de MEDINE : *MARDI, JEUDI et SAMEDI*, arrivée à El-Oula le lendemain.
Départ d'EL-OULA : *MERCREDI, VENDREDI et DIMANCHE*, arrivée à TEBOUK le lendemain.
Départ de EEBOUK et MAHAN : les *SAMEDI, LUNDI et JEUDI*, arrivée à CADEM le lendemain.
Coïncidence de ces trains à DERAA avec les trains vers Caïfa.

| Distance kilométrique | PRIX DES PLACES Non compris le droit de timbre | | | | STATIONS | | Heures | Minutes | jour ou nuit | jours de la semaine |
|---|---|---|---|---|---|---|---|---|---|---|
| | 1re cl. | | 3e cl. | | | | | | | |
| | piast. | cent | piast. | cent | | | | | | |
| | — | — | — | — | MEDINE | dép. | 12 | — | soir | mardi jeudi samedi |
| | 261 | 50 | 130 | 75 | EL-OULA | » | 4 | 33 | jour | |
| | 274 | — | 137 | — | Medain-Salih | » | 7 | — | » | mercredi vendredi dimanch |
| | 405 | 50 | 202 | 75 | TEBOUK | » | 9 | 15 | nuit | |
| | 447 | — | 223 | 50 | ZAT-UL-HADJ | » | 1 | — | jour | |
| | 465 | — | 232 | 50 | Mudéwéré | » | 2 | 57 | » | |
| | 522 | — | 261 | — | MAHAN | arr. | 8 | 2 | » | |
| | | | | | (buffet) | dép. | 9 | 40 | » | |
| | 531 | — | 265 | 50 | Vadi-djerdoun | » | 10 | 20 | » | |
| | 540 | — | 270 | — | Anézé | » | 11 | — | » | |
| | 552 | 50 | 276 | 25 | Djirouf Dervich | » | 12 | — | soir | |
| | 562 | 50 | 281 | 25 | El-Hassn | » | 1 | 4 | nuit | Jeudi |
| | 567 | 50 | 283 | 75 | Herbet-ul-Kreikra | » | 1 | 34 | » | |
| | 577 | 50 | 288 | 75 | Menzil | » | 2 | 17 | » | |
| | 588 | — | 294 | — | KATRANE | » | 3 | 18 | » | |
| | 596 | 50 | 298 | 25 | Sévaca | » | 3 | 53 | » | |
| | 603 | 50 | 301 | 75 | Hanzébib | » | 4 | 23 | » | |
| | 612 | — | 306 | — | Dabaa | » | 4 | 57 | » | |
| | 621 | 50 | 310 | 75 | Djizé | » | 6 | 2 | » | |
| | 627 | — | 313 | 50 | Lubin | » | 6 | 26 | » | Lundi |
| | 634 | — | 317 | — | Kassir | » | 7 | 16 | » | |
| | 640 | — | 320 | — | AMAN | » | 9 | — | » | |
| | 650 | — | 325 | — | Zerka | » | 10 | 1 | » | |
| | 658 | 50 | 329 | 25 | Semra | » | 10 | 44 | » | |
| | 670 | 50 | 335 | 25 | Mafrak | » | 11 | 49 | » | |
| | 683 | 50 | 341 | 75 | Nassib | » | 12 | 45 | jour | |
| | 689 | 50 | 344 | 75 | DERAA | arr. | 1 | 12 | » | |
| | | | | | (buffet) | dép. | 2 | 49 | » | |
| | 698 | — | 348 | 25 | Gazali | » | 3 | 36 | » | Samedi |
| | 705 | 50 | 351 | 25 | Ezraa | » | 4 | 14 | » | |
| | 712 | 50 | 354 | — | Mahadjé | » | 4 | 46 | » | |
| | 716 | 50 | 355 | 75 | Habab | » | 5 | 8 | » | |
| | 720 | — | 357 | — | Djibab | » | 5 | 26 | » | |
| | 726 | 50 | 359 | 75 | Mesmié | » | 6 | 9 | » | |
| | 736 | — | 363 | 50 | Dérali | » | 7 | 8 | » | |
| | 741 | | 365 | 50 | Kiswé | » | 7 | 30 | » | |
| | 751 | 50 | 369 | 75 | DAMAS (Cadem) | arr. | 8 | 15 | » | |

Un voyageur payant place entière, a droit à 30 kilogs de bagages, en franchise et les enfants à demi-tarif à 20 kilogrammes seulement. On entend par bagages les effets nécessaires au déplacement du voyageur à l'exception des marchandises.—Il ne circule normalement que des voitures de troisième classe. Toutefois, les groupes de voyageurs peuvent obtenir en s'adressant 48 heures à l'avance à la Direction Générale de l'Exploitation à Caïfa des voitures de 1re classe pour un parcours minimum de 400 kilomètres, en payant d'après un minimum de 10 places à l'aller et au retour.

# NOTICE DESCRIPTIVE
## avec vues des Lieux remarquables du
# CHEMIN DE FER OTTOMAN D'ANATOLIE

Station et Débarcadère de Haïdar-Pacha

## CONSTANTINOPLE—HAÏDAR-PACHA.

BATEAUX A VAPEUR de la Cie Mahsoussé en coïncidence avec les trains du Chemin de fer pour Ismidt. Tête de ligne à gauche à l'entrée du Grand Pont en venant de Galata. (Consulter Itinéraire à page 315). Buffets à la gare de Haïdar-Pacha et d'Ismidt, mais pas en route. Il faut donc se faire préparer à l'hôtel un panier de provisions pour pouvoir déjeuner dans le wagon. Comme il n'y a pas de trains de nuit, il est impossible d'aller et de revenir dans la même journée.—A Ismidt il y a une médiocre auberge grecque où l'on peut dîner et passer la nuit.

Cette excursion, pour laquelle un *teskéré* et un drogman sont nécessaires, ne présente pas un assez grand intérêt pour faire oublier le manque de confort à ceux qui y attachent quelque importance.

Le bateau à vapeur traverse le Bosphore en se dirigeant à l'E. et aborde le Quai de Haïdar Pacha dans son Port que la Société du Chemin de fer Ottoman d'Anatolie a fait construire en 1903 avec de grands Entrepôts pour les céréales et une installation parfaite de machines pour charger et décharger les grands bateaux qui accostent à Quai.

Le Quai est éclairé à la lumière électrique et présente un aspect tout à fait européen avec une très belle chaussée bordée d'arbres qui conduit au buffet de l'ancienne Gare.

Cette gare est bâtie sur l'emplacement d'un ancien temple de Venus, transformée en église de Sainte Euphemie par Constantin en 326 et où se tint, en 451, le 4<sup>me</sup> concile contre l'hérésie *d'Eutychès*.

Au kilom. 3, de Haïdar-Pacha, la Station de **Kizil Toprak**, où se détache à droite le petit embranchement de Féner-Baghtché (Voir page 88) et au kilom. 5, **Gueuz-Tépé**.

Au kilom. 6, le village d'**Erenkeuy**, qui occupe l'emplacement de l'ancienne *Anoratos*. Les vignobles des environs produisent un vin très renommé. La voie longe presque continuellement le golfe d'Ismidt.

Au kil. 9, **Bostandjik**, où l'on voit, dans la mer, des vestiges d'anciennes murailles et, au délà de la station un ancien pont romain.—Résidence de M<sup>r</sup> Huguenin, Directeur-Général de la Société du Chemin de fer Ott. d'Anatolie. (A 2 Kilom. E., à *Bachi-Bouyouk-li-Yalissi*, vestiges d'une grande construction Byzantine).

Au kilom. 14, **Maltépé**, endroit de villégiature des Grecs de Constantinople. Les empereurs grecs avaient fait de cette localité, nommée autrefois *Bryas*, une de leurs résidences d'été.

Non loin de ce village, vis-à-vis de l'île de Proti, s'élève la montagne de la Bithynie, nommée St Auxence, d'un ermite qui bâtit en 440, sous Théodose le Jeune, un couvent, des Saints-Apôtres. Le couvent démoli par les Latins, fut rebâti en l'honneur de S<sup>t</sup> Michel, par Michel Paléologue. Aujourd'hui on voit à peine les fondements. Sur cette montagne de S<sup>t</sup> Auxence on plaçait, au temps de l'empire grec, des vedettes qui par des signaux de feu, annonçaient les incursions des barbares.

Au Kilom. 20, **Kartal** ou *Hartalimi*, l'ancien port *Kartaliméne* des Byzantins, endroit de villégiature pour les Grecs de Constantinople et escale des bateaux à vapeur de la ligne des Iles des Princes.

A 45. min. de *Kartal*, au ham. de San Stefano, se trouve une grotte, où l'on descend par des escaliers taillés dans le roc et au fond de laquelle jaillit une *Ayasma* ou source consacrée. Les murs de la grotte sont tapissés d'images de saints et tous les ans on y célèbre une cérémonie religieuse pour la bénédiction de l'eau. — A 45 min. E., on voit, de Kartal, sur une colline, *Yakadjik*, localité fréquentée en automne.

Au kilom. 24, **Pendik**, l'antique *Panthéichon*, lieu de villégiature comme les précédents et escale des bateaux à vapeur de la ligne des Iles des Princes. Cette localité rappelle la retraite de Bélisaire, lequel y vécut paisible après sa disgrace, en dépit de la légende qui le représente pauvre et aveugle, errant par le monde.

Au kilom. 35, **Touzla** au bord de la mer, à 15 min. de la station, dans une contrée giboyeuse; *sources* minérales purgatives, très fréquentées au mois d'Août; lieu d'excursion également fréquenté (production d'artichauts renommés). En face du village dans une île aujourd'hui inhabitée, nombreuses ruines byzantines.

Au kilom. 44, **Guebzeh**, l'antique *Libyssa*, la *Dakibyza* Byzantine, où mourut Annibal, c'est là que, cerné par les romains, il s'empoisonna.

*Guebzeh* n'est plus qu'un village habité presque exclusivement par des Turcs, qui y cultivent surtout du raisin, exporté à Constantinople et en Russie. On y voit une jolie mosquée de marbre blanc, construite par Sinan, le grand architecte des mosquées de Constantinople. Au S. de Guebzeh, la côte projette dans la mer, à l'entrée du golfe une presqu'île, sur le rivage de laquelle se trouve, à 5 kilom., le village de *Daridja* (escale des bateaux de la ligne d'Ismidt), l'antique *Aréthuse*, à 3 kilom. environ E. duquel se trouvent, à droite de la voie ferrée et près du rivage, les ruines du *château* byzantin de *Filokrini*, aujourd'hui *Eski-Hissar*.

Viaduc et Station de Guebzeh

Au kilom. 55, *Dil-Iskelessi*, près du cap de *Caba-Bournou*, (carrière de pierres) qui forme, avec celui de *Hersek* (ou *Dil-Bournou*), situé sur la rive opposée, l'étranglement du golfe d'Ismidt et en fait un excellent mouillage.

La voie franchit l'ancien Lybissos, sur un Viaduc long de 247ᵐ, à 7 piles métalliques (celle du milieu a 15ᵐ de haut), puis laisse à gauche un grand tumulus couvert de gazon, surmonté de deux cyprès gigantesques et qui passe pour être le tombeau d'Annibal.

Au kilom. 59, *Tavchandjil*, sur une colline qui domine la station, est un des villages les plus pittoresques de la côte; on y trouve des sources thermales.

Au kilom. 64, *Hérèké*, dans une position magnifique, occupe l'emplacement de l'ancien *Ankyron*, où mourut Constantin le Grand, le fondateur de Constantinople (sur les flancs de la colline, on voit encore les restes de son Palais). Non loin de là, à *Hunkiar-Tchaïri*, mourut aussi le conquérant de Constantinople, Mahomet II. Près de la station, à gauche de la voie, le Sultan Abdul Medjid a fait construire une grande fabrique de *soieries* et de *tapis* d'une exécution parfaite, où travaillent des femmes turques, grecques et arméniennes (pour la visiter il faut une autorisation spéciale du Ministère de la Liste Civile).

Au kilom. 74, *Yaremdja* où ont été découverts des morceaux d'une colonne gigantesque, portant des inscriptions latines du temps de Marc-Aurèle.

Au kilom. 80, *Tutun-Tchiflik (Ferme de tabac)* où le Sultan Abdul-Aziz fit construire un château de chasse, aujourd'hui ferme impériale (culture de tabac).— A droite le *Zeïtoun-Bournou* (cap de l'Olivier) forme avec le Kavak-Bournou (cap du Peuplier) un nouvel étranglement du golfe d'Ismidt. La voie passe dans une tranchée où l'on remarque des traces de tombeaux byzantins.

Au kilom. 84, *Dérindjé*, dépôt de la Cⁱᵉ du chemin de fer ottoman d'Anatolie, avec un port bien outillé.

Au kilom. 91, **Ismidt** (buffet-restaurant). De Haïdar-Pacha à Ismidt la voie ferrée traverse la vallée d'Ismidt du N. O. au S. E.

**A ISMIDT** *par mer*.

Service de bateaux à vapeur de la C<sup>ie</sup> Mahsoussé accostés au Quai à Galata. Distance totale environ 100 kilom. Durée du trajet de 6 à 7 h. On peut faire cette charmante excursion par mer en 2 jours si on s'arrange avec le capitaine pour coucher à bord et si l'on apporte avec soi les provisions nécessaires.

Toute la côte de ce trajet, offre une suite de golfes bordés de montagnes en pente douce, qui présentent presque partout des traces de cultures, de beaux bouquets d'arbres et des villages, situés les uns au bord de l'eau, les autres perdus au milieu des taillis. C'est surtout dans le golfe d'Ismidt que l'on jouit de ces beaux aspects, *Yalova* est la 1<sup>re</sup> station que l'on rencontre sur la côte S. où se retirèrent les croisées commandés par Pierre l'Ermite et Gauthier Sans Avoir, lorsqu'ils abandonnèrent Nicée.

A 1 h. 30 dans le *Hamam-Déré* (vallée des Bains), sources thermales de *Koury* et l'Etablissement thermal de *Koury-Yalova*, pourvu de tout le confort moderne, appartenant à la Liste Civile, et fréquenté par l'élite des sociétés ottomanes et étrangères.

*Daridja* est la 2<sup>me</sup> station sur la côte N. du golfe, à 5 kilom. de Guebzeh, station du chemin de fer d'Ismidt. On passe entre le *Kaba-Bournou* à gauche et le *Dil-Bournou* à droite. 3<sup>me</sup> station **Karamoussal**, gros bourg très pittoresque, étagé sur les pentes E. d'un promontoire couvert de grands bois, sur la côte S. du golfe d'Ismidt. 4<sup>me</sup>, 5<sup>me</sup> et 6<sup>me</sup> stations, *Deïrmen-Déré*, *Condjé* et *Seïmen*. Toute la côte du golfe offre des restes d'anciennes constructions byzantines. Ismidt est la 7<sup>me</sup> station terminus. Ancienne *Nicomédie*, ville d'environ 20,000 habitants. Chef lieu d'un Mutessariflik dépendant directement de Constantinople. La ville, qui fut pendant longtemps une des plus importantes de l'Asie-Mineure, est bâtie en amphithéâtre sur des pentes profondément ravinées. Elle compte environ 3000 maisons, réparties en 23 quartiers, dont 19 pour les Turcs, 3 pour les chrétiens et 1 pour les Israélites

On y remarque la mosquée *Orkhanié*, au sommet de la ville, le nouveau boulevard Hamidié (1 kilom.), le bazar, l'arsenal, la caserne, la cathédrale grecque, contenant des reliques byzantines et la nouvelle église arménienne.

Une suite de murs et de tours qui appartenaient à l'acropole de la ville bithynienne et aussi à une époque postérieure, se prolongent dans l'intérieur même de la ville. Dans les quartiers qui avoisinent l'arsenal et non loin du port, s'élève un de ces murs bâti en briques, soutenu de 3 en 3<sup>m</sup> par de grands contreforts en pierre, à bossage, qui sert à porter la masse des terrains supérieurs. Entre les contreforts sous des arcades très allongées, s'ouvrent des égoûts qui portent les caractères de la plus ancienne époque de l'art romain. Au milieu du cimetière israélite, au quartier Zeïtoun Mahallé, la *Citerne d'Imbaher*, construction qui date des derniers temps de l'Empire byzantin.

Sur une hauteur, vis-à-vis la gare, le palais que le Sultan Abdul Aziz s'était fait construire et dont les plafonds ont été décorés par le peintre français Masson. Aujourd'hui ce palais abandonné, tombe en ruines.

Ismidt fait un grand commerce de bois et de sel.

A 30 minutes environ, le couvent grec de *Aghios Panteleïmon* avec son église bien conservée et le Tombeau de S<sup>t</sup> Pantaléon, visité le 26 juillet de chaque année par un nombreux pélérinage.—Un autre pélérinage a lieu à *Armach*, en septembre, pour vénérer *Notre-Dame*, protectrice des malheurs, à l'église arménienne, appelée *Tcherkapan-Sourp-Asdadjadjin*.

**De Haïdar-Pacha à Angora.—Excursion à Isnik** (l'ancienne **Nicée**).

Sont bien intéressantes et très recommandées, les excursions à **Biledjik** (2 jours, aller et retour) et à **Isnik**, de la station de **Mekedjé** (en voiture 5 h. (1), par une route qui offre des vues très pittoresques.

Au kilom. 110, *Bouyouk-Dervent*, station desservant quelques villages de Tcherkess émigrés, situés au pieds d'une montagne couverte de forêts que les indigènes nomment *Aghatch-Denizi*. Cette région est très giboyeuse, on y chasse le gros gibier, surtout le sanglier. — La voie se rapproche à gauche du *lac de Sabandja*, belle nappe d'eau, d'une circonférence d'environ 36 kilom. aux eaux douces et poissonneuses et où abondent, pendant la saison les oiseaux aquatiques.

### Station de Sabandja

Au kilom. 123, Sabandja, l'ancien Sophon petite ville de 3000 habitants, au bord du lac et entourée de petites collines couvertes de jardins et de cultues.

Au kilom. 131 Hamidié d'où un embrachement de 9 kilom. conduit à Ada-Bazar' ville de 15 à 20,000 habitants située dans une contrée fertile centre de commerce important (Etablissements agricoles modèles de la Société du chemin de fer d'Anatolie).

A 3 kilom. N.O. de *Hamidié* grand pont de Sophon, long 430ᵐ construit (en 553-561), par Justinien sur le *Sangarios* (Sakaria) pour établir une communication avec la gande route qui conduit de *Nicomédie* aux confins de la Syrie en travesant la Phrygie et la Cappadoce. Le fleuve ayant changé de cours, ne passe plus sous ses voutes et coule maintenant à 3 kilom. environ à l'E. Ce pont dont les inscriptions gravées sous Justinien, n'ont pas été conservées a été retrouvé par Texier.

La voie, se dirigeant busquement au S. entre dans la pittoresque vallée du *Saka-ria* et passe près d'une ancienne forteresse somaine.

(1) Pour retenir des voitures prévenir 24 h. à l'avance le secrétaire de la Direction du chemin de fer à Haïdar-Pacha.—Prix pour l'aller et le retour (3 jours): landau 64 fr. 50; cheval 21 fr. 50; homme d'escorte 4 fr. 50.—Par jour supplémentaire: landau 8 fr. 50; cheval 3 f. 50.—On peut trouver des selles européennes ou circassiennes.

Le Sakaria

Gorges du Sakaria au Kilom. 153

Vallée du Sakaria avec le Tunnel

Premier Pont sur le Sakaria

Au delà d'un Pont de 100ᵐ « 2 travées, » la voie s'engage avec la rivière dans l'étroit défilé de *Balaban*, long de 13 kilom. ; resserré entre les rochers à pic de *Gheuk Dagh* ; et de l'*Aksophou-Dagh*; le site est grandiose. On passe dans un tunnel de 66ᵐ; puis on traverse un second pont de 100ᵐ.

2ᵘⁿᵉ Pont de 100ᵐ sur le Sakaria près de Gueivé,

Au kilom. 153, Gueivé, station établie sur la rive gauche du Sakaria, près d'un pont en pierres construit par le Sultan Bayazid pour les caravanes se rendant de Nicée et de Nicomédie à Angora. Le village de Gueivé est à 3 kilom. de la station qui dessert aussi la petite ville d'Ortakeuy (6000 habitants), située sur une hauteur, à 6 kil. E. — Dans toute cette contrée la végétation est tropicale, et on trouve de nombreuses traces d'une civilisation aujourd'hui disparue.

La vallée s'élargit.

Au kilom. 168, *Ak-Hissar*, village turc.

Au kilom. 181, **MÉKÉDJÉ**, village turc à 85ᵐ d'altitude; sur la rive gauche du Sakaria, au pied d'une colline.

Station de Mékédjé, d'où se fait l'excursion d'Isnik

L'antique Nicée (en turc Isnik), fondée par Antigone, agrandie par Lysimaque, est surtout connue par le grand concile œcuménique de 325, qui dressa le fameux symbole des Apôtres, dit *Symbole de Nicée*, et qui condamna Arius. Un second concile y siégea en 787. Nicée fut disputée successivement par Soliman, Sultan d'Iconium (1076) par les croisés (1097), par Théodore Lascarès I., qui en fit la capitale d'un nouvel Empire d'Asie-Mineure. Les turcs s'en emparèrent définitivement en 1333. La moderne Nicée n'est plus qu'un petit village turc d'environ 200 maisons, mais merveilleusement situé au bord du lac d'Isnik (lac Ascanios), long d'environ 34 kilom. et large de 13 à 14 qui s'étend devant le village, tandisque par derrière une suite de collines couvertes de chênes et d'arbres verts se prolonge en s'étageant jusqu'à l'Olympe, dont on aperçoit nettement les sommets neigeux. Tout autour d'Isnik, parmi les chênes et les arbres verts, apparaît LE MUR D'ENCEINTE de la vieille ville, avec ses antiques portes majestueuses et ses tours.— Ces constructions sont dans un état de conservation assez remarquable. On rencontre d'abord une première enceinte flanquée de tours demi-circulaires (s'était le *mœnium* ou rempart des latins), puis en avant, à une distance de 16ᵐ, règne une deuxième enceinte flanquée aussi de tours disposées en échiquier par rapport à celles du rempart. Les tours de cette deuxième enceinte sont moins élevées que celles du mœnium. L'aire comprise dans cette enceinte mesure à peu près 20 à 21 kilom. de longueur, sur 6 de largeur. Le mœnium a 108 tours, l'agger 130. Les créneaux sont encore intacts.

Trois grandes portes sont percées dans cette enceinte, celle de Constantinople *(Stamboul Kapoussy)*, au N. O.; celle de Lefket (Lefké-Kapoussy) à l'E. et celle de Yéni-Chéhr (Yeni-Chéhr Kapoussy), au S. E. Chacune de ces portes est flanquée à droite et à gauche d'une tour massive construite en briques. La porte de Lefké présente un *arc de Triomphe* en marbre, surmonté d'une massive construction en briques, élevée par l'empereur Adrien en l'an 120 de J.-C.—Derrière la porte de Constantinople, en dehors de la double clôture il y a un 3ᵐᵉ mur d'enceinte, avec une porte formée par des fûts de colonnes en marbre et ornée de quelques sculptures sur la face extérieure. La porte de Yéni

Chehr est fortifiée d'une manière particulière : 2 énormes tours rattachés à un avant-corps quadrangulaire, s'élèvent obliquement en avant du *Mœnium*. Elles ont 10ᵐ de diamètre et sont séparées par un intervalle de 11ᵐ 65.

On visitera d'abord à l'E., la MOSQUÉE VERTE *(Yéchil Djami)*, bâtie par le Sultan Khaïr-Eddin. C'est malgré son état de ruine, le plus précieux et le seul spécimen qui reste des arts *seldjoucides* dans cette partie de l'Asie-Mineure. L'édifice quadrangulaire, long de 25ᵐ et large de 12ᵐ, est entouré d'un portique de colonnes en granit gris, dont les chapiteaux et les abaques sont d'un style original, qui rappelle jusqu'à un certain point l'art égyptien : deux fenêtres ouvertes sur le portique portent des inscriptions Koufiques entourées d'un dessin très compliqué et d'entre lacs très remarquables. Le porche de marbre blanc, est composé sur sa façade de 3 arcades ogivales portées par 2 colonnes de granit rouge (chapiteaux dans le style arabe), et en retour des 2 arcades séparées par une colonne de marbre vert-antique et fermées par des barrières de marbre découpé à jour avec une extrême délicatesse. Au milieu du porche s'élève une coupole terminée par une lanterne. La façade est en marbre blanc, mais les turcs l'ont peinte de voussoirs noirs et blancs. — L'intérieur de l'édifice est éclairé par 9 fenêtres et divisé en 2 parties par un porche supportant une tribune sur laquelle s'appuie en partie la coupole dont l'édifice est couvert. Les murs de clôture sont en marbre blanc. Dans un de ces murs à gauche de la chaire (member), est pratiquée l'escalier qui conduit au minaret qui est bâti en briques et revêtu de faïences émaillées ; cet ornement se compose de bandes ondulées alternativement blanches, rouges et vertes.

*St Constantin* est la seule église grecque existante à Nicée, pauvre et délaissée ; mais sa construction date du II siècle. Elle est précédée d'un portique ou narthex qui offre quelques tableaux en mosaïques. La porte principale est surmontée d'un buste de Madone en manteau bleu peint sur fond d'or. A l'intérieur, la nef est couverte par une

3ᵐᵉ Pont de 140ᵐ entre Lefké et Mékédjé

coupole, autrefois décorée de mosaïques, dont il ne reste plus que quelques vestiges. La demi-coupole qui couvre l'hémicycle de l'abside présente encore sa décoration primitive de mosaïque très bien conservée : une figure de Vierge et 2 anges dans les retombées des arcs. Un sarcophage en pierre spéculaire, dont la face antérieure ornée dans le goût byzantin décèle l'antiquité, doit remonter au IV siècle. En quittant cette église, on oblique au S. on laisse à dr. un vieux han et l'on se dirige vers l'O. On rencontre dans cette direction, sur un tertre quelques arcades qui appartiennent à un théâtre dont les ruines sont presque entièrement enfouies dans le sol. Plus loin, sur la même ligne, se trouve une fontaine sacrée *(Ayasma)* et plus loin encore, la porte de Yéni–Chehr, indiquée plus haut. Le paysage s'agrandit et devient vraiment beau avec la vallée du grand fleuve Phrygien le Sakaria, que la voie franchit sur un pont de 140ᵐ.

Au kilom. 195, Lefké, village de 3000 habitants, (commerce de cocons et soie tissée). La vallée se resserre de nouveau et on s'engage en cotoyant le fleuve dans un étroit défilé fort pittoresque.

Entrée du défilé du Kara-sou, près de Vezir Han.

Bientôt le Sakaria s'éloigne au S.E. et on entre dans la vallée du Kara–sou, son affluent.

Au kilom. 214, Vézir Han. La voie pénètre dans un long et grandiose défilé dont les rochers dénudés et à pic atteignent jusqu'à 100ᵐ de hauteur et par endroit surplombent la Voie.

Défilé de Kara-sou au Kil. 220

Défilé du Kara-sou au kil. 221

Défilé du Kara-sou au kil. 223

Dans ce trajet on franchit 11 fois le *Kara-sou* par des ponts métalliques de 20 à $30^m$ et on traverse un tunnel de $66^m$.

Défilé du Kara-sou.—Tunnel au kil.

Au kilom. 232, Bilédjik, la Velekoma des Byzantins. Ville de 15,000 habitants située à 500ᵐ d'altitude : dans l'ancienne Phrygie, à 5 kilom. O. de la station, qui se trouve à 291ᵐ d'altitude à côté du village d'Achakeuy.

Achakeuy et la station de Biledjik.

Bach-keuy près la station de Biledjik

A 11 kilom. *Seuyud*, jadis *Thebazion*, au confluent du Sakaria et du Poursak, est le lieu de sépulture du Sultan Erthogroul, fondateur de la dynastie ottomane; son nom fut donné à cette province dont la capitale était Brousse.

De Bilédjik à Kara-keuy, la voie offre un grand intérêt, tant au point de vue technique que par la beauté des sites qu'elle traverse; c'est là que commence la forte rampe qui permet d'atteindre le haut plateau de l'Asie-Mineure. On entre dans un défilé long de 1438ᵐ et on rencontre successivement les travaux d'art suivants:Le Viaduc de Pekdémir, de 25ᵐ70, d'une hauteur moyenne de 17ᵐ; 2 tunnels de 50ᵐ chacun.

Le Viaduc de Bach-Keuy (Le village de Bach-Keuy est à gauche en contre-bas de la ligne) (un arc de 72ᵐ de portée sur un ravin profond de 37ᵐ70).

Un Tunnel de 100ᵐ.

Le viaduc de Yaïla à 3 travées de 30ᵐ de portée et haut de 66ᵐ.

Viaduc de Pekdemir de 7 travées

Pekdemir avec Tunnel.

Viaduc de Bach-Keuy, long. 137ᵐ.

Viaduc de Yaïla

Enfin 9 tunnels, dont la longueur varie de 70 à 411ᵐ.

Au kilom. 249, Kara-Keuy, station à 626ᵐ d'altitude; le village est au S. dans un site sauvage et grandiose.

Au kilom. 263, Bozyuk, station à 740ᵐ d'altitude desservant la petite ville turque de ce nom, 3000 habitants.

Belle mosquée; (vestiges de constructions byzantines), qui forme pour ainsi dire la porte de l'immense plateau de la Phrygie, s'étendant jusqu'à Eski-Chehir et Angora. C'est entre Bozyuk et In-Eunu que Godefroy de Bouillon livra, en 1097, la bataille qui se termina par la déroute des Sarrasins, sous le Sultan Kilidje-Arslan, le Seldjoucide.

Au kilom. 280, In-Eunu, à 836ᵐ d'altitude. La ville est à 3 kilom., au pied du *Tou-mandji-Dagh* (ramification de l'Olympe), au dessous d'un rocher dans lequel sont taillés des chambres sépulcrales. Le Sultan Osman I. y avait établi sa première résidence.

Rampe du kilom. 280.

Au kilom. 294, *Tchakur-Hissar*, petit village sur un mamelon, au milieu d'un vaste plateau dénudé.

Au kilom. 313, **ESKI-CHEHIR**, gare centrale de la Cⁱᵉ du chemin de fer ottoman d'Anatolie, jonction des lignes de Haydar-Pacha, d'Angora et de Konieh. La ville (l'ancienne Dorylée), 20,000 à 25,000 habitants s'étend principalement à l'O., sur la rive droite du Poursak (Thymbrius), le plus grand affluent du Sakaria; une large chaussée bordée d'arbres, la relie à la gare. Eski-Chehir, bâtie en amphithéâtre, se compose de 2 quartiers: la vieille ville turque, dans la partie haute et la ville basse moderne, qui s'étend jusqu'à la voie ferrée. Près du Bazar, des sources thermales sulfureuses. Sur les hauteurs, tombeau de Ede-Bali, beau-père du Sultan Osman Ghazi 1ᵉʳ. — A 4 ou 5 kilom. N. de la gare, au sommet d'une petite colline, fondation d'un ancien château important. — A une vingtaine de kilom. sur la rive droite du Sakaria, exploitation de mines de silicate de magnésie (écume de mer) très renommées.

La voie se dirige à l'E. en longeant d'abord la rive gauche du Poursak, que l'on franchit au delà du kilom. 327. Au S. se montrent les sommets du *Mourad-Dagh* (monts Dindymènes).

Au kilom. 336, *Ak-Bounar*. —au 353 Alpi-keuy. —On revient sur la rive gauche de la rivière.

Au kilom. 375, *Beylik-Ahour*. —On entre sur le territoire de l'ancienne Galatie, aujourd'hui province d'Angora, et on franchit encore le Poursak, dont on suit désormais la rive droite.

Au kilom. 406, Sari-keuy.

Au S. et à 4 kilom. environ à cheval de Sarikeuy se trouve *Sivri-Hissar*, d'où l'on atteint en 1 h. et demie (à cheval) *Bala-Hissar* près des ruines de l'ancienne *Pessinunte*, célèbre dans l'antiquité par le culte qui y était rendu à la Mère des Dieux. Depuis de longs siècles les indigènes se servent des colonnes en marbre précieuses des temples de l'antique cité pour les transformer en pierres tumulaires.

Le Poursak s'éloigne vers l'E. pour aller se jeter dans le Sakaria, tandisque la voie ferrée se dirige au S. pour rejoindre cette dernière rivière qu'elle remonte sur sa rive gauche.

Au kilom. 467, *Beylik-Keupru*. —Au delà on franchit le Sakaria, sur un pont de 49ᵐ et on s'en éloigne pour remonter la vallée du Gumuch-Sou, un de ses affluents.

(A 25 kilom. N. aux environs de *Bey-Bazar*, ruines de l'ancienne *Gordium*, capitale des rois de Phrygie, où Alexandre le Grand, ne pouvant denouer le nœud qui rattachait le joug au timon du fameux char de Gordius, le trancha d'un coup d'épée, éludant ainsi plutôt qu'il n'accomplissait l'oracle qui promettait l'Empire d'Asie à celui qui parviendrait à le dénouer).

Au kilom. 487, *Potatli*, à 876ᵐ d'altitude, la station la plus élevée de la ligne, qui atteint son point culminant 925ᵐ au kilom. 492.

Au kilom. 522, Mali-keuy (aux environs sources d'eaux minérales).

La voie remonte la rive gauche de l'Enguru-sou, principal affluent du Sakaria.

Au kilom. 552, Siadjan-keuy, et

Au kilom. 577, **ANGORA** (en turc *Enghura*). Ville de 30.000 habitants, à 448ᵐ d'altitude. Chef-lieu de la province du même nom, siège d'un *Vali* (Gouverneur Général), d'un évêché grec et d'un évêché arménien ; occupe le flanc et le sommet d'un grand rocher volcanique aux pentes abruptes qui s'étend de l'E. à l'O.

**ANGORA** est l'antique et puissante *Ancyre*, capitale des Galates, mentionnée pour la première fois dans l'histoire lors du séjour qu'y fit Alexandre le Grand pour y recevoir la députation des Athéniens et des Paphlagons, les premiers pour le féliciter de ses victoires, les seconds pour lui offrir leur soumission. *Ancyre* brilla surtout comme capitale romaine, reçut même le nom de *Sébaste* (respectée) en l'honneur de l'Empereur Auguste, et fut avec Pessinunte, une des plus célèbres villes de la Galatée. Elle commença à décliner à l'époque où les Perses l'assiégèrent; fut ravagée successivement par ces derniers, par les Arabes et par les Seldjoukes; prise par les croisés de Godefroy de Bouillon, après leur victoire d'In'Eunu qui la gardèrent pendant 18 ans et ne la quittèrent qu'après leur défaite de Dorylée. En dernier lieu, elle fut prise par les Turcs aux Sultans d'Iconium.

La plaine d'Angora est célèbre par deux batailles mémorables qui s'y livrèrent : la première entre Pompée et Mithridate, où celui-ci fut vaincu, et la seconde entre Bayazid 1er et Tamerlan le 2 juillet 1402, où Bayazid fut fait prisonnier.

A l'entrée de la ville se dresse, isolée, la *colonne d'Auguste*, que couronne un énorme nid de cigognes. Dans la partie basse de la ville, les Romains avaient construit un hippodrome, des bains, des aqueducs et plusieurs temples : l'acropole couronnait le rocher. La magnificence de ces édifices, ne le cédait en rien à ceux de Rome même, étant tous construits par des artistes grecs,qui donnèrent à ces constructions un cachet de finesse et d'élégance, que n'avaient pas les monuments d'Italie. Mais de cette brillante cité il ne reste plus que des ruines, dont les plus remarquables sont celles de *l'Augusteum*, beau temple élevé par les princes galates en l'honneur d'Auguste, et précieux surtout par ses inscriptions. Des constructions modernes l'entourent et une mosquée édifiée sous Soliman le Grand, par Hadji Baïram, est appuyée contre sa face S. — Les ruines du château qui occupait l'emplacement de l'ancienne forteresse n'offrent rien de remarquable. Les murailles de la ville, flanquées de tours, bâties et reconstruites plusieurs fois, sont composées d'éléments divers dans lesquels entrent des fragments de colonnes, des chapitaux, des frises, des sarcophages dont les inscriptions et les différents styles nous disent l'histoire de cette antique forteresse. Par endroits, des restes de dallage indiquent la voie construite par les Romains.

Les produits naturels de la Province d'Angora sont le sel et le *Kil* (terre savonneuse). Les nombreuses mines ne sont pas encore exploitées. Industrie de tapis renommés, étoffes de mohair, châles, etc. Production : vins, mastic, pastourma (espèce de jambou à l'ail) Export.: miel, cire, opium, peaux, moutons, surtout poils de chèvre (mohair), laine renommée, céréales (surtout de l'orge), etc.

### D'Eski - Chéhir à Konieh par Alayund et Afion Kara-Hissar.

En quittant Eski-Chehir, la voie ferrée continue à remonter la vallée du Poursak, en longeant une chaine de collines (à gauche ruines d'un château).—Au kilom. 22, *Kendché-Kissik.*—3 tunnels.—au kilom. 45. *Saboundji-Bounar* (la source du Marchand de savon), village à 955ᵐ d'altitude. La voie longe à droite des collines aux curieuses silhouettes.

Au kilom. 67, **Alayund**, d'où se détache à droite l'embranchement de Kutahia.

(A 10 kilom. O.) Kutahia ou Kioutahia (gare à 939ᵐ d'altitude) l'antique *Kotyæion* (Cotyaeum), jadis la capitale des Sultans de Caramanie, est une assez grande ville, située à 959ᵐ d'altitude au pied d'une colline que couronne un vieux château ou citadelle de l'époque byzantine. La mosquée Kaleh-i-Bala Djami (mosquée de la Forteresse d'en haut) qui se trouve dans la citadelle, et le Medjidié, sont les seuls édifices dignes d'une mention ; le premier date de 1375 et le second de 1305.

A 7 h. environ S. O. de Kutahia, près du village de *Tchardir-Hissar*, sont les ruines d'Aesani (restes notables d'un temple de Jupiter, restauré par Hadrien et d'un Théâtre antique). La voie croise la route des caravanes.

Au kilom. 87, *Tchekurler*, station à 1025ᵐ sur la rive gauche de l'Aktché-Medjid-Sou.—Gorge encaissée et tunnel.—A gauche moulin à vent et village *d'Ismidji*.

Au kilom. 112, **Duver** ou *Deuyer*, station à 1122ᵐ d'altitude.

A 25 kilom. environ E. sur les flancs de la hauteur de *Yapoul-Dagh*, vieux tombeaux Phrygiens; au N. de cette localité, près de *Kumbet*, sur la rive droite du Kourou-Boghas, est l'emplacement de l'antique *Meros*;on y voit le beau tombeau phrygien connu sous le nom de *Tombeau de Solon.*

A 12 kilom. environ E. de Duver, près de *Yasili-Kaya* ou Tcherkes-Keuy, se trouve l'antique *Nécropole* de la ville de Midas, avec le tombeau de Midas.

Au kilom. 127, *Ishanich*, station à 1093ᵐ d'altitude.

Au kilom. 140, *Hamam*; à droite de la station, bain bâti sur les fondements d'anciens thermes grecs, (sources thermales).

Au kilom. 146, *Gasli-Gheul-Hamam* (bain du lac de Oies), station à 1059ᵐ sur la rive gauche d'un tributaire du *Dalai-Tchaï*, que la voie franchit en arrivant à Afion-Kara-Hissar.

Au kilom. 163, **AFION-KARA-HISSAR** (Château noir de l'Opium); la gare (buffet), du chemin de fer ottoman d'Anatolie, située à 1006ᵐ d'altitude est éloignée d'environ 20 minutes de la ville. Cette dernière à laquelle on accède par un vieux pont romain, est une ville d'environ 25.000 habitants, située au pied de la montagne de *Kalaïdjik* (1650ᵐ), dans une plaine (le *Kaystro-Pedon*), que traversent du N O. ou S.-E. le Dalaï-Tchaï ou Akkar-Tchaï et la route des caravanes.—On y remarque l'*Imareh-Djami*, situé sur le flanc de la montagne et dans le quartier N. le *turbé de Sahabater Sultan*, avec quelques restes anciens. La *citadelle*, du XIII° siècle, est à 1218ᵐ d'altitude; on y monte assez péniblement en moins d'une heure (Guide nécessaire) ; la vue sur la plaine de la Phrygie est très belle.

C'est à Afion-Kara-Hissar que vient aboutir la ligne du chemin de fer Smyrne-Cassaba ; la gare de cette ligne est éloignée d'environ 10 minutes à l'O. de la gare du chemin de fer d'Anatolie.

**De Smyrne à Afion-Kara-Hissar**. Au delà d'Afion-Kara-Hissar, la voie traverse une plaine fertile qu'arrose l'Akkar-Tchaï.

Au kilom. 184, *Bouyouk Tchobanlar*, station à 990ᵐ d'altitude.

Au kilom. 210, *Tchaï*, bourgade à 1020ᵐ d'altitude à droite de la voie, au pied des montagnes du Sultan-Dagh.—A gauche, marais d'*Eber-Gheul*.

Au kilom. 240, *Isakli* ou *Ishakloss*, station à 972ᵐ d'altitude. — La voie atteint les bords du grand *Akchéhr-Gheul*, lac ou pour mieux dire, étang très poissonneux.

Au kilom. 248, *Yassian*.

Au kilom. 258, **Ak-Chehr** ou *Ak-Chéhir* (ville blanche), ville de 20.000 habitants, possède quelques édifices très intéressants: *Turbé de Sidi-Muhieddin*, bel octogone orné de superbes faïences ; *Tache-Medressé*, du XIII° siècle, avec 2 colonnes grecques ;—*Turbé de Saïd-Mahmoud*, aussi du XIII° siècle.—Tombeau du fameux Nasr-Eddin Hodja, très connu dans le monde musulman par ses innombrables, spirituelles et plaisantes anecdotes qui sont extraordinairement originales, mais justes au fond par le jugement des choses humaines. — Ce Hodja (professeur) est né en cette ville en 1360 sous le règne du Sultan Mourad Khan I. et mort en 1413 sous celui du Sultan Tchélébi Mehmed Khan I.

Tombeau de Nasr-Eddin Hodja à Ak-Chéhir.

La voie s'éloigne des hauteurs du Sultan Dagh.

Au kilom. 277. *Asarikeuy*.

Au kilom. 301. *Tchaouchdji-keuy*. La voie atteint le bord du lac d'*Ilgun*.

Au kilom. 316. *Ilgun*, petite ville turque dans un nid de verdure. A droite, sur une colline, bain d'*Ilidcha*.—On traverse une région aride avec des stations sans importance.

Au kilom. 382. *Méïdan*, où la campagne redevient fertile et bien cultivée.—La voie décrit de nombreuses courbes et s'engage dans un défilé, au delà duquel elle atteint son point culminant à 1303ᵐ d'altitude.

Au kilom. 405, *Pounar-Bachi*; les hauteurs environnantes sont par endroit couvertes de couches de salpêtre.

Au kilom. 435, **KONIEH**, l'antique *Iconium*, la *Colonia Aelia Hadriana* des Romains. Ville de 45,000 habitants, située à 1150ᵐ d'altitude au point de rencontre de plusieurs routes importantes. Chef-lieu du Vilayet de ce nom, résidence d'un *Vali* ou Gouverneur Général et du chef des Derviches danseurs (Mévlévi qui y possèdent une grande mosquée renfermant le tombeau de Hazret-Mevlana (Djelladin-Roumi), le fondateur de leur ordre au XIIIᵉ siècle; cette mosquée mérite une visite pour la richesse de son ornementation en faïence.—On trouve, en outre, à Konieh, de nombreux restes, plus ou moins bien conservés, d'intéressants édifices du temps des Seldjoukes (XIIIᵉ siècle), entre autres:—L'*Indjé-Minaret-Médressé*, avec un minaret élégant. (Indjé Minaret, le svelte Minaret);—le *Karatoïtar-Médressé*, avec un beau portail en marbre;—la mosquée d'*Allah-Eddin*, dont l'intérieur est supporté par 54 colonnes grecques;— les *turbés* de *Sadi-Eddin* et de *Sahib-Atta*, ce dernier avec de belles faïences persanes;—les ruines du *Sirtchali-Medressé* et la façade mutilée d'*Aya-Sophia*.

Façade de la Mosquée Aya-Sophia à Konieh.

De la colline de la forteresse on a une très belle vue.

# ITINÉRAIRES DES TRAINS

## à partir du 1er Mai (n. s.) 1909

### (d'après l'heure à la turque)

**Itinéraire :**



## Itinéraire des Trains de Phéner Baghtché les Vendr. et Diman.

| Aller | | | | Retour | | | |
|---|---|---|---|---|---|---|---|
| **STATIONS** | | **522**<br>H. M. | **524**<br>H. M. | **STATIONS** | | **523**<br>H. M. | **525**<br>H. M. |
| Pont de Karakeuy | dép. | 6.36 | 7.49 | Phéner Baghtché | dép. | 8.16 | 11.08 |
| Haïdar Pacha } | arr. | 6.56 | 8.09 | Bifurcation | » | 8.28 | 11.17 |
|  | dép. | 7.01 | 8.14 | Kizil Toprak | » | 8.31 | 11.20 |
| Kizil Toprak | » | 7.09 | 8.22 | Haïdar Pacha { | arr. | 8.39 | 11.28 |
| Bifurcation | » | 7.13 | 8.28 |  | dép. | 8.44 | 11.33 |
| Phéner Baghtché | arr. | 7.20 | 8.35 | Pont de Karakeuy | arr. | 9.04 | 11.53 |

Itinéraire des Trains du Service de la Banlieue entre **HAÏDAR PACHA—PENDIK** à partir du 1er Mai (N. S.) 1909 (d'après l'heure à la Turque).

| STATIONS | | 2 | 4 | 44 | 6 | 8 | 10 | 12 | 14 |
|---|---|---|---|---|---|---|---|---|---|
| | (h. m.) | mat. | mat. | mat. | mat. | mat. | mat. | mat. | mat. |
| Pont de Karakeuy | dép | — | 10.48 | 11.— | 11.56 | 12.19 | 1.02 | 2.28 | 3.45 |
| **Haïdar Pacha** | arr | — | 11.08 | 11.20 | 12.16 | 12.39 | 1.22 | 2.48 | 4.05 |
| **Haïdar Pacha** | dép | 10.45 | 11.16 | 11.50 | 12.26 | 12.44 | 1.27 | 2.53 | 4.10 |
| Kizil Toprak | » | — | 11.24 | — | 12.31 | 12.52 | 1.35 | 3.01 | 4.18 |
| Bifurcation | » | 10.57 | 11.28 | 12.02 | 12.37 | 12.56 | 1.38 | 3.04 | 4.21 |
| Ghieuz Tépé | » | — | 11.32 | — | 12.41 | 1.— | 1.42 | 3.08 | 4.25 |
| Erenkeuy | » | 11.03 | 11.39 | 12.12 | 12.46 | 1.04 | 1.47 | 3.13 | 4.29 |
| Bostandjik | » | Arr. | 11.45 | 12.20 | 12.52 | 1.11 | 1.53 | 3.19 | 4.36 |
| Mallépé | » | | 11.54 | 12.33 | 12.59 | 1.19 | 2.03 | 3.28 | 4.44 |
| Kartal | » | | 12.04 | 12.49 | Arr. | 1.29 | 2.12 | 3.38 | 4.54 |
| **Pendik** | arr | | 12.11 | 1.— | | 1.36 | 2.19 | 3.45 | 5.01 |

| STATIONS | 16 | 18 | 46 | 20 | 22 | 24 | 26 | 28 | 30 | 32 | 34 | 36 | 38 |
|---|---|---|---|---|---|---|---|---|---|---|---|---|---|
| (h. m.) | mat. | mat. | soir | soir | soir | soir | soir | soir | soir | soir | soir | soir | soir |
| Pont de Karakeuy (dép) | 4.10 | 5.21 | 6.53 | 7.49 | 8.47 | 9.22 | 9.51 | 10.33 | | 11.06 | 11.40 | 12.38 | 1.18 |
| **Haïdar Pacha** (arr) | 4.30 | 5.41 | 7.13 | 8.09 | 9.07 | 9.43 | 10.11 | 10.53 | | 11.26 | 12.— | 12.58 | 1.38 |
| **Haïdar Pacha** (dép) | 4.35 | 5.51 | 7.25 | 8.14 | 9.15 | 9.48 | 10.17 | 11.— | 11.07 | 11.32 | 12.06 | 1.02 | 1.43 |
| Kizil Toprak | 4.43 | 5.59 | 7.34 | 8.22 | 9.23 | —.— | 10.25 | —.— | 11.15 | 11.40 | 12.14 | 1.10 | 1.51 |
| Bifurcation | 4.47 | 6.02 | 7.38 | 8.26 | 9.26 | —.— | 10.29 | —.— | 11.18 | 11.44 | 12.18 | 1.13 | 1.54 |
| Ghieuz Tépé | 4.51 | 6.06 | 7.43 | 8.30 | 9.30 | —.— | 10.33 | —.— | 11.22 | 11.48 | 12.22 | 1.17 | 1.58 |
| Erenkeuy | 4.55 | 6.10 | 7.48 | 8.34 | 9.33 | 10.— | 10.38 | —.— | 11.26 | 11.52 | 12.27 | 1.22 | 2.02 |
| Bostandjik | 5.01 | 6.16 | 7.55 | 8.40 | Arr. | 10.06 | 10.44 | —.— | 11.31 | 11.59 | 12.34 | 1.28 | 2.08 |
| Mallépé | 5.08 | 6.25 | 8.07 | 8.48 | | 10.15 | 10.51 | 11.22 | Arr. | 12.07 | 12.42 | 1.36 | 2.16 |
| Kartal | Arr. | 6.35 | 8.22 | 8.58 | | 10.25 | Arr. | 11.32 | | 12.18 | 12.53 | 1.46 | 2.26 |
| **Pendik** (arr) | | 6.42 | 8.32 | 9.05 | | 10.32 | | 11.39 | | 12.25 | 1.— | 1.53 | 2.33 |

Le Train N° 20 coïncide à 1 Bifurcation avec le Train N° 524 pour Phéner Baghtché.

**PENDIK—HAÏDAR PACHA.**

| STATIONS | | 1 | 3 | 5 | 7 | 9 | 11 | 13 | 15 | 17 |
|---|---|---|---|---|---|---|---|---|---|---|
| | (h. m.) | mat. | mat. | mat. | mat. | mat. | mat. | mat. | mat. | mat. |
| **Pendik** | dép | 10.17 | 10.46 | | 11.37 | 12.14 | 12.42 | | 2.01 | 2.38 |
| Kartal | » | 10.25 | 10.54 | | 11.45 | 12.22 | 12.51 | — | 2.10 | 2.46 |
| Mallépé | » | 10.35 | 11.04 | | 11.56 | 12.33 | 1.01 | 1.34 | 2.20 | 2.56 |
| Bostandjik | » | 10.43 | 11.12 | | 12.04 | 12.41 | 1.10 | 1.42 | 2.28 | 3.04 |
| Erenkeuy | » | 10.50 | 11.18 | 11.54 | 12.11 | 12.48 | 1.17 | 1.49 | 2.34 | 3.11 |
| Ghieuz Tépé | » | 10.54 | 11.22 | 11.58 | — | 12.52 | — | 1.53 | 2.38 | 3.15 |
| Bifurcation | » | 10.58 | 11.27 | 12.03 | — | 12.57 | — | 1.57 | 2.42 | 3.19 |
| Kizil Toprak | » | 11.01 | 11.36 | 12.06 | — | 1.— | — | 2.— | 2.45 | 3.22 |
| **Haïdar Pacha** | arr | 11.09 | 11.38 | 12.14 | 12.21 | 1.08 | 1.27 | 2.08 | 2.53 | 3.30 |
| **Haïdar Pacha** | dép | 11.14 | 11.43 | 12.26 | | 1.13 | 1.33 | 2.13 | 2.58 | 3.35 |
| Pont de Karakeuy | arr | 11.31 | 12.03 | 12.46 | | 1.33 | 1.53 | 2.33 | 3.18 | 3.55 |

| STATIONS | 41 | 19 | 21 | 23 | 25 | 27 | 29 | 43 | 31 | 33 | 35 | 37 | 39 |
|---|---|---|---|---|---|---|---|---|---|---|---|---|---|
| (h. m.) | mat. | mat. | mat. | soir | soir | soir | soir | soir | soir | soir | soir | soir | soir |
| **Pendik** (dép) | 2.58 | 4.07 | | 6.04 | 7.46 | 9.25 | | 9.46 | 11.04 | | | 12.07 | 12.46 |
| Kartal | 3.10 | 4.15 | | 6.12 | 7.54 | 9.33 | | 9.57 | 11.12 | | | 12.16 | 12.55 |
| Mallépé | 3.26 | 4.25 | 5.18 | 6.23 | 8.05 | 9.43 | | 10.13 | 11.23 | 11.52 | | 12.26 | 1.05 |
| Bostandjik | 3.37 | 4.31 | 5.26 | 6.31 | 8.13 | 9.51 | | 10.24 | 11.31 | 12.01 | 12.22 | 12.35 | 1.13 |
| Erenkeuy | 3.48 | 4.40 | 5.32 | 6.37 | 8.19 | 9.58 | 10.22 | 10.36 | 11.37 | 12.07 | 12.30 | 12.41 | 1.20 |
| Ghieuz Tépé | 3.52 | 4.44 | 5.36 | 6.41 | 8.23 | 10.02 | 10.26 | —.— | 11.41 | 12.11 | —.— | 12.45 | 1.24 |
| Bifurcation | 3.57 | 4.49 | 5.40 | 6.45 | 8.28 | 10.06 | 10.31 | 10.44 | 11.46 | 12.16 | —.— | 12.49 | 1.28 |
| Kizil Toprak | 4.01 | 4.52 | 5.43 | 6.48 | 8.31 | 10.09 | 10.34 | —.— | 11.49 | 12.19 | —.— | 12.52 | 1.31 |
| **Haïdar Pacha** (arr) | 4.10 | 5.— | 5.51 | 6.56 | 8.39 | 10.17 | 10.42 | 10.51 | 11.57 | 12.27 | 12.40 | 1.— | 1.39 |
| **Haïdar Pacha** (dép) | 4.20 | 5.05 | 5.56 | 7.01 | 8.44 | 10.22 | 11.02 | | 12.05 | 12.34 | 1.06 | | 1.44 |
| Pont de Karakeuy (arr) | 4.40 | 5.25 | 6.16 | 7.21 | 9.01 | 10.42 | 11.22 | | 12.25 | 12.54 | 1.26 | | 2.04 |

* Le train N° 4 circule à partir du 1er Juin, jusqu'au 31 Juillet.—
** Le train N° 3 » » 1er Mai, jusqu'au 31 Mai et à partir du 1er Août.
Le Train N° 25 coïncide à la Bifurcation avec le Train N° 523 de Phéner-Baghtché.

**OBSERVATIONS :**

1°)—Bateaux sans coïncidence : ( A.) au départ du *Pont de Karakeuy*, 1 h. 45 et 3 h. 05 matin, à 6 h. 36 et 12 h. 08 soir.
( B.) au départ de *Haïdar Pacha*, à 7 h. 40, 9 h. 12, 9 h. 48 et 11 h. 33 soir.
2°)—Les Bateaux quittant *Haïdar Pacha* à 11 h. 14'' et 11 h. 43'' matin circulent journellement, pendant toute la durée de cet Itinéraire.
3°)—L'enregistrement direct du et pour le *Pont de Karakeuy*, des Bagages de la Banlieue *Haïdar Pacha—Pendik*, n'a lieu que par les trains suivants :
A.) du *Pont de Karakeuy* : Trains Nos 44, 8, 40, 12, 16, 18, 46, 20, 24, 26, 32, 31, 36 ;
B.) pour le *Pont de Karakeuy* : Trains Nos 1 ou 3, 5 et 7, 9, 11, 15, 41, 19, 23, 25, 27, 43, 31.

## Tarif Exceptionnel Provisoire Voyageurs

Applicable sur la ligne de Banlieue. — Section **HAÏDAR-PACHA-PENDIK**

*Prix des places*

| Billets simple course | | | | Billets d'Aller et Retour | | | |
|---|---|---|---|---|---|---|---|
| De Haïdar-Pacha à | Classes | | | De Haïdar-Pacha à | Classes | | |
| | I | II | III | | I | II | III |
| | Piastres argent | | | | Piastres argent | | |
| Haïdar-Pacha . . . | --- | --- | -- | Haïdar-Pacha . . . | --- | --- | --- |
| Kizil-Toprak . . . | 3.--- | 1.75 | 1.25 | Kizil-Toprak . . . | 6.--- | 3.50 | 2.25 |
| Bifurcation . . . | 3.--- | 1.75 | 1.25 | Bifurcation . . . | 6.--- | 3.50 | 2.25 |
| Phener-Baghtché . | 4.--- | 2.75 | 2.--- | Phener-Baghtché . | 7.--- | 5.--- | 3.50 |
| Gheuz-Tépé . . . | 4.--- | 2.50 | 1.75 | Gheuz-Tépé . . . | 7.--- | 4.50 | 3. -- |
| Erenkeuy . . . | 4.--- | 2.50 | 1.75 | Erenkeuy . . . | 7.--- | 4.50 | 3.--- |
| Bostandjik . . . | 4.50 | 3.--- | 2.25 | Bostandjik . . . | 8.--- | 5.50 | 4.--- |
| Maltépé . . . | 5.50 | 3.75 | 2.75 | Maltépé . . . | 9.--- | 6.--- | 4.50 |
| Kartal. . . . | 7.50 | 4.75 | 3.75 | Kartal. . . . | 11.--- | 7.50 | 5.50 |
| Pendik . . . | 10.--- | 5.25 | 4.50 | Pendik . . . | 13.--- | 8.50 | 6.50 |

## A. Carnet d'Abonnement de 50 billets.

| De Haïdar-Pacha aux stations ci-dessous et réciproquement | Prix en Pres argent y compris la taxe du port de H.-Pacha. (Médjidié à 20 Pres) | | | Conditions Spéciales |
|---|---|---|---|---|
| | I classe | II classe | III classe | |
| Kizil-Toprak . . | 100 | 57.50 | 37.50 | *1°* Les coupons des carnets d'abonnement ne sont valables que s'ils sont présentés au Conducteur avec le carnet même. Le conducteur est seul autorisé à les détacher du carnet. Tout coupon présenté sans le carnet y afférent, est considéré comme nul et sera séquestré, et le porteur aura à payer la taxe de son voyage et l'amende réglementaire. |
| Bifurcation . . . | 100 | 57.50 | 37.50 | *2°* Les déclassements dans une classe supérieure, contre paiement d'un supplément de prix, ne sont pas admis pour ces abonnements. |
| Gheuz-Tépé . . . | 130 | 87.50 | 57.50 | *3°* Les coupons des carnets d'abonnements ne donnent droit à aucune franchise de bagages. |
| Erenkeuy . . . | 130 | 87.50 | 57.50 | |
| Bostandjik . . . | 140 | 102.50 | 62.50 | |
| Maltépé . . . | 160 | 112.50 | 72.50 | |
| Kartal. . . . | 220 | 152.50 | 102.50 | |
| Pendik . . . | 240 | 162.50 | 112.50 | |

*4°* Deux enfants au dessous de 7 ans, peuvent voyager avec un seul coupon.

*N. B.*--- Le présent Supplément annule et remplace les prix et conditions concernant les Carnets d'abonnements du Tarif Exceptionnel Provisoire Voyageurs N° 4 Edition du 1er Mai 1896, ainsi que le 1 Supplément au Tarif Exceptionnel Provisoire Voyageurs N° 4, Edition du 15 Juin 1904.

## B. Abonnements Trimestriels et Semestriels.

| De Haïdar-Pacha aux Stations ci-dessous et réciproquement | PRIX EN PIASTRES ARGENT y compris la taxe du Port de Haïdar-Pacha (Médjidié à 20 Piastres) | | | | | |
|---|---|---|---|---|---|---|
| | 1e cl. | | 2e cl. | | 3e cl. | |
| | Trimest. | Semest. | Trimest. | Semest. | Trimest. | Semest. |
| Kizil-Toprak . . . . . . . | 328 | 623 | 175 | 317 | 110 | 198 |
| Bifurcation . . . . . . . | 328 | 623 | 175 | 317 | 110 | 198 |
| Gheuz-Tépé . . . . . . . | 423 | 800 | 261 | 468 | 162 | 285 |
| Erenkeuy . . . . . . . | 423 | 800 | 261 | 468 | 162 | 285 |
| Bostandjik. . . . . . . | 455 | 859 | 305 | 544 | 175 | 306 |
| Maltépé . . . . . . . | 518 | 978 | 333 | 594 | 201 | 350 |
| Kartal . . . . . . . | 708 | 1332 | 449 | 796 | 269 | 479 |
| Pendik . . . . . . . | 772 | 1450 | 477 | 846 | 305 | 522 |

## CARTES D'ABONNEMENTS NOMINATIVES MENSUELLES
### *valables sur la ligne de la Banlieue.*
### (Section HAÏDAR - PACHA - PENDIK)
### PRIX DES PLACES
y compris la taxe du Port de Haïdar-Pacha.

| DE HAÏDAR – PACHA AUX STATIONS CI–DESSOUS ET INVERSEMENT | Piastres Argent | |
|---|---|---|
| | CLASSE | |
| | I | II |
| Kizil–Toprak . . . . . . . | 155— | 82 ½ |
| Bifurcation . . . . . . . | 155— | 82 ½ |
| Gheuz–Tépé . . . . . . . | 195— | 122 ½ |
| Erenkeuy . . . . . . . | 195— | 122 ½ |
| Bostandjik . . . . . . . | 205— | 142 ½ |
| Maltépé . . . . . . . | 230— | 157 ½ |
| Kartal . . . . . . . | 300— | 202 ½ |
| Pendik . . . . . . . | 325— | 247 ½ |

### *Dispositions concernant les cartes d'Abonnement.*

Ces cartes sont jaunes pour la I classe, et vertes pour la II classe.

Elles sont délivrées exclusivement par la Direction, à laquelle elles doivent être demandées deux jours à l'avance, au moins, avec l'indication exacte des noms et prenoms du titulaire, de la classe, du parcours et du mois de validité.

Elles sont alors expédiées par la Direction à la gare de Haïdar Pacha qui en effectuera la remise contre paiement du prix du tarif.

Chaque carte d'abonnement indique le nom du titulaire, la classe, le parcours et le mois pendant lequel elle est valable.

La validité de toute carte d'abonnement expire le 30 respectivement le 31 du mois dans lequel elle a été émise, quelle que soit la date d'émission.

Les cartes d'abonnement sont valables pour tous les trains voyageurs et trains mixtes entre les stations y indiquées, elles sont personnelles et ne peuvent être utilisées que par les titulaires. Si la carte est trouvée en possession d'une autre personne, elle sera retirée et annulée sans que le propriétaire puisse faire aucune réclamation à la Société. La personne qui sera trouvée en possession d'une carte d'abonnement ne lui appartenant pas, sera passible des amendes prévues par les Réglements, sans préjudice des poursuites que la Société pourra exercer contre le contrevenant. Le conducteur aura le droit d'exiger la signature du porteur pour constater son identité.

Le porteur d'une carte d'abonnement ne peut être autorisé à voyager dans une voiture d'une classe supérieure à celle qui est indiquée sur sa carte, même contre paiement du supplément de taxe. S'il veut monter dans une voiture d'une classe supérieure, son abonnement devient de nul effet et il devra ainsi payer la taxe entière de la place qu'il occupe pour tout le parcours effectué dans ces conditions, c'est-à-dire se munir d'un billet ordinaire, comme les voyageurs non abonnés.

A défaut de ce billet, le contrevenant aura à payer en sus du prix entier de sa place, l'amende règlementaire.

Les voyageurs qui achètent des cartes d'abonnement sont tenus d'apposer leur signature sur les cartes mêmes, ce qui devra être exigé lors de leur remise.

Les cartes d'abonnement ne donne droit à aucune franchise de bagages.

## CARTES D'ABONNEMENT NOMINATIVES MENSUELLES

### pour écoliers jusqu'à l'âge de 10 ans.

#### PRIX DES PLACES
y compris la taxe du Port de Haïdar-Pacha.

| Des Stations ci-dessous aux Stations ci-contre et inversement | Haïdar-Pacha | | Kizil-Toprak | |
|---|---|---|---|---|
| | II cl. P<sup>trs</sup> arg. | III cl. P<sup>trs</sup> arg. | II cl. P<sup>trs</sup> arg. | III cl. P<sup>trs</sup> arg. |
| Haïdar-Pacha . . . . . . . | — | — | 37.50 | 27.50 |
| Kizil-Toprak. . . . . . . | 37.50 | 27.50 | — | — |
| Bifurcation . . . . . . . | 37.50 | 27.50 | 12.— | 6.— |
| Gheuz-Tépé . . . . . . . | 47.50 | 32.50 | 15.— | 10.— |
| Erenkeuy. . . . . . . . | 47.50 | 32.50 | 30.— | 20.— |
| Bostandjik . . . . . . . | 57.50 | 37.50 | 35.— | 25.— |
| Maltépé . . . . . . . . | 67.50 | 42.50 | 50.— | 30.— |
| Kartal . . . . . . . . . | 77.50 | 47.50 | 60.— | 35.— |
| Pendik. . . . . . . . . | 87.50 | 57.50 | 70.— | 40.— |

### Observations.

1° Les abonnements partent du premier de chaque mois (n.s.) et doivent être demandés au moins cinq jours d'avance.

2° Chaque carte est nominative et personelle.

3° Elle sera retirée et ne sera plus valable si toute autre personne que l'abonné cherche à en faire usage.

4° Elle doit être présentée à toute réquisition des employés du train, à défaut de quoi le prix de la place sera perçu en entier et ne sera pas remboursé.

5° Elle ne donne droit qu'au passage dans les trains ordinaires portés dans l'itinéraire, pour deux voyages par jour, un pour aller et l'autre pour le retour.

### CARTES D'ALLER ET RETOUR pour FAMILLES
*comptant au moins 5 personnes*

---

### PRIX DES PLACES
y compris la taxe du Port de Haïdar-Pacha.

| A.—Valables le vendredi et dimanche | | | | B.- Valables trois jours | | |
|---|---|---|---|---|---|---|
| De Haïdar-Pacha aux Stations ci-dessous | CLASSES | | | De Haïdar-Pacha aux Stations ci-dessous | CLASSES | |
| | I | II | III | | I | II |
| | *Par Personne* | | | | *Par Personne* | |
| | Piastr. argent | Piastr. argent | Piastr. argent | | Piastr. argent | Piastr. argent) |
| Touzla. . . . | 21.— | 15.50 | 10.50 | Biledjik . . | 141.— | 90.50 |
| Guebzeh . . . | 21.— | 15.50 | 10.50 | Es. –Chehir | 191.— | 100.50 |
| Héréké . . . | 31.— | 20.50 | 15.50 | | | |
| Ismidt. . . . | 44.— | 30.50 | 20.50 | | | |

**Observations :** 1° Vu les fortes réductions accordées par le présent Tarif, les Cartes sont *strictement personnelles*.

S'il venait à être constaté qu'une de ces Cartes a été cédée à des tiers ou que des personnes étrangères se sont substituées aux ayants-droit, la Société du Chemin de fer retirera de plein droit la Carte des mains du porteur, et percevra de chaque voyageur la Taxe pleine du Tarif de concession, plus l'amende prévue par le règlement général sur la police du Chemin de fer.

2° Les cartes de famille ne sont vendues que par les guichets du Pont de Karakeuy et de la gare de Haïdar-Pacha.

3° Deux enfants au-dessous de 10 ans sont considérés comme une seule personne.

**Avis important:** M^rs les voyageurs sont priés de s'assurer leurs places en prenant leurs cartes au moins 24 heures à l'avance.

**Lignes de Haïdar-Pacha à Eski Chéhir.**

| Distance kilométrique | STATIONS | Tr. Mixte N° 44 Matin | | Tr. Mixte N° 46 Soir | | Prix des Places y compris la taxe du Port de Haïdar Pacha en Piastres or de HAIDAR-PACHA | | |
|---|---|---|---|---|---|---|---|---|
| | | H. | M. | H. | M. | 1re cl. | 2e cl. | 3e cl. |
| — — | Pont de Karakeuy dép. | 11 | — | 6 | 53 | | | |
| — — | **M. Pacha**.. arr. | 11 | 20 | 7 | 13 | | | |
| | dép. | 11 | 50 | 7 | 25 | | | |
| 2. 6 | Kizil Toprak . . . . | | | | | | | |
| 3. 3 | Bifurcation . . . . . | | | | | | | |
| 5. — | Gheuz Tépé . . . . | | | | | | | |
| 6. 2 | Erenkeuy. . . . . . | | | | | | | |
| 9. 1 | Bostandjik . . . . . | | | | | | | |
| 14. 0 | Mattépé. . . . . . | | | | | | | |
| 20. 1 | Cartal . . . . . . . | | | | | | | |
| 24. 5 | **Pendik** . . . arr. | 1 | — | 8 | 32 | | | |
| | dép. | 1 | 16 | 8 | 45 | | | |
| 34. 9 | Touzla . . . . . . . | 1 | 38 | 9 | 11 | 14.50 | 9.— | 6.25 |
| 44. 2 | Guebzeh . . . . . . | 2 | 03 | 9 | 36 | 18.— | 11.25 | 7.75 |
| 55. 3 | Dil Iskélessi. . . . . | 2 | 27 | 9 | 58 | 22.50 | 14.— | 9.75 |
| 59. 4 | Tavchandjil. . . . . | 2 | 39 | 10 | 09 | 24.— | 15.— | 10.25 |
| 63. 8 | Héréké . . . . . . . | 3 | — | 10 | 30 | 26.— | 16.25 | 11.25 |
| 73. 8 | Yaremdja. . . . . . | 3 | 21 | 10 | 50 | 30.— | 18.75 | 12.75 |
| 80. 0 | Tutun Tchiftlik . . . | 3 | 35 | 11 | 03 | 32.50 | 20.25 | 13.75 |
| 83. 9 | Dérindjé . . . . . . | 3 | 47 | 11 | 17 | 34.— | 21.25 | 14.— |
| 91. 3 | **Ismid** . . . . . arr. | 4 | 02 | 11 | 31 | 37.— | 23.— | 15.25 |
| | dép. | 4 | 27 | 11 | 46 | | | |
| 109. 6 | B. Derbend . . . . . | 5 | 01 | 12 | 20 | 46.75 | 27.75 | 18.50 |
| 123. 5 | Sabandja . . . . . . | 5 | 32 | 12 | 49 | 54.— | 31.25 | 20.75 |
| 131. 5 | **Hamidié** (1) . . . | 6 | 03 | 1 | 05 | 58.— | 33.25 | 22.— |
| 150. 0 | Guévé . . . . . . . | 6 | 52 | arrivée | | 70.— | 39.25 | 26.— |
| 167. 6 | Ak Hissar . . . . . | 7 | 15 | | | 76.— | 42.25 | 28.— |
| 181. 3 | Mékédjé . . . . . . | 7 | 47 | | | 83.25 | 45.75 | 30.25 |
| 195. 4 | Lefké. . . . . . . . | 8 | 13 | | | 90.25 | 49.25 | 32.50 |
| 214. 1 | Vézir Han. . . . . . | 8 | 50 | | | 99.50 | 53.75 | 35.25 |
| 231. 9 | **Bilédjik** (2) . arr. | 9 | 30 | | | 108.50 | 58.25 | 38.25 |
| | dép. | 9 | 50 | | | | | |
| 248. 7 | **Karakeuy** (3) . . | 11 | — | | | 117.25 | 62.50 | 41.— |
| 263. 3 | Bozyuk. . . . . . . | 11 | 42 | | | 124.25 | 66.— | 43.25 |
| 280. 1 | Inc Œunu. . . . . . | 12 | 30 | | | 133.— | 70.25 | 46.— |
| 294. 4 | Tchouk. Hissar . . . | 1 | 01 | | | 140.50 | 74.— | 48.50 |
| 313. 4 | **Eski Chéhir** arr. | 1 | 41 | | | 150.25 | 78.75 | 51.50 |
| | | SOIR | | | | | | |

*Note (price column spanned):* Pour les Prix des Places — Voir Banlieue page 318.

*Note (N° 46 lower rows):* Continue p' Ada Bazar.

La barre verticale noire indique la nuit de 12 h. soir à 11 h. 59 mat. (heure à la turque)
(1) **De HAMIDIÉ à ADA-BAZAR** *Voir page 324.*

### Ligne d'Eski Chéhir à Haïdar Pacha.

| Distance Kilometr. | STATIONS | Tr. Mixte N° 41 Matin H. | M. | Tr. Mixte N° 43 Matin H. | M. | Prix des Places en Piastres or de Eski-Chehir 1re cl. | 2e cl. | 3e cl. |
|---|---|---|---|---|---|---|---|---|
| — | **Eski Chéhir** dép. | | | 9 | 35 | — — | — — | — |
| 19. — | Tchouk. Hissar . . . | | | 10 | 14 | 13. — | 5. 75 | 3. 75 |
| 33. 3 | Ine Œunu . . . . . | | | 10 | 49 | 23. — | 10. 25 | 6. 75 |
| 50. 1 | Bozyuk . . . . . . | | | 11 | 24 | 34. 50 | 15. 50 | 10. 25 |
| 64. 7 | **Karakeuy** . . . | | | 12 | 01 | 44. — | 19. 50 | 12. 75 |
| 81. 5 | **Bilédjik** . . (arr.<br>(dép. | | | 12<br>1 | 51<br>11 | 55. 50 | 24. 75 | 16. 25 |
| 99. 3 | Vézir Han . . . . . | | | 1 | 48 | 67. 50 | 30. — | 19. 50 |
| 118. — | Lefké . . . . . . . | | | 2 | 28 | 79. 75 | 35. 50 | 23. 25 |
| 132. 1 | Mékédjé . . . . . . | | | 3 | 03 | 89. 25 | 39. 75 | 26. — |
| 145. 8 | Ak Hissar . . . . | | | 3 | 32 | 98. 75 | 44. — | 28. 50 |
| 157. 4 | Guévé . . . . . . | | | 4 | 01 | 106. 75 | 47. 50 | 31. — |
| 181. 9 | **Hamidié** (1) . . . | 10 | 31 | 5 | 08 | 123. — | 54. 75 | 35. 75 |
| 189. 9 | Sabandja . . . . . | 10 | 49 | 5 | 29 | 128. 25 | 57. — | 37. 25 |
| 203. 8 | B. Derbend . . . . | 11 | 17 | 5 | 57 | 137. 75 | 61. 25 | 40. — |
| 222. 1 | **Ismid** . . . . (arr.<br>(dép. | 11<br>12 | 50<br>04 | 6<br>6 | 30<br>55 | 149. 75 | 67. — | 43. 50 |
| 229. 5 | Dérindjé . . . . . . | 12 | 21 | 7 | 11 | 149. 75 | 69. — | 44. 75 |
| 233. 4 | Tutun Tchiflik . . . | 12 | 32 | 7 | 22 | 149. 75 | 69. 75 | 45. 25 |
| 239. 6 | Yaremdja . . . . . | 12 | 44 | 7 | 34 | 149. 75 | 71. 50 | 46. 50 |
| 249. 6 | Héréké . . . . . . | 1 | 11 | 8 | — | 149. 75 | 73. 75 | 48. — |
| 254. — | Tavchandjil . . . . | 1 | 21 | 8 | 11 | 149. 75 | 75. — | 49. — |
| 258. 1 | Dil Iskélessi . . . . | 1 | 35 | 8 | 22 | 149. 75 | 76. — | 49. 50 |
| 269. 2 | Guebzeh . . . . . . | 2 | 06 | 8 | 51 | 149. 75 | 78. 50 | 51. 25 |
| 278. 5 | Touzla . . . . . . . | 2 | 28 | 9 | 13 | 149. 75 | 78. 50 | 51. 25 |
| 288. 9 | **Pendik** . . . (arr.<br>(dép. | 2<br>2 | 48<br>58 | 9<br>9 | 34<br>46 | 149. 75 | 78. 50 | 51. 25 |
| 293. 3 | Cartal . . . . . . . | | | | | 149. 75 | 78. 50 | 51. 25 |
| 299. 4 | Maltépé . . . . . . | | | | | 149. 75 | 78. 50 | 51. 25 |
| 304. 3 | Bostandjik . . . . | | | | | 149. 75 | 78. 50 | 51. 25 |
| 307. 2 | Erenkeuy . . . . . | | | | | 149. 75 | 78. 50 | 51. 25 |
| 308. 4 | Ghieuz Tépé . . . . | | | | | — — | — — | — — |
| 310. 1 | Bifurcation . . . . . | | | | | 149. 75 | 78. 50 | 51. 25 |
| 310. 8 | Kizil Toprak . . . . | | | | | — — | — — | — — |
| 313. 4 | **Haïdar Pa.** (arr.<br>(dép. | 4<br>4 | 10<br>20 | 10<br>11 | 54<br>02 | 150.25 | 78. 75 | 51. 50 |
| — | Pont de Karak . arr. | 4 | 40 | 11 | 22 | | | |
| | | matin | | soir | | | | |

*(Le train N° 41 : Arrive d'Ada Bazar.)*

La barre verticale noire indique la nuit de 12 h. soir à 11 h. 59 matin (heure à la turque).

(1) D'ADA-BAZAR à HAMIDIÉ *Voir page 324.*

## Service entre l'embranchement

| de Hamidié à Ada Bazar (Voir page 322) | | | | d'Ada Bazar à Hamidié (Voir page 323) | | |
|---|---|---|---|---|---|---|
| STATIONS | Trai" Mixt" n° 426 | Trai" Mixt" n° 46 | Distance kilométr. | STATIONS | Trai" Mixt" n° 41 | Trai" Mixt" n° 425 |
| | H. | M. | H. | M. | | | | H. | M. | H. | M. |
| Hamidié dép. | 6 | 13 | 1 | 17 | | A. Bazar dép. | 10 | — | 4 | 20 |
| Ada Bazar arr. | 6 | 31 | 1 | 35 | 28 | Hamidié arr. | 10 | 18 | 4 | 38 |
| | SOIR | SOIR | | | MAT. | MAT. |

| PRIX DES BILLETS | | | | | |
|---|---|---|---|---|---|
| Simple course p^re or | | | d'Aller et Retour p^re or | | |
| 1^re cl. | 2^e cl. | 3^e cl. | 1^re cl. | 2^e cl. | 3^e cl. |
| — | — | — | — | — | — |
| 6.25 | 4.50 | 3.— | 10.— | 7.— | 4.— |

## Observations.

Les Billets d'ALLER et RETOUR sont valables pour le jour même où ils ont été délivrés et ils sont strictement personnels. S'il venait à être constaté qu'un de ces billets a été cédé à un tiers, ou qu'une autre personne s'est substituée à l'ayant droit, la Société du Chemin de fer retirera de plein droit le billet des mains du porteur, et percevra la taxe pleine du tarif de concession, plus l'amende prévue par le Règlement Général sur la Police du Chemin de fer.

Les enfants jusqu'à l'âge de 3 ans, portés sur les genoux des personnes qui les accompagnent, seront transportés gratuitement ; à partir de 3 ans jusqu'à 7 ans, ils paieront la 1/2 taxe et occuperont place entière ; toutefois, deux enfants ne pourront, dans un compartiment, occuper plus d'une place entière.

Tout voyageur muni de son billet a droit au transport gratuit de 30 kilogr. de bagages ; les enfants payant 1/2 place n'auront droit à la gratuité que pour 20 kilogr.

## Conditions Spéciales pour les abonnements
### Trimestriels et Semestriels.— Section Haïdar-Pacha-Pendik.

Ces abonnements ne sont introduits que pour la circulation au départ de Haïdar-Pacha, en destination des Stations de la Banlieue et inversement.

Chaque abonné reçoit une seule carte, valable, suivant sa demande, pour 3 ou pour 6 mois.

Ces cartes sont délivrées exclusivement par la Direction à Haïdar Pacha, à laquelle elles doivent être demandées, soit directement, soit par l'entremise des stations, au moins deux jours à l'avance.

Le demandeur doit indiquer ses noms et prénoms, la classe, le parcours et le délai de validité. Il doit en outre remettre une photographie personnelle, du format dit «carte de visite» (12 c/ᵐ × 8 c/ᵐ).

La carte et la photographie seront remises au titulaire, enfermées dans une pochette pour laquelle il devra payer un montant de cinq (5) piastres argent, en sus du prix de l'abonnement.

Le délai de validité des cartes d'abonnement delivrées dans le courant d'un mois, court rétroactivement à partir du 1ᵉʳ de ce même mois, sans qu'aucune réduction soit opérée de ce chef, sur les prix du Tarif.

Ces cartes sont valables pour tous les trains indiqués dans l'horaire de Banlieue, et peuvent être utilisées plusieurs fois dans la même journée.

Elles sont strictement personnnelles et ne peuvent être utilisées que par leurs titulaires.

Si une carte vient à être employée par une personne autre que le titulaire véritable, elle sera retirée et annulée, et le porteur sera soumis au paiement des taxes et amendes prévues par les Réglements, sans que le titulaire puisse formuler, de ce chef, aucune réclamation quelconque vis-à-vis de la Société.

Les cartes doivent être présentées aux agents de contrôle de la Société, à toute réquisition. Toutefois elles sont exemptes de la formalité de la perforation par le personnel des trains.

Les abonnements trimestriels et semestriels ne donnent droit à aucune franchise de bagages.

Les déclassements dans une classe supérieure, contre paiement d'un supplément de prix, ne sont pas admis pour les cartes d'abonnement.

Les cartes d'abonnement sont retirées des mains des titulaires, le dernier jour du mois, auquel l'abonnement prend fin.

La non-utilisation, partielle ou totale, d'une carte d'abonnement, ne comporte aucune restitution quelconque de taxe ou autre, de la part de la Société.

Les titulaires des cartes d'abonnement sont tenus d'apposer leur signature, tant sur les cartes mêmes, que dans le registre ouvert à cet effet, à la Direction et dans les stations.

## d'Eski Chéhir à Angora

| Distance kilométrique | STATIONS | Train Mixte N° 122 DÉPART | | Prix des Places en Piastres or D'Eski-Chéhir à | | |
|---|---|---|---|---|---|---|
| | | H. | M. | 1<sup>e</sup> cl. | 2<sup>e</sup> cl. | 3<sup>e</sup> cl. |
| | | MAT. | | | | |
| — — | **Eski Chéhir** . . . dép. | 12 | — | — — | — — | — — |
| 22.5 | Agha Pounar. . . . . . » | 12 | 44 | 15.75 | 7. | 4.50 |
| 39.2 | Alpukeuy. . . . . . . . » | 1 | 24 | 27.— | 12.— | 8.— |
| 61.2 | Beylik Ahour . . . . . » | 2 | 04 | 42.— | 18.75 | 12.25 |
| 92.4 | Sarikeuy . . . . . . . . » | 3 | 09 | 63.— | 28.— | 18.25 |
| 118.9 | Bitcher . . . . . . . . . » | 3 | 58 | 80.25 | 35.75 | 23.25 |
| 139.4 | Sazilar . . . . . . . . » | 4 | 35 | 94.50 | 42.— | 27.50 |
| 153.7 | Beylik Keupru. . . . . » | 5 | 09 | 104.— | 46.25 | 30.25 |
| 173.3 | Polatli. . . . . . . . . » | 6 | 03 | 117.50 | 52.25 | 34.25 |
| 208.3 | Malikeuy . . . . . . . » | 7 | 21 | 141.25 | 62.75 | 41.— |
| 238.— | Sindjankeuy . . . . . . » | 8 | 15 | 161.50 | 71.75 | 46.75 |
| 263.4 | **Angora** . . . . . . . . arr. | 9 | — | 178.25 | 79.25 | 51.75 |
| | | SOIR | | | | |

## d'Angora à Eski Chéhir

| Distance kilométrique | STATIONS | Train Mixte N° 121 DÉPART | | Prix des Places en Piastres or d'Angora à | | |
|---|---|---|---|---|---|---|
| | | H. | M. | 1<sup>e</sup> cl. | 2<sup>e</sup> cl. | 3<sup>e</sup> cl. |
| | | MAT. | | | | |
| — — | **Angora** . . . . . . . . dép. | 1 | — | — — | — — | — — |
| 25.4 | Sindjankeuy . . . . . . » | 1 | 47 | 17.75 | 8.— | 5.25 |
| 55.1 | Malikeuy . . . . . . . . » | 2 | 49 | 38.— | 17.— | 11.— |
| 90.1 | Polatli. . . . . . . . . » | 4 | 16 | 61.50 | 27.50 | 18.— |
| 109.7 | Beylik Keupru. . . . . » | 5 | — | 74.25 | 33.— | 21.50 |
| 124.— | Sazilar . . . . . . . . » | 5 | 27 | 84.50 | 37.50 | 24.50 |
| 144.5 | Bitcher . . . . . . . . » | 6 | 04 | 98.— | 43.50 | 28.50 |
| 171.— | Sarikeuy . . . . . . . » | 7 | 01 | 116.50 | 51.75 | 33.— |
| 202.2 | Beylik Ahour. . . . . . » | 7 | 58 | 137.25 | 61.— | 39.75 |
| 224.2 | Alpukeuy. . . . . . . . » | 8 | 46 | 152.— | 67.50 | 44.— |
| 240.9 | Agha Pounar. . . . . . » | 9 | 18 | 162.75 | 72.50 | 47.25 |
| 263.4 | **Eski Chéhir** . . . . arr. | 10 | — | 178.25 | 79.25 | 51.75 |
| | | SOIR | | | | |

## d'Eski Chéhir à Konia

| Distance kilomètr. | STATIONS | | Tr. N 222 Mix. MAT. | | Prix des places en piastres or d'Eski-Chéhir à | | |
|---|---|---|---|---|---|---|---|
| | | | H. | M. | 1ᵉ cl. | 2ᵉ cl. | 3ᵉ cl. |
| — — | **Eski Chéhir** | dép. | 10 | 20 | — — | — — | — — |
| 23.4 | Keuktché Kissik | « | 11 | 02 | 16.25 | 7.25 | 4.75 |
| 45.2 | Saboundji Pounar | » | 12 | — | 31.25 | 14.— | 9.— |
| 66.9 | **Alayund** | » | 12 | 59 | 45.25 | 20.25 | 13.25 |
| 86.5 | Tchékurler | » | 1 | 41 | 58.75 | 26.25 | 17.— |
| 113.1 | Deuyer | » | 2 | 40 | 77.— | 34.25 | 22.25 |
| 127.9 | Ihsanié | » | 3 | 09 | 86.50 | 38.50 | 25.— |
| 141.3 | Hamam | » | 3 | 34 | 96.— | 42.75 | 27.75 |
| 145.— | Gazligueul Hamam | » | 3 | 44 | 98.— | 43.50 | 28.50 |
| 161.2 | **Afion K. H.** | arr. | 4 | 11 | 109.50 | 48.75 | 31.75 |
| 180.7 | | dép. | 4 | 31 | | | |
| 207.5 | Bouyouk Tchobanlar | » | 5 | 11 | 122.25 | 54.50 | 35.50 |
| 233.6 | Tchaï | » | 6 | 06 | 140.50 | 62.50 | 40.75 |
| 246.9 | Ishaklou | » | 6 | 51 | 158.— | 70.25 | 45.75 |
| 259.2 | Yassian | » | 7 | 15 | 166.75 | 74.25 | 48.25 |
| 277.6 | Ak Chéhir | » | 7 | 46 | 175.50 | 78.— | 50.75 |
| 299.4 | Azarikeuy | » | 8 | 18 | 187.75 | 83.50 | 54.25 |
| 316.9 | Tchavouchdji keuy | » | 9 | — | 202.50 | 90.— | 58.50 |
| 343.5 | Ilghin | » | 9 | 38 | 214.— | 95.25 | 62.— |
| 367.5 | Kadin Han | » | 10 | 25 | 232.25 | 103.25 | 67.25 |
| 384.3 | Séraï Ini | » | 11 | 20 | 248.50 | 110.50 | 72.— |
| 411.3 | Meïdan | » | 11 | 52 | 260.— | 115.50 | 75.25 |
| 433.7 | Pounar Bachi | » | 12 SOIR | 52 | 278.25 | 123.75 | 80.50 |
| | **Konia** | arr. | 1 | 30 | 293.75 | 130.50 | 85.— |

## de Konia à Eski Chéhir

| Distance kilomètr. | STATIONS | | Tr. N 221 Mix. MAT. | | Prix des places en piastres or de Konia à | | |
|---|---|---|---|---|---|---|---|
| | | | H. | M. | 1ᵉ cl. | 2ᵉ cl. | 3ᵉ cl. |
| — — | **Konia** | dép. | 10 | 30 | — — | — — | — — |
| 22.4 | Pounar Bachi | » | 11 | 12 | 16.25 | 7.25 | 4.75 |
| 49.4 | Meïdan | » | 12 | 17 | 33.75 | 15.— | 9.75 |
| 66.2 | Séraï-Ini | » | 12 | 57 | 45.25 | 20.25 | 13.25 |
| 90.2 | Kadin Han | » | 1 | 39 | 61.50 | 27.50 | 17.75 |
| 116.8 | Ilghin | » | 2 | 33 | 79.75 | 35.50 | 23.25 |
| 134.3 | Tchavouchdji keuy | » | 3 | 05 | 91.25 | 40.50 | 26.50 |
| 156.1 | Azarikeuy | » | 3 | 43 | 106.— | 47.25 | 30.75 |
| 174.5 | Ak Chéhir | » | 4 | 23 | 119.— | 53.— | 34.50 |
| 186.8 | Yassian | » | 4 | 45 | 127.— | 56.50 | 36.75 |
| 200.4 | Ishaklou | » | 5 | 10 | 135.75 | 60.50 | 39.25 |
| 226.2 | Tchaï | » | 6 | 03 | 153.25 | 68.25 | 44.50 |
| 253.— | Bouyouk Tchobanlar | » | 6 | 50 | 171.50 | 76.25 | 49.75 |
| 272.5 | **Afion K. H.** | arr. | 7 | 23 | 185.— | 82.25 | 53.50 |
| 288.7 | | dép. | 7 | 43 | | | |
| 292.4 | Gazl. Hamam | » | 8 | 14 | 195.75 | 87.— | 56.75 |
| 305.8 | Hamam | » | 8 | 24 | 198.50 | 88.25 | 57.50 |
| 320.6 | Ihsanié | » | 8 | 50 | 207.25 | 92.25 | 60.— |
| 347.2 | Deuyer | » | 9 | 35 | 217.50 | 96.75 | 63.— |
| 366.8 | Tchékurler | » | 10 | 23 | 235.— | 104.50 | 68.— |
| 389.5 | **Alayund** | » | 11 | 12 | 248.50 | 110.50 | 72.— |
| 410.3 | Sab' Pounar | » | 12 | 10 | 263.25 | 117.— | 76.25 |
| 433.7 | Keuk. Kissik | » | 12 SOIR | 52 | 278.25 | 123.75 | 80.50 |
| | **Eski Chéhir** | arr. | 1 | 32 | 293.75 | 130.50 | 85.— |

## Service entre Alayund à Kutahia

| Distance kilométrique | STATIONS | | Train Mixte N°322 | | Train Mixte N°324 | | PRIX DES PLACES EN PIASTRES OR | | |
|---|---|---|---|---|---|---|---|---|---|
| | | | H. | M. | H. | M. | 1re cl. | 2e cl. | 3e cl. |
| — | **Alayund** . . . . | dép. | 1 | 05 | 11 | 15 | — | — | — |
| 10.10 | **Kutahia** . . . . | arr. | 1 | 25 | 11 | 35 | 7.50 | 3.50 | 2.25 |
| | | | SOIR | | MAT. | | | | |

## de Kutahia à Alayund

| Distance kilométrique | STATIONS | | Train Mixte N°321 | | Train Mixte N°323 | | PRIX DES PLACES EN PIASTRES OR | | |
|---|---|---|---|---|---|---|---|---|---|
| | | | H. | M. | H. | M. | 1re cl. | 2e cl. | 3e cl. |
| — | **Kutahia** . . . . | dép. | 12 | 10 | 10 | 15 | 7.50 | 3.50 | 2.25 |
| 10.10 | **Alayund** . . . . | arr. | 12 | 30 | 10 | 35 | — | — | — |
| | | | MAT. | | SOIR | | | | |

## NOTES IMPORTANTES :

1° La barre verticale noire indique la nuit de 12 h. soir à 11 h. 59 mat. (heure à la turque).

2°.— L'expression **matin** est appliquée à la période de 6 h. (de nuit) à 5 h. 59 (de jour).

L'expression **soir** est appliquée à la période de 6 h. (de jour) à 5 h. 59 (de nuit.)

Il n'est pas admis d'enregistrement direct pour le **Pont de Karakeuy**, des Bagages des Stations autres que celles de la Banlieue.

## Train Mixte N° 623. - de Konia à Boulgourlou.

| Dista. e Kilomè. | Temps norm. en minutes | Min. de temps de parcours | STATIONS | Arrivée | | Arrêt | Départ | | Prix des Places en Piastres or de Konia à | | |
|---|---|---|---|---|---|---|---|---|---|---|---|
| | | | | H. | M. | M. | H. | M. | 1er cl. | 2e cl. | 3e cl. |
| — | — | — | **Konia**. . . . . | MAT. | | — | XI | — | | | |
| 20.4 | 29 | 26 | Kachin Han. . . | | | 2 | XI | 31 | 14.25 | 6.50 | 4.25 |
| 44.2 | 34 | 30 | Tchoumra. . . . | | | 10 | 12 | 15 | 30.50 | 13.50 | 9.— |
| 61.9 | 26 | 23 | Arik Euren. . . | | | 2 | 12 | 43 | 42.— | 18.75 | 12.25 |
| 80.7 | 27 | 24 | Mandassoun . . | | | 2 | 1 | 12 | 54.75 | 24.50 | 16.— |
| 102.3 | 31 | 28 | **Karaman** . . | 1 | 43 | 15 | 1 | **58** | 69.75 | 31.— | 20.25 |
| 119.— | 24 | 22 | Sidrova . . . . . | | | 2 | 2 | 24 | 81.— | 36.— | 23.50 |
| 147.9 | 40 | 36 | Aïrandji Derb . | | | 10 | 3 | 14 | 100.— | 44.50 | 29.— |
| 172.— | 34 | 30 | Aladja. . . . . . | | | 2 | 3 | 50 | 117.— | 52.— | 33.75 |
| 189.2 | 25 | 23 | **Erégli**. . . . | 4 | 15 | 20 | 4 | **45** | 128.25 | 57.— | 37.25 |
| 198.9 | 15 | 14 | Boulgourlou . . | 5 | — | — | SOIR | | 135.— | 60.— | 39.— |

## Train Mixte N° 624. - de Boulgourlou à Konia.

| Distance Kilomètr. | Temps norm. en minutes | Min. de temps de parcours | STATIONS | Arrivée | | Arrêt | Départ | | Prix des Places en Piastres or de Boulgourlou à | | |
|---|---|---|---|---|---|---|---|---|---|---|---|
| | | | | H. | M. | M. | H. | M. | 1er cl. | 2e cl. | 3e cl. |
| — | — | — | Boulgourlou . . | SOIR | | — | 5 | 20 | | | |
| 9.7 | 18 | 14 | **Erégli** . . . . | 5 | 38 | 117 | 7 | **20** | 7.50 | 3.50 | 2.25 |
| 26.9 | 25 | 23 | Aladja. . . . . . | | | 2 | 7 | 47 | 19.— | 8.50 | 5.50 |
| 51.— | 34 | 30 | Aïrandji Derb . | | | 10 | 8 | 31 | 36.— | 16.— | 10.50 |
| 79.9 | 40 | 36 | Sidrova . . . . . | | | 2 | 9 | 13 | 54.75 | 24.50 | 16.— |
| 96.6 | 24 | 22 | **Karaman** . . | 9 | 37 | 15 | 9 | **52** | 66.25 | 29.50 | 19.25 |
| 118.2 | 31 | 28 | Mandassoun . . | | | 2 | 10 | 25 | 81.— | 36.— | 23.50 |
| 137.— | 27 | 24 | Arik Euren . . . | | | 2 | 10 | 54 | 93.25 | 41.50 | 27.— |
| 154.7 | 26 | 23 | Tchoumra. . . . | | | 10 | 11 | 30 | 105.50 | 47.— | 30.50 |
| 178.5 | 34 | 30 | Kachin Han. . . | | | 2 | XII | 06 | 121.50 | 54.— | 35.25 |
| 198.9 | 29 | 26 | **Konia**. . . . . | XII | 35 | — | SOIR | | 135.— | 60.— | 39.— |

### Notes Importantes :

1° — Les heures de jour (de 12 h. matin à 11 h. 59 soir) sont indiquées en chiffres arabes et les heures de nuit (de XII h. soir à XI h. 59 matin) en chiffres romains.

— Le chiffre arabe **12** signifie **matin**.

— Le chiffre romain **XII** signifie **soir**.

2° — L'expression **matin** est appliquée à la période de VI h. (de nuit) à 5 h. 59 (de jour) ;

L'expression **soir** est appliquée à la période de 6 h. (de jour) à 5 h. 59 (de nuit).

## TARIFS

### Exceptionnels Provisoires

### VOYAGEURS

#### pour tout le Réseau



### (1) Prix des Places de Haïdar-Pacha à Angora.

y compris la taxe du port de Haïdar-Pacha.

| De Haïdar Pacha à | CLASSES | | | De Haïdar Pacha à | CLASSES | | |
|---|---|---|---|---|---|---|---|
| | I. | II. | III. | | I. | II. | III. |
| Eski Chéhir . . | 150.25 | 78.75 | 51.50 | Sazilar . . . . . | 220.50 | 113.50 | 74.25 |
| Ak-Bounar . . . | 161.25 | 84.25 | 55.25 | Bey-keupru. . . | 227.50 | 117.— | 76.50 |
| Alpu-keuy . . . | 169.75 | 88.50 | 58.— | Polatli. . . . . | 237.75 | 122.— | 79.75 |
| Beyl.-Ahour . . | 181.— | 94.— | 61.50 | Malikeuy . . . . | 255.25 | 130.75 | 85.50 |
| Sarikeuy . . . . | 196.75 | 101.75 | 66.50 | Sindjankeuy . . | 270.50 | 138.25 | 90.25 |
| Bilcher . . . . . | 210.25 | 108.50 | 71.— | **Angora** . . . | 283.25 | 144.50 | 94.25 |

### (2) Prix des Places de Haïdar-Pacha à Konia.

y compris la taxe du port de Haïdar-Pacha.

| De Haïdar Pacha à | CLASSES | | | De Haïdar Pacha à | CLASSES | | |
|---|---|---|---|---|---|---|---|
| | I. | II. | III. | | I. | II. | III. |
| Keut.-Kissik . . | 172.25 | 85.— | 55.50 | Ihsaklou . . . . | 278.50 | 137.50 | 89.50 |
| Sab-Pounar. . . | 183.50 | 90.50 | 59.— | Yassian. . . . . | 285.25 | 140.75 | 91.75 |
| Alayund . . . . | 194.— | 95.75 | 62.50 | Ak.-Chéhir. . . | 291.75 | 144.— | 93.75 |
| Kutahia. . . . . | 199.50 | 98.50 | 64.25 | Azari-keuy . . . | 300.75 | 148.50 | 96.75 |
| Tchékurler . . . | 204.25 | 100.75 | 65.75 | Tchav.-keuy . . | 312.— | 154.— | 100.25 |
| Denyer . . . . . | 217.75 | 107.50 | 70.— | Ilghin. . . . . . | 320.50 | 158.25 | 103.— |
| Ihsanié . . . . . | 225.— | 111.— | 72.25 | Kadin-Han . . . | 334.25 | 165.— | 107.50 |
| Hamam . . . . . | — | — | — | Séraï-Ini . . . . | 346.50 | 171.— | 111.25 |
| Gazl. — Ham. . | 233.50 | 115.25 | 75.— | Meïdan . . . . . | 355.— | 175.25 | 114.— |
| Afion-K.-Hissar | 242.— | 119.50 | 78.— | Poun.—Bachi. . | 368.75 | 182.— | 118.50 |
| B.-Tchobanl. . . | 251.75 | 124.25 | 81.— | **Konia** . . . . | 380.25 | 187.75 | 122.25 |
| Tchaï . . . . . . | 265.50 | 131.— | 85.25 | | | | |

**Observations : Les Prix** indiqués dans le présent **Tarif** sont fixés en **Piastres or.**

## NOTICE SUR LE
# CHEMIN de FER SMYRNE-CASSABA et PROLONG.

Cette ligne, exploitée à l'origine (1864) par la Compagnie anglaise « THE SMYRNA AND CASSABA RAILWAY C° L^d », a passé, en Juillet 1894, entre les mains de la SOCIÉTÉ OTTOMANE DU CHEMIN DE FER SMYRNE-CASSABA ET PROLONGEMENT, en vertu d'un Firman Impérial daté du 5/17 Février 1893.

L'étendue complète du réseau est de 517 kilomètres, ainsi répartis :

| | | |
|---|---|---|
| Ligne principale *Smyrne-Afion Kara-Hissar* | 420 | Kilomètres |
| Embranchement de *Halka-Bounar à Bournabat* | 5 | » |
| Embranchement de *Magnésie à Soma* | 92 | » |
| Total . . . . | 517 | Kilomètres |

La ligne, à son origine, contourne le golfe de Smyrne jusqu'à Cordélio, et le massif du Yamanlar jusqu'à Ménémen.—A partir de cette station elle s'engage dans le défilé pittoresque du Boghaz, où elle cotoie l'Hermus dans une vallée très-ressérée aux détours nombreux, sur une longueur de 12 kilomètres, pour déboucher ensuite dans la plaine de Magnésie, suivie elle-même de celle d'Alachéir.

Sur ce parcours, indépendamment de l'originalité des sites traversés, l'attention du voyageur est spécialement sollicitée par deux points principaux : Magnésie et Sardes.

MAGNESIE, fondée par les Magnètes de Thessalie, est adossée au Sipyle et présente un aspect des plus pittoresques. Parmi ses 33 mosquées,celles surtout qui méritent d'être visitées, sont: la mosquée *Sultan Djami* avec le *Médressé* voisin ; la mosquée *Oulou Djami*, ancienne église byzantine, bâtie sur le point culminant de la ville, et qui contient le tombeau d'un prince de Magnésie, Ishac Tchélébi, qui fut détrôné par le Sultan Bajazet 1^er ; la mosquée *Mouradié Djami* à laquelle est attenante l'ancienne maison des Kara-Osmanoglou, et qui a été bâtie en 1591 par le Sultan Mourad III. A visiter aussi : le tombeau des *Yédi-Kizlar*, le café *Déré Cavessi*, la maison des fous et la prison. A une distance d'environ une demi-heure en voiture, on voit sur un rocher escarpé, au pied de la montagne, une sorte de haut relief colossal qui, de loin, affecte la forme d'une figure humaine assise. La tradition prétend que cette figure représente Niobé pétrifiée après la mort de ses enfants. D'après Pausanias, ce haut relief serait une statue de Cybèle, dont le culte était très-répandu en Lydie.

SARDES, ancien chef-lieu de la Lydie et ancienne résidence du roi Crésus, est située au pied de la chaine du *Boz-Dagh*, sur les rives du Pactole. Ruines célèbres et sources d'eaux thermales très-réputées.

A partir d'*Alachéïr* (ancienne Philadelphie), point terminus de l'ancien réseau, commence la section dite du Prolongement. Le tracé après avoir traversé le cours de l'*Alachéïr-Tchaï*, commence à gravir les pentes et à se développer dans le but d'atteindre le plateau supérieur d'*Ouchak*. La ligne y est naturellement très-accidentée et comporte de nombreux ouvrages d'art dont les principaux sont : **22** tunnels, d'une longueur totale d'environ 4,000 m.

Tunnel N 2

Viaduc N° 2

 3 viaducs, dont un de 160 m. avec une travée centrale  de 100 m.;
un de 180 m. en 6 travées de 30 m. et un de 90 m. en 3 travées  de
30 m.; enfin, un pont en une seule travée de  47 m.; d'ouverture. La
rampe maximum de 25 ᵐ/ᵐ est presque continue sur une longueur de
26 kilomètres, entre les stations de *Kinlik* et de *Gunaï-Keuy*. A partir de *Gunaï-Keuy*, dont l'altitude est de 850 m.; le tracé se développe
au milieu des forêts de valonées, des plateaux  supérieurs et arrive
ainsi jusqu'à *Ouchak*.

Le voyageur s'arrête généralement dans cette ville pour visiter les nombreux ateliers de fabrication de tapis, qui font de ce lieu le centre le plus important de l'industrie si florissante et si renommée de la fabrication des tapis d'Orient, dits de Smyrne.

Avant d'atteindre le point terminus du réseau à 420 kilomètres de Smyrne, on traverse une section également très-pittoresque située entre *Otourak* et *Toumlou-Pounar*, où le tracé s'élève encore progressivement par une rampe de 25 °/₀₀ jusqu'au point culminant du Kilom. 355, où l'altitude est de 1251 mètres au-dessus du niveau de la mer.

Enfin, à quelques kilomètres avant d'arriver à *Afion Kara-Hissar*, on rencontre les bains thermaux de *Guédjik-Hamami*, desservis par une halte et très-fréquentés pendant la belle saison par des nombreux baigneurs.

L'arrivée à *Afion Kara-Hissar* est des plus pittoresques et le panorama qui se présente aux yeux du voyageur est réellement des plus remarquables avec ses énormes rochers qui surgissent au milieu de la plaine.

Afion-Karahissar.

La ville elle même, avec ses 20,000 habitants, est importante. Bâtie sur le flanc de la montagne *Kalé*, elle est des plus intéressantes à visiter. A noter surtout : le bazar, le château construit sur un énorme rocher à pic, les carrières de marbre d'Eski-Kara-Hissar et le village d'*Ayazin*, contigu à une ville morte taillée dans le roc (époque phrygienne et époque byzantine).—*Afion Kara-Hissar* est également desservi par le Chemin de fer Ottoman d'Anatolie : les deux chemins de fer sont reliés par un raccordement, ce qui permet le passage direct des voyageurs et des marchandises d'un réseau sur l'autre.

Afion-Kara-Hissar-Rocher.

Enfin. à *Magnésie* (Kilom. 66 de Smyrne), se détache l'embranchement de *Soma* d'une longueur de 92 kilomètres.

Sur cet embranchement qui court dans la plaine de l'*Hermus*, du *Koum-Tchaï* et du *Gurduk-Tchaï*, on rencontre le centre très-important d'*Ak-Hissar*, point de concentration des régions de Ghiordès et Démirdji où se fabriquent également, ainsi qu'à Ak-Hissar même, des tapis renommés.

La station terminus de *Soma* dessert la ville de *Pergame* où les visiteurs se rendent en grand nombre pour y admirer les célèbres antiquités mises chaque année à jour par des savants distingués.

Pergame.--- Statue sans tête

L'ancienne Pergame fut la capitale du royaume grec des Atalides et un des foyers les plus brillants de la civilisation Hellénique aux Troisième et Second Siècles avant notre ère.

Un service de voitures existe d'ailleurs entre la station de *Soma* et *Pergame* et l'on trouve dans cette dernière ville des installations très-convenables pour y loger pendant la durée de la visite des antiquités.

*(Voir description de la ville de Pergame à page 312).*

Vue d'une Rue de Pergame.

Acqueduc de Pergame.

# Société Ottomane du Chemin de Fer Smyrne—Cassaba et Prolongement

### Service à partir du 1ᵉʳ Janvier 1909 (n. s.)

**PRIX DES BILLETS de Smyrne aux Stations ci-contre** — prix en PIAS. OR.

## Section Smyrne-Ouchak

| kilom. au départ de Smyrne | Stations | Billets Simples 1ᵉ cl. | 2ᵉ cl. | 3ᵉ cl. | Billets Aller et Ret. 1ᵉ cl. | 2ᵉ cl. | 3ᵉ cl. | N° 1 Tous les jours | N° 3 Tous les jours |
|---|---|---|---|---|---|---|---|---|---|
| | | | | | | | | MAT. | MAT. |
| 0 | SMYRNE . . . . . dép. | — | — | — | — | — | — | 7.00 | 11.35 |
| 11 | Cordélio . . . . . » | 6.50 | 5.25 | 3.75 | 9.75 | 8.— | 5.75 | 7.26 | 12.03 |
| 18 | Chighily . . . . . » | 9.50 | 7.50 | 5.75 | 14.— | 11.25 | 8.50 | — | 12.20 |
| 25 | Ouloudjak . . . . » | 13.— | 10.25 | 7.50 | 19.50 | 15.50 | 11.25 | — | 12.40 |
| 32 | MENEMEN . . . . » | 15.75 | 12.50 | 9.50 | — | — | — | 8.09 | 1.07 |
| 39 | Emir-Aalem . . . » | 27.— | 21.50 | 15.75 | 40.50 | 32.— | 23.75 | — | 1.22 |
| 56 | Hamidié . . . . . » | 31.50 | 25.— | 18.75 | 47.25 | 37.50 | 28.— | — | 1.58 |
| 64 | Horos-Keuï . . . » | 31.50 | 25.— | 18.75 | 47.25 | 37.50 | 28.— | — | 2.17 |
| 66 | MAGNESIE . . . arr. | 31.50 | 25.— | 18.75 | 47.25 | 37.50 | 28.— | 9.08 | 2.25 |
| | MAGNESIE . . . dép. | | | | | | | 9.23 | 2.41 |
| 80 | Chobanissa . . . . » | 31.50 | 25.— | 18.75 | 47.25 | 37.50 | 28.— | — | 3.14 |
| 94 | CASSABA . . . . . » | 31.50 | 25.— | 18.75 | 47.25 | 37.50 | 28.— | 10.19 | 3.57 |
| 105 | Ourghanli . . . . » | 40.— | 31.50 | 23.25 | — | — | — | — | 4.25 |
| 114 | Ahmedli . . . . . » | 44.50 | 35.25 | 26.— | — | — | — | — | 4.50 |
| 124 | Sardes . . . . . . » | 51.— | 40.50 | 29.75 | — | — | — | — | 5.13 |
| 132 | SALIHLI . . . . . arr. | 55.75 | 44.— | 32.50 | 83.50 | 66.25 | 48.75 | 11.24 | 5.30 |
| | SALIHLI . . . . . dép. | | | | | | | 11.34 | 5.44 |
| 143 | Monavak . . . . . » | 63.— | 50.— | 37.25 | — | — | — | 11.57 | 6.09 |
| 154 | Déré-Keuï . . . . » | 69.50 | 55.25 | 40.75 | — | — | — | 12.18 | 6.32 |
| 161 | Alkan . . . . . . » | 74.25 | 59.— | 43.75 | — | — | — | 12.36 | 6.54 |
| 169 | ALACHÉIR . . . . arr. | 78.75 | 62.50 | 46.50 | 118.25 | 94.— | 69.50 | 12.55 | 7.10 |
| | ALACHÉIR . . . . dép. | | | | | | | 1.55 | SOIR |
| 178 | Kinlik . . . . . . » | 82.25 | 65.25 | 48.50 | — | — | — | 2.18 | — |
| 208 | Gunaï-Keuï . . . . » | 93.— | 73.75 | 55.— | — | — | — | 4.15 | — |
| 218 | Elvanlar . . . . . » | 96.50 | 76.75 | 57.— | — | — | — | 4.41 | — |
| 253 | INAI . . . . . . . » | 109.25 | 86.75 | 64.50 | 179.25 | 142.50 | 105.50 | 6.17 | — |
| 272 | Kara-Kouyou . . . » | 116.25 | 92.25 | 68.50 | — | — | — | 7.12 | — |
| 287 | OUCHAK . . . . . arr. | 121.75 | 96.50 | 71.75 | 204.25 | 162.— | 120.— | 7.40 | — |
| | | | | | | | | SOIR | |

*N° 3 : Les Ma. et V.*

## Ouchak-Smyrne

| Stations | N° 4 Tous les jours | N° 2 Tous les jours |
|---|---|---|
| | | MAT. |
| OUCHAK . . . . . . dép. | — | 7.20 |
| Kara-Kouyou . . . . » | — | 7.54 |
| INAI . . . . . . . » | — | 8.35 |
| Elvanlar . . . . . » | — | 10.21 |
| Gunaï-Keuï . . . . » | — | 10.52 |
| Kinlik . . . . . . » | — | 12.03 |
| ALACHÉIR . . . . arr. | MAT. | 12.23 |
| ALACHÉIR . . . . dép. | 6.50 | 1.24 |
| Alkan . . . . . . » | 7.10 | 1.42 |
| Déré-Keuï . . . . » | 7.28 | 1.57 |
| Monavak . . . . . » | 7.51 | 2.17 |
| SALIHLI . . . . . arr. | 8.15 | 2.38 |
| SALIHLI . . . . . dép. | 8.35 | 2.50 |
| Sardes . . . . . . » | 8.56 | — |
| Ahmedli . . . . . » | 9.23 | — |
| Ourghanli . . . . » | 9.45 | — |
| CASSABA . . . . . » | 10.22 | 4.05 |
| Chobanissa . . . . » | 10.55 | — |
| MAGNESIE . . . . arr. | 11.25 | 4.51 |
| MAGNESIE . . . . dép. | 11.41 | 5.06 |
| Horos-Keuï . . . . » | 11.52 | — |
| Hamidié . . . . . » | 12.12 | — |
| Emir-Aalem . . . . » | 12.49 | — |
| MENEMEN . . . . . » | 1.14 | 6.10 |
| Ouloudjak . . . . » | 1.33 | — |
| Chighily . . . . . » | 1.52 | — |
| Cordélio . . . . . » | 2.09 | 6.51 |
| SMYRNE . . . . . arr. | 2.40 | 7.20 |
| | SOIR | SOIR |

*N° 4 : Les Mar. et Sam. — N° 2 : Chaque jour*

## Section Ouchak-Afion-Kara-Hissar C. F. O. A.

| | | | | | | | | | Ch. jour | | | Ch. jour |
|---|---|---|---|---|---|---|---|---|---|---|---|---|
| | | | | | | | | MAT. | | | | SOIR |
| 121.75 | 96.50 | 71.75 | 204.25 | 162.— | 120.— | 287 | OUCHAK . . . . . . dép. | 5.55 | — | AF.-K.-H. C.F.O.A. dép. | 2.45 | — |
| 127.75 | 101.50 | 75.25 | — | — | — | 303 | Kapaklar . . . . . . » | 6.38 | — | AFION-K.-HIS. S.C.P. » | 3.00 | — |
| 136.50 | 108.25 | 80.50 | — | — | — | 327 | Banaz . . . . . . . » | 7.28 | — | Bal-Mahmoud . . . . » | 3.47 | — |
| 143.— | 113.50 | 84.25 | — | — | — | 345 | Otourak . . . . . . » | 8.09 | — | Kutchuk-Keuï . . . » | 4.48 | — |
| 147.50 | 117.— | 86.75 | — | — | — | 358 | Toumlou-Pounar . . » | 8.53 | — | Toumlou-Pounar . . » | 5.23 | — |
| 152.75 | 121.25 | 90.— | — | — | — | 372 | Kutchuk-Keuï . . . » | 9.27 | — | Otourak . . . . . . » | 5.56 | — |
| 161.25 | 128.— | 94.75 | — | — | — | 396 | Bal-Mahmoud . . . » | 10.10 | — | Banaz . . . . . . . » | 6.30 | — |
| 169.75 | 134.75 | 100.— | — | — | — | 420 | AFION-K.-HIS. S.C.P. » | 11.00 | — | Kapaklar . . . . . » | 7.28 | — |
| 171.75 | 136.25 | 101.— | — | — | — | 422 | AF.-K.-H. C.F.O.A. arr. | 11.05 | — | OUCHAK . . . . . . arr. | 8.00 | — |
| | | | | | | | | MAT. | | | | SOIR |

## SECTION SMYRNE-SOMA

**PRIX DES BILLETS de Smyrne aux Stations ci-contre — Smyrne—Soma**

| Billets Simples | | | Billets Aller et Ret. | | | kilom. au départ de Smyrne | STATIONS | N° 5 Tous les jours | |
|---|---|---|---|---|---|---|---|---|---|
| 1e cl. | 2e cl. | 3e cl. | 1e cl. | 2e cl. | 3e cl. | | | | |
| PIAS. OR | PIAS. OR | PIAS. OR | PIAS. OR | PIAS. OR | PIAS. OR | | | MAT. | |
| | | | | | | | SMYRNE . . . . . . dép. | 11.35 | — |
| 31.50 | 25.— | 18.75 | 47.25 | 37.50 | 28.— | 66 | MAGNESIE . . . . { arr. 2.25 / dép. 3.05 | | — |
| 36.25 | 28.75 | 21.50 | — | — | — | 78 | Karaghadjli . . . . » | 3.27 | — |
| 40.— | 31.50 | 23.25 | — | — | — | 85 | Sarhanli . . . . . » | 3.42 | — |
| 42.75 | 34.— | 25.— | — | — | — | 90 | Michaïli . . . . . » | 4.01 | — |
| 47.25 | 37.50 | 28.— | — | — | — | 103 | Kaïchlar . . . . . » | 4.30 | — |
| 49.75 | 39.50 | 29.25 | — | — | — | 108 | Kapakli . . . . . » | 4.41 | — |
| 50.75 | 40.25 | 29.75 | — | — | — | 111 | Tchiftlik . . . . . » | 4.48 | — |
| 53.75 | 42.75 | 31.50 | 80.75 | 64.— | 47.25 | 117 | AK-HISSAR. . . . » | 5.17 | — |
| 58.50 | 46.50 | 34.50 | — | — | — | 126 | Suléïmanli . . . » | 5.32 | — |
| 63.50 | 50.50 | 37.50 | — | — | — | 136 | Harta . . . . . . » | 6.04 | — |
| 69.50 | 55.25 | 40.75 | 104.25 | 83.— | 61.25 | 147 | KIRKAGHADJ . . » | 6.35 | — |
| 76.— | 60.25 | 44.50 | 114.— | 90.50 | 66.75 | 158 | SOMA . . . . . . arr. | 7.00 | — |
| | | | | | | | | SOIR | |

**Soma—Smyrne**

| STATIONS | N° 6 Tous les jours | |
|---|---|---|
| | MAT. | |
| SOMA . . . . . . . . . dép. | 7.00 | — |
| KIRKAGHADJ . . . » | 7.37 | — |
| Harta . . . . . . . » | 8.07 | — |
| Suléïmanli. . . . . » | 8.28 | — |
| KA-HISSAR. . . . » | 9.00 | — |
| Tchiftlik . . . . . » | 9.13 | — |
| Kapakli . . . . . » | 9.21 | — |
| Kaïchlar. . . . . . » | 9.32 | — |
| Michaïli . . . . . » | 10.08 | — |
| Sarhanli . . . . . » | 10.24 | — |
| Karaghadjli . . . . » | 10.41 | — |
| MAGNESIE . . . . { arr. 11.05 / dép. 11.41 | | — |
| SMYRNE. . . . . . arr. | 2.40 | — |
| | SOIR | |

Validité des BILLETS D'ALLER ET RETOUR de Smyrne aux stations suivantes et réciproquement: Chighily à Ménémen (inclus) 3 jours; Hamidié à Cassaba (inclus) 4 jours ; Salihli, Alachéir, Ak-hissar, Kirkaghadj et Soma 5 jours ; Inaï et Ouchak, 6 jours. Ces durées de validité comprennent le jour de l'émission du billet et celui de retour.—Les ENFANTS au-dessous de 3 ans seront transportés gratis, ceux de 3 à 7 ans paieront demi-place. — Les monnaies présentées sont acceptées au cours affiché dans les stations.

NOTICE SUR LE

# CHEMIN de FER de DAMAS-HAMA et PROLONGEM.

Ligne à voie étroite de Beyrouth à Damas et M'zérib.

Le Quartier Médawar à Beyrouth avec le chemin de fer du Port.

De BEYROUTH-PORT à BEYROUTH-GARE, la voie longe le quartier Médawar de Beyrouth, en côtoyant le bord de la mer. Sa construction a nécessité plusieurs viaducs dont la longueur totale est de 290 m. et 2 tunnels ayant ensemble 218 mètres.

La ligne de BEYROUTH à DAMAS, traverse les massifs montagneux du Liban et de l'Anti-Liban, séparés par la plaine de la Békàa.

La traversée du Liban a nécessité l'emploi de la crémaillère sur une longueur de 32 kilomètres. Sur le versant côté Beyrouth les rampes atteignent 70 ᵐ/ᵐ par mètre et descendent à 60 ᵐ/ᵐ sur le versant opposé.

Machine système à 4 essieux couplés et crémaillère pour la section
Beyrouth à Mallakah.

Les machines locomotives sont du Système Abt, à 3 et 4 essieux couplés; elles sont munies, ainsi que les voitures et les wagons, du frein à vide automatique, ce qui donne toute sécurité pour la circulation sur de pareilles pentes.

En quittant Beyrouth, la ligne longe la rivière de Beyrouth au milieu de jardins d'orangers et de grenadiers plantés çà et là de nombreux palmiers. Au kil. 5. se trouve l'origine de la crémaillère. les voyageurs peuvent facilement s'en apercevoir au ralentissement dans la marche des trains.

HADETT. 1re Station. Elle dessert un charmant village situé sur les premiers contreforts du Liban. Vues splendides sur Beyrouth, la mer et les bois d'oliviers.

BAABDA. Petite ville, siège du Gouvernement Libanais pendant la saison d'hiver. En été, ce siège est transféré à Beiteddine à une altitude plus élevée.

JAMHOUR. Ancien relai de la diligence de Beyrouth à Damas. Au départ de la station, à droite, jolie vue sur le Wadi Chahsour et traversée de forêts de pins sur le versant gauche de la vallée du Nahr Beyrouth. Au kil. 14.200, petit tunnel de 82 mètres, au milieu du village d'Araya.

ARAYA. Station desservant le village du même nom et ceux, à proximité de Chouït et d'Abadieh. Lieux de villégiature d'été pour les Beyrouthains. Vue sur le confluent très pittoresque des vallées du Nahr Beyrouth et du Nahr Salima. Sur les sommets au-delà de ces vallées, les villages de Beït-Méry et Broumana. A la station d'Araya, premier rebroussement du chemin de fer.

ALEY. Station desservant une localité assez importante, à l'altitude de 821 mètres, centre très fréquenté de villegiature d'été, nombreux hôtels. Vues superbes sur Beyrouth, la mer et les montagnes environnantes. Deuxième rebroussement du chemin de fer.

BHAMDOUN. Villegiatures d'été. A deux kilomètres plus loin, la ligne passe sur les crêtes des falaises, hautes de 200 mètres, dominant le village du Krey. Vue très étendue sur une grande partie du Liban.

Aïn-Sofar. Point important de villegiatures d'été. Grand hôtel Casino, nombreux hotels et pensions. Centre des réunions mondaines. Altitude 1280 ᵐ.

Aü départ de Sofar, et avant la halte de Medaïndge au kil. 33.000 l'on aperçoit encore, par la coupée de la vallée du Nahr Beyrouth, un coin de la mer avec Beyrouth. A gauche vue imposante sur le village et le cirque de Hammana (chantés par les poëtes) et les montagnes du Sannin et du Knisseh couvertes de neige pendant une grande partie de l'année.—Cascade au-dessus du village de Hammana.

Après la halte de Médaïndge, le chemin de fer pénètre dans un tunnel de 247 mètres, à la sortie duquel il y a, à droite, une admirable vallée.

DEIR-EL-BAÏDAR. Point culminant de la ligne, à 1487 mètres – Peu après tunnel de 349 mètres et Viaduc de M'rad. Vue sur la riche plaine de la Békàa (la Calésyrie des Romains), la chaîne de l'Anti-Liban avec le Grand Hermon.

JDITAH CHTAURA. Station desservant les villages de ces noms. Industries vinicoles prospères.

Tête côté Beyrouth du Tunnel de Médaïnidge, kil. 33 de Beyrouth à Damas.

Zahlé-Mallakah, altitude 920 ᵐ. Station importante commune aux deux villes de Mallakah et Zahlé; la première siège d'un *Caïmacam* du Vilayet de Damas; la seconde d'un *Caïmacam* du Gouvernement du Liban. Ces deux villes assez peuplées, se touchent. Elles sont pittoresquement assises sur les flancs d'une vallée encaissée où coule le Baradoni. Tanneries importantes. Séjour d'été pour les étrangers. Nombreux hôtels.

A cette gare, les locomotives à crémaillère qui remorquaient les trains, sont remplacées par d'autres machines qui desservent la section de Mallakah à Damas.

A deux kilomètres de Mallakah, sur la Route de Baalbek; au village de Karak-Noé, l'on montre le tombeau légendaire de Noé.

Traversée de la plaine de la Békàa et arrivée à Rayak, kil. 65.100. Station de bifurcation des trains pour la ligne d'Alep.—Buffet.

En quittant Rayak, la voie pénètre dans l'Anti-Liban par la vallée pittoresque du Yahfoufah. Au kilom. 88.750, à l'altitude de 1405 ᵐ.50, est le point culminant de la ligne dans l'Anti-Liban. A gauche les cimes abruptes de Djebel-ech-Charkhi.

ZEBDANI. Village très important au milieu de jardins fruitiers. Vue étendue sur l'Anti-Liban et l'Hermon. A trois kilomètres de la station, à une altitude élevée, est le village de Bloudane, centre de villégiature pour les étrangers.

EL-TÉQUIEH. A un kilomètre de cette station, à gauche, intéressante cascade du Barada, utilisée en partie pour la production de la force électrique de l'éclairage de Damas. Usine électrique.

Sur le versant gauche de la vallée, emplacement présumé de l'ancienne Abyla des Romains. Restes d'aqueducs, de colonnes, inscriptions latines sur les rochers taillés et nombreux tombeaux creusés dans le flanc de la montagne.

SOUK–OUADI BARADA. Ancien marché important. Sur la droite, en face la gare, sommet du mont Abel, où existe un tombeau que l'on dit être celui de la victime de Caïn. C'est sans doute une légende, mais le pélerinage à ce tombeau est assez fréquenté.

Vallée du Barada près de Damas.

D'El-Tèquieh à Damas, la ligne suit toujours la vallée du Barada et le coup d'œil, parfois ravissant, change au détour de chaque courbe.

Aïn Fijeh. Station au bord du Barada. Après avoir traversé la rivière on trouve, dans le village de Fijeh, une Source remarquable qui alimente Damas. Constructions romaines en ruines aux abords de la Source. A droite de la gare, curieuse montagne s'élevant à pic à une grande hauteur.

L'on voit de l'autre côté de la rivière un canal taillé à même dans le roc; il est attribué à la reine Zénobie.

DOUMMAR. Nombreuses maisons de campagne des habitants de Damas.

Vers les kilom. 138 et 139, voir à différentes hauteurs sur les versants de gauche et de droite de la vallée, les canaux à ciel ouvert qui amènent les eaux à Damas, la plupart datant des Romains.

Au kilom. 140, sortie des gorges du Barada et débouché dans la grande plaine de Damas, appelée le jardin de la Syrie.

DAMAS-BARAMKÉ. Principale station de Damas, au kilom. 143.400. La ville, dont la population est évaluée à près de 300.000 habitants, a malgré ses tramways électriques, son éclairage moderne et quelques rares artères un peu larges, conservé tout son cachet ancien.

Grande mosquée célèbre, renfermant le tombeau du S<sup>t</sup> Jean. Autres mosquées très nombreuses avec de riches faïences arabes. Tombeau de Saladin. Bibliothèque curieuse. Bazars couverts. Bains renommés. Maisons anciennes historiques. Habitations particulières dont il faut voir les intérieurs. Fabriques de soieries et de cuivres repoussés. Hôtels confortables.

Damas-Midan. à 3 kilom. de Damas-Baramké. Anciennement gare de départ pour les trains se dirigeant à M'zérib. Elle est située à l'extrémité Sud du quartier Midan de Damas.

Daraya. Halte desservant le bourg du même nom près duquel la tradition place la conversion de S<sup>t</sup> Paul.

Khan-Denoun. Halte desservant un Kalaàt dans lequel est établi un poste militaire.

Sunamein. Village à droite. Curieuses maisons hauranaises avec portes en pierre. Ruines de temples, de tours et de piscines datant de l'époque romaine.

Kuteibé. A coté de la ligne, immense tumulus édifié, dit-on, par Tamerlan.

Cheikh-Meskine. Gros bourg à droite. Siège du mutessarif, Gouverneur du Hauran. Grand commerce de céréales.

A 15 kilomètres de Cheïkh-Meskine, village de Cheïkh-Saad, ancien siège du Gouvernement du Hauran ; lieu où, d'après la tradition, serait mort Job.

M'zérib, au kilom. 246.870. Station terminus de la ligne du Hauran, près d'un gentil petit lac, au bord duquel est placé le village. Ruines d'une antique forteresse.

Avant la création du chemin de fer *Hamidié* du Hedjaz, M'zérib était le rendez-vous des pélerins avant leur départ pour La Mecque. A cette époque il s'y tenait une foire importante durant plusieurs jours où ils pouvaient se pourvoir de provisions et de montures pour le long voyage à la Ville-Sainte.

A gauche de la ligne du Hauran, à 40 kilomètres, est le grand massif montagneux du *Djebel-ed-Druzes* que l'on aperçoit durant la plus grande partie du parcours. A droite, dans le lointain le profil majestueux du Grand Hermon (*Djebel Cheïk*).

LE HAURAN, présente l'aspect d'un plateau dénudé, avec quelques rares monticules; partout l'on voit des affleurements de laves. L'eau y est très-rare, mais les pluies de l'hiver sont généralement suffisantes pour permettre les récoltes de grandes quantités de céréales, dont partout il est fait un commerce important et qui, vu la fertilité du sol, poussent, pour ainsi dire, sans culture.

### LIGNE à VOIE NORMALE de RAYAK à ALEP.

*Bifurcation à Rayak sur la ligne de Beyrouth à Damas.*

BAALBEK, fondée par les Phéniciens. Temple élevé par Antonin-le-Pieux 138-161, œuvre inachevée, continuée sur des plans par les empereurs qui se succédèrent jusqu'à Caracalla 211-217. En 634, la ville devint musulmane et resta sous la domination arabe jusqu'à la conquête Turque, 1517.

Baalbek. Petite ville, siège d'un *Caïmakam* du Vilayet de Damas. L'ancienne Héliopolis des Romains, remarquable par les ruines grandioses de temples et autres monuments édifiés par les Romains. Ces ruines sont visitées par les touristes du monde entier. Le cadre de cette notice ne nous permet pas d'en faire la description complète et nous renvoyons aux ouvrages spéciaux que l'on trouve partout.

Belles promenades au pied de l'Anti-Liban. Hôtels confortables. A environ 5 kilom. à gauche du kil. 35.000, l'on aperçoit dans la plaine une colonne édifiée, dit-on, par l'Impératrice S⁺ Héllène. Sur la gauche sont les montagnes du Liban avec le Massif imposant du Makmel, dont les sommets dépassant 3,000 mètres sont les plus élevés de la

Syrie. Au versant opposé de ces montagnes est un lieu d'excursion fréquenté, Edhem où l'on trouve les restes encore nombreux des fameux cèdres du Liban.

Vue Générale de Baalbek

*Lébbouéh*. Sources de l'Orontes.

*Koussaïr*, gros village à gauche, à l'origine de la plaine, touchant au grand désert de Syrie.

*Kattiné*. Gros village à gauche, près du lac du même nom, formé par l'Orontes et créé artificiellement au moyen d'une digue construite par les Romains. Ce lac sert à alimenter la ville de Homs et à régulariser le débit du fleuve Orontes.

HOMS. Grande ville de 70,000 habitants. Citadelle en ruines. Commerce important de céréales et de bestiaux. Centre d'approvisionnement pour le pays à l'Est. Point de départ pour une excursion à Palmyre, dont les ruines romaines importantes et curieuses peuvent être comparées à celles de Baâlbek.

*Telbissé*. Gros village à droite. Très-curieux par l'aspect de ses maisons blanches ayant toutes la forme de pains de sucre.

Traversée de l'Orontes sur un pont en maçonnerie de 30 mètres d'ouverture.

Vallée de Barada près de Aïn-Fijeh (Anti-Liban)

Vue de Hama

HAMA. Buffet. Grande ville de 70.000 habitants, dans la vallée de l'Orontes qui traverse la ville. Aspect très-pittoresque—vieilles maisons—A remarquer les nombreuses norias, quelques fois de plus de $20^m$. de diamètre, servant à l'élévation des eaux de l'Orontes pour l'arrosage des jardins qui entourent la ville. Commerce important.

Sur 6 kilomètres au départ de Hama, le chemin de fer suit le versant gauche de la vallée de l'Orontes qu'il traverse au moyen d'un pont de 30 mètres. Il quitte ensuite le versant droit de la vallée, pour prendre la direction du Nord. A remarquer dans cette partie de la ligne les jolis sites des bords de l'Orontes.

KOUMHANÉ. Village sur la droite. Les toitures coniques des habitations sont à remarquer. Ce type d'habitations est d'ailleurs le même pour tous les villages rencontrés jusqu'à Alep.

Le MATKH est un terrain marécageux très-étendu, plat et formant une dépression sans issue. Il est alimenté par les eaux pluviales et le Koueïk qui arrose Alep. Le chemin de fer le traverse sur une longueur de 23 kilomètres.

Voudehi près d'Alep

VOUDEII. Village à droite. Le chemin de fer pénètre dans la vallée du Koueïk qu'il empruntera jusqu'à Alep en traversant les jardins arrosés par la rivière.

ALEP. kilom. 331.580. Point terminus. Ville importante de 150.000 habitants. Grand commerce. Point de départ des caravanes pour la Mésopotamie et le Nord de la Turquie d'Asie. Rues spacieuses dans les quartiers neufs très bien bâtis. Mosquées remarquables. Citadelle imposante dominant la ville. Jolies promenades aux environs. Hôtels confortables.

Près d'Alep l'on doit visiter les ruines de S<sup>t</sup> Siméon Stylite.

Bab Faradj à Alep.

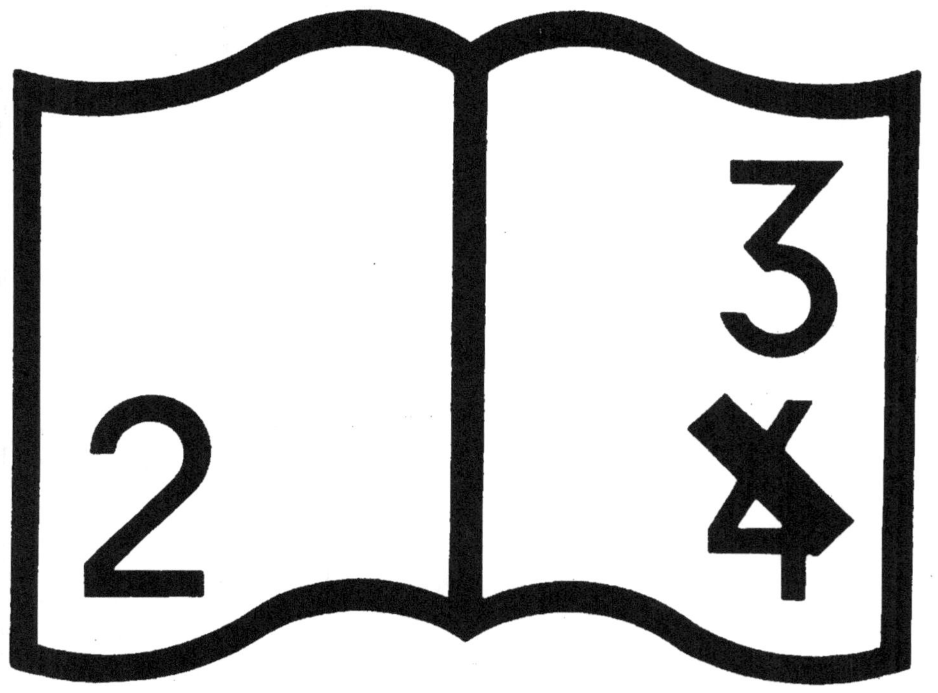

Pagination incorrecte — date incorrecte

**NF Z 43**-120-12

### Ligne de Beyrouth à Damas

Service Journalier à dater du 1er Mai 1909

| Distance kilométrique Progressive | STATIONS | TRAINS RÉGULIERS | | | | | | Prix des Places en Piastres or de Beyrouth-Port à | | | | | |
|---|---|---|---|---|---|---|---|---|---|---|---|---|---|
| | | TRAIN N° 1 Mixte | | TRAIN N° 5 Mixte | | TRAIN N° 7 Mixte | | 1e cl. | | 2e cl. | | 3e cl. | |
| | | arr. | dép. | arr. | dép. | arr. | dép. | | | | | | |
| — — | BEYROUTH-PORT | mat. | 7.20 | | | soir | 9.15 | — | | — | | — | |
| 2.204 | BEYROUTH-GARE | 7.30 | 7.33 | | | 9.25 | 9.28 | 2 | 25 | 1 | 50 | 0 | 75 |
| 8.520 | Hadett | 7.53 | 7.55 | | | 9.53 | 9.55 | 7 | 50 | 5 | — | 2 | 50 |
| 11.143 | Babda | 8.11 | 8.12 | | | 10.15 | 10.17 | 9 | — | 6 | — | 3 | — |
| 14.146 | Jamhour | 8.30 | 8.35 | | | 10.43 | 10.50 | 11 | 25 | 7 | 50 | 3 | 75 |
| 18.285 | Araya | 8.57 | 9.05 | | | 11.18 | 11.26 | 15 | — | 10 | — | 5 | — |
| 22.598 | ALEY | 9.31 | 9.41 | | | 12.01 | 12.11 | 18 | — | 12 | — | 6 | — |
| 28.649 | Bhamdoun | 10.11 | 10.16 | | | 12.49 | 12.54 | 22 | 50 | 15 | — | 7 | 50 |
| 32.800 | Sofar | 10.38 | 10.43 | | | 1.22 | 1.27 | 25 | 50 | 17 | — | 8 | 50 |
| 39.801 | Beïdar | | | 2.04 | 2.05 | — | — | — | | — | | — | |
| 45.301 | Mrejatt | 11.32 | 11.35 | | | 2.27 | 2.30 | 35 | 25 | 23 | 50 | 11 | 75 |
| 48.921 | Jditah | 11.50 | 11.51 | | | 2.45 | 2.47 | 37 | 50 | 25 | — | 12 | 50 |
| 54.030 | Saïd-Neil | 12.03 | 12.05 | | | 2.59 | 3.00 | 41 | 25 | 27 | 50 | 13 | 75 |
| 58.120 | MALLAKA | 12.15 | 12.25 | soir | 6.01 | 3.10 | 3.20 | 44 | 25 | 29 | 50 | 14 | 75 |
| 67.316 | RAYAK | 12.45 | — | 6.23 | — | 3.40 | 4.10 | 51 | 75 | 34 | 50 | 17 | 25 |
| 79.307 | Yahfoufah | 1.43 | 1.48 | 7.32 | 7.37 | 4.47 | 4.52 | 60 | 75 | 40 | 50 | 20 | 25 |
| 88.733 | Zerghaya | 2.16 | 2.17 | 8.15 | 8.17 | 5.30 | 5.35 | 67 | 50 | 45 | — | 22 | 50 |
| 99.784 | ZEBDANI | 2.41 | 2.43 | 8.40 | 8.45 | 6.03 | 6.10 | 75 | 75 | 50 | 50 | 25 | 25 |
| 103.244 | Modaya | A | F | — | — | A | F | — | | — | | — | |
| 111.996 | El-Téquich | 3.12 | 3.13 | 9.09 | 9.10 | 6.41 | 6.42 | 84 | 75 | 56 | 50 | 28 | 25 |
| 116.472 | S. O. Barada | 3.23 | 3.24 | 9.20 | 9.21 | 6.54 | 6.55 | — | | — | | — | |
| 121.046 | Deïr Kanoun | 3.34 | 3.35 | 9.31 | 9.32 | 7.06 | 7.07 | 91 | 50 | 61 | — | 30 | 50 |
| 125.260 | Ain Figeh | 3.44 | 3.49 | 9.41 | 9.43 | 7.18 | 7.21 | 95 | 25 | 63 | 50 | 31 | 75 |
| 128.809 | Achrafié | A | F | — | — | A | F | — | | — | | — | |
| 131.840 | Ideydeh | 4.03 | 4.04 | 9.56 | 9.57 | 7.38 | 7.39 | 99 | 75 | 66 | 50 | 33 | 25 |
| 135.732 | Hameh | 4.13 | 4.17 | 10.06 | 10.07 | 7.50 | 7.56 | 102 | 75 | 68 | 50 | 34 | 25 |
| 139.002 | Doummar | 4.24 | 4.25 | 10.14 | 10.15 | 8.05 | 8.06 | 105 | — | 70 | — | 35 | — |
| 145.754 | DAMAS-BARAMKÉ | 4.40 | 4.47 | 10.30 | 10.45 | 8.25 | 8.40 | 110 | 25 | 73 | 50 | 36 | 75 |
| 149.018 | DAMAS-MIDAN | 5.00 | soir | 10.58 | soir | 8.53 | mat. | 112 | 50 | 75 | — | 37 | 50 |

CHEMINS DE

Itinéraire des Trains à

| Trains Nᵒˢ | 62 | 8 | 10 | 12 | 14 | 16 | 18 | 20 | 22 | 24 | 26 |
|---|---|---|---|---|---|---|---|---|---|---|---|
| | m | m | m | m | m | m | m | m | m | m | s |
| Constantinople . . . . | 6 09 | 6 45 | 7 18 | 7 56 | 8 23 | 8 56 | 9 21 | 9 54 | 10 31 | 11 19 | 12 05 |
| Koum-kapou . . . . . | 6 24 | 6 55 | 7 41 | 8 06 | 8 38 | 9 06 | 9 36 | 10 12 | 10 41 | 11 29 | 12 15 |
| Yéni-kapou . . . . . | — | 6 59 | 7 45 | 8 10 | 8 42 | 9 10 | 9 40 | 10 17 | 10 45 | 11 33 | 12 19 |
| Psamatia . . . . . . | — | 7 04 | 7 51 | 8 15 | 8 47 | 9 15 | 9 45 | 10 23 | 10 51 | 11 38 | 12 24 |
| Yédi-koulé . . . . . . | 6 43 | 7 09 | 7 56 | 8 24 | 8 52 | 9 22 | 9 48 | 10 29 | 10 56 | 11 43 | 12 29 |
| Makri-keuy . . . . . | 7 — | 7 37 | 8 11 | 8 34 | 9 09 | 9 37 | — | 10 44 | 11 06 | 11 55 | 12 39 |
| San-Stéfano . . . . . | 7 18 | 7 47 | 8 21 | — | 9 21 | 9 47 | — | 10 54 | — | 12 07 | — |
| Kutchuk Tchekmédjé . | 7 28 | — | — | — | 9 29 | — | — | — | — | 12 15 | — |

| Trains Nᵒˢ | 9 | 11 | 13 | 15 | 17 | 19 | 21 | 23 | 25 | 27 | 29 | 31 |
|---|---|---|---|---|---|---|---|---|---|---|---|---|
| | m | m | m | m | m | m | m | m | m | m | m | m |
| K.-Tchekmédjé | — | 6 36 | — | — | — | — | — | — | — | — | 10 19 | — |
| San-Stéfano . . | 6 17 | 6 47 | 7 27 | 8 01 | — | 8 26 | 8 59 | — | — | 9 59 | 10 30 | — |
| Makri-keuy . . | 6 29 | 6 59 | 7 39 | 8 13 | — | 8 38 | 9 11 | — | 9 36 | 10 11 | 10 42 | — |
| Yédi-koulé. . . | 6 44 | 7 11 | 7 54 | — | 8 26 | 8 50 | — | 9 24 | 9 48 | 10 26 | 10 54 | 11 14 |
| Psamatia . . . | 6 47 | 7 15 | 7 58 | — | 8 30 | 8 54 | — | 9 28 | 9 52 | 10 29 | 10 58 | 11 17 |
| Yéni-kapou . . | 6 52 | 7 21 | 8 03 | — | 8 35 | 8 59 | — | 9 33 | 9 57 | 10 34 | 11 03 | 11 22 |
| Koum-kapou . . | 6 57 | 7 26 | 8 08 | 8 31 | 8 40 | 9 04 | 9 29 | 9 38 | 10 02 | 10 39 | 11 08 | 11 27 |
| Constantinople . | 7 05 | 7 34 | 8 16 | 8 39 | 8 48 | 9 12 | 9 37 | 9 46 | 10 40 | 10 47 | 11 16 | 11 35 |

**Les Trains N. 40 et 59ᵃ** circulent seulement les Vendredis et Dimanches.
**Observations.**—Jusqu'à nouvel avis les trains Nᵒˢ 8, 10, 16, 44, 46, 9, 13, 33, 51, 53,
Les bagages peu volumineux sont acceptés à tous les trains indistinctement. Quants aux
La barre verticale noire indique la nuit de 6 h. du soir à 5 h. 59 m. du matin.
Le temps Est d'Europe est en avance de 4 minutes sur l'heure locale de Cons/ple.

*Les* **Vendredis et Dimanches** *l'itinéraire ci-dessus des trains de la*

entre S. STÉFANO

**Trains circulant au départ de Constantinople**

| STATIONS | 10 | 14 | 20 | 24 | 28 | 32 | 36 | 38 | 40 | 42 | 44 | 46 |
|---|---|---|---|---|---|---|---|---|---|---|---|---|
| | Arriveront à San-Stéfano dans leur itinéraire journalier | | | | | | | | | | | |
| | Heures de départ | | | | | | | | | | | |
| | m | m | m | s | s | s | s | s | s | s | s | s |
| S. Stéfano. . . | 8 23 | 9 21 | 10 56 | 12 07 | 1 52 | 3 05 | 4 21 | 4 53 | 5 20 | 5 48 | 6 18 | 6 45 |
| Floria . . . . . | 8 32 | 9 30 | 11 05 | 12 16 | 2 01 | 3 14 | 4 30 | 5 02 | 5 29 | 5 57 | 6 27 | 6 53 |
| K. Tchekmédjé. | 8 34 | 9 32 | 11 07 | 12 18 | 2 03 | 3 16 | 4 32 | 5 04 | 5 31 | 5 59 | 6 29 | 6 57 |

# COMPAGNIE DES CHEMINS DE FER ORIENTAUX

La ligne principale qui de *CONSTANTINOPLE* se dirige vers *ANDRINOPLE, PHILIPPOPOLI* et *BELLOVA* (point terminus), dessert les différents faubourgs et villages de la Banlieue de *Constantinople* (côté Sud-Ouest), savoir : *Koum-kapou, Yéni-kapou, Psamatia, Yédi-koulé, Makrikeuy, San-Stéfano* et *Kutchuk Tchekmédjé-Floria.*

Le mouvement très considérable de voyageurs entre la Capitale et ces localités est desservi par 26 trains quotidiens, dans chaque direction.

A peu de distance de la station de *Yédi-koulé* on voit une partie de l'enceinte fortifiée de l'ancienne Byzance, avec ses bastions et ses tours crénelées, que la ligne ferrée traverse par une percée.—A *Yédi-koulé* se trouvent aussi : la vieille église très considérée de *Baloukli,* lieu de pélerinage des Chrétiens-orthodoxes, surtout pendant le vendredi et le dimanche qui suivent les fêtes de Pâques; le grand hôpital national grec et le grand hôpital arménien.

Le nom de la station de *San-Stéfano* rappelle un des évènements les plus importants de l'histoire contemporaine ; c'est dans ce village qu'a été signé le Traité préliminaire de paix qui a mis fin à la guerre russo-turque de 1877-78, connu sous le nom de «Traité de San Stéfano».

Cette localité, située au bord de la mer de Marmara, a acquis un développement important depuis qu'elle est desservie par le Chemin de fer. De simple petit village habité par peu de familles aisées e plus spécialement par des pêcheurs, elle s'est transformée en quelques années, en un beau lieu de villégiature, avec des très jolies villas, très fréquenté par une grande partie du meilleur monde de la Capitale.

Non loin de *San-Stéfano* et à proximité de la station de *Kutchuk-Tchekmedjé,* se trouve le charmant bosquet ombreux appelé *Floria* où ruissellent les eaux claires et fraîches de plusieurs sources. C'est un lieu d'excursion très fréquenté.—Les trains s'y arrêtent les vendredis et les dimanches pour y déverser les nombreuses personnes qui vont y passer une journée au grand air.

A peu de distance de Floria, près du village de *Galataria*, s'élève l'imposant monument érigé par le Gouvernement russe à la mémoire des officiers et soldats tombés pendant la Guerre de 1877-78.

Pendant la saison de la chasse, les environs de *San-Stéfano*, où pullulent les cailles et les bécasses, sont fréquentés par un très grand nombre de chasseurs.—Les bécasses, les bécassines et les canards sauvages, abondent aussi dans les parages des lacs de *Kutchuk* et de *Bouyouk-Tchekmédjé*, et plus loin, le long de toute la ligne, depuis *Kabakdjé* jusqu' à *Andrinople* et *Moustapha Pacha*, le chasseur trouve du gibier varié, tel que bécasses, lièvres, chevreuils, sangliers et surtout perdrix grises et perdrix rouges.

De *Tchekmédjé* jusqu' à *Andrinople*, la ligne des Chemins de fer Orientaux parcourt un pays fertile, riche en céréales, vin et bétail.

Source près de Tchorlou.

Pont sur la Maritza, près d'Andrinople.

Vue d'Andrinople, avec la Mosquée du Sultan Selim II et à gauche le Palais
du Commandant militaire.

**ANDRINOPLE**, ancienne Capitale de l'Empire Ottoman, située au confluent de *l'Arda* et de *la Toundja*, avec la *Maritza*, occupe actuellement, avec ses 83,000 habitants, le troisième rang parmi les grandes villes de la Turquie d'Europe.

Les principaux monuments de la ville *d'Andrinople*, dignes d'être visités par les touristes, sont: la somptueuse mosquée du Sultan Sélim II, et le Bazar d'Ali Pacha.

Andrinople. — Extérieur de la Mosquée du Sultan Selim II.

Entre la gare et la ville d'Andrinople se trouve le faubourg de *Karagatch* qui est la résidence des familles aisées, surtout pendant l'été. — L'élevage des vers à soie est une des industries importantes d'Andrinople. — De vastes magnaneries y sont installées, qui exportent annuellement des quantités considérables de cocons. — Andrinople possède aussi plusieurs moulins à vapeur.

La contrée que traverse l'embranchement qui, de la Station de *Kouléli Bourgas* (près de laquelle se trouvent les ruines d'un ancien château) aboutit à *Dédéaghatch*, est aussi très giboyeuse. De même dans les deux versants de la chaine du Rhodope qui encadre la vallée de la *Maritza* au Sud, le menu et le gros gibier y abondent. Dans ces parages on voit encore, par ci par là, les vestiges d'anciens châteaux qui servaient de résidence aux Empereurs romains et byzantins pendant la saison de la chasse.

**Andrinople. — Intérieur de la Mosquée du Sultan Selim II.**

Ruines d'un ancien Chateau, près de Kouleli - Bourgas.

Le fleuve *Maritza*, aux environs de la station de *Ferré* (près de *Dédéaghatch*), et le *lac d'Enos*, que l'on peut atteindre en peu de temps de la station de *Dédéaghatch*, sont très poissonneux et offrent aux amateurs de pêche, ample aliment pour leur plaisir favori.

A 12 kilomètres de *Dédéaghatch*, non loin de la voie ferrée, à l'endroit où s'élevait l'ancienne ville de *Trajanopolis*, dont on voit encore quelques vestiges, il y a une source d'eau sulfureuse, appelée aujourd'hui *Lidja* où, de temps immémorial, les habitants des localités voisines se rendaient pour recouvrer la santé.—Cette source, dont les eaux sont très efficaces, au dire de ceux qui s'en sont servis et qui s'en servent toujours, alimentait anciennement les *Thermes de Trajanopolis*, découverts par les autorités ottomanes pendant les fouilles entreprises depuis quelques années. Les bassins de ces *Thermes*, qui auparavant étaient remplis d'eau stagnante, ont été soigneusement curés et aujourd'hui ces eaux thermales peuvent rivaliser avec celles des établissements thermaux d'Europe ; à proximité de ces Thermes il y a un petit hôtel et des maisons avec des chambres à louer, des boutiques pour la vente de victuailles, etc., de sorte que les baignants qui auparavant, en fait de tout abri, ne disposaient que de tentes qu'ils apportaient souvent eux mêmes, trouvent aujourd'hui tout le confortable nécessaire. Aussi, la station balnéaire de *Lidja* *(Trajanopolis)* est maintenant beaucoup plus fréquentée qu'auparavant.

Village de Tchirmen, près de Moustapha-Pacha.

Entre les stations de *Moustapha Pacha* et de *Lubimetz*, les trains des Chemins de fer Orientaux franchissent la frontière de la *Roumélie Orientale* et traversent de l'Est à l'Ouest, la vaste et fertile vallée de la *Maritza* avec les stations de *Harmanli, Tirnova-Seymenli, Kamenetz-Haskovo, Skobélévo, Borisovgrade, Papasli* et *Katounitza-Stanimak*, importantes pour l'exportation de céréales, légumes secs, tabacs, vins, etc., dont la production est très-abondante dans cette région.

Sur cette partie de son parcours, la ligne longe toujours la rive droite de la *Maritza*, souvent très à proximité de celle-ci.

Le Fleuve Maritza au delà de la Station de Tirnova-Seymenli.

Après avoir quitté la station de *Katounitza-Stanimak*, on arrive à *Philippopoli*, Chef-lieu de la *Roumélie Orientale*, bâtie sur et autour de quatre collines rocheuses, qui surgissent isolées de la vaste plaine ; les autorités de cette ville déploient tous les efforts pour lui donner un aspect tout à fait moderne.

A environ deux heures de distance de Philippopoli (en voiture) se trouvent les bains de Hissar, à eaux sulfureuses. — C'est une très-ancienne station thermale que les autorités ont restaurée et qu'elles améliorent chaque année davantage. — Le nom de Hissar (château) indique qu'il y avait là, anciennement, une enceinte fortifiée. — On y voit encore des vestiges des murailles de cette enceinte. — C'est un site charmant et pittoresque.

Partie de la ligne entre Kritchim et Tatar - Bazardjik.

Partie de la voie ferrée entre Sarambey et Bellova.

**La Compagnie des Chemins de fer Orientaux** exploite également les lignes allant de *SALONIQUE* à *USKUB* et à la frontière turco-serbe près de *Zibeftché-Ristovatz* et la ligne d'*Uskub* à *Mitrovitza*; ces lignes ont une longueur totale de 449 kilomètres.

Elles desservent, en premier lieu, le trafic très considérable, entre Salonique et l'intérieur du pays et celui avec la Serbie et l'Autriche-Hongrie.

De grandes quantités de céréales, graines oléagineuses, légumes secs à cosse, vin, fruits, chanvre, cordages, charbon de bois, bois de construction, minérais, laine, peaux, laitages et bétail vivant, sont transportées chaque année par chemin de fer à *Salonique* tant pour la consommation locale de cette ville que pour l'exportation aux îles de l'Archipel, en Grèce, en Italie, en France, en Angleterre, etc.

Dans le sens inverse, l'importation des cotons filés et manufacturés, denrées coloniales, sucre, riz, épices, fruits du midi, sel, ferronneries, pétrole, matériaux de construction, savon, etc. est très considérable pour les localités de l'intérieur desservies directement ou indirectement par la voie ferrée, ainsi que pour la *Serbie*.

La ville de *SALONIQUE*, chef-lieu du Vilayet de ce nom, avec ses 173,000 habitants, est, après Constantinople, la plus grande ville de la Turquie d'Europe.

Elle possède 28 mosquées et autant de synagogues, 16 églises grecques, 2 églises catholiques et 2 bulgares.

Les mosquées les plus remarquables, sont : *Aya Sofia* (ancienne église grecque), construite d'après le plan de *Sainte-Sophie* de Constantinople, sous le règne de l'empereur Justinien et la mosquée *Eski Djami*, ancien temple de Vénus.

A une distance de 244 kilomètres de *Salonique*, se trouve la ville d'*USKUB*, chef-lieu du *Vilayet* de *Cossovo*. C'est la ville la plus importante de la contrée qui s'étend à droite et à gauche de la voie ferrée.— Elle compte 70,000 habitants, dont la plus grande partie Turcs et Albanais musulmans.

La ville d'*USKUB* est située dans une belle position, sur les rives du *Vardar*, dans une plaine très fertile, entourée d'un magnifique panorama de montagnes.—2 moulins à vapeur et plusieurs fabriques de cuir et de drap. Son commerce est très important, surtout en céréales, peaux, cuir, beurre, fromage, fruits et autres produits indigènes, ainsi qu'en articles de provenance étrangère à destination des *vilayets* de *Cossovo* et de *Scutari d'Albanie*.

# Prix des billets simples sur la Banlieue de Constantinople En Piastres et Paras argent.

AUX STATIONS DE

| DES STATIONS ci-dessous | Cons/ple | | | Koum-Kapou | | | Yéni-Kapou | | | Psamatia | | | Yédi-Koulé | | | Makrikeuy | | | San-Stéfan | | | Tchekm. Flor. | | |
|---|---|---|---|---|---|---|---|---|---|---|---|---|---|---|---|---|---|---|---|---|---|---|---|---|
| | I. | II. | III. | I. | II. | III. | I. | II. | III. | I. | II. | III. | I. | II. | III. | I. | II. | III. | I. | II. | III. | I. | II. | III. |
| Constantinople | — | — | — | 2 20 | 1 20 | 1 — | 2 20 | 1 20 | 1 — | 2 30 | 1 20 | 1 — | 3 — | 2 — | 1 — | 5 — | 2 20 | 1 20 | 6 — | 3 20 | 2 10 | 8 — | 5 — | 3 — |
| K.-Kapou | 2 20 | 1 20 | 1 — | — | — | — | 1 20 | 1 — | 0 20 | 2 — | 1 — | 0 20 | 2 20 | 1 20 | 1 — | 3 20 | 1 30 | 1 10 | 5 — | 3 — | 2 — | 7 — | 4 20 | 2 30 |
| Yéni-Kapou | 2 20 | 1 20 | 1 — | 1 20 | 1 — | 0 20 | — | — | — | 1 20 | 1 — | 0 20 | 2 — | 1 10 | 0 30 | 3 — | 1 30 | 1 10 | 5 — | 3 — | 2 — | 7 — | 4 20 | 2 30 |
| Psamatia | 2 30 | 1 20 | 1 — | 2 — | 1 — | 0 20 | 1 20 | 1 — | 0 20 | — | — | — | 1 20 | 1 — | 0 20 | 2 20 | 1 20 | 1 — | 4 — | 2 10 | 1 30 | 6 — | 3 20 | 2 20 |
| Yédi-Koulé | 3 — | 2 — | 1 — | 2 20 | 1 20 | 1 — | 2 — | 1 10 | 0 30 | 1 20 | 1 — | 0 20 | — | — | — | 2 20 | 1 20 | 1 — | 3 20 | 2 — | 1 20 | 6 — | 3 20 | 2 20 |
| Makrikeui | 5 — | 2 20 | 1 20 | 3 20 | 1 30 | 1 10 | 3 — | 1 30 | 1 10 | 2 20 | 1 20 | 1 — | 2 20 | 1 20 | 1 — | — | — | — | 2 20 | 1 20 | 1 — | 5 — | 3 — | 2 — |
| San-Stéfano | 6 — | 3 20 | 2 10 | 5 — | 3 — | 2 — | 5 — | 3 — | 2 — | 4 — | 2 10 | 1 30 | 3 20 | 2 — | 1 20 | 2 20 | 1 20 | 1 — | — | — | — | 2 20 | 1 20 | 1 — |
| Tchekm.- Floria | 8 — | 5 — | 3 — | 7 — | 4 20 | 2 30 | 7 — | 4 20 | 2 30 | 6 — | 3 20 | 2 20 | 6 — | 3 20 | 2 20 | 5 — | 3 — | 2 — | 2 20 | 1 20 | 1 — | — | — | — |

# Prix des billets Aller et Retour sur la Banlieue de Constantinople En Piastres et Paras argent.

AUX STATIONS DE

| DES STATIONS ci-dessous | Cons/ple | | | Koum-Kapou | | | Yéni-Kapou | | | Psamatia | | | Yédi-Koulé | | | Makrikeuy | | | San-Stéfano | | | Tchekm. Flor. | | |
|---|---|---|---|---|---|---|---|---|---|---|---|---|---|---|---|---|---|---|---|---|---|---|---|---|
| | I. | II. | III. | I. | II. | III. | I. | II. | III. | I. | II. | III. | I. | II. | III. | I. | II. | III. | I. | II. | III. | I. | II. | III. |
| Constantinople | — | — | — | 4 30 | 2 30 | 1 30 | 4 30 | 2 30 | 1 30 | 5 — | 2 30 | 1 30 | 5 20 | 3 20 | 2 — | 9 — | 4 30 | 2 30 | 10 — | 5 20 | 4 — | 14 — | 9 — | 5 — |
| K.-Kapou | 4 30 | 2 30 | 1 30 | — | — | — | 3 — | 1 30 | 1 — | 4 — | 2 — | 1 — | 4 20 | 2 30 | 1 30 | 6 20 | 3 — | 2 — | 9 — | 5 20 | 3 20 | 12 20 | 8 — | 4 20 |
| Yéni-Kapou | 4 30 | 2 30 | 1 30 | 3 — | 1 30 | 1 — | — | — | — | 2 30 | 1 30 | 1 — | 3 30 | 2 10 | 1 10 | 5 20 | 3 — | 2 — | 9 — | 5 20 | 3 20 | 12 20 | 8 — | 4 20 |
| Psamatia | 5 — | 2 30 | 1 30 | 4 — | 2 — | 1 — | 2 30 | 1 30 | 1 — | — | — | — | 2 30 | 1 30 | 1 — | 4 20 | 2 20 | 1 20 | 7 20 | 4 10 | 3 10 | 10 — | 5 20 | 4 — |
| Yédi-Koulé | 5 20 | 3 20 | 2 — | 4 20 | 2 30 | 1 30 | 3 30 | 2 10 | 1 10 | 2 30 | 1 30 | 1 — | — | — | — | 4 20 | 2 20 | 1 20 | 6 20 | 3 20 | 2 30 | 10 — | 5 20 | 4 — |
| Makrikeui | 9 — | 4 30 | 2 30 | 6 20 | 3 — | 2 — | 5 20 | 3 — | 2 — | 4 20 | 2 20 | 1 20 | 4 20 | 2 20 | 1 20 | — | — | — | 4 20 | 2 20 | 1 30 | 8 — | 5 — | 3 20 |
| San-Stéfano | 10 — | 5 20 | 4 — | 9 — | 5 20 | 3 20 | 9 — | 5 20 | 3 20 | 7 20 | 4 10 | 3 10 | 6 20 | 3 20 | 2 30 | 4 20 | 2 20 | 1 30 | — | — | — | 4 20 | 2 20 | 1 30 |
| Tchekm.- Floria | 14 — | 9 — | 5 — | 12 20 | 8 — | 4 20 | 12 20 | 8 — | 4 20 | 10 — | 5 20 | 4 — | 10 — | 6 20 | 4 — | 8 — | 5 — | 3 20 | 4 20 | 2 20 | 1 30 | — | — | — |

**DISPOSITIONS RÉGLEMENTAIRES.** — Les enfants au-dessous de 4 ans, tenus sur les genoux des personnes qui les accompagnent, sont transportés gratuitement. Les enfants de 4 à 10 ans peuvent voyager en 1re classe avec un billet de seconde et en seconde avec un billet de 3me classe. Il sera cependant délivré des demi-billets aux enfants de 4 à 10 ans voyageant en 3me classe. Un seul billet d'une des trois classes peut servir à deux enfants de 4 à 10 ans voyageant ensemble dans la classe indiquée par leur billet.

# CHEMINS DE FER ORIENTAUX

## Itinéraire des Trains à partir du 1ᵉʳ Mai 1909 (Heure à la franque).

| Trains Nᵒˢ | 62 | 8 | 10 | 12 | 14 | 16 | 18 | 20 | 22 | 24 | 26 |
|---|---|---|---|---|---|---|---|---|---|---|---|
| Constantinople | 6 09 | 6 45 | 7 18 | 7 56 | 8 23 | 8 56 | 9 21 | 9 54 | 10 31 | 11 19 | 12 05 |
| Koum-kapou | 6 24 | 6 55 | 7 41 | 8 06 | 8 38 | 9 06 | 9 36 | 10 12 | 10 41 | 11 29 | 12 15 |
| Yéni-kapou | — | 6 59 | 7 45 | 8 10 | 8 42 | 9 10 | 9 40 | 10 17 | 10 45 | 11 33 | 12 19 |
| Psamatia | — | 7 04 | 7 51 | 8 15 | 8 47 | 9 15 | 9 45 | 10 23 | 10 51 | 11 38 | 12 24 |
| Yédi-koulé | 6 43 | 7 09 | 7 56 | 8 24 | 8 52 | 9 22 | 9 48 | 10 29 | 10 56 | 11 43 | 12 29 |
| Makri-keuy | 7 — | 7 37 | 8 11 | 8 34 | 9 00 | 9 37 | — | 10 44 | 11 06 | 11 55 | 12 39 |
| San-Stéfano | 7 18 | 7 47 | 8 21 | — | 9 21 | 9 47 | — | 10 54 | — | 12 07 | — |
| Kutchuk Tchekmédjé | 7 28 | — | — | — | 9 29 | — | — | — | — | 12 15 | — |

| Trains Nᵒˢ | 28 | 30 | 32 | 34 | 36 | 38 | 40 | 42 | 44 | 46ᵃ | 48 | 50 | 52 | 54 |
|---|---|---|---|---|---|---|---|---|---|---|---|---|---|---|
| Constantinople | 1 04 | 1 31 | 2 16 | 2 45 | 3 30 | 4 02 | 4 29 | 5 05 | 5 24 | 5 54 | 6 26 | 6 49 | 7 20 | 8 26 |
| Koum-kapou | 1 14 | 1 41 | 2 26 | 2 54 | 3 40 | 4 12 | 4 39 | 5 15 | 5 34 | 6 04 | 6 36 | 6 59 | 7 30 | 8 36 |
| Yéni-kapou | 1 18 | 1 45 | 2 30 | 2 58 | 3 44 | 4 16 | 4 43 | — | 5 38 | 6 08 | — | 7 03 | 7 34 | 8 41 |
| Psamatia | 1 23 | 1 50 | 2 36 | 3 03 | 3 49 | 4 21 | 4 43 | — | 5 43 | 6 13 | — | 7 08 | 7 39 | 8 47 |
| Yédi-koulé | 1 28 | 1 53 | 2 41 | 3 08 | 3 54 | 4 26 | 4 53 | — | 5 48 | 6 18 | — | 7 13 | 7 44 | 8 52 |
| Makri-keuy | 1 40 | — | 2 53 | 3 18 | 4 09 | 4 41 | 5 06 | 5 33 | 6 03 | 6 33 | 6 54 | 7 25 | 7 56 | 9 04 |
| San-Stéfano | 1 52 | — | 3 03 | 4 19 | 4 53 | • | 5 43 | 6 13 | 6 43 | 7 04 | 7 37 | 8 06 | 9 14 | |
| Kutchuk Tchekmédjé | 2 — | — | — | — | 5 01 | — | — | — | — | — | — | 7.45 | — | — |

| Trains Nᵒˢ | 9 | 11 | 13 | 15 | 17 | 19 | 21 | 23 | 25 | 27 | 29 | 31 |
|---|---|---|---|---|---|---|---|---|---|---|---|---|
| K.-Tchekmédjé | — | 6 36 | — | — | — | — | — | — | — | — | 10 19 | — |
| San-Stéfano | 6 17 | 6 47 | 7 27 | 8 01 | — | 8 26 | 8 59 | — | — | 9 50 | 10 30 | — |
| Makri-keuy | 6 29 | 6 59 | 7 39 | 8 13 | — | 8 38 | 9 11 | — | 9 36 | 10 11 | 10 42 | — |
| Yédi-koulé | 6 44 | 7 11 | 7 54 | — | 8 26 | 8 50 | — | 9 24 | 9 48 | 10 26 | 10 54 | 11 14 |
| Psamatia | 6 47 | 7 15 | 7 58 | — | 8 30 | 8 54 | — | 9 28 | 9 52 | 10 29 | 10 58 | 11 17 |
| Yéni-kapou | 6 52 | 7 21 | 8 03 | — | 8 35 | 8 59 | — | 9 33 | 9 57 | 10 31 | 11 03 | 11 22 |
| Koum-kapou | 6 57 | 7 26 | 8 08 | 8 31 | 8 40 | 9 04 | 9 20 | 9 38 | 10 02 | 10 39 | 11 08 | 11 27 |
| Constantinople | 7 05 | 7 34 | 8 16 | 8 30 | 8 48 | 9 12 | 9 37 | 9 46 | 10 40 | 10 47 | 11 16 | 11 35 |

| Trains Nᵒˢ | 33 | 35 | 37 | 39 | 41 | 43 | 45 | 47 | 49 | 51 | 53 | 55 | 57 | 59 | 61 | 59ᵃ |
|---|---|---|---|---|---|---|---|---|---|---|---|---|---|---|---|---|
| K.-Tchekmédjé | — | — | 12 51 | — | 2 28 | — | — | — | — | — | — | 6 08 | — | — | 7 20 | 8 07 |
| San-Stéfano | — | 11 41 | 1 02 | — | 2 39 | — | 3 59 | — | 4 54 | — | 5 53 | 6 19 | 5 44 | 7 15 | 7 35 | 8 27 |
| Makri-keuy | 11 26 | 11 53 | 1 14 | 2 24 | 2 51 | 3 41 | 4 11 | — | 5 06 | 5 31 | 6 05 | 6 31 | 6 56 | 7 27 | 7 54 | 8 39 |
| Yédi-koulé | 11 41 | 12 04 | 1 26 | 2 39 | 3 06 | 3 56 | 4 24 | 4 58 | 5 23 | 5 46 | 6 20 | 6 44 | 7 11 | 7 42 | 8 16 | 8 51 |
| Psamatia | 11 44 | 12 07 | 1 29 | 2 42 | 3 10 | 4 — | 4 27 | 5 02 | 5 26 | 5 50 | 6 24 | 6 47 | 7 15 | 7 46 | — | 8 55 |
| Yéni-kapou | 11 49 | 12 12 | 1 34 | 2 47 | 3 15 | 4 05 | 4 32 | 5 08 | 5 31 | 5 56 | 6 29 | 6 52 | 7 21 | 7 52 | — | 9 — |
| Koum-kapou | 11 54 | 12 17 | 1 39 | 2 52 | 3 21 | 4 10 | 4 37 | 5 13 | 5 36 | 6 02 | 6 34 | 6 57 | 7 28 | 8 02 | 8 34 | 9 05 |
| Constantinople | 12 02 | 12 25 | 1 47 | 3 — | 3 29 | 4 18 | 4 45 | 5 21 | 5 44 | 6 10 | 6 42 | 7 05 | 7 36 | 8 10 | 8 43 | 9 13 |

Les Trains N. 40 et 59ᵃ circulent seulement les Vendredis et Dimanches.

**Observations.**—Jusqu'à nouvel avis les trains Nᵒˢ 8, 10, 16, 44, 46, 9, 13, 33, 51, 53, seuls, s'arrêteront pendant une minute à Zeïtin-Bournon.
Les bagages peu volumineux sont acceptés à tous les trains indistinctement. Quants aux bagages encombrants leur expédition ne pourra se faire que par les trains 61 et 62.
La barre verticale noire indique la nuit de 6 h. du soir à 5 h. 59 m. du matin.
Le temps Est d'Europe est en avance de 4 minutes sur l'heure locale de Cons/ple.

Les **Vendredis et Dimanches** l'itinéraire ci-dessus des trains de la Banlieue subira les modifications suivantes entre S. STÉFANO et KUTCHUK-TCHEKMÉDJÉ

### Trains circulant au départ de Constantinople

| STATIONS | 10 | 14 | 20 | 24 | 28 | 32 | 36 | 38 | 40 | 42 | 44 | 46 |
|---|---|---|---|---|---|---|---|---|---|---|---|---|
| | Arriveront à San-Stéfano dans leur itinéraire journalier | | | | | | | | | | | |
| | Heures de départ | | | | | | | | | | | |
| S. Stéfano | 8 23 | 9 21 | 10 56 | 12 07 | 1 52 | 3 05 | 4 21 | 4 53 | 5 20 | 5 48 | 6 18 | 6 45 |
| Floria | 8 32 | 9 30 | 11 05 | 12 16 | 2 01 | 3 14 | 4 30 | 5 02 | 5 29 | 5 57 | 6 27 | 6 53 |
| K. Tchekmédjé | 8 34 | 9 32 | 11 07 | 12 18 | 2 03 | 3 16 | 4 32 | 5 04 | 5 31 | 5 59 | 6 29 | 6 52 |

### Trains se dirigeant vers Constantinople

| STATIONS | 21 | 35 | 45 | 49 | 53 | 55 | 57 | 59 | 59ᵃ |
|---|---|---|---|---|---|---|---|---|---|
| | Heures de départ | | | | | | | | |
| Kutchuk-Tchekmédjé | 8 48 | 11 27 | 3 46 | 4 40 | 5 33 | 6 02 | 6 29 | 6 56 | 8 07 |
| Floria | — | 11 31 | 3 49 | 4 44 | 5 40 | 6 09 | 6 33 | 7 03 | 8 14 |
| San-Stéfano | 8 57 | 11 39 | 3 57 | 4 52 | 5 48 | 6 17 | 6 41 | 7 11 | 8 22 |

Ces Trains suivront au delà de San-Stéfano leur itinéraire journalier

## A. Ligne Constantinople - ndrinople - Bellova.

Colonnes de gauche — **Orient Express N° 2** (circ. 3 fois par s.), **Train conv. N° 4**, **Train MIXTE N° 62**, **Train deVoy N° 102**, **Train MIXTE N° 122** (Circulent chaque jour).
Colonnes de droite — **Train MIXTE N° 121**, **Tr. de voyag N° 101**, **Train MIXTE N° 61**, **Train conv. N° 7** (Circulent chaque jour), **Orient Express N° 5** (circ. 3 fois par s.), **Prix des Places à par de Constantinople en Piastres or** (1e classe, 2e classe, 3e classe).

| N° 2 | N° 4 | N° 62 | N° 102 | N° 122 | Dist. km | STATIONS | N° 121 | N° 101 | N° 61 | N° 7 | N° 5 | 1e cl. | 2e cl. | 3e cl. |
|---|---|---|---|---|---|---|---|---|---|---|---|---|---|---|
| 3.14 | 7.53 | 6.09 | — | — | — | dép. Constantinople | — | — | 8.43 | 7.47 | 10.17 | | | |
| — | — | 6.24 | — | — | 4 | » Koum-Kapou | — | — | 8.34 | — | — | | | |
| — | — | 6.43 | — | — | 8 | » Yédi-Koulé | — | — | 8.16 | — | — | | | |
| — | — | 7.00 | — | — | 13 | » Marrikeui | — | — | 7.54 | — | — | | | |
| — | — | 7.18 | — | — | 18 | » St-Stéfano | — | — | 7.35 | — | — | | | |
| — | — | 7.34 | — | — | 22 | » Kutchuk Tchekmédjé | — | — | 7.20 | — | — | | | |
| — | 9.43 | 8.18 | — | — | 39 | » Sparta-Coulé | — | — | 6.32 | — | — | 19.— | 13.30 | 8.30 |
| — | 10.25 | 9.05 | — | — | 52 | » Hademkeui | — | — | 6.06 | 6 07 | — | 25.10 | 18.20 | 11.10 |
| 5.31 | 10.59 | 10.04 | — | — | 71 | » Tchataldja | — | — | 5.06 | 5.16 | — | 35.— | 25.20 | 16.— |
| — | 11.57 | 10.45 | — | — | 86 | » Kabakdjé | — | — | 4.22 | — | — | 41.30 | 30.20 | 19.— |
| 6.50 | 12.41 | 11.46 | — | — | 108 | » Sinekli | — | — | 3.33 | 4.05 | — | 52.30 | 38.20 | 24.— |
| — | 1.17 | 12.44 | — | — | 130 | » Tcherkeskeuy | — | — | 2.45 | 3.48 | 6.43 | 63.— | 46 — | 28.30 |
| — | 1.56 | 1.42 | — | — | 154 | » Tchorlou | — | — | 1.29 | 2.37 | 6.03 | 75.10 | 54.30 | 34.10 |
| — | 2.20 | 2.37 | — | — | 180 | » Mouradli-Keupekli | — | — | 12.13 | 1.57 | — | 87.10 | 63.20 | 39.30 |
| — | 2.48 | 3.10 | — | — | 195 | » Seidler-Tch. | — | — | 11.33 | 1.31 | — | 95.— | 69.— | 43.10 |
| 9.18 | 3.13 | 3.57 | — | — | 213 | » Lulé-Bourgas | — | — | 10.56 | 1 03 | — | 103.30 | 75.20 | 47.10 |
| — | 3.40 | 4.46 | — | — | 229 | » Babaeski | — | — | 10.08 | 12.39 | 4.13 | 111.20 | 81.— | 50.30 |
| — | 4.09 | 5.39 | — | — | 251 | » Pavlokeui | — | — | 9.10 | 12.09 | 3.39 | 122.— | 88.30 | 55.20 |
| — | 4.28 | 6.37 | — | — | 271 | » Ouzoun-Keupru | — | — | 8.23 | 11.43 | — | 131.30 | 95.30 | 60.— |
| — | — | 6.59 | — | — | 282 | arr. Kouléli-Bourgas | — | — | 7.47 | 11.21 | — | 137.— | 99.30 | 62.20 |
| — | 5.01 | — | — | — | | dép. Kouléli-Bourgas | — | — | — | 10.32 | — | | | |
| — | 8.57 | — | — | — | | arr. Dédéaghatch } B | — | — | — | 6.20 | — | 190.30 | 138.30 | 86.30 |
| — | 9.26 | — | — | — | | » Salonique | — | — | — | 6.00 | — | | | |





| N° 2 | N° 4 | N° 62 | N° 102 | N° 122 | Dist. km | STATIONS | N° 121 | N° 101 | N° 61 | N° 7 | N° 5 | 1e cl. | 2e cl. | 3e cl. |
|---|---|---|---|---|---|---|---|---|---|---|---|---|---|---|
| — | 4 46 | 7.34 | — | — | 282 | dép. Kouléli-Bourgas | — | — | 7.07 | 11.02 | — | 137.— | 99.30 | 62.20 |
| — | — | 7.59 | — | — | 293 | » Ourli | — | — | 6.47 | 10.46 | — | 142.20 | 103.20 | 64.30 |
| 11.23 | 5.52 | 8.43 | — | — | 318 | » Andrinople | — | — | 6.00 | 10.12 | 1.56 | 154.20 | 112.20 | 70.10 |
| — | 6.18 | — | — | — | 337 | » Kadikeui | — | — | — | 9.38 | — | 163.10 | 118.30 | 74.10 |
| 12.28 | 7.16 | — | — | — | 355 | » Moustapha-Pacha | — | — | — | 9.12 | 12.50 | 172.20 | 125.20 | 78.20 |
| — | 7.32 | — | — | — | 366 | » Lubimetz | — | — | — | 8.29 | — | 185.30 | 135.10 | 84.20 |
| 1.09 | 8.27 | — | — | — | 383 | » Harmanli | — | — | — | 8.03 | 11.42 | 193.20 | 140.30 | 88.— |
| 1.29 | 8.49 | — | — | — | 398 | arr. Tirnova-Seymenli | — | — | — | 7.27 | 11.46 | 201.10 | 146.20 | 91.20 |
| — | — | — | 6.50 | — | | dép. Bourgas | — | — | 10.10 | — | — | | | |
| — | — | — | 10.19 | — | | » Yamboli } C | — | — | 6.41 | — | — | | | |
| — | — | — | 1.49 | — | | arr. Tirnova-Seymenli | — | — | 3.05 | — | — | 253.30 | 184.30 | 115.20 |
| 1.33 | 8.58 | — | 1.59 | 3.30 | 398 | dép. Tirnova-Seymenli | 11.27 | 2.55 | — | 7.24 | 11.09 | 201.10 | 146.20 | 91.20 |
| 2.30 | 9.28 | — | 2.29 | 4 30 | 421 | » Kamenetz-Haskovo | 10.40 | 2.28 | — | 6.57 | — | 212.20 | 154.30 | 96.30 |
| — | 9.58 | — | 3.06 | 5.20 | 441 | » Skobélévo | 9.53 | 1.58 | — | 6.31 | 10.14 | 222.30 | 161.30 | 100.30 |
| — | 10.16 | — | 3.29 | 6.11 | 454 | » Borisowgrade | 9.17 | 1.36 | — | 6.12 | — | 228.30 | 166.20 | 103.30 |
| — | 10.37 | — | 3.57 | 6.54 | 469 | » Papasli | 8.41 | 1.10 | — | 5.50 | — | 236.— | 172.— | 107.20 |
| — | 10.59 | — | 4.26 | 7.40 | 486 | » Katounitza | 8.04 | 12.45 | — | 5.29 | — | 244.— | 177.30 | 111.10 |
| 3.48 | 11.25 | — | 5.03 | 8.39 | 499 | » Philippopoli | 7.30 | 12.24 | — | 5.12 | 8.45 | 245.— | 182.20 | 114.— |
| — | 11.48 | — | 5.25 | 9.21 | 516 | » Kritchim | 6.26 | 11.49 | — | 4.42 | — | 259.— | 188.20 | 117.30 |
| — | 12.25 | — | 5.53 | 10.16 | 535 | » Tatar-Bazardjik | 5.39 | 11.23 | — | 4.18 | — | 268.10 | 195.10 | 122.— |
| 5.03 | 1.22 | — | 6.28 | 11.55 | 554 | » Sarambey | 4.54 | 11.— | — | 3.54 | 7.24 | 276.20 | 201.10 | 125.30 |
| — | 1.51 | — | 6.59 | 12.30 | 562 | » Bellova | 3.00 | 10.26 | — | 3.10 | — | 282.— | 205.10 | 128.10 |
| 8.01 | 5.15 | — | 10.05 | 5.44 | | arr. Sofia | 10.20 | 7.25 | — | 12.20 | 4.08 | | | |
| 8.15 | 5.48 | — | — | 9.50 | | dép. Sofia | 7.39 | — | — | 11.58 | 3.48 | | | |
| 10.49 | 9.51 | — | 5.27 | 6.41 | | arr. Nisch | 8.31 | — | — | 6.06 | 11.05 | | | |
| — | 6.01 | — | — | — | | dép. Nisch | — | — | — | 10.04 | — | | | |
| — | 10.07 | — | — | — | | » Zibeftché (frontière) } E | — | — | — | 7.03 | — | | | |
| — | 7.39 | — | — | — | | arr. Salonique | — | — | — | 8.22 | — | | | |
| 10.58 | 10.28 | — | — | 7.17 | | dép. Nisch | 7.10 | — | — | 5.31 | 10.58 | | | |
| 4.07 | 4.45 | — | 1.13 | 6.44 | | arr. Belgrade | 8.12 | — | — | 11.15 | 5.50 | | | |
| 4.17 | 5.41 | — | — | 7.25 | | dép. Belgrade | 7.33 | — | — | 10.38 | 5.40 | | | |
| 10.55 | 1.00 | — | 10.00 | 6.55 | | arr. Budapest | 7.15 | — | — | 3.20 | 11.20 | | | |
| 1.00 | 2.10 | — | 10.30 | 10.30 | | dép. Budapest | 6.25 | — | — | 1.45 | 11.00 | | | |
| 7.— | 6.40 | — | 6.02 | 6.32 | | arr. Vienne (Gare de l'Etat) | 9.55 | — | — | 8.50 | 6.49 | | | |
| 8.00 | 7.35 | — | — | — | | arr. Vienne (Gare de l'Ouest) | — | — | — | 8.05 | 6.10 | | | |

Les heures marquées d'une grosse ligne verticale noire sont de 6 h.soir à 5 h.59 matin.—Voir lettre **G**. pour les coïncidences à Vienne.

## B. Ligne Kouléli-Bourgas-Dédéaghatch

| Train MIXTE acc. N°201 circ. Dim. Mar. Jeu. Sam. | Train MIXTE N°221 circ. Lun. Mer. Ven. | Distance Kilom. | STATIONS | Train MIXTE N°222 circ. Mar. Jeu. Sam. | Train MIXTE acc. N°202 circ. Dim. Lun. Mer. Ven. | 1e cl. | 2e cl. | 3e cl. |
|---|---|---|---|---|---|---|---|---|
| — | 6.52 | — | dép. Andrinople arr. | 7.41 | — | — | — | — |
| — | 7.39 | 25 | » Ourli » | 6.57 | — | 12.30 | 9.10 | 5.30 |
| 5.01 | 8.19 | 36 | » Kouléli-Bourgas » | 6.35 | 10.32 | 18.— | 13.10 | 8.10 |
| 5.33 | 8.55 | 50 | » Démotica » | 5.29 | 10.04 | 24.10 | 17.30 | 11.— |
| 6.35 | 10.12 | 79 | » Soufli » | 4.19 | 9.05 | 38.10 | 28.— | 17.20 |
| 7.15 | 11.02 | 98 | » Bidigli » | 3.14 | 8.15 | 47.20 | 34.20 | 21.30 |
| 8.06 | 12.06 | 120 | » Ferré dép. | 2.14 | 7.25 | 58.10 | 42.10 | 26.20 |
| 8.57 | 1.04 | 148 | arr. Dédéaghatch dép. | 1.05 | 6.20 | 71.30 | 52.10 | 32.30 |
| 9.26 | — | — | arr. Salonique dép. | — | 6.00 | — | — | — |

Prix des places à partir d'Andrinople en Prs et paras or

## C. Ligne Tirnova Seymenli-Yamboli.

| Train de voy. N°301 circ. cha. jour | Train MIXTE N°353 circ. chaq. jour | Distance Kilom. | STATIONS | Train de voy. N°302 circ. ch. jour | Train MIXTE N°348 circ. chaq. jour | 1e cl. | 2e cl. | 3e cl. |
|---|---|---|---|---|---|---|---|---|
| 3.05 | 12.45 | — | dép. Tirnova-Seymenli arr. | 1.49 | 12.17 | — | — | — |
| 3.37 | 1.30 | 15 | » Sladek-Kladenetz » | 1.20 | 11.44 | 1.75 | 1.30 | 0.85 |
| 4.24 | 2.37 | 37 | » Radnévo » | 12.36 | 10.44 | 4.20 | 3.05 | 1.95 |
| 5.18 | 3.41 | 62 | » Yéni-Zaghra dép. | 11.52 | 9.40 | 6.95 | 5.05 | 3.15 |
| | | | Nova-Zagora-Tchirpan (Voir D.) | | | | | |
| 6.00 | 4.38 | 83 | dép. Slivno-Kermenli dép. | 11.05 | 8.36 | 9.40 | 6.80 | 4.25 |
| 6.41 | 5.25 | 106 | arr. Yamboli dép. | 10.19 | 7.30 | 11.95 | 8.70 | 5.45 |
| 10.10 | — | — | arr. Bourgas dép. | 6.50 | — | | | |

Prix des places à partir de Tirnova-Seymenli en Francs or

## D. Ligne Nova Zagora-Tchirpan

| Train de Voyag. N° 722 | Train de Voyag. N° 724 | Distance Kilométr. | STATIONS | | Train de Voyag. N° 721 | Train de Voyag. N° 723 | Prix des places à par. de Nova Zagora en Francs or | | |
|---|---|---|---|---|---|---|---|---|---|
| *circule chaque jour* | *circule chaque jour* | | | | *circule chaque jour* | *circule chaque jour* | 1e cl. | 2e cl. | 3e cl. |
| 5.28 | 12.12 | — | dép. Nova-Zagora | arr. | 11.07 | 2.52 | — | — | — |
| 6.00 | 12.42 | 15 | » Tzar-Asparouh | » | 10.37 | 2.20 | 1.20 | 1.30 | 0.80 |
| 6.43 | 1.15 | 33 | » Stara-Zagora | » | 9.56 | 1.40 | 3.75 | 2.75 | 1.70 |
| 7.36 | — — | 57 | » Mihailovo | » | 8.55 | — — | 6.40 | 4.65 | 2.90 |
| 8.17 | — — | 80 | arr. Tchirpan | dép. | 8.00 | — — | 9.05 | 6.60 | 4.10 |

## E. Ligne Salonique-Uskub-Zibeftché

| Train de Voy. N° 502 | Distance kilométrique | STATIONS | | Train de Voy. N° 503 | Prix des places à partir de Salonique en Piastres or | | |
|---|---|---|---|---|---|---|---|
| *circ. chaq. jour* | | | | *circ. chaq. jour* | 1e cl. | 2e cl. | 3e cl. |
| 8.22 | — | dép. Salonique | arr. | 7.39 | — | — | — |
| 8.57 | 23 | » Topsin | » | 7.07 | 11.30 | 8.20 | 5.20 |
| 9.18 | | » Karoglou | » | 6.45 | | | |
| 9.32 | 44 | » Amatovo | » | 6.31 | 21.20 | 15.20 | 9.30 |
| 9.54 | 57 | » Karasouli | » | 6.10 | 27.30 | 20.10 | 12.30 |
| 10.04 | 61 | » Goumendjé | » | 6.00 | 29.30 | 21.20 | 13.20 |
| 10.39 | 79 | » Guevguéli | » | 5.31 | 38.30 | 28.10 | 17.30 |
| 11.13 | 102 | » Miroftché | » | 4.52 | 49.20 | 36.— | 22.20 |
| 11.22 | 104 | » Stroumnitza | » | 4.44 | 51.— | 37.— | 23.10 |
| 12.09 | 124 | » Demirkapou | » | 4.12 | 60.20 | 44.— | 27.20 |
| 12.46 | 146 | » Krivolak | » | 3.36 | 70.30 | 51.20 | 32.10 |
| 1.20 | 167 | » Vénétziani Gradsko | » | 2.58 | 81.— | 59.— | 36.30 |
| 2.09 | 194 | » Keuprulu | » | 2.15 | 94.20 | 68.30 | 43.— |
| 2.57 | 221 | » Zélénico | » | 1.25 | 110.30 | 80.20 | 50.20 |
| 3.32 | 244 | arr. Uskub | dép. | 12.49 | 118.20 | 86.10 | 54.— |
| | | Uskub-Mitrovitza (voir lettre F). | | | | | |
| 3.42 | | dép. Uskub | arr. | 12.34 | | | |
| 4.16 | 264 | » Adjarlar | » | 12.03 | 132.10 | 96.— | 60.— |
| 4.53 | 281 | » Koumanovo | » | 11.32 | 139.— | 101.— | 63.10 |
| 5.13 | 293 | » Tabanoftché | » | 11.09 | 146.10 | 106.10 | 66.20 |
| 5.32 | 302 | » Préchova | » | 10.55 | 150.20 | 109.10 | 68.20 |
| 5.42 | 308 | » Boukaroftché | » | 10.41 | 153.20 | 111.20 | 69.30 |
| 6.02 | 321 | » Bouyeneftché | » | 10.19 | 159.30 | 116.— | 72.20 |
| 6.13 | 328 | arr. Zibeftché (Ristovalz) | dép. | 10.07 | 163.30 | 119.— | 74.20 |
| 10.04 | | arr. Nisch | dép. | 6.01 | | | |
| 4.45 | | » Belgrade | » | 11.15 | | | |
| 1.00 | | » Budapest | » | 3.20 | | | |
| 6.40 | | » Vienne (Gare de l'Et.) | » | 8.50 | | | |
| 7.35 | | » Vienne (G. de l'Ouest) | » | 8.03 | | | |

Voir lettre **G** pour les coïncidences à Vienne.

## F. Ligne Uskub-Mitrovitza.

| Train MIXTE N°622 circule chaque jour | DIST. KIL. | | STATIONS | | Train MIXTE N°621 circule chaque jour | Prix de places à partir d'Uskub en Piastres or 1e cl. | 2e cl. | 3e cl. |
|---|---|---|---|---|---|---|---|---|
| 7.15 | --- | dép. | Uskub | arr. | 12.14 | --- | --- | --- |
| 8.22 | 25 | » | Eleshan | » | 11.26 | 12.10 | 9.--- | 5.20 |
| 9.16 | 36 | » | Orhanié | » | 10.56 | 18.--- | 13.10 | 8.10 |
| 10.27 | 55 | » | Firouzbey Verisovitz | » | 10.12 | 26.30 | 19.20 | 12.10 |
| 11.20 | 74 | » | Liplian | » | 9.11 | 36.20 | 26.20 | 16.20 |
| 12.12 | 93 | » | Pristina | » | 8.16 | 45.20 | 33.10 | 20.30 |
| 12.58 | 112 | » | Voutchitrn | » | 7.22 | 54.30 | 40.--- | 25.--- |
| 1.15 | 120 | arr. | Mitrovitza | dép. | 7.00 | 58.10 | 42.10 | 26.20 |

## G. Coïncidence à Vienne avec les trains Orient-Express et Ostende Express et avec les trains convent. de et vers Cons/ple.

| Trains de coïncidence avec les trains — de Constantinople — Or. et Os. Ex. | Conventionn | | STATIONS | | Trains de coïncidence avec les trains — vers Constantinople — Conventionn | Or. et Os. Ex. |
|---|---|---|---|---|---|---|
| 7.— | 9 25 | dép. | Vienne (: Gare de l'Etat:) | arr. | 7.10 | 7.15 |
| 2.49 | 5.20 | arr. | Prague | dép. | 10.48 | 11.12 |
| 7.50 | 9.24 | arr. | Karlsbad | dép. | 7.24 | 7.09 |
| 2.56 | 5.45 | dép. | Prague | arr. | 11.— | |
| 6.53 | 9.39 | arr. | Dresde | dép. | 7.02 | |
| 10.22 | 12.52 | » | Berlin | » | 4.25 | |
| 9.18 | 12.25 | » | Leipzig | » | 4.47 | |
| 5.29 | 4.52 | » | Hambourg | » | 12.32 | |

| Orient Expr. | Oste. Exp. | Conventionn | | STATIONS | | Conventionn | Orient Expr. | Ost. Exp. |
|---|---|---|---|---|---|---|---|---|
| 9.00 | 10.45 | 8.30 | dép. | Vienne (:Gare de l'Ouest:) | arr. | 7.30 | 5.50 | 5.35 |
| 5.40 | — | 6.30 | arr. | Munich | » | 9.51 | 10.21 | — |
| 9.36 | — | 11.35 | » | Stuttgart | » | 4.43 | 6.40 | — |
| 11.14 | — | 1.29 | » | Karlsruhe | » | 2.03 | 5.02 | — |
| 11.29 | — | 2.03 | » | Oos (:Baden-Baden:) | » | 1 33 | 4.33 | — |
| 12.44 | — | 2.57 | » | Strasbourg | » | 10.23 | 3.48 | — |
| 8.20 | — | 11.02 | » | Paris (:Gare de l'Est:) | dép. | 10.20 | 7.20 | — |
| 3.50 | — | — | » | Londres | » | — | 10.00 | — |
| — | 12.34 | 11.59 | arr. | Frankfort s/M | arr. | 4.37 | — | 3.28 |
| — | 4.10 | 4.10 | » | Cologne | » | 11.57 | — | 12.00 |
| — | 8.05 | 10.23 | » | Bruxelles | » | 5.25 | — | 6.33 |
| — | 10.29 | Via Calais | » | Ostende | dép. | Via Calais | — | 4.22 |
| — | 5 12 | 7.05 | » | Londres | » | 9.05 | — | 9.00 |
| 10.00 | | 8.00 | dép. | Vienne (:Gare de l'Ouest:) | arr. | 6.30 | — | |
| 10.05 | | 7.10 | arr. | Innsbruck | » | 6.25 | — | |
| 6.30 | | 2.09 | » | Zürich | dép. | 11.15 | — | |
| 9.42 | | 4.49 | » | Bâle | » | 1.39 | — | |
| 9.35 | | 6.15 | » | Berne | » | 6.50 | — | |
| 12.48 | | 8.50 | » | Genève | » | — | — | |
| 5.45 | | 11.35 | » | Paris (:Gare de l'Est: ) | » | 10.16 | — | |
| 11.40 | | 9.20 | dép. | Vienne (:Gare du Sud:) | arr. | 6.45 | | 5.15 |
| 1.55 | | 2.15 | » | Venise | dép. | 2.10 | | 2.41 |
| 6.35 | | 7.20 | arr. | Milan | » | 7.45 | | 9.40 |
| 10.20 | | 11.59 | » | Gênes | » | 2.50 | | 5.45 |
| 3.55 | | 6.50 | » | Nice | » | 5.15 | | 11.00 |
| — | | 7.20 | dép. | Vienne (:Gare du Sud:) | arr. | 6.45 | | — |
| — | | 9.45 | arr. | Venise | dép. | 2.10 | | — |
| — | | 4.16 | » | Florence | » | 9.00 | | — |
| — | | 10.40 | » | Rome | » | 2.00 | | — |
| — | | 6.10 | » | Naples | » | 8.40 | | — |

### Prix des billets directs pour les principales Villes de l'Europe (via Sofia-Belgrade-Budapest-Vienne)

| RELATIONS | Billets simple course | | | | | | | Billets d'aller et ret. | | | | | | |
| --- | --- | --- | --- | --- | --- | --- | --- | --- | --- | --- | --- | --- | --- | --- |
| | 1e cl. | | 2e cl. | | 3e Cl. | | Validité jours | 1e cl. | | 2e cl. | | 3e Cl. | | Val. jrs. |
| | Francs or | | | | | | | Francs or | | | | | | |
| | Fr. | c. | Fr. | c. | F. | c. | | Fr. | c. | Fr. | c. | F. | c. | |
| **DE CONSTANTINOPLE à** | | | | | | | | | | | | | | |
| Ancône (via Fiume) | 156 | 10 | 106 | 40 | — | — | 10 | — | — | — | — | — | — | — |
| Baden-Baden | 239 | 30 | 157 | — | — | — | 15 | — | — | — | — | — | — | — |
| Bâle C. B. (via Arlberg) | 248 | 35 | 167 | — | — | — | 10 | — | — | — | — | — | — | — |
| Belgrade | 113 | — | 77 | — | 46 | — | 10 | — | — | — | — | — | — | — |
| Berlin (via Bodenbach ou Oderberg) | 202 | 15 | 135 | 05 | 81 | 35 | 15 | 386 | — | 257 | 40 | — | — | 60 |
| Berne | 252 | 30 | 169 | 80 | — | — | 10 | — | — | — | — | — | — | — |
| Bourgas | 70 | — | 50 | 95 | 31 | 80 | 10 | — | — | — | — | — | — | — |
| Breslau (via Oderberg) | 170 | 65 | 115 | 40 | 68 | 75 | 15 | 313 | 40 | 214 | — | — | — | 60 |
| Bruxelles (via Cologne-Herbesthal) | 277 | — | 179 | 15 | — | — | 10 | 510 | 05 | 341 | 65 | — | — | 60 |
| »          (:via Munich ou Arlberg :) | 311 | — | 208 | 65 | — | — | 10 | — | — | — | — | — | — | — |
| Budapest | 115 | 70 | 79 | 05 | 48 | 20 | 10 | 213 | 10 | 145 | 40 | 88 | 20 | 60 |
| Cannes (:via Fiume-Venise:) | 219 | 95 | 152 | 05 | — | — | 10 | — | — | — | — | — | — | — |
| Carlsbad | 198 | 40 | 130 | 98 | — | — | 10 | — | — | — | — | — | — | — |
| Coire | 232 | 35 | 135 | 80 | — | — | 10 | — | — | — | — | — | — | — |
| Dresde (:via Bodenbach:) | 195 | 25 | 131 | 70 | — | — | 15 | 365 | — | 250 | 10 | — | — | 60 |
| Fiume | 141 | 40 | 95 | 90 | — | — | 10 | — | — | — | — | — | — | — |
| Florence (:via Fiume-Venise:) | 191 | 15 | 133 | 95 | — | — | 10 | — | — | — | — | — | — | — |
| Francfort s/M | 231 | 30 | 152 | 15 | — | — | 10 | 429 | 20 | 285 | 95 | — | — | 60 |
| Génève | 268 | 75 | 181 | 35 | — | — | 10 | — | — | — | — | — | — | — |
| Grasse (:via Fiume-Venise:) | 222 | 10 | 153 | 50 | — | — | 10 | — | — | — | — | — | — | — |
| Hambourg (:via Oderberg-Bodenbach:) | 233 | — | 152 | 05 | — | — | 15 | 447 | 70 | 291 | 40 | — | — | 60 |
| Karlsruhe | 236 | 15 | 155 | — | — | — | 15 | 450 | 30 | 295 | 30 | — | — | 60 |
| Lausanne | 262 | 40 | 176 | 90 | — | — | 10 | — | — | — | — | — | — | — |
| Leipzig | 204 | 15 | 136 | 30 | — | — | 15 | 375 | 60 | 260 | — | — | — | 60 |
| Londres (:via Paris-Cologne-Douvres:) | 384 | 40 | 263 | 90 | — | — | 15 | 667 | 25 | 465 | 80 | — | — | 60 |
| »          (:via Cologne-Calais-Douvres:) | 338 | 15 | 222 | 60 | — | — | 15 | 625 | 15 | 434 | 85 | — | — | 60 |
| »          (:via Cologne-Ostende-Douvres:) | 325 | 05 | 213 | 80 | — | — | 15 | 602 | 80 | 418 | 30 | — | — | 60 |
| »          (:via Munich-Ostende-Douvres:) | 374 | 55 | 259 | 20 | — | — | 15 | 657 | 60 | 457 | 25 | — | — | 60 |
| »          (:via Hock van Holland-Harwich) | 321 | 30 | 209 | 15 | — | — | 15 | — | — | — | — | — | — | — |
| Lucerne | 242 | 40 | 162 | 85 | — | — | 10 | — | — | — | — | — | — | — |
| Milan (:via Fiume-Venise:) | 188 | 45 | 132 | 15 | — | — | 10 | — | — | — | — | — | — | — |
| Monastir (:via Dédéagatch:) | 92 | 40 | 64 | 25 | 37 | 20 | 5 | — | — | — | — | — | — | — |
| Munich | 204 | 40 | 135 | 15 | — | — | 15 | 382 | 40 | 251 | 05 | — | — | 60 |
| Naples (:via Fiume-Ancône:) | 207 | 95 | 144 | 45 | — | — | 10 | — | — | — | — | — | — | — |
| Nice (:via Fiume-Venise:) | 216 | 50 | 149 | 70 | — | — | 10 | — | — | — | — | — | — | — |
| Nuremberg | 207 | 65 | 137 | 40 | — | — | 15 | — | — | — | — | — | — | — |
| Oderberg | 150 | — | 101 | 95 | — | — | 10 | — | — | — | — | — | — | — |
| Paris (:via Avricourt ou Arlberg:) | 308 | 80 | 207 | 85 | — | — | 10 | 529 | 75 | 358 | 25 | — | — | 60 |
| Pirot | 87 | 95 | 64 | 10 | 40 | 15 | 10 | — | — | — | — | — | — | — |
| Prague (:via Brünn:) | 179 | 10 | 119 | 85 | 97 | 40 | 10 | — | — | — | — | — | — | — |
| Rome (:via Fiume-Ancône:) | 191 | 15 | 133 | 95 | — | — | 10 | — | — | — | — | — | — | — |
| Salonique (:via Dédéagatch:) | 68 | 20 | 46 | 60 | 26 | 15 | 2 | — | — | — | — | — | — | — |
| Sofia | 76 | 50 | 55 | 65 | 34 | 75 | 10 | 148 | — | 107 | 70 | 67 | 25 | 45 |
| Stuttgart | 226 | 40 | 149 | 25 | — | — | 15 | 433 | 90 | 283 | 05 | — | — | 60 |
| Uskub (:via Dédéagatch:) | 95 | 15 | 66 | 20 | 38 | 45 | 5 | — | — | — | — | — | — | — |
| Venise (:via Fiume:) | 156 | 10 | 106 | 40 | — | — | 10 | — | — | — | — | — | — | — |
| Vienne (:Gare de l'Etat ou du Nord:) | 141 | 40 | 95 | 85 | 56 | 30 | 10 | 264 | 50 | 179 | — | 104 | 40 | 60 |
| »          (:Gare de l'Ouest:) | 146 | 65 | 99 | — | — | — | 10 | 275 | — | 185 | 30 | — | — | 60 |
| Zürich | 239 | 20 | 160 | 60 | — | — | 10 | — | — | — | — | — | — | — |

| RELATIONS | Billets simple course | | | | Bil. d'aller et retour | | | |
|---|---|---|---|---|---|---|---|---|
| | Classes | | | Val. jours | Classes | | | Val. jours |
| | 1re cl. | 2e cl. | 3e cl. | | 1re cl. | 2e cl. | 3e cl. | |
| | Francs or | | | | Francs or | | | |
| **D'ANDRINOPLE à** | | | | | | | | |
| Belgrade | 86 40 | 62 95 | 39 45 | 10 | — | — | — | |
| Budapest | 115 35 | 79 05 | 48 20 | 10 | — | — | — | |
| Paris (via Avricourt ou Arlberg) | 308 80 | 207 85 | — | 10 | — | — | — | |
| Vienne (G. de l'Etat ou du Nord) | 141 40 | 95 85 | 56 30 | 10 | — | — | — | |
| Salonique (via Dédéagatch) | 65 55 | 46 60 | 26 15 | 2 | — | — | — | |
| Sofia | 39 75 | 28 90 | 18 05 | 10 | — | — | — | |
| **DE PHILIPPOPOLI à** | | | | | | | | |
| Belgrade | 66 15 | 48 25 | 30 25 | 10 | — | — | — | |
| Budapest | 95 10 | 67 55 | 49 40 | 10 | — | — | — | |
| Monastir (via Dédéagatch) | 92 40 | 64 20 | 37 15 | 5 | — | — | — | |
| Salonique (via Dédéagatch) | 68 20 | 46 60 | 26 15 | 2 | — | — | — | |
| Sofia | 19 50 | 14 20 | 8 85 | 10 | — | — | — | |
| Vienne (G. de l'Etat ou du Nord) | 123 60 | 86 25 | 68 10 | 10 | — | — | — | |
| **DE SALONIQUE à** | | | | | | | | |
| Ancône (via Belgrade Fiume) | 125 05 | 88 95 | — | 10 | — | — | — | |
| Belgrade | 77 90 | 56 65 | 35 40 | 10 | — | — | — | |
| Berlin (via Oderberg) | 196 20 | 134 05 | — | 15 | — | — | — | |
| Bruxelles (via Arlberg ou Munich) | 305 35 | 207 85 | — | 10 | — | — | — | |
| » (via Aschaffenburg Cologne) | 271 35 | 178 35 | — | 10 | — | — | — | |
| Budapest | 107 25 | 76 35 | 45 55 | 10 | — | — | — | |
| Hambourg (via Oderberg) | 227 05 | 151 05 | — | 15 | — | — | — | |
| Karlsbad (via Brünn et Prague) | 192 15 | 129 78 | — | 10 | — | — | — | |
| Leskovatz | 45 90 | 33 40 | 20 85 | 10 | — | — | — | |
| Londres (via Paris-Calais-Douvres) | 378 75 | 263 10 | — | 15 | — | — | — | |
| d° (via Munich-Ostende-Douvres) | 368 90 | 258 40 | — | 15 | — | — | — | |
| d° (via Cologne-Ostende-Douvres) | 319 40 | 213 --- | — | 15 | — | — | — | |
| d° (via Cologne-Calais-Douvres) | 332 50 | 221 80 | — | 15 | — | — | — | |
| Munich (via Vienne Salzbourg) | 198 75 | 134 35 | — | 15 | — | — | — | |
| Nisch | 50 75 | 36 90 | 23 05 | 10 | — | — | — | |
| Oderberg (via Belgrade Budapest) | 144 05 | 100 95 | I.II — | 10 | — | — | — | |
| Paris (via Arlberg ou Avricourt) | 303 15 | 207 05 | 223 65 | 10 | — | — | — | |
| Sofia (via Ristovatz ou Tzaribrod) | 70 20 | 51 15 | 32 10 | 10 | — | — | — | |
| Venise (via Belgrade-Fiume) | 125 05 | 88 95 | — | 10 | — | — | — | |
| Vienne (G. de l'Etat ou du Nord) | 135 75 | 95 05 | 54 55 | 10 | 244 50 | 166 25 | 97 75 | 60 |
| d° (G. de l'Ouest) | 141 — | 98 20 | — | 10 | 255 — | 172 55 | — | 60 |
| Vranja | 38 55 | 28 05 | 17 50 | 10 | — | — | — | |
| **D'USKUB à** | | | | | | | | |
| Belgrade | 50 95 | 37 05 | 23 15 | 10 | — | — | — | |
| Budapest | 80 30 | 56 75 | — | 10 | — | — | — | |
| Leskovatz | 18 95 | 13 80 | 8 60 | 10 | — | — | — | |
| Nisch | 23 80 | 17 30 | 10 80 | 10 | — | — | — | |
| Philippopoli (via Ristovatz-Tzaribrod) | 62 65 | 45 70 | 28 65 | 10 | — | — | — | |
| Sofia (via d° d°) | 43 25 | 31 55 | 19 85 | 10 | — | — | — | |
| Vienne (G. de l'Etat ou du Nord) | 108 80 | 75 45 | 61 40 | 10 | — | — | — | |
| Vranya | 11 60 | 8 45 | 5 25 | 10 | — | — | — | |

## Prix des suppléments pour l'utilisation de l'Orient Express et des Wagons Lits

| Orient Express | | Wagons Lits. — Trains Conventionnels | | |
| --- | --- | --- | --- | --- |
| de Constantinople à | Fran. or | de Constantinople à | 1re cl. | 2e cl. |
| Kutchuk Tchekmédjé . . . | 0 55 | Tcherkeskeuy . . . . . | 4 50 | 3 — |
| Andrinople . . . . . . | 8 — | Tchorlou. . . . . . . | 6 — | 4 — |
| Philippopoli. . . . . . | 12 50 | Babaesky . . . . . . | 6 — | 4 — |
| Sarembey . . . . . . | 13 80 | Ouzoun-Keupru . . . . | 6 — | 4 — |
| Sofia . . . . . . . . | 16 40 | Kouléli-Bourgas . . . . | 8 — | 6 — |
| Nisch . . . . . . . . | 20 30 | Dédéaghatch . . . . . | 8 — | 6 — |
| Belgrade . . . . . . | 26 40 | Andrinople . . . . . | 8 — | 6 — |
| Budapest. . . . . . . | 47 50 | Moustafa Pacha . . . . | 8 — | 6 — |
| Vienne (Gare de l'État). . . | 60 60 | Tirnova . . . . . . . | 10 — | 7 50 |
| Munich . . . . . . . | 72 70 | Philippopoli. . . . , . . | 10 — | 7 50 |
| Stuttgart . . . . . . | 78 70 | Bellova . . . . . . . | 10 — | 7 50 |
| Karlsruhe . . . . . . | 80 80 | Sofia . . . . . . . . | 13 — | 9 25 |
| Oos (Baden-Baden) . . . | 80 80 | Nisch . . . . . . . . | 17 — | 12 — |
| Frankfort s/M. . . . . | 81 75 | Belgrade . . . . . . | 23 — | 16 25 |
| Paris (simples) . . . . | 80 80 | Budapest. . . . . . . | 29 — | 21 25 |
| Paris (aller et retour) . . | 131 60 | | | |
| Bruxelles . . . . . . | 94 55 | | | |

Ces suppléments peuvent être payés soit dans les trains, au conducteur de la Compagnie des Wagons-Lits, soit d'avance, aux différentes agences de cette Compagnie. Les voyageurs munis de billets de Chemins de fer de 1re classe, sont seuls admis dans les trains Orient-Express. Les voyageurs de 1re ou de 2me classe qui utilisent les voitures-lits, comprises dans les trains directs quotidiens (conventionnels), ne peuvent occuper qu'un lit de la classe correspondante à celle de leur billet.

### — Trains directs —

**Orient-Express.**—Train de luxe tri-hebdomadaire comprenant des voitures-lits très élégantes et confortables, circulant directement entre Constantinople et Paris, Constantinople et Ostende.

Durée du voyage : entre Constantinople et Paris 66 heures, Ostende 70 heures, Vienne 44 heures, Budapest 32 heures.

Départ de Constantinople les lundis, mercredis et vendredis à 3 h. 14 m. du soir.

Arrivée à Constantinople les mardis, jeudis et samedis à 10 h. 17 m. du matin.

**Trains quotidiens** (Conventionnel).—Entre Constantinople et Vienne (durée du trajet 48 heures).

Coïncidences: à Kouléli-Bourgas (quatre fois par semaine) avec les trains directs de et vers Salonique ; à Budapest avec le train rapide quotidien Berlin-Budapest; à Vienne avec les trains accélérés de et vers l'Allemagne, la France, la Belgique, la Suisse et l'Italie; à India, Szabadka et à Budapest avec les trains de et vers Fiume, via Agram; à Fiume avec les paquebots rapides pour Ancône et Venise.

**Voitures directes :** — *a)* de I, II et III classe entre Constantinople et Belgrade et de I et II classe entre Constantinople et Vienne. Ces voitures sont à intercommunication, très-confortables, avec couchettes de I et II classe et toilettes. Prix des suppléments pour les couchettes : I classe F^rs 3, II classe F^rs 2 par nuit.

*b)* de I et II classe entre Budapest et Paris (via Zurich-Bâle), entre Budapest et Francfort s/M., entre Belgrade et Fiume, entre Budapest et Fiume.

*c)* de I, II et III classe entre Constantinople et Salonique (via Dédéagatch).

*d)* de I et II classe entre Salonique et Budapest.

*Wagons-Lits* avec places de I et II classe entre Constantinople et Budapest, Constantinople et Dédéaghatch ; Budapest et Fiume (via Agram) ; Budapest et Venise (via Pragerhof) ; Vienne et Carlsbad (via Marienbad et Prague) ; Vienne et Munich ; Vienne et Francfort (pour Ostende et Londres) ; Vienne et Paris (via Zurich et Bâle) ; Vienne et Trieste (via Graz) ; Vienne et Rome (via Pontebba) ; Vienne et Venise (via Portogruaro).

WAGONS-RESTAURANTS entre Semlin et Budapest ; Budapest et Fiume ; Vienne et Carlsbad (via Marienbad) ; Vienne et Tetschen.

BUFFET AMBULANT dans les voitures directes de I, II et III classe entre Constantinople et Belgrade.

Boissons, mets chauds et froids servis à toute heure dans les compartiments.

BAGAGES.—Enregistrement direct jusqu'à destination, sauf les bagages destinés pour Cannes, Florence, Grasse, Milan, Naples, Nice, Rome (via Fiume), qui sont enregistrés seulement jusqu'à Budapest.

Franchise de 30 Kilogr. par billet entier et de 20 Kilogr. par demi-billet sur les Chemins de fer Orientaux, Serbes et Français (Est) ; de 25 Kilogr. par billet entier et de 12 Kilogr. par demi-billet sur les Chemins de fer Anglais ; aucune franchise sur les autres Chemins de fer.

VISITE DOUANIÈRE. — *a) Orient-Express* Paris-Ostende-Constantinople: Révision des petits et gros bagages en cours de route, après le départ de chaque station-frontière. A Moustapha Pacha, visite dans le train pendant l'arrêt ; à Constantinople, révision des gros bagages au départ et à l'arrivée.

*b) Trains directs quotidiens (conventionnels) entre Constantinople et Vienne* : Révision des bagages à main dans les trains pendant l'arrêt aux différentes stations-frontière ; les gros bagages sont visités à Constantinople, au départ et à l'arrivée et transitent sous plombs douaniers jusqu'à la frontière du pays de destination où ils subissent la révision douanière.

PASSEPORTS. Les voyageurs se rendant en Turquie, doivent être munis d'un passeport en règle, visé par le Consulat ottoman du pays de provenance.

Au départ de la Turquie les voyageurs doivent faire viser leur passeport par le Consulat dont ils relèvent.

NOTICE SUR LE

# CHEMIN DE FER JONCTION-SALONIQUE-CONSTANTINOPLE

Le Chemin de fer JONCTION – SALONIQUE – CONSTANTINOPLE comprend:

1° La ligne Principale (447 kilomètres) reliant SALONIQUE à CONSTANTINOPLE et partant DE SALONIQUE pour aboutir à DÉDÉAGHATCH où elle se raccorde avec les Chemins de fer Orientaux, (Ligne de Dédéaghatch à Kouléli-Bourgas)-Constantinople.

2° Un embranchement KARA-SOULI-KILINDIR (26 kilomètres) se raccordant à Kara-Souli aux Chemins de fer Orientaux (Ligne de Salonique-Zibeftché-Nisch-Vienne).

3°—Un embranchement BADOMA-FÉRÉDJIK, (38 Kilomètres), se raccordant à Férédjik aux Chemins de fer Orientaux, (Ligne de Dédéaghatch à Kouléli-Bourgas-Constantinople).

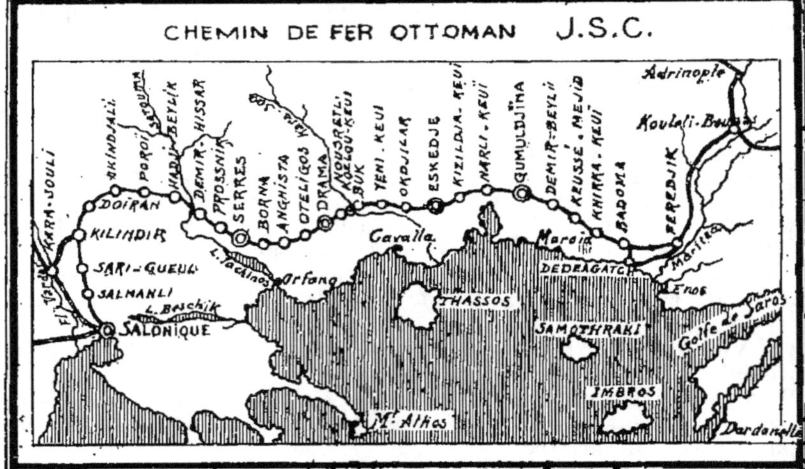


Carte du Réseau.

Des trains de voyageurs circulent journellement de bout en bout de la ligne desservant toutes les Stations.

Le Service des Voyageurs avec bagages entre Salonique et Constantinople est assuré par 4 trains directs, chaque semaine, circulant dans les deux sens, et partant de Salonique les Lundi, Mercredi, Vendredi et Dimanche, et de Cons/ple les Lundi, Mercredi, Vendredi et Samedi. (Voir Itinéraires et Prix des Places à la page 387).

Ces trains sont composés de voitures de 1<sup>re</sup> et 2<sup>e</sup> classe et de voitures de 3<sup>e</sup> classe allant directement de Salonique à Constantinople.

En outre pour le trajet de Dédéaghatch à Cons/ple, qui s'effectue la nuit, il y a une voiture-lit, 1<sup>er</sup> et 2<sup>e</sup> classe, ce qui permet d'effectuer le voyage confortablement et dans de bonnes conditions.

LA DURÉE DU VOYAGE SALONIQUE CONS/PLE(841 kilomètres)est de 25h.1/2.

LES PRIX DES BILLETS DIRECTS COMBINÉS AVEC LES CHEMINS DE FER ORIENTAUX sont les suivants, pour le parcours SALONIQUE-CONS/PLE :

     1°     1<sup>re</sup> classe 300 Piastres or.
     2°     2<sup>e</sup>    »    205     »      »
     3°     3<sup>e</sup>    »    115     »      »

LES PRIX SUPPLÉMENTAIRES A PAYER POUR LE WAGON-LIT sur le parcours DÉDÉAGHATCH-CONSTANTINOPLE sont de :

     1° — 8 francs en 1<sup>re</sup> classe,
     2° — 6    »    » 2<sup>e</sup>    ».

La Station de départ est Salonique-Ville, située à l'O. de la Ville.

De cette station, la ligne prend la direction du Nord, traverse la STATION DE SALONIQUE J. S. C., siège de la Direction de l'Exploitation; à gauche, on traverse la ligne de Salonique à Zibeftché qu'elle suit parallèlement sur un certain parcours et continue son trajet dans la VALLÉE DU GALLICO, qu'elle traverse sur un pont métallique de 120<sup>m</sup>.

STATION DE SARI-GUEUL, desservant la Ville de KULKUCH, située à droite et à laquelle elle est reliée par une route carrossable de 3 kilomètres. Sur la colline à droite un Monastère Grec, au pied l'Ecole et le Couvent des Sœurs de St Vincent de Paul. Centre important de culture de céréales. Minoterie à vapeur.

YANISCH, village à 1 kilom. à droite, à l'entrée duquel se trouvent 3 sources d'eau minérale alcaline, très renommées dans la contrée, mais non exploitées.

STATION DE KILINDIR-Point de raccordement avec l'embranchement KARA-SOULI-KILINDIR. A gauche la fertile VALLÉE D'AVRET-HISSAR. De ce point la ligne suit le GUEUL-AYAGHI, déversoir du lac de DOÏRAN.

STATION DE DOÏRAN située sur le bord du lac, dans l'angle Ouest, en face la ville, également sur le bord du lac, reliée à la Station par une route carrossable de 4 kilom. qui se prolonge ensuite vers STROUMNITZA.

La ligne prenant la direction de l'Est, suit pendant quelques kilomètres, les bords du lac, barré au Nord par la masse imposante du BÉLÈCHE.

STATION D'AKINDJALI, située au milieu des bois dans un très joli site. Culture de maïs.

De ce point la ligne monte vers le col de DOUA-TÉPÉ, d'où l'on a une vue très étendue au Sud sur les montagnes de la CHALCIDIQUE, au Nord sur le BÉLÈCHE et dans la vallée; ensuite on descend vers POROY, HADJI-BEYLIK, centre de culture de maïs et de coton.

On passe ensuite la STROUMA (ancien STRYMON) sur un pont de 180m.

Dominant le pont, sur la gauche, un HAMAM alimenté par des sources thermales qui jaillissent nombreuses des rochers.

Ce fleuve, très resserré, dans cette partie de son cours, s'est creusé un étroit couloir qu'emprunte la route de DÉMIR-HISSAR à DJOUMA-I-BALA (au fond le PÉRIN).

STATION DE DÉMIR-HISSAR, dessert la ville du même nom, plus à l'Est dominée par les ruines d'une forteresse et les restes de chapelles Byzantines creusées dans le rocher.

STATION DE PROSSNIK, près le petit village du même nom, située dans une plaine basse et sujette aux inondations.

STATION DE SERRÈS. Ville importante sur une colline dénudée, surplombant la ville, les ruines de l'Acropole et d'une chapelle Byzantine. Centre commercial important, belles Mosquées, Eglises Grecques possédant de magnifiques tapisseries anciennes, jolies promenades, au Nord Est de la ville.

Vue de Drama

STATION D'ANGHISTA où l'on arrive après avoir traversé le DRAMA-TCHAÏ que l'on repasse à nouveau à la sortie de la Station et que l'on suit alors, le long de défilés sauvages et arides.

A la sortie des gorges du DRAMA-TCHAÏ, la ligne s'engage dans la PLAINE DE PHILIPPES, laissant le gros village d'ALISTRATI sur la gauche; après avoir franchi le NÉVROKOP-TCHAÏ on arrive à la Station d'OTÉLIGOS, située au milieu de rizières.

STATION DE DRAMA, Ancienne DRAVESKOS. Ville importante et commerçante, de nombreuses minoteries, des tanneries, à l'entrée de la ville, de nombreuses sources alimentant le DRAMA-TCHAÏ.—Grand centre de culture du tabac.—Buffet très renommé à la Station.

DRAMA est reliée à CAVALLA, grand centre de commerce du tabac, par une route carrossable de 37 kilomètres.

En quittant DRAMA, la ligne suit la base très aride du BOZ-DAGH, pour arriver à la Station de Nousretli, centre de production du tabac très renommé.

STATION DE KOZLOU-KEUY. Plateau fertile pour la culture du tabac.— La ligne descend ensuite vers la vallée de la MESTA en suivant le défilé pittoresque du LICHEN-DÉRÉ, puis elle franchit la MESTA-KARA-SOU, sur un pont de 150ᵐ avant d'arriver à la Station de Buk.

Vue du Pont du Kara-Sou

STATION DE BUK, située sur la rive gauche du KARA-SOU. Grand entrepôt de bois de construction.—De cette Station, la ligne suit la rive gauche du KARA-SOU, passe à la STATION DE YÉNI-KEUY, dont elle n'atteint le village que beaucoup plus loin.

A partir de ce point, le passage devient grandiose, le lit du KARA-SOU, sur un parcours de près de 13 kilomètres, se resserre entre deux murailles escarpées où, la voie a dû empiéter sur la montagne en plusieurs points pour se frayer un passage au milieu de nombreux tunnels et d'ouvrages d'art.

Vue du Défilé du Karassou au kilom. 264

Vue du Tunnel dans le Défilé du Karassou au kilom. 275

STATION D'OKDJILAR, située à la sortie du défilé du KARA-SOU, au pied des contreforts du RHODOPE. Grande culture de tabacs.

Après avoir traversé une lande peu cultivée, on arrive à la

STATION D'ESKÉDJÉ (XANTHIE). Ville importante, très commerçante. Grands dépôts de tabacs.—Ruines sur la hauteur et de nombreux Monastères Grecs.

La ligne suit ensuite la base de la montagne, (dernières ramifications du RHODOPE, pour arriver à la STATION DE KIZILDJA-KEUY, où commencent les marais de BOROU-GUEUL; à droite, en face, grande lagune, à l'entrée de laquelle se trouve PORT-LAGOS (KARA-AGHATCH). Ruines d'anciennes fortifications.

On traverse ensuite le KOUROU-TCHAÏ, pour arriver à la STATION DE NARLI-KEUY où l'on aperçoit encore quelques ruines.—C'est dans cette région que se trouvait l'ancienne ABDÈRE.

STATION DE GUMULDJINA. Ville importante et très commerçante, reliée au Port de Lagos par une route carossable. Ville entourée de prairies et de vignobles renommées.—Plaine excessivement fertile.—Grand centre de production de céréales.—Minoterie à vapeur.

La ligne suit ensuite le FILOR–TCHAÏ jusqu'à la STATION DE DÉMIR-BEYLI. De ce point la ligne monte rapidement le BELEK et atteint le joli village de TCHOBAN-KEUY, d'où, par nombreuses tranchées et quelques tunnels, elle atteint la STATION DE KIRKA-KEUY.

Escalier de la grotte de S' Théodore près de Badoma.

De KIRKA-KEUY, on descend par les gorges de l'IN-DÉRÉ, partie boisée et accidentée présentant les plus riants aspects.—A gauche on rencontre la grotte où se retira, dit-on, S⟨t⟩ Théodore, dans laquelle existe encore une chapelle; lieu de Pélérinage.

L'on arrive ensuite à la STATION DE BADOMA (point de raccordement de l'embranchement-BADOMA-FÉRÉDJIK), enfouie dans un bouquet de verdure et dominée, sur la gauche, par les ruines d'un ancien fortin.

La ligne prend ensuite la direction du Sud, laissant sur la gauche l'embranchement BADOMA FÉRÉDJIK et à travers une vallée magnifique, plantée de nombreux chênes, on arrive à la STATION DE DÉDÉAGHATCH, petite ville de création récente, située au bord de la mer, en face de l'ILE DE SAMOTHRACE et point de raccordement avec les Chemins de fer Orientaux, LIGNE DE DÉDÉAGHATCH — KOULÉLI-BOURGAS — CONS/PLE.

## Section Salonique-Dédéaghatch

| STATIONS | Position kilométriq. au dép. de | | arr. | dép. | Crois' | arr. | dép. | Crois' | Prix des Places au départ de Salonique-Ville en Piastres or | | |
| --- | --- | --- | --- | --- | --- | --- | --- | --- | --- | --- | --- |
| | Salonique | Kara Souli | DIRECT VOYAGEURS N°1 Lundi, Mercr. Vendr. et Dim. | | | VOYAGEURS N°3 Mardi, Jeudi et Samedi | | | 1e cl. | 2e cl. | 3e cl. |
| Salonique Ville . . . | 0 | — | MAT. | 6.00 | — | MAT. | 7.00 | — | | | |
| Salonique J. S. C. . | 1.6 | — | 6.05 | 6.10 | — | 7.05 | 7.10 | — | 1 — | 0 75 | 0 50 |
| Salmanli. . . . . . | 30.3 | — | 6.44 | 6.45 | — | 7.44 | 7.45 | — | 17 25 | 11 75 | 7 — |
| Sari-Gueul. . . . . | 42.8 | — | 7.05 | 7.08 | — | 8.05 | 8.08 | — | 23 75 | 16 25 | 9 75 |
| Kilindir .   arr. | — | — | 7.32 | — | — | 8.34 | — | — | 34 75 | 23 75 | 14 25 |
| Kilindir .   . . . . | 62.7 | 26.6 | — | — | — | — | — | — | | | |
| Kilindir .   dép. | — | — | — | 7.42 | — | — | 8.44 | — | | | |
| Doïran. . . . . . . | 71.5 | 35.4 | 7.57 | 8.00 | — | 9.00 | 9.04 | — | 39 75 | 27 — | 16 25 |
| Akindjali . . . . . | 83.1 | 47.0 | 8.16 | 8.17 | — | 9.20 | 9.21 | — | 46 25 | 31 50 | 19 — |
| Poroy . . . . . . . | 97.8 | 61.6 | 8.40 | 8.50 | — | 9.47 | 9.57 | — | 54 — | 36 75 | 22 25 |
| Hadji-Beylik. . . . | 120.7 | 84.6 | 9.15 | 9.16 | — | 10.23 | 10.24 | — | 66 75 | 45 50 | 27 25 |
| Démir-Hissar . . . | 130.5 | 94.3 | 9.28 | 9.31 | — | 10.36 | 10.40 | 104 | 72 25 | 49 25 | 29 50 |
| Prossnik. . . . . . | 146.9 | 110.7 | 9.49 | 9.50 | 104 | 10.59 | 11.00 | 106 | 81 — | 55 25 | 33 25 |
| Serrès. .   arr. | — | — | 10.07 | — | — | 11.17 | — | — | 89 75 | 61 25 | 36 75 |
| Serrès. .   . . . . | 162.2 | 126.0 | — | — | 106 | — | — | — | | | |
| Serrès. .   dép. | — | — | — | 10.17 | — | — | 11.30 | — | | | |
| Borna . . . . . . . | 185.3 | 149.2 | 10.47 | 10.49 | — | 12.00 | 12.02 | — | 102 50 | 69 75 | 42 — |
| Anghista . . . . . | 206.5 | 170.4 | 11.14 | 11.15 | — | 12.29 | 12.30 | — | 114 — | 77 75 | 46 75 |
| Otéligos . . . . . . | 219.6 | 183.5 | 11.36 | 11.37 | — | 12.53 | 12.54 | 4 | 121 — | 82 50 | 49 50 |
| Drama. .   arr. | — | — | 11.53 | — | — | 1.10 | — | — | 128 25 | 87 50 | 52 50 |
| Drama. .   . . . . | 232.3 | 196.1 | — | — | 4 | — | — | — | | | |
| Drama. .   dép. | — | — | — | 12.18 | — | — | 1.45 | — | | | |
| Nousretli . . . . . | 247.4 | 211.3 | 12.44 | 12.45 | — | 2.11 | 2.12 | 208 | 136 50 | 93 — | 56 — |
| Kozlou-Keui . . . . | 258.8 | 222.6 | 1.05 | 1.06 | — | 2.33 | 2.44 | 2 | 142 50 | 97 25 | 58 50 |
| Buk . . . . . . . | 269.8 | 233.6 | 1.19 | 1.27 | — | 3.00 | 3.10 | — | 148 50 | 101 25 | 60 75 |
| Yeni-Keui . . . . . | 283.4 | 247.2 | 1.44 | 1.49 | 2 | 3.27 | 3.28 | — | 156 25 | 106 50 | 64 — |
| Okdjilar . . . . . . | 313.5 | 277.4 | 2.37 | 2.38 | — | 4.16 | 4.17 | 202 | 172 75 | 117 75 | 70 75 |
| Eskédjé .   arr. | — | — | 2.56 | — | — | 4.36 | — | — | 180 50 | 123 — | 74 — |
| Eskédjé .   . . . . | 327.6 | 291.4 | — | — | 202 | — | — | — | | | |
| Eskédjé .   dép. | — | — | — | 3.00 | — | — | 4.44 | — | | | |
| Kizildja-Keui . . . | 343.5 | 307.4 | 3.18 | 3.19 | — | 5.02 | 5.03 | — | 189 25 | 129 — | 77 50 |
| Narli-Keui . . . . | 359.7 | 323.6 | 3.38 | 3.46 | — | 5.22 | 5.30 | — | 198 — | 135 — | 81 — |
| Gumuldjina. . . . | 374.8 | 338.6 | 4.04 | 4.08 | — | 5.48 | 5.56 | — | 206 25 | 140 75 | 84 50 |
| Démir-Beyli . . . . | 391.0 | 354.9 | 4.28 | 4.29 | — | 6.16 | 6.17 | — | 215 75 | 147 — | 88 25 |
| Keussé-Mezid . . . | 405.5 | 369.4 | 4.47 | 4.48 | — | 6.35 | 6.36 | — | 223 50 | 152 25 | 91 50 |
| Khirka-Keui . . . . | 422.0 | 385.9 | 5.20 | 5.21 | 212 | 7.10 | 7.11 | — | 232 75 | 158 75 | 95 25 |
| Badoma . . . . . . | 434.0 | 397.8 | 5.36 | 5.38 | — | 7.29 | 7.33 | — | 239 25 | 163 25 | 98 — |
| Dédéaghatch C. O. | 446.9 | 407.0 | 5.50 | 6.20 | — | — | — | — | 246 — | 167 75 | 100 75 |
| Dédéaghatch J. S. C. | 443.1 | — | 6.30 | SOIR | — | 7.46 | SOIR | — | 244 25 | 166 50 | 100 — |

| STATIONS | Position kilométriq. au dép. de | | arr. | dép. | | | | | | | |
| --- | --- | --- | --- | --- | --- | --- | --- | --- | --- | --- | --- |
| Dédéaghatch C. O. . | 446.9 | — | SOIR | 6.20 | | | | | | | |
| Kouléli-Bourgas. . . | 559.0 | — | 10.32 | 11.21 | | | | | | | |
| Constantinople. . . | 841.0 | — | 7.45 | MAT. | | | | | | | |

## Section Dédéaghatch-Salonique

| STATIONS | Position kilométriq. au dép. de — Salonique | Kara-Souli | arr. | dép. | Crois¹ | arr. | dép. | Crois¹ | 1ᵉ cl. | | 2ᵉ cl. | | 3ᵉ cl. | |
|---|---|---|---|---|---|---|---|---|---|---|---|---|---|---|
| | | | Lundi Mercredi Vendredi et Samedi | | | | | | Prix des Places au départ de Dédéagh. J. S. C. en Piastres or | | | | | |
| | | | DIRECT VOYAGEURS N°2 — Mardi, Jeudi Samedi et Dim. | | | VOYAGEURS N°4 — Lundi, Mercredi et Vendredi | | | | | | | | |
| Constantinople . . . | 841.0 | — | soir | 7.55 | | | | | | | | | | |
| Kouléli-Bourgas. . . | 559.0 | — | 4.28 | 5.01 | | | | | | | | | | |
| Dédéaghatch C. O. - | 446.9 | — | 8.57 | mat. | | | | | | | | | | |
| Dédéaghatch J. S. C. | 443.1 | 407.0 | mat. | 8.45 | — | mat. | 6.00 | | | | | | | |
| Dédéaghatch C. O. | 446.9 | — | 8.55 | 9.25 | — | | | | | | | | | |
| Badoma . . . . . . | 434.0 | 397.8 | 9.37 | 9.42 | 207 | 6.17 | 6.23 | | 5 | 50 | 3 | 75 | 2 | 25 |
| Khirka-Keui. . . . | 422.0 | 385.9 | 10.03 | 10.04 | — | 6.44 | 6.45 | | 12 | 25 | 8 | 25 | 5 | |
| Keussé-Mezid . . . | 405.5 | 369.4 | 10.29 | 10.30 | — | 7.14 | 7.15 | | 21 | | 14 | 25 | 8 | 75 |
| Démir-Beyli. . . . | 391.0 | 354.9 | 10.47 | 10.48 | — | 7.32 | 7.33 | | 29 | 25 | 20 | | 12 | |
| Gumuldjina. . . . | 374.8 | 338.6 | 11.09 | 11.17 | — | 7.55 | 8.03 | | 38 | | 26 | | 15 | 75 |
| Narli-Keui. . . . | 359.7 | 323.6 | 11.35 | 11.47 | 201 | 8.21 | 8.33 | | 46 | 25 | 31 | 50 | 19 | |
| Kizildja-Keui . . . | 343.5 | 307.4 | 12.06 | 12.07 | — | 8.52 | 8.53 | | 55 | | 37 | 50 | 22 | 50 |
| Eskédjé . . . {arr. | 327.6 | 291.4 | 12.27 | — | — | 9.13 | | | 64 | | 43 | 50 | 26 | 25 |
| Eskédjé . . . {dép. | — | — | — | 12.35 | — | | 9.21 | | | | | | | |
| Okdjilar. . . . . | 313.5 | 277.4 | 12.52 | 12.53 | — | 9.39 | 9.40 | 201 | 71 | 50 | 48 | 75 | 29 | 25 |
| Yeni-Keui. . . . | 283.4 | 247.2 | 1.41 | 1.46 | 1 | 10.28 | 10.29 | 203 | 88 | | 60 | | 36 | |
| Buk . . . . . . | 269.8 | 233.6 | 2.01 | 2.14 | — | 10.47 | 10.57 | | 95 | 75 | 65 | 25 | 39 | 25 |
| Kozlou-Keui. . . . | 258.8 | 222.6 | 2.41 | 2.42 | 3 | 11.24 | 11.25 | | 101 | 75 | 69 | 50 | 41 | 75 |
| Nousrelli . . . . | 247.4 | 211.3 | 2.56 | 2.57 | — | 11.39 | 11.40 | | 108 | | 73 | 50 | 44 | 25 |
| Drama . . . {arr. | 232.3 | 196.1 | 3.14 | — | — | 12.00 | | 1 | 116 | 25 | 79 | 25 | 47 | 50 |
| Drama . . . {dép. | — | — | — | 3.39 | — | | 12.35 | | | | | | | |
| Oléligos . . . . . | 219.6 | 183.5 | 3.54 | 3.55 | — | 12.50 | 12.54 | 3 | 123 | 25 | 84 | | 50 | 50 |
| Anghista . . . . | 206.5 | 170.4 | 4.13 | 4.14 | 101 | 1.14 | 1.15 | | 130 | 50 | 89 | | 53 | 50 |
| Borna . . . . . | 185.3 | 149.2 | 4.41 | 4.43 | — | 1.42 | 1.44 | | 142 | | 96 | 75 | 58 | 25 |
| Serrès . . . {arr. | 162.2 | 126.0 | 5.10 | — | 103 | 2.12 | | 101 | 154 | 75 | 105 | 50 | 63 | 25 |
| Serrès . . . {dép. | — | — | — | 5.20 | | | 2.25 | | | | | | | |
| Prossnik. . . . . | 146.9 | 110.7 | 5.38 | 5.39 | | 2.43 | 2.45 | | 163 | 50 | 111 | 50 | 67 | |
| Démir-Hissar . . . | 130.5 | 94.3 | 5.59 | 6.02 | | 3.05 | 3.09 | | 172 | 25 | 117 | 50 | 70 | 50 |
| Hadji-Beylik . . . | 120.7 | 84.6 | 6.14 | 6.15 | | 3.21 | 3.22 | 103 | 177 | 75 | 121 | 25 | 72 | 75 |
| Poroy . . . . . . | 97.8 | 61.6 | 6.44 | 6.54 | | 3.51 | 4.01 | | 190 | 50 | 129 | 75 | 78 | |
| Akindjali . . . . | 83.1 | 47.0 | 7.24 | 7.25 | | 4.33 | 4.34 | 105 | 198 | | 135 | | 81 | |
| Doïran. . . . . . | 71.5 | 35.0 | 7.39 | 7.41 | | 4.48 | 4.52 | | 204 | 75 | 139 | 50 | 83 | 75 |
| Kilindir . {arr. | 62.7 | 26.6 | 7.54 | — | | 5.07 | | | 209 | 75 | 143 | | 85 | 75 |
| Kilindir . {dép. | — | — | — | 8.04 | | | 5.17 | | | | | | | |
| Sari-Gueul. . . . | 42.8 | — | 8.31 | 8.34 | | 5.44 | 5.50 | | 220 | 75 | 150 | 50 | 90 | 25 |
| Salmanli. . . . . | 30.3 | — | 8.48 | 8.49 | | 6.06 | 6.07 | | 227 | 25 | 155 | | 93 | |
| Salonique J. S. C. | 1.6 | — | 9.22 | 9.27 | | 6.40 | 6.47 | | 243 | 25 | 165 | 75 | 99 | 50 |
| Salonique-Ville . . | 0 | — | 9.32 | soir | | 6.52 | soir | | 244 | 25 | 166 | 50 | 100 | |

## Section Férédjik-Badoma

| STATIONS | | | arr. | dép. | | | Prix des Places au dép. de Férédjik en Piastres or | | |
|---|---|---|---|---|---|---|---|---|---|
| | | | MIXTE Nº 52 Tous les jours | | | | 1e cl. | 2e cl. | 3e cl. |
| Férédjik . . . . . . | 472.4 | 436.3 | MAT. | 6.20 | | | 21.50 | 14.75 | 9. |
| Badoma . . . . . . | 434.0 | 397.8 | 7.46 | MAT. | | | | | |

## Section Badoma-Férédjik

| STATIONS | Position Kilométriq. au dép. de | | arr. | dép. | Crois¹. | | Prix des Places au dép. de Badoma en Piastres or | | |
|---|---|---|---|---|---|---|---|---|---|
| | | | MIXTE Nº 51 Tous les jours | | | | 1e cl. | 2e cl. | 3e cl. |
| Badoma . . . . . . | 434.0 | 397.8 | SOIR | 7.35 | | | 21.50 | 14.75 | 9. |
| Férédjik . . . . . . | 472.4 | 436.3 | 8.58 | SOIR | | | | | |

## Section Kara-Souli-Kilindir

| STATIONS | | | arr. | dép. | | Prix des Places au dép. de Kara-Souli en Piastres or | | |
|---|---|---|---|---|---|---|---|---|
| | | | TR. MIXTE Nº 31 Lundi, Mercredi, Vendredi et Dimanche | | TR. MIXTE Nº 33 Mardi, Jeudi, et Samedi | | | |
| | | | | | | 1e cl. | 2e cl. | 3e cl. |
| Kara-Souli . . . . . | | | MAT. | 6.28 | MAT. 7.28 | 15. | 10.25 | 6.25 |
| Kilindir . . . . . . | | 26.6 | 7.15 | MAT. | 8.15 MAT. | | | |

## Section Kilindir-Kara-Souli

| STATIONS | | | arr. | dép. | | Prix des Places au dép. de Kilindir en Piastres or | | |
|---|---|---|---|---|---|---|---|---|
| | | | TR. MIXTE Nº 32 Mardi, Jeudi, Samedi et Dimanche | | TR. MIXTE Nº 34 Lundi, Mercredi et Vendredi | | | |
| | | | | | | 1e cl. | 2e cl. | 3e cl. |
| Kilindir . . . . . . | | | SOIR | 8.10 | SOIR 7.00 | 15. | 10.25 | 6.25 |
| Kara-Souli. . . . . | | 26.6 | 8.53 | SOIR | 7.43 SOIR | | | |

# 7<sup>me</sup> PARTIE

## PROVINCES

## VILLES INTÉRESSANTES DE LA TURQUIE

# GRAND HOTEL
# KRAEMER PALACE

SMYRNE - Sur les Quais - SMYRNE

**HOTEL de PREMIER ORDRE**

**ÉLECTRICITÉ, ASCENSEURS, BAINS.**

*SERVICE EMPRESSÉ. - GUIDE dans L'HOTEL*

**PRIX MODÉRÉS.**

Succursale à ÉPHÈSE

# EXCURSION A BROUSSE

La plupart des touristes venant à Constantinople pendant la belle saison ne manquent pas de faire l'excursion de Brousse. Cette ville qui offre presque à chaque pas des sujets d'étude plus attrayants les uns que les autres, mérite d'être visitée, d'autant plus que le voyage présente toutes les facilités désirables.

Tout d'abord il est nécessaire de se munir d'un *Teskéré*, (permis de voyage pour l'intérieur), qu'on aura soin de faire viser, pour le retour, au Konak du Gouvernement à Brousse. Prix du Teskéré et du visa (V. p. 45).

Avant de s'embarquer, on doit se rendre à la Douane au salon des voyageurs, pour la visite des bagages et pour faire enregistrer le *Teskéré*.

On peut prendre son billet la veille, à l'Agence des wagons-lits à Péra (Hôtel Péra-Palace) ou à l'Agence Cook & Son, en face du dit hôtel.

On peut aussi prendre le billet de la traversée par mer, à bord du bateau, et le ticket du Chemin de fer pour Brousse, à la Gare de Moudania.

### De Constantinople à Moudania

42 mille —74 Kilom. Durée du trajet 4½ à 5 heures. Bateau à vapeur de la C<sup>ie</sup> Mahsoussé accostant à Quai près du Pont de Karakeuy.

L'affluence des voyageurs pour Brousse étant grande pendant la saison de Mai à Octobre, de petits bateaux font aussi le service de Moudania, en dehors du service des bateaux de la C<sup>ie</sup> Mahsoussé 3 fois par semaine. On a donc ainsi un départ pour Brousse tous les jours. Il est néanmoins préférable de faire la traversée à bord des bateaux de la C<sup>ie</sup> Mahsoussé, car les petits bateaux, ne possédant point de cabines, offrent très peu de confort.

A bord des bateaux de la C<sup>ie</sup> Mahsoussé on sert un déjeuner dans le salon des premières(15 piastres), mais, il serait prudent, si l'on a l'estomac quelque peu délicat, de se faire préparer à l'hôtel un panier de provisions.

En sortant de la pointe du Séraï, le navire met le cap au S. et l'on voit défiler sur la dr. Stamboul avec les beaux minarets de ses mosquées et sur la g. Haïdar-Pacha avec la Caserne Selimieh, la Faculté Impériale de médecine, Kadikeuy, Moda, puis les îles d'Oxia et de Platy et plus loin les îles des Princes (V. p. 154). Dans le lointain se dresse au S. la masse imposante de l'Olympe.

Après avoir traversé l'embouchure du Golfe d'Ismidt, le bateau double le cap de *Boz-Bournou*, ancien Posidon et entre dans le golfe de *Moudania* ou Indjir-Liman (golfe des figues), autrefois golfe de Cios. En pénétrant dans ce golfe on distingue au fond à g. la ville de Guemlek (port d'Iznik, ancienne Nicée), pendant que Moudania apparaît sur la côte S. à l'avant du bateau. On aperçoit à ce moment au S., avec son plateau supérieur couvert de neige, la masse gigantesque du Mont Olympe.

A Moudania le bateau accoste le long d'un appontement de bois, dont l'extrémité est fermée du côté de la terre par une grille. Là se tiennent les agents des bateaux à vapeur pour recevoir les billets, les agents de police pour la vérification des teskérés et à quelques pas plus loin, les préposés de la douane qui ont le droit de visiter les bagages. Au sortir du débarcadère, on se trouve dans la gare du Chemin de fer de *Moudania-Brousse*

Vue de Mondania et du débarcadère.

MOUDANIA occupe aujourd'hui l'emplacement de l'antique *Myrléa*, colonie des Colophaniens, dont on retrouve encore aujourd'hui de nombreux vestiges tous près, aux hameaux nommés "Palaiachori" et " Hissarlik ". Ces restes consistent en débris d'architecture et en sculptures dont la plupart représentent des bœufs, animaux consacrés à Neptune. Myrléa fut prise et détruite en même temps que Cius, aujourd'hui Guemlèk, par Philippe V, père de Persée, dernier roi de Macédoine. Cédés à son gendre Prussias, de Bythinie, ce dernier les rebâtit et donna à Myrléa le nom de sa femme " Apamée " fille de Philippe et à Cius celui de " Prusa ad mare ". Les Croisés français la nommèrent *Montagnac* nom dont les Turcs formèrent son nom actuel *Moudania*.

Cette petite ville de 6.000 habitant dont un tiers musulmans et deux tiers grecs orthodoxes possède un konak du Gouvernement, 8 mosquées, 3 tekkés, 3 églises, 2 hôtels, 2 bains turcs, un bureau des Postes et Télégraphes, etc.

Le climat de Moudania est sain et agréable. Pendant les fortes chaleurs, un grand nombre de familles de Brousse y vont respirer la brise fraiche et prendre des bains de mer.

Moudania étant le port de Brousse est conséquemment le centre d'un commerce assez actif d'olives, d'huile, de cocons et de soie filée.

### De Moudania à Brousse.— Par le Chemin de fer.

Distance, 42 Kil. durée du trajet : 1 h. 40—Ligne à voie étroite exploitée actuellement par une Société Franco-Belge.

Le train attend ordinairement l'arrivée du bateau pour se diriger sur Brousse

Prix des billets de passage : 1re cl. Ptre or 26.50.—2e cl. 19.50.— 3 cl. 9.50.
Billets d'aller et retour : 1re » Ptre or 38. — 2e cl. 28½ — 3e cl. 14.25.

### De Moudania à Brousse en voiture

De Moudania on peut se rendre à Brousse en voiture par l'ancienne chaussée d'une longueur de 30 Kil. qui est assez bien entretenue.

Des landaux confortables à 2 chevaux attendent devant la gare du Chemin de fer l'arrivée du bateau. Convenir du prix à l'avance, (environ 60 piastres).

Le trajet que l'on fait en 3 h. 1/2 environ est des plus agréables et le voyageur peut à son aise admirer le beau paysage qui, de tous côtés, se présente à sa vue durant tout le parcours.

La voiture quitte Moudania et s'engage dans la chaussée, bordée de vignes, de mûriers, d'oliviers et d'arbres fruitiers, pour arriver, après deux ou trois haltes, sur le sommet du plateau le plus élevé qui domine les deux versants d'où l'on admire : d'un côté, le golfe de Moudania et le cap de Boz-Bournou, de l'autre, l'immense et fertile plaine de Hudavendighiar, au fond de laquelle on aperçoit le Mont-Olympe.

Après avoir franchi ce dernier versant, on arrive à *Guédjid* ; là les voyageurs descendent de voiture pour se reposer au milieu d'un magnifique bosquet où l'on trouve du café et des sirops. Après une demi-heure d'arrêt, la voiture reprend sa route pour Brousse.

Vue Générale de Brousse.

**BROUSSE.** Chef lieu du vilayet de Hudavendighiar ; résidence du Vali, d'une cour d'appel et d'un tribunal de 1ère instance. Presque toutes les puissances y sont représentées par des vice-consuls. Sa population est d'environ 85,000 habitants.

La fondation de Brousse, d'après Strabon, est attribuée à un roi nommé Prusias qui fit la guerre contre Crésus. D'après Étienne de Byzance, cette ville aurait été fondée par un roi de même nom, contemporain de Cyrus. Ces deux versions feraient remonter la fondation de Brousse à 546, ou tout au moins, à 529 ans avant notre ère. Mais l'opinion plus généralement reçue est celle de Pline, d'après lequel Annibal, vaincu à Zama par Scipion l'Africain, s'étant réfugié près du roi de Bythinie, Prusias, qui régna de 236 à 186 avant J. C., bâtit à ses frais cette ville et la nomma Prusa pour flatter son hôte, et se concilier sa protection contre les Romains. La bataille de Zama ayant été livrée en 202 avant J. C. on ne saurait donc, suivant Pline, faire remonter l'antiquité de Prusa ad Olympum, aujourd'hui *Brousse* à plus de 200 ans avant l'ère chrétienne.

Quoiqu'il en soit cette ville antique, dont l'emplacement probable est compris actuellement dans l'enceinte du Château, fut conquise par Triarius après la défaite de Mithridate et resta soumise aux Romains. Elle fut surtout prospère pendant le règne de Trajan, sous pline le Jeune, alors gouverneur de la Bithynie, qui l'enrichit de nombreux monuments.

Le Sultan Osman Ghazi, fils d'Erthogroul, fondateur de la monarchie Ottomane, investit Brousse en 1317 qu'il se contenta de bloquer pendant 10 ans et en 1327 la ville tomba au pouvoir des troupes ottomane. Aussitôt qu'Osman Ghazi, reçut à son lit d' mort la nouvelle de cette conquête, il ordonna à son successeur le Sultan Orkhan d'y établir le siège de l'empire et voulut y avoir son tombeau qu'on peut voir encore aujourd'hui dans l'ancienne église grecque de Saint Elie, située dans l'enceinte du Château sur la terrasse qui domine la ville actuelle.

De 1327 à 1453, Brousse demeura la capitale de l'empire ottoman, soit jusqu'à la prise de Constantinople par Mahommed II el-Fatih.

Brousse possède aujourd'hui 165 mosquées, 36 tekkés, 6 églises, 3 synagogues, 2 hôpitaux, 27 bibliothèques, 15 hôtels, 47 hôtelleries, 26 bains, 52 filatures, 37 tanneries, 28 moulins, 100 boulangeries, un lycée, 2 écoles militaires, une école d'arts et métiers, une école agricole, un institut séricicole, une école normale pour garçons et une pour filles, 8 écoles grecques, 4 écoles arméniennes dont 1 pour filles, 3 écoles françaises, 2 écoles israélites.

La ville est bâtie au dessus d'une plaine magnifique couverte de gras pâturages, de vertes forêts, de champs de mûriers, d'oliviers, parmi lesquels serpentent les eaux du *Nilufer* et est dominée toute entière, avec ses faubourgs s'étendant au loin dans la plaine, par le château bâti sur le roc, et dont les murailles flanquées de tours, enferment dans leur enceinte la haute ville étagée sur la croupe d'une colline : le Mont Olympe dresse derrière elle ses rochers et ses cimes couvertes de neige. Elle s'étend sur trois plateaux d'une longueur de quatre Kilom. séparés par des vallons ravinés servant à l'écoulement des eaux qui descendent de l'Olympe ; chacun de ses trois plateaux possède ses sujets remarquables. Le premier situé à l'O. porte la *Mosquée Mouradié* et ses beaux turbés.

Le plateau du milieu porte l'ancienne citadelle *Daroulli Monastir*, les turbés d'Orkhan et d'Osman ; sur le plateau de l'E., séparé de celui du milieu par le *Guenk-Sou* (eau céleste), le plus pittoresque des ravins, avec son pont en travers, appelé de *Set-Bachi*, à extrémité duquel s'étendent les plus grands quartiers de la ville, avec la *Grande Mosquée*, le Bazar, l'Institut séricicole, et, à l'E., le *Yéchil Djami* et le turbé de Tchelebi Mohammed-Khan.

Plus loin, au milieu de la campagne, on aperçoit la mosquée de *Bayazid-Yildirime*.

Le pont de *Set-Bachi* sert de communication à ces deux plateaux, et forme un paysage qui mérite d'être vu.

Mosquée et Turbé d'Orkhan.

Mosquée Verte.

**MOSQUÉE VERTE** *( Yéchil–Djami )*. Située dans le quartier de *Set-Bachi*, à l'extrémité de la ville, au sommet de l'escarpement du plateau E., ce monument est le plus remarquable que la ville de Brousse offre au regard du touriste. C'est un des modèles les plus parfaits de l'art musulman, dont les éléments sont empruntés à la fois à l'art arabe et à l'art persan. Elevé en 1420 par Mahommed I, cet édifice est construit tout en marbre, dont les blocs sont presque partout disjoints par suite des tremblements de terre.

Autrefois cette mosquée était toute revêtue extérieurement, comme elle l'est intérieurement, de faïence verte. Deux grands minarets revêtus de faïence verte ont été détruits par les tremblements de terre et remplacés par les minarets trapus existant aujourd'hui. Le bâtiment principal est couvert d'une grande coupole centrale revêtue de zinc et surmontée d'une lanterne; elle est flanquée de quatre coupoles latérales secondaires et, au dessus de l'abside, d'une sixième.

On entre dans la mosquée par un vestibule dont les parois sont revêtues de carreau de faïence formant deux panneaux où se détachent, sur un fond vert uni, deux énormes rosaces. La coupole centrale qui couvre entièrement la nef est ornée d'arabesques peintes et supportée par des pendatifs en éventail. Au-dessus de la porte s'ouvre la loge du Sultan, sur laquelle figure en turc l'inscription suivante : « L'ornementation de ce saint édifice a été terminée par la main du très humble Ilias, fils d'Ilias Ali, vers la fin du Ramazan sacré de l'an 827» (1423 de l'ère chrét.). Au fond deux gros piliers de marbre, qui méritent une mention spéciale, séparent l'abside de la nef. Aux angles de ces piliers sont encastrées quatre petites colonnettes mobiles de marbre pouvant tourner encore aujourd'hui autour de leur axe, preuve évidente que la stabilité de l'édifice n'a pas été altérée malgré les mouvements du sol. Au centre de la nef est un bassin de marbre au milieu duquel jaillit impétueusement une eau limpide qui retombe en fines cascades dans le bassin.

La première impression que l'on éprouve en pénétrant à l'intérieur de ce monument est un sentiment de réel étonnement. Il semble qu'on n'eût jamais soupçonné que des carreaux de faïence pussent produire un pareil effet décoratif. Des carreaux de faïence, où le vert uni domine, couvrent tous le bas des murs de la nef de l'abside et des loges ; ces carreaux représentent des fleurs des arabesques formant par leur assemblage des médaillons, des guirlandes, des rosaces, des encadrements du plus charmant effet. On remarquera les inscriptions en faïence cloisonnée et la décoration des deux petites loges situées de part et d'autre de la petite *porte d'entrée* ainsi que l'encadrement du mihrab, formé d'une large bordure de faïence cloisonnée où se détachent au milieu de guirlandes de fleurs, des inscriptions en relief.

Tombeau Vert

Le Tombeau Vert (Turbé de *Yéchil-Djami*), situé en arrière de la mosquée verte, sur une esplanade plus élevée, est un édifice octogonal où repose le Sultan Mohamed 1ᵉʳ († 1421).

L'incendie et les tremblements de terre l'ont dépouillé extérieurement des faïences dont il était couvert autrefois. Ahmed Vefik Pacha l'a fait réparer et revêtir au dehors de carreaux de faïence de couleur verte unie, fabriqués à Kutahia.

*Mosquée Mouradié.* Construite dans la première moitié du XVᵉ s. par Mourad II.; elle est située sur la pointe la plus escarpée du plateau de l'O. Son portique à arcades, reposant sur quatre beaux piliers de marbre blanc et deux colonnes en granit, est un chef-d'œuvre. La décoration des panneaux se trouvant au dessus de la porte et des fenêtres qui se font pendant de chaque côté, ainsi que celle du plafond du portique, est admirable. Les dessins en sont formés par des carreaux de faïence, découpés et ajustés comme une mosaïque. On ne retrouve, dit-on, cette sorte d'ornementation excessivement rare, qu'à *Yéchil-Djami* et sous le porche de *Tchinili Kiosk* (V. p. 101) en face du musée Impérial de Stamboul. On remarquera dans la décoration intérieure les beaux ouvrages d'ébénisterie, ornés d'incrustations de nacre et d'ivoire, ainsi que les écritures en faïence jaune, incrustées dans du marbre blanc d'une composition aussi difficile que délicieuse.

Les *Turbés* de la mosquée, situés dans une enceinte voisine au milieu d'un jardin ombragé de grands arbres et planté de rosiers, sont au nombre de dix; quelques uns d'entre eux comptent parmi les plus précieux monuments de l'art oriental et celui du prince Mousta-pha vaudrait à lui seul le voyage de Brousse.

La visite des monuments de Brousse ne nécessite pas d'autorisation spéciale; il suffit de donner un pourboire de 5 piastres au gardien de chacun de ces monuments. On ne peut pénétrer dans les mosquées avec ses chaussures; mais dans la plupart d'entr'elles, les imams fournissent des babouches que l'on peut chausser par dessus les bottines. On peut se rendre en voiture à tous les monuments.

*Le Bazar.* Quoique moins important que celui de Constantinople, le Bazar de Brousse est, par le cachet oriental qu'il conserve jusque aujourd'hui, intéressant à visiter. Dans son enceinte sont contenus plusieurs hans ou hôtelleries, dépôts et fabriques dont le plus important est l'*Ipek-hané*, entrepôt des soies. On y remarque le type du boutiquier primitif qui, assis nonchalamment sur un sofa en bois, fume le *narghilé* ou la pipe et se dérange à peine pour servir son client.

Le Bazar est divisé en plusieurs sections.

C'est un assemblage de profondes galeries voûtées, où règne une fraicheur constante, éclairées par des ouvertures pratiquées dans les voûtes. La section où l'on vend les armes et les antiquités et celle des boutiques des cordonniers sont très intéressantes. On y trouve tous les objets de première nécessité et quelquefois de belles occasions d'armes anciennes, bibelots, faïences de Kutahia, vêtements brodés, etc. On y entre par une haute et large porte monumentale percée en ogive et encadrée de grandes plaques d'émail bleu turquoise, alternant avec des assises de briques rouges formant des dessins variés. Cette porte a été érigée par le Sultan Mourad II (1421–1451). Elle donne accès à une vaste cour carrée environnée de portiques sous lesquels se trouvent les magasins et dépôts des négociants en soie.

### La Cidatelle :

Une rue partant du turbé d'Orkhan, sur le plateau du centre, remonte la montagne vers le S. et aboutit à une porte pratiquée dans l'ancienne *enceinte Byzantine*. C'est la citadelle que les turcs appellent *Hissar*. Ses vieilles murailles de briques, flanquées de tours carrées, construites au XIII⁰ siècle par Théodore Lascaris, sont, par endroits, encore bien conservées.

Selon Vital Cuinet, une partie des remparts seulement, remonte aux temps anciens, comme le témoignent les aigles romaines que l'on voit encore à certains endroits ; mais les autres parties des murs de l'enceinte datent du règne du Sultan Mehmed III qui les fit élever pour garantir la ville des attaques de l'ennemi. Suivant ce même auteur, l'enceinte délimite, très probablement, l'emplacement de l'antique *Prusa*.

La citadelle comprend une grande terrasse où se trouvent les tombeaux des Sultans Osman (+ 1326) et Orkhan (+ 1359) récemment restaurés, et les ruines d'anciens *Kiosks*.

### Le Mont Olympe :

(*Kechich-Dagh*, Mont du Moine (2,500ᵐ d'altitude).

Ancien Olympe de Mysie ou de Bythinie célèbre dans les temps antiques.

Suivant Strabon, les épaisses forêts de l'Olympe de Mysie étaient, de son temps, devenues le repaire de brigands fameux dont la puissance était telle que le peuple romain était obligé de compter avec eux. Un de ces brigands, Cléon, ami de Jules César, érigea pour l'honorer en ville son bourg natal sous le nom de Juliopolis. Ayant embrassé le parti d'Antoine, il se rallia à la cause d'Auguste qui l'en récompensa en lui conférant la prêtrise de Comana, avec l'investiture du gouvernement de la province de Morena, dépendance de l'Olympe et de la Mysie Abrettène. Cléon possédait dans la montagne un inexpugnable château fort, nommé Callydium, d'où il faisait pencher la victoire du côté du parti qu'il embrassait.

L'Olympe devint sous les empereurs byzantins le séjour des moines, et prit le nom de «*Oros ton Kaloghiron*», ou montagne des moines. Sous l'invocation de Saint Serge, St Nicéphore y fonda un monastère de la règle des Acœmites où plusieurs prélats orthodoxes trouvèrent un refuge contre les persécutions des iconoclastes. Constantin Porphyrogénète y fit un pélérinage et distribua d'abondantes aumônes.

Après la conquête de Brousse par les ottomans les moines chrétiens furent remplacés par des derviches musulmans et le nom de la montagne lui fut conservé «*Kéchich-dagh*» qui signifie «montagne du moine». Le mont Olympe sert aujourd'hui d'habitation d'été aux Turkmènes, descendants de la tribu du «mouton noir» d'où sont sortis autrefois les princes de la race des Seldjouk qui ont glorieusement régné en Asie sous le nom de Sultans de Roum, dont le siège de leur empire était à Koniah.

L'hiver, ces nomades descendent dans la plaine où sont leur «querm-sir» localité chaude et l'été ils occupent le plateau principal portant le nom de *ghazi-yaïla* (plateau du victorieux) parce que ce fut là que le Sultan Orkhan s'établit pour diriger les travaux du siège de Brousse.

L'ascension du Mont Olympe est une de plus intéressantes excursions à faire à Brousse. Une journée suffit pour la faire (montée 6 h; descente 4 heures); pas de précipices ni de glaciers.

La saison la plus propice pour faire cette ascension est celle du 15 Mai au 15 Octobre. Comme on ne trouve rien en route, il faut emporter des provisions avec soi.

La route qui passe près du Kiosk du Sultan, au quartier de Set-Bachi est la meilleure. C'est un sentier praticable aux chevaux qui peuvent monter jusqu'à 1 h. du sommet. On doit cependant se méfier des chiens de berger, race féroce. Au bout de 2 h. ½ on atteint le premier plateau appelé *Ghazi-Yaïla* (plateau du Victorieux).

« Ce plateau, dit M. Vital Cuinet, est la première et la plus agréable station des nombreux touristes, qui font chaque année l'ascension. Il est d'usage de s'y arrêter quelques instants, à l'ombre de jeunes arbres arrosés par une source fraîche, au bord d'une vaste prairie émaillée de fleurs, devant la tente de laine noire du *Kéhaya* des Turcomans. On en accepte un régal champêtre composé de *Yaourt*, fait du lait des brebis de la tribu et d'une tasse de café, servis sur l'herbe dans des vases de terre rouge. Là se termine à 800 mètres environ d'altitude la région des hêtres, et commence la région des pins et des sapins. De ce point on embrasse, d'un seul coup-d'œil, la ville et la plaine de Brousse où serpente le *Nilufer* ; au delà, les contreforts de l'Olympe s'étendent jusqu'à Guemlèk ; on a devant soi le golfe de ce nom, la mer de Marmara toute entière avec ses îles; le lac d'Apollonia, sur la gauche, étincelle au soleil; à droite enfin se déroule la plaine de Yéni-Chéhir jusqu'à la ligne d'horizon où se confondent le ciel et la terre ».

Du premier au second plateau (1 h. ½), on traverse une forêt de sapins, et l'on parvient à la région des prairies; c'est le deuxième plateau appelé *Kirk-Bounar* (les quarante sources) à 1,800ᵐ d'altitude, où se trouve un petit étang rempli de salamandres.

Du premier au deuxième plateau, il n'y a pas de sentier frayé et le sol étant rocailleux, la traversée est difficile. Au débouché de la forêt on rencontre un petit lac qui, tout autour, est sillonné d'une quantité de petits ruisseaux. C'est dans ces eaux courantes et limpides que les amateurs de pêche trouvent les truites, *alla-Balouk*, du mont Olympe qui y pullulent et qui jouissent à Brousse d'une renommée bien méritée. A l'extrémité du second plateau, l'ascension se continue à pied. On gravit pendant 1 heure une montée souvent assez difficile, mais sans aucun danger, jusqu'au sommet couvert de neige.

Le Panorama est splendide et l'on y jouit d'une vue grandiose s'étendant au N. sur la mer de Marmara avec les golfes de Moudania et d'Ismidt, sur Constantinople et la mer-Noire que l'on peut apercevoir par un temps clair; sur un plan plus rapproché, on domine : au N. E.

et au N. le lac d'Iznik et le cours du *Sangarios* (Sakaria); à l'O., on voit le lac d'Apollonia, le cours du Ryndacos *(Mouhalitch-Tchaï)* et le lac d'Aphnitis (Manas), la péninsule de Cyzique et la chaîne de l'Ida qui masque la Troade; au S. et à l'E. la vue s'étend au loin sur les vastes plaines de la Mysie et de la Bithynie.

## BAINS THERMAUX
### DE BADEMLI et du village DE TCHÉKIRGUÉ

La renommée des bains de Brousse fut grande au moyen âge. C'est le pays le plus riche en eaux minérales, soit froides soit thermales, dont les vertus curatives méritent une mention spéciale.

Les eaux thermales sont de deux catégories : les eaux sulfureuses et les eaux thermales indifférentes.

1° *Eaux sulfureuses.*

Les eaux sulfureuses connues sous les noms de *Bouyouk* et *Kutchuk Kukurthu* et celles qui alimentent les bains de Yéni Kaplidja et de Kaïnardja se trouvent situées à *Bademli* à 2 K. du centre de la ville de Brousse, sur la route qui conduit à Tchékirgué.

Thermes de Bademli.

Les deux bains de *Bouyouk* et *Kutchuk Kukurthu* sont séparés par une cour dans laquelle se trouvent un petit carré en maçonnerie d'où sort l'eau qui les alimente. On voit creuver à la surface de l'eau des bulles de gaz en petite quantité avec dégagement d'une faible odeur de soufre.

La température de cette eau est à la source : 82° c. sa densité : 1,00083.

La température dans les sudatorium (boughoulouk) est de 38° 75 c.

Une canalisation d'eau froide amenée d'In-Kaya sert à tempérer l'eau de la source dans les baignoires,

Le bain de *Yéni-Kaplidja*, assez vaste, est un édifice carré massif surmonté de dômes percés d'ouvertures rondes par lesquelles pénètre la lumière à travers d'épaisses lentilles.

La salle d'entrée est d'architecture ottomane avec pavage en mosaïque de lapis-lazuli, de marbre rose et de marbre vert antique, rapporté de quelque monument byzantin.

Une inscription en lettres blanches sur une plaque de brique émaillée à fond bleu de roi, encastrée au-dessus de la porte de l'étuve indique que ce bain a été reconstruit par le Grand-Vézir du Sultan Suléïman el-Kanouni (1520-1566), en reconnaissance de ce que ce souverain y avait été guéri de la goutte.

La salle principale est octogone ; 8 cabines sont pratiquées en retraite sur chaque face le tout complètement revêtu de plaques émaillées couleur turquoise à dessins très variés.

D'innombrables conduits précipitent l'eau dans une piscine de 8 m. de diamètre sur un peu plus d'un mètre de profondeur située au milieu de la salle. Quatre énormes colonnes byzantines s'élèvent des bords bassin central et supportent la coupole. Tout autour de la salle d'attente (djamékian) sont dressés des lits de repos.

*Kamardja* est un petit édifice qui n'a rien de remarquable, réservé aux bains de dames.

Ces bains sont alimentés par deux sources situées à 20 et 30 mètres de distances et dont l'eau prend naissance à une excavation à 80° au dessus du niveau du sol. La température de l'eau à la source est de 86° c.

2° *Eaux thermales indifférentes.*

Cette seconde classe comprend deux sources :

La première alimente le bain de *Kara-Moustafa* situé près du Yéni-Kaplidja, cité plus haut, sur la route qui va se relier un peu plus loin à la grande chaussée carrossable de Brousse à Moudania

La seconde source alimente le bain d'*Eski-Kaplidja* et les établissements du villlage de *Tchékirgué*, situé à 3 kil. de la ville de Brousse, sur le versant N. de l'Olympe.

L'apparence extérieure du bain de Kara-Moustapha est celle d'une simple maison bourgeoise ; ses dispositions intérieures sont celles de tous les bains turcs (hammam). Il a été fondé par le Grand Vézir Kara-Moustafa (1676-1683).

La température de cette eau est de 57° c. densité : 1,00039.

Le bain d'Eski-Kaplidja situé, avec les établissements secondaires de Bey-Guzel, de Husni-Guzel et autres de moindre importance dans le village de Tchékirgué (ancienne Pythia), est un monument remarquable, composé de très beaux ouvrages byzantins, restes probables du bain que Justinien fit contruire à Pythia. Une inscription placée au dessus de l'entrée principale indique que le sultan Mourad Ier Khodavendighiar (1360-1389) fit restaurer ce bain et l'agrandit en y ajoutant un vaste dôme et des bâtiments importants.

Les célèbres thermes de Pythia furent visités par l'impératrice Théodora avec une suite de quatre mille serviteurs.

La température de cette eau est 38° c. sa densité : 1,00039.

Au nombre des vertus curatives attribuées aux eaux de Tchékirgué, on compte leur efficacité contre les troubles utérins. Un usage consacré par la tradition semble confirmer cette efficacité. En effet les femmes qui affluent à Tchékirgué, dans la saison des bains (du 15 Avril à fin Mai et du 15 Août à fin Septembre) principalement pour cause de stérilité, ne manquent pas de faire un pélérinage au turbé (chapelle funéraire) du Sultan Mourad Ier, situé à côté du grand bain d'*Eski-Kaplidja*. Dans ce *turbé*, devant le tombeau du Sultan, on voit les armes qu'il portait le jour de sa mort à la victoire de Kossova (1389) parmi lesquelles on vénère surtout la tunique de mailles d'acier teinte de son sang et portant la marque du poignard de Milosch Kabilovitch. Au milieu de la chapelle on remarque un grand vase métallique posé sur un piédestal, plein toujours de grains de blé, objet de l'ardente convoitise des femmes. En effet, suivant la croyance populaire, ce blé a la vertu de rendre les femmes fécondes ; il faut qu'il soit dérobé en cachette et consommé sur place immédiatement sans qu'on le voie.

Or il est extrêmement fréquent que des femmes stériles, après un semblable pélérinage et une saison passée aux bains de Tchékirgué, obtiennent les joies de la maternité.

# SMYRNE

**1°** Par mer : 300 milles de Constantinople, voyage en 25 h. env.
*Voir C*<sup>ies</sup> *de Navigations p. 229 et Tableaux des Départs et Arrivées des Bateaux p. 245;*
**2°** Par Chemin de fer Haidar-Pacha-Afion-Kara-Hissar *(Voir p. 322 et 327).*

**SMYRNE** chef-lieu du Vilayet d'Aïdine.

Une des principales places commerciales du Levant.

Population environ 350,000 habitants.

Le port, admirablement situé au fond du magnifique golfe de Smyrne, est le plus important de la Turquie d'Asie.

Les quais, partant de la gare du Chemin de fer Aïdine-Dinaïre au N., s'étendent jusqu'à la caserne d'infanterie au S. sur une longueur de 3,285 m. ; ils sont pavés de larges dalles et parcourus par une ligne de tramway.

Les bateaux accostent à quai pour charger et décharger leurs marchandises, mais l'embarquement et le débarquement des passagers se fait en barque. On débarque près du bâtiment de la douane, situé sur la digue N. du port où a lieu la visite des bagages et le visa des passeports. Les hôtels se trouvant pour la plupart sur les quais, on s'y rend à pied et les bagages sont transportés par des hamals, (frais de débarquement, barque, transport des bagages, etc.. environ 2 frs. par personne).

Les voyageurs qui ne s'arrêtent pas à Smyrne, mais qui descendent à terre, pendant les heures de relâche du bateau, pour visiter la ville sont obligés d'exhiber leur passeport à la police — qui se tient devant l'échelle de débarquement — et d'avoir soin de le reprendre avant de se rendre à bord.

Huit à neuf heures suffisent pour visiter la ville ; mais le voyageur qui désire faire des excursions en Asie Mineure doit s'y arrêter au moins deux jours.

Sur la partie N. du quai, depuis le bâtiment de la douane, se trouvent les hôtels, les cafés, les cercles, les théâtres d'été ; c'est un endroit de promenade de la Société Smyrniote qui s'y donne rendez-vous au moment du coucher du soleil. Plus loin, et jusqu'aux établissements des bains, le quai est bordé d'élégantes constructions, pour la plupart à un étage, habitées par des familles aisées. Au delà des bains se trouve le *cap Touzla*. Là le quai tourne à l'E. et les maisons habitées pour la plupart, par des familles anglaises, sont plus espacées.

La partie opposée du quai située le long du port, est par contre, très animée pendant la journée ; c'est sur cette partie qu'a lieu l'embarquement et le débarquement des marchandises.

Après avoir parcouru l'ancienne ville qui s'étend derrière les nouvelles constructions, sur les quais, dont il est fait mention plus haut, et la rue Franque, la plus importante de Smyrne où se trouvent les principaux magasins et le *Bon Marché* de Bortoli Frères, on se rendra au *Bazar*, dont la grande porte se trouve à l'extrémité S. de la rue Franque.

**Le Bazar** est une des curiosités de Smyrne, (ouvert de 8 h. du matin à 6 h. du soir), où règne la plus grande animation ; il offre au touriste l'occasion d'y passer plusieurs heures. C'est un labyrinthe de rues, de ruelles et de carrefours, qui forme une ville dans la ville, avec une population grouillante aux costumes pittoresques, avec ses boutiques contenant des marchandises de toutes espèces. On y rencontre de longues files de chameaux allant et venant dans tous les sens, composées chacune d'une dizaine de ces animaux liés les uns aux autres, précédés d'un âne.

En pénétrant dans le Bazar par la porte de la rue Franque, on s'engage dans un passage voûté appelé *Yol-Bezesten* suivi du marché aux draps ou *Tchohadji-Bezesten*. Ensuite on entre dans une longue rue où se trouvent les marchands de cotonnades, de fez, de ceintures, de turbans, etc., et on arrive à une petite place, plantée d'arbres, entourée de cafés et de boutiques, précédant la mosquée *Issar Djami*. Hors de l'enceinte de cette mosquée se tiennent des écrivains publics. Ce petit coin du Bazar est très original. A remarquer aussi le marché aux fruits ou *Yemich-Tcharchi* ; les rues des marchands d'armes anciennes et de fils d'or et d'argent, le *Bit-Bazar*, dépôt de vieilles défroques, la rue des marchands de babouches, etc.

On ira ensuite visiter, dans la direction des cimetières, le curieux quartier du *Pont des Caravanes*, puis (avec un Guide), on fera l'ascension du *Mont Pagus* (130 m. d'altitude) pour aller voir les vestiges de l'ancien château de l'Acropole.

« La partie haute, dit M. l'abbé Le Camus (Voyage aux Sept églises de l'Apocalypse, *Tour du Monde*, 1895), construite avec des débris d'édifices antiques, est évidemment byzantine ; mais les soubassements des grands murs et une partie de la Tour S. O., en bel appareil de trachyte rouge, sont de l'époque grecque. Les restes du rempart de Lysimaque subsistent aussi çà et là. Il allait du château à la mer en passant sur la colline qui domine le Stade ». Trois ou quatre massifs de maçonnerie, une cuvette allongée et terminée en hémicycle, creusée au flanc de la colline, que l'on rencontre en route, indiquent seuls l'emplacement du Théâtre et du Stade.

### Hôtels.

**Grand Hotel Kraemer Palace,** *(V. annonce p. 394)*, inauguré le 15 février 1908. Position magnifique, monté avec grand luxe et offrant tout le confort moderne. Lumière électrique, ascenseur, ventilateurs électriques, bains, caves renommées, cuisine excellente, interprètes parlant toutes les langues européennes.
*Hôtel Huck,* sur les quais, tenu par Huck.
*Hôtel de la Ville,* tenu par Fragiacomo.

---

### ENVIRONS DE SMYRNE :

Les environs de Smyrne offrent des sites charmants, très fréquentés pendant l'été. Les principales campagnes où se rendent les familles aisées en villégiature, sont :

**Boudja** au S. E., dans un joli site avec de très belles villas et propriétés particulières. (Service de Chemin de fer).

**Bournabat** au N. E., en amphithéâtre au pied d'une colline. Nombreuses villas avec de beaux jardins, nombreuses sources. (Service de Chemin de fer). Près de Bournabat le village de Narlikeuy, renommé pour ses grenadiers.

**Cordélio** au N. O., au pied du *Mont Sipylos* et au bord de la mer. Bains, villas, cafés. (Service de Chemin de fer et de bateaux à vapeur).

**Gueuz-Tépé** au S. O. Les maisons partant du bord de la mer, s'échelonnent sur le flanc des collines. (On s'y rend en tramway ou en bateau à vapeur).
A 11 kilom. S. O. de Smyrne, se trouvent les *Thermes de Lydja*, *Bains* antiques d'*Agamemnon*, sources minérales chaudes. (Environ 1 h. en voiture. Prix 30 piastres aller et retour). On y trouve un bon hôtel avec restaurant, tenu par un français. Ces Thermes sont admirablement bien situés, au milieu de jolis bois et de beaux jardins ; la route de Smyrne à Lydja est des plus pittoresques.
La promenade à pied, pour aller visiter le *Tombeau de Tantale* et l'*Acropole*, sur le *Mont Sipylos*, est aussi très intéressante.

## EPHÈSE

77 K. de Smyrne par le Chemin de fer Smyrne-Aïdin-Dinaïr. Trajet : 2 h. ½ environ
3 trains par jour dans chaque sens. 1re cl. 48 piastres ; 3e cl. 35 piastres ; pas de 2e cl. ;
billets d'all. et retour 72 et 53 piastres. En partant par le premier train du matin, on peut
aller et revenir dans la même journée.

*La Société du Chemin de fer Aïdin-Dinaïr ne nous ayant pas encore fait par-
venir les Itinéraires de ses trains, nous regrettons de n'avoir pu les faire figurer
dans le présent Guide.*

Les voyageurs descendent à la Station d'Aya-Solouk (petit café buvette). Près de là
Station est l'hôtel d'Ephèse dont le propriétaire peut procurer des chevaux (environ 6 fr.)

Les ruines d'Ephèse touchent, au S.O., la petite ville actuelle d'Aya
Solouk.

**Ephèse,** comme on le sait, était une cité déjà connue dès les temps
préhistoriques : on en attribuait la fondation à des peuples disparus.

L'importance des ruines romaines et des ruines chrétiennes ne surprendra pas le voyageur. En effet, cette ville a été depuis le IIe S.av.
notre ère la capitale de la province romaine d'Asie et St Paul y a
prêché l'évangile et fondé une communauté qu'il dirigea lui même de
55 à 58. Ephèse est une des sept églises de l'Apocalypse.

Dans l'antiquité, la ville d'Ephèse a occupé deux emplacements
différents. La plus ancienne était dominée par la colline d'Aya-Solouk
qui porte aujourd'hui les ruines d'une forteresse byzantine et turque. On visitera à l'O. et aux pieds de cette colline, la *mosquée de
Selim,* chef d'œuvre de l'art islamique, construite avec les plus beaux
et les plus riches matériaux antiques empruntés aux ruines d'Ephèse, et
les ruines de l'*Artémision* ou temple d'Artemis qui fut une des sept
merveilles du monde et dont on peut lire encore sur le sol le plan de
cet énorme édifice.

On se dirigera maintenant vers la seconde ville, située à quelques
kil. à l'O. de l'anciennne, plus près de la mer, construite en 287 par
le roi de Thrace Lysimaque qui lui donna le nom d'*Arsinoeia,* en
l'honneur de sa femme Arsinoé. L'enceinte de Lysimaque, dont il
subsiste des parties considérables, est presque partout reconnaissable.
On y entre par la *porte de Magnésie* qu'on gagne en coupant à travers
la plaine et en suivant la voie ancienne, bordée de tombeaux, qui
longe l'ancien mont Pion (*Panaghir dagh*). C'était la voie suivie par
les processions qui se rendaient au temple ; à dr. restes du portique
construit au IIe s. de notre ère par le sophiste Damianos.

De la porte de Magnésie à l'*Agora* on suit la dépression qui s'étend entre le mont Pion et ses contreforts et le *Bulbul dagh* (mont des Rossignols, anc. *Koresses*) que couronne la muraille de Lysimaque. Des ruines romaines et chrétiennes attirent d'abord l'attention : *gymnase*, église connue sous le nom de *tombeau de S^t Luc*, *Odéon*, d'où l'on a une belle vue sur le mur d'enceinte et sur la haute tour connue sous le nom de *Prison de S^t Paul* (à 96 m. d'alt.). En tournant à dr. on voit le *théâtre* que l'on atteint en traversant la terrasse d'un temple; du théâtre on descend vers d'*Agora*.

L'*Agora* s'ouvrait sur les ports. Entre le *port grec* et le *port romain*, que l'on distingue encore, s'élevait le *Grand Gymnase,* dont on voit encore aujourd'hui quatre colonnes colossales en granit. Une *église double* s'élève au N.E. du Grand Gymnase.

On complètera l'Excursion en achevant le tour du mont Pion. On se dirige vers le *Stade* relié au théâtre par une route bien conservée. Près de là une belle *porte romaine.*

Par une chaussée que l'on rejoint dans la plaine, on atteint, en longeant un ancien *acqueduc-romain*, la gare d'Aya Solouk

---

## PERGAME.

**PERGAME** à 90 kil. de Smyrne, et à 40 kil. de Soma. 15,000 habitants dont la plupart musulmans et grecs orthodoxes.

La voie la plus commode pour se rendre à Pergame est celle par *Smyrne-Soma*, gare du chemin de fer Smyrne-Cassaba. (*Voir Horaire et Prix des places pages 288/289*).

**Pergame** est renommée pour ses antiquités, dont la visite exige au moins 4 jours.

Cette ville existait déjà à l'époque de la guerre de Troie. En effet, Pausanias rapporte que Pergamus, l'un des trois fils de Pyrrhus et d'Andromaque, étant venu avec sa mère chercher fortune au pays des Teutraniens, où régnait Arius, tua ce prince et prit sa capitale à laquelle il donna son nom. Le même auteur dit que les deux tumulus qu'on voit encore aujourd'hui à l'entrée de Pergame et dont l'un porte le nom de Mallépé sont les tombeaux d'Andromaque et d'Augée, mère de Télèphe.

La ville actuelle occupe une partie des restes de l'ancienne ville grecque et romaine. Les quais d'aujourd'hui sont les quais antiques construits en grandes pierres de taille à bossage et très élevés, afin de contenir les eaux torrentueuses du Bergama-Sou, l'ancien *Sélinus*. Comme aux temps des Attales, ses deux rives sont entourées de nombreuses tanneries et de mégisseries, où l'on fabrique des maroquins très recherchés pour la confection des chaussures à la mode turque, quelques quantités de très beaux parchemins dont l'industrie est née à Pergame il y a plus de 2000 ans.

On remarque à Pergame la mosquée « Aya Sofia » ancienne église byzantine de style primitif dont on ne saurait fixer la date, mais qui, certainement, remonte avant Justinien.

Une mission Allemande a découvert dernièrement le grand autel de Jupiter avec les pièces les plus importantes en bas reliefs qui ornaient le soubassement de ce temple, connu sous le nom de *Gigantomnanchie*. (Le Professeur D<sup>r</sup> Wilhelm Dorpeeld délégué par l'institut d'Athènes continue les fouilles). Au-dessus du grand autel, s'élève le *Sanctuaire d'Athéna Polias*, où un étroit escalier taillé dans le roc descend au *Théâtre* — la scène avait plus de 200 m. de longueur—placé dans une situation pittoresque, où se terminera la rapide visite des ruines, dont la description détaillée exigerait plusieurs pages.

La ville basse renferme plusieurs constructions romaines importantes. Au N. E. de la ville un *Amphithéâtre* ; au S. de celui-ci, un grand *Théâtre* romain d'où l'on jouit d'une admirable vue sur la ville moderne et sur l'**Acropole** dont l'excursion, très intéressante, exige toute la matinée.

Un double *Tunnel* long de 200 m. faisant communiquer les deux bords du *Sélinus*; quelques restes des *portiques* conduisant à l'*Asclépiéion*, et des *tumuli*, situés dans la campagne, sont les autres ruines antiques de la ville basse.

---

### PANDERMA et les Ruines de Cyzique

**PANDERMA** l'antique *Panormos*, à 120 kilom. de Constantinople.

Bateaux de la C<sup>ie</sup> Mahsoussé 2 fois par semaine : durée du trajet 8 h. environ.

Petite jolie ville de 2,500 habitants, étagée en amphithéâtre au fond d'une baie pittoresque.

A 8 kilom. (1 h. 30) du port de Panderma, se trouvent les ruines de :

**Cyzique,** parmi lesquelles on remarquera une partie de l'enceinte flanquée de tours, dont deux octogones subsistent encore.

A 2 kilom. du rivage, on retrouve les restes du *Grand Amphithéâtre*, dont l'arène n'avait pas moins de 100 m. de largeur et les murs, par endroits, 20 m. de hauteur.

# SALONIQUE

*1° Par mer.*
**337 mille** de Constantinople ; durée du voyage 50 h. environ.
*Voir C<sup>ie</sup> de Navigation page 229 et Départs et Arrivées journaliers des bateaux page 245.*

*2° Par chemin de fer.* **Trajet direct** de et pour Cons/ple en 25 h ½.
*Voir C<sup>ie</sup> Jonction-Satonique-Cons/ple page 387.*

**SALONIQUE,** ville importante de la Turquie d'Europe, port important de commerce. Population 130.000 habitants environ, dont la moitié presque israélite. La ville s'élève au fond de la baie en amphithéâtre sur les pentes du Mont Kortiah qui est une des principale promenade des Saloniciens. Avec son beau quai, son vieux château et ses murailles garnies de tours, les belles coupoles des mosquées et les élégants minarets qui les contournent, les maisons étagés sur le flanc de la colline, cette ville présente un aspect très pittoresque. A l'extrémité O. du quai se trouve la douane.

A l'exception d'Athènes, il n'existe peut-être pas en Orient de ville qui renferme un aussi grand nombre de Monuments, datant de l'antiquité et du moyen âge et encore bien conservés. Ses principales mosquées sont d'anciennes églises byzantines transformées, dont la richesse surpasse les édifices de Constantinople.

A l'E. du quai se trouvent les cafés où se réunit la société élégante et dont les plus fréquentés sont l'*Olympia* et le café de *Turquie ;* à l'extrémité on voit la grosse *Tour blanche* (Béaz Koulé) appelée aussi Koum-Kalé (*Tour du Sable*).

Cette construction d'origine vénitienne avait reçu, à la suite du massacre des Janissaires, le nom de *Kanli Koulé*) Tour du Sang.

Un peu au delà, à g., commence le *boulevard Hamidié*, bordé d'arbres, où se trouvent les Consulat d'Angleterre, d'Autriche, de France et d'Italie, aboutissant à la porte de Kalamaria.

Vers le milieu du quai débouche une rue qui traverse la ville dans son épaisseur; le tronçon entre le quai et la Grande-Rue, porte le nom de rue Sabri-Pacha et passe à g. devant le bazar; le tronçon au N. de la Grande-Rue, s'apelle *rue du Konak* et aboutit près du Konak (palais du Gouvernement), en passant au milieu du quartier juif. Cette rue traverse perpendiculairement, en partant de la mer, deux voies parallèles, qui sont les plus importantes de la ville.

La première, la rue du *Vardar*, l'ancienne *Via Egnatia* des Romains, aboutissant aux deux murailles opposées de l'enceinte où pour faciliter la circulation on a démoli les deux anciennes portes : à l'E., la porte de *Kalamaria*, à l'O. la porte du *Vardar*. La seconde, la rue *Midhat-Pacha*, située à mi-hauteur de la colline, qui part d'une porte assez curieuse appelée *Yéni-Kapou*, ouverte dans la partie O. de l'enceinte et qui aboutit à la *Porte de la Tour* ou *Telli-Kapou*.

Un des plus remarquables monuments du Levant est l'*Arc de Triomphe de Galère*, qui a été restauré de nos jours. Une rue au-delà de cet arc conduit à la mosquée de Sainte-Sophie (*1 ou 2 piastres de pourboire en sortant*). Cette église (ancienne cathédrale de Thessalonique), fut construite sur le même plan que Sainte-Sophie de Constantinople — mais de dimensions bien plus petites — par l'architecte Arthénius, sous Justinien, et a été convertie en mosquée par Raktoub Ibrahim Pacha, Chérif de la ville.

A remarquer la Madone de l'Abside du VIII⁰ s. sur un fonds du VI⁰ s. Les mosaïques de la coupole datent du VII⁰, X⁰ et XI⁰ s.

Revenant à la Grande-Rue, on reprend à g. la direction de l'O. où une petite rue à dr. conduit à l'*Eski-Djouma-Djami* (vieille mosquée) située dans le quartier Tcharchi-Bachi. C'est l'ancienne église *Aghia Paraskévi* (Sainte Veneranda), bâtie sur l'emplacement d'un temple de Vénus et la première de Salonique qui a été transformée en mosquée.

En suivant la Grande-Rue vers l'O., une rue latérale à dr. conduit à la *Rotonde*, ancienne église de Saint Georges, transformée en mosquée sous le non de *Ortadji-Sultan-Djami*. C'est une des plus anciennes églises de Salonique ; la voûte, intérieurement ornée de mosaïques, constitue un document de l'art byzantin.

Près de la porte Yéni-Kapou, dans le quartier N. O. de la ville, la *Soouk-Sou-Djami*, (*mosquée de l'eau froide*), ancienne église des Apôtres et plus à l'E., l'*Eski Seraï-Djami*, ancienne église byzantine Sᵗ Elie. du XIII⁰ s.

Dans la rue Midhat-Pacha, quartier N. E., l'ancienne église Saint Dimitri, aujourd'hui mosquée *Kassimié-Djami*.

Cette mosquée contient le tombeau de Saint Dimitri et ses reliques que les Turcs laissent librement vénérer par les Grecs.

Plus haut, la *Citadelle* occupe l'emplacement de l'ancienne Acropole, devenue plus tard l'*Eptapirgion* ou château des *Sept Tours* appelé par les Turcs *Yédi-Koulé-Kalessi*. Ce château date du temps des Vénitiens. Il sert aujourd'hui de prison et est en partie habité par des pauvres familles turques.

Près du boulevard Hamidié, un portique à quatre colonnes corinthiennes, reste des *Propylées de l'Hippodrome*.

Nous recommandons enfin l'ascension du *Mont Kortiach* dont les deux tiers du chemin peuvent se faire à dos de mulet. Du sommet la vue s'étend sur la presqu'île de Chalcidique, le Mont-Athos, l'Olympe et le Rhodope.

---

# Baalbek

Vue générale de Baalbek, voir page 348.

Voir aussi page 347, Chemin de fer Damas-Hama et Prolongements :
Ligne Beyrouth (**Bayak**) à Damas *page 352* et Bayak (**Baalbek**) à Alep, *page 354*.

**Baalbek**, en l'an 634, devint ville musulmane et resta sous la domination arabe jusqu'à la conquête turque (1517), mais avant cette époque, la chrétienté de Baalbek eut à compter avec l'hostilité des païens, même après la suppression du culte de Venus par Constantin et que Théodose eût renversé le grand Temple et bâti une église avec ses débris.

Aujourd'hui cette ville compte environ 2500 habitants dont 2/5 Musulmans, 2/5 Métoualis et 1/5 chrétiens la plupart Grecs catholiques.

Avant d'arriver à la gare on voit un monument funéraire *Koubet-Douris*.

De la gare à la ville, (1, 150ᵐ d'altitude) il faut environ 15 minutes. Le chemin longe la colline du Cheikh Abdallah qui s'étale au pied de l'Anti-Liban.

Avant d'arriver au New Hôtel, on laisse au S. des anciennes carrières et un bloc colossal *Hodjar-el-hibla* (pierre de la femme enceinte) longue de 21ᵐ72 large et haute de 4ᵐ50 ce qui fait plus de 500 mètres cubes de pierres, pesant plus de 1200 tonnes.

Au sommet du Cheikh Abdallah on jouit d'une vue splendide sur la ville, la *Beka* et le Liban avec le *Dahr-el-Kodib* au N., le *Sannine* et le *Djebel-el-Knise* au S.—Au S.-E. on aperçoit dans un verdoyant repli de terrain, la source de Ras-el-Aïn qui coule à travers la ville et arrose les beaux jardins qui l'entourent.

La ville moderne s'étend vers l'E. dans la vallée de Ras-el-Aïn, depuis le pied du Cheikh Abdallah jusqu'à une colline de faible élévation : au S. le curieux temple rond ; au N. et à l'E. les murailles romaines.

**La Kal' A** (Citadelle arabe). Pour se rendre aux ruines, on laisse à dr. le Temple circulaire, et on arrive par la face E. au château; en approchant, on se rend immédiatement compte qu'on se trouve en présence de grandioses monuments antiques que les tremblements de terre, les incendies et le vandalisme ont bouleversés et détruits. Dans ce pêlemêle de restes antiques et arabes on remarque : les créneaux et les màchicoulis du moyen-âge sur les belles murailles des romains auxquelles sont venus se réajouter les tours et les remparts arabes, le tout enserré dans un grand fossé de ceinture, refait en 1394. C'est de ce côté E. qui se trouvaient anciennement l'entrée du Sanctuaire des trois grands Dieux. Les Propylées se composaient de deux tours séparées par une colonnade de laquelle on ne voit aujourd'hui que seulement les socles de 12 colonnes, dont trois portent des inscriptions latines et on y lit que pour le salut de l'empereur Caracalla (211-217), un pieux citoyen a supporté les frais de trois châpitaux en bronze doré, destinés à l'embellissement du temple de Jupiter.

Les précieux châpitaux du Sanctuaire ont disparu. Un escalier conduisait jadis au portique; par suite des fouilles allemandes il a été reconstruit d'après l'ancien modèle mais moins large. D'une tour à l'autre les Arabes avaient construit, sur les bases des colonnes, un avant-mur, aujourd'hui en grande partie démoli, mais tout ce qu'ils ont ajouté de meurtrières et de créneaux au second étage des tours a été conservé ; le premier et le second étage qui faisaient déjà partie des constructions antiques sont ornés de pilastres.

En montant l'escalier et pénétrant sous les portiques, on se trouve devant une baie colossale qui pouvait être fermée par des vantaux ; les Allemands ont rétabli autant que possible l'état primitif. Toute la muraille entre les deux tours était couverte d'ornementations saillantes que les Arabes ont brisées pour ne pas faciliter l'escalade, ce mur étant considéré un des points les plus importants de leur enceinte fortifiée.

Sur le front méridional de la tour N. un long portique est encore conservé, où l'on pouvait se promener en attendant l'ouverture des portes et d'où à dr. et à g. on avait accès dans les chambres inférieures des deux tours.

La tour S. c'est écroulée ; de la tour N. il ne subsiste que l'étage inférieur avec la décoration au côté S. d'une rangée de piliers ventrus—dans le gout caractéristique de l'époque—portant des jolis chapitaux corinthiens.

Le dallage intérieur a disparu et la voûte qui le supportait s'est à moitié effondrée. L'ornementation intérieure de la tour est mieux conservée ; il devait y avoir tout autour de la salle un socle qui supportait deux à deux des colonnes dont on voit les crossettes encore adhérentes au mur comme des tabernacles. Au dessus était un autre étage de tabernacles avec des frontons arrondis. On peut pourtant constater qu'une foule de détails sont restés inachevés.

En pénétrant dans cet immense monument par le portique, on se trouve dans une cour hexagonale—qui répondrait au parvis des Juifs où regnait tout autour une colonnade ; a cette cour fait suite une autre cour rectangulaire entourée de portiques où on peut retrouver, comme dans la première cour, les fondations des colonnadès et l'emplacement des salles qui s'ouvraient tout autour. Le milieu de cette cour est occupé par les ruines d'une grande basilique chrétienne ; Cette cour répondrait au parois des prêtres, avec l'hôtel des holocaustes. Au dessus et à g. on voit les six colonnes du grand temple qui s'élevait en arrière de la cour et plus à g. encore la colonnade d'un autre temple situé hors de la cour, que ferme à l'O. une muraille arabe.

Le temple qui s'élevait sur une très haute substruction dominant toute la plaine, était aperçu de très loin. Il fut construit, dit-on, par Antonin le Pieux (138 à 161), et constituait la partie capitale de ce vaste ensemble d'édifices; sa grandeur et sa beauté le faisaient signaler comme une des merveilles du monde, et ses ruines méritent encore aujourd'hui un semblable titre.

# 8me PARTIE

# GRÈCE

# GRAND HOTEL THEOXENIA

## à PORTARIA près de VOLO

*Situé à 700$^m$ d'altitude sur le Piliou, dans une charmante position, à 13 kilom. de Volo*

**30 Chambres richement meublées**

Eclairage électrique.–Bains thermaux.–Tennis, etc.

## Cuisine de premier ordre

*Pension fr. 10 et 12 par jour, tous compris.*

*Directeur PHILIPPE ARONIS*

Ex–directeur du Grand Hôtel Mella de Kyphissia.

—•••—

**COMMUNICATION** par voiture aller et retour 16 Drachmes ;
-- par personne 2 Drachmes.

# GRÈCE

La description succincte que nous donnons sur Athènes et ses environs est spéciale aux voyageurs qui ne s'arrêtent que quelques jours en Grèce. Aussi, nous nous sommes efforcés de résumer dans ce petit livre les principales curiosités d'Athènes et de ses environs afin de procurer au voyageur qui ne veut ou ne peut s'arrêter long-temps dans ce beau et intéressant pays, tous les éléments pouvant rendre son séjour agréable. Nous avons donc tracé, à cette effet, deux programmes : l'un pour les personnes qui font un séjour de cinq jours, l'autre pour celles qui ne s'arrêtent que trois jours seule-ment (V. p. 445).

Le touriste qui n'aurait pas le temps de suivre ces programmes, ne devra cependant pas manquer de profiter des quelques heures de relâche du bateau au Pirée, pour se rendre par le train électrique à Athènes (départ tous les quarts d'heure, durée du trajet 17 minutes), où il prendra une voiture pour faire le tour de la ville, visiter l'Acro-pole, le Musée National, etc.

## PYRÉE

Pirée, le célèbre et ancien pour d'Athènes, qui, autrefois était connu sous le nom de *Porto Leone,* — d'après la statue d'un lion emportée par les Vénitiens en 1687, qui se trouve actuellement de-vant la porte de l'arsenal de Venise, — a passé par une transformation complète. La ville actuelle est absolument moderne. C'est depuis le transfert du siège du Gouvernement à Athènes que le Pirée com-mença a se relever ; on y bâtit de grands quais, de larges rues, plus de 100 fabriques, un théâtre et une bouse. Sa population est de 80.000 habitants environ.

Le commerce du Pirée, qui a dépassé celui de Patras, continue à prendre de l'extension. Son port est souvent visité par des vaisseaux de guerre étrangers et fréquenté journellement par un grand nombre de vapeurs grecs et étrangers.

La ville n'offre aucune intérêt spécial pour l'étranger ; il y aurait cependant a remarquer le petit musée d'antiquités dans le «Gymnase» sur la plase Koraïs contenant plusieurs stèles funéraires, quelques statues d'empereurs romains, des vases,etc. (Entrée par la rue Karaïskos. Prix 50 lepta).

Le tour du Port offre une promenade agréable de 2 h. ½ environ. On longe, en partant de la gare à d., le bord N. du bassin peu profond à cet endroit, et l'on arrive sur la péninsule Eétioneia et plus loin on atteint, en 8 min., un ancien mur fortifié, d'une épaisseur de 3 à 4 m. avec plusieurs tours. Ce mur continue jusqu'au sommet de la colline où il finit par un portique flanqué de deux énormes tours massives. Plus au delà on voit les vestiges d'autres fortifications, qui faisaient probablement partie des travaux entrepris par le Conseil des Quatre Cents qui vint au pouvoir en 411 av. J.C.

On peut traverser en barque la partie du port qui sépare le Kantharos (Port Naval) où stationnaient jadis les vaisseaux de guerre athéniens gardant l'entrée du port et les navires marchands. Les deux moles (encore en usage), d'une longueur de 139 mètres, formaient l'entrée du port; les deux autres môle extérieurs sont de construction récente. La partie O. de la péninsule Piréenne, qui s'élève au centre, à une hauteur assez considérable, portait le nom d'**Acte.** La La direction de l'ancien mur, protégeant la péninsule du côté de la mer et fortifié par intervalles de tours carrées, peut être remarquée en faisant une promenade d'une heure le long de la nouvelle route carrossable. On longe d'abord le mur du Parc Royal couvrant l'extrémité O. de Acte.

Ce parc, dont l'entrée est défendue, renferme la tombe de *Miaoulis*, le héros de la guerre d'indépendance († 1835); c'est un monument en marbre très simple.

Après avoir dépassé le parc on suit l'ancien mur qui borde le rivage. L'intérieur de la péninsule conserve les traces de nombreuses habitations et de plusieurs carrières. A l'endroit le plus élevé se trouve le poste télégraphique qui signalait à Athènes l'arrivée des navires. Près de la source de Dzirloneri, au S.E., il y a un café, d'où l'on jouit d'une vue charmante. Cette petite baie se nommait jadis Phreattys.

Au N.E., la baie et le port de Zéa, dont l'entrée était anciennement fortifiée. On distingue encore au fond de l'eau transparente les traces des barraques qui servaient probablement d'abri aux navires.

Sur le côté N. E. s'élevait le célèbre *Skevotheka de Philo*, arsenal achevé vers l'an 330 av. J. C. A l'angle S. O. du petit golfe on remarque les débris des rangées de sièges et de fondements de la scène du NOUVEAU THEATRE qui datent certainement de la période hellénique. L'orchestre est bâtie en cercle et le parapet en marbre du *proskénion* est exceptionnellement reculé.

La grande route longe les bords du golfe, puis tourne autour de la colline de *Munychia* et arrive au *Port de Munychia*, où l'on retrouve des restes d'antiquités comme dans la baie de Zéa. Elle reconduit finalement en ville en passant près du monument Anglo-Français.

L'ascension de la **Colline Munychia** (86 m.), « l'Acropole solitaire du Roi Munychos », est plutôt pénible du côté de la mer, mais un sentier facile conduit sur le versant N. O. La vue, très étendue, embrasse la baie du Phalère, le mont Hymette, la plaine de l'Attique, l'Acropole d'Athènes, le Lycabette et le mont Parnès ; au S. il y a les îles de Hydra, d'Egine, de Salamine, la petite Psyttaleia et la ville du Pirée. A l'O. de la chapelle de St. Elie, l'on entre dans un passage souterrain assez profond, appelé *Aretousa*, où l'on descend par 165 marches en très mauvais état. Sur le versant O., on voit les ruines du Vieux Théâtre où l'on distingue quelques débris de sièges. La vallée au N., en dehors des anciens murs de la ville serait, d'après le Prof. Curtius, l'emplacement de l'ancien Hippodrome. En suivant la vallée dans la direction N. en passant près du monument Anglo-Français, on arrive au Long Mur S. qui se rattachait au mur de la ville, sur le côté O. de la vallée. Le long Mur du N., parallèle à la grande route conduisant à Athènes, se termine au delà du portique qui se trouvait à l'extrémité d'une rue de la ville, dont les ruines ont été déblayées à l'E. de la gare de la ligne d'Athènes.

---

## Du Pirée à Athènes

On peut se rendre du Pirée à Athènes en train électrique, en chemin de fer ou en voiture ; mais le moyen le plus commode est de prendre le train électrique dont les départs ont lieu tous les quarts d'heure. Durée du trajet 17 minutes. *V. prix des places page 446.*

---

## PHALÈRE

Tous les trains électriques Athènes-Pirée s'arrêtent au Phalère. Prix des places *V. page 446.*

Un tram à vapeur desservant le Phalère, s'arrête à la place du Palais Royal. Un peu au-delà de l'hôpital militaire, le tram quitte la rue du Phalère en la laissant à gauche ; sur la droite on remarque les vestiges d'un ancien mur de la Ville, et une colonne antique et au loin on aperçoit l'Acropole.

A 500 m. au-delà du pont de l'Illissus se trouve la station de

Kallithéa où l'on découvrit en 1900 un ancien cimetière renfermant les tombes d'éminents citoyens athéniens. A la station de Tsiziphiès se trouve la bifurcation du Nouveau-Phalère. Là les voyageurs pour cette destination changent de train.

**Vieux-Phalère**, station de bains de mer où il y a aussi un jardin zoologique et un Acquarium.

**Nouveau Phalère** très fréquenté, surtout le soir, par les Athéniens et les étrangers durant la saison des bains de mer (Juillet-Août). Autour d'une grande terrasse, éclairée à l'électricité, sont groupés les établissements de bains (un bain 40 lepta); il y a deux grands hôtels avec café et restaurant, un théâtre d'été et un pavillon de musique.

Du Vieux au Nouveau Phalère, belle promenade d'environ 3/4 d'heure.

Un tram à vapeur dessert le Vieux et le Nouveau Phalère et le Pirée.

---

# ATHÈNES et ses environs

**ATHÈNES** (Capitale de la Grèce) est située dans la plaine principale de l'Attique, bornée au N. et au N. O. par le Parnès avec son affluent et l'Aegaleos, à l'O. et au S. O. par le Brilessos ou Pentélique et l'Hymette, au S. et au S. O. par la mer. Sa population est d'environ 180,000 habitants.

**Panorama d'Athènes**

Jusqu'en 1834, date du transfert de la résidence du gouvernement à Athènes, cette dernière n'était qu'un village composé de 300 maisons environ. La ville actuelle, construite principalement d'après les plans de l'architecte Schaubert, s'étend par contrefort, en avant, dans la plaine du Céphise, direction N. et E. Avec ses magnifiques constructions publiques et privées, élevées pour la plupart dans la seconde moitié du siècle dernier, Athènes présente l'aspect d'une ville européenne.

La principale rue est celle du Stade reliant la place Omonia à la place du Syntagma. Le boulevard de l'Université, parallèle à la rue du Stade, contient les plus importants édifices.

Ce quartier moderne, connu sous le nom de Néapolis, s'étend au pied du Lycabette. Sur ses limites O., au delà de la rue du Stade, il y a le vieux quartier commerçant de la ville, traversé par les principales rues suivantes : la rue d'Hermès dans la direction O. qui conduit de la place Syntagma à la station du Théseion ; la rue d'Athénée, reliant la place Omonia au N. à la station Monastiri et au S. coupant la rue d'Hermès à angles droits et parallèle à la rue d'Eole. Cette rue commençant au N. du Musée National, sous le nom de rue Patissia, s'étend presque jusqu'à la Tour des Vents, dans la direction S. à la base de l'Acropole.

---

## Du Palais Royal à l'Acropole par le versant S.

La Place Syntagma est entourée par de grands hôtels, par des cafés très fréquentés et à l'E. par le Palais Royal. Devant celui-ci, un joli jardin planté d'orangers, de lauriers-roses et d'autres arbres du midi, avec un jet d'eau dans une belle vasque en marbre ; au coin N. O. une colonne de marbre avec une ancienne pierre gravée. Cette colonne marquait autrefois la limite du «Jardin des Muses».

Le Palais Royal est un vaste bâtiment en marbre pentélique et pierre calcaire, construit en 1844-48 d'après les plans de l'architecte Gärtner de Munich. Il présente, malgré le nombre excessif de fenêtres, un aspect très imposant avec la colonnade dorique de la porte principale.

Palais Royal

Il n'y a rien de très important à voir à l'intérieur (pour le visiter, s'adresser au gardien de la porte principale de la façade O.). Sur l'escalier, un «Prométhé avec l'Aigle» du peintre danois C. Bloch ; dans la grande salle à manger, quelques tableaux de Rottmann et d'autres peintres de Munich. Le salon de bal est décoré dans le style pompéien.

Le Jardin Royal, ouvert le dimanche, mercredi et vendredi de 4 à 6 h. l'été, de 3 à 5 h. l'hiver, (entrée à droite dans la rue Kephisia), présente par ses belles allées ombragées un endroit de promenade très apprécié pendant la belle saison. Près de l'entrée se trouvent des mosaïques, restes d'anciens établissements de bains. Dans la partie S. du jardin il y a plusieurs points de vue offrant de ravissantes échappés sur les colonnes de l'Olympéion, l'Acropole et la mer ; une petite élévation rocheuse dans l'angle S. O. offre la meilleure vue. Dans cette même partie, se trouvent quelques bustes intéressants.

Derrière le Jardin Royal à l'E., de l'autre côté de la Rue d'Hérode Atticus, se trouvent le Palais du Prince Héritier et immédiatement au N., l'Amaléon (orphelinat). Du côté N. le jardin royal est limité par la Rue Képhisia, l'extrémité O. de laquelle contient plusieurs barraques et un séminaire (Rhizarion) tandis que du côté N., dans le nouveau quartier, se trouvent l'Evanghelismos, (hôpital), les Instituts Archéologiques américains et anglais, et le couvent Asomatôn ou «Couvent des Anges».

En prenant au S. de la Place Syntagma la Rue des Philhellènes, on laisse à g. l'Eglise de St. Nicodème, datant de la moitié du XII<sup>me</sup> siècle, restaurée en 1847, transformée en église russe et possédant une crypte qui faisait jadis partie d'un bain romain. A l'autre extrémité de la rue, là où elle rejoint la Rue Amélie, se trouve l'Eglise Anglicane.

Palais de l'Exposition.—Zappéion.

Entre le Boulevard Olga (qui commence au N. de l'Olympéion) et la partie S. du Jardin Royal, s'élève le **Zappéion**, bel édifice, achevé en 1888 et destiné par ses fondateurs,— les deux frères Zappas,—à des expositions de culture et d'industrie du pays. Leurs statues se trouvent sur l'escalier principal, la statue un peu plus à l'O. représente le fondateur du Varvakion. Dans l'angle O. du jardin, qui fait partie du Zappéion, on voit les statues de Byron, de Chapu et Falguière. Sur la terrasse, un café très fréquenté.

**Arc d'Adrien.**

L'Arc d'Adrien érigé, pense-t-on, par Adrien lui-même, est un portique isolé, ayant 18 m. de hauteur, sur 13 m. 5 de largeur. L'ouverture mesure 6 m.10. Cet arc marquait la limite entre la vieille ville grecque et la Adrianopolis ou Novae Athenae d'Adrien, comme il résulte des inscriptions grecques suivantes qu'on lit encore du côté de l'ancienne ville « *ceci est la vieille ville de Thésée* » et de l'autre côté « *ceci est la ville d'Adrien et pas celle de Thésée* ». L'arc était jadis embelli par des colonnes corinthiennes, desquelles il ne reste plus que quelques fragments des bases, et se trouvait être placé à l'extrémité d'une rue qui conduisait du N. O. à l'Olympéion.

**Olympéion ou Temple de Jupiter.**

L'Olympéion ou Temple de Jupiter Olympien, représenté actuellement par quinze immenses colonnes corinthiennes en marbre pentélique, date aussi du règne d'Adrien; les soubassements sur lesquels s'élèvent les colonnes, quoique plus anciens, sont presque intacts. Le plateau sur lequel repose tout le temple est artificiel.

Autrefois toute cette partie de terrain était fortement inclinée vers l'Illissus et les eaux de la ville y avaient leur écoulement; c'est ce qui fait que la légende raconte que les dernières eaux du déluge avaient disparu en cet endroit même, et que le temple avait été érigé en signe de reconnaissance par Deucalion, père de la nouvelle race. Le premier édifice historique fut fondé par Pisistrate (env. 530 av. J. C.). Le renvoi des Pisistratides et les guerres persanes vinrent interrompre les travaux, qui ne furent repris qu'en 174 av. J. C. par Antioche IV Epiphane, qui s'en tint aux plans merveilleux de l'architecte Cossutius. Les ruines actuelles datent probablement de cette époque.

Le Stade, la scène des jeux Panathénéens, doit son origine (env. 330 av. J. C.) à Lycurgue, homme d'état et orateur. Il tira parti d'une espèce de dépression naturelle du terrain, qui facilita beaucoup la construction de cet espèce d'amphithéâtre. Plus tard (env. 140 A. D.) le riche orateur Hérode Atticus fit construire les sièges et les barrières en marbre pentélique, travaux qui menacèrent d'épuiser les carrières du Pentélique. Le Stade et l'Odéon furent les deux grands monuments dus à la libéralité de ce citoyen. Après sa mort le peuple athénien lui fit de solennelles funérailles et le fit ensevelir dans le Stade.

Le Stade, avec ses dimensions et l'élévation des rangs destinés aux spectateurs, produit une impression des plus imposantes, qui est encore augmentée par les somptueuses sculptures décoratives en marbre. Celles-ci ont été restaurées conformément aux modèles relevés sur quelques décombres, grâce à la générosité de M. Averoff, auquel on érigea un monument, à droite de l'entrée. L'entière longueur de la course, depuis l'entrée jusqu'à l'espace semicirculaire (sphendone) qui en forme la clôture à l'extrémité S. E., est de 204 m., avec une largeur de 33 m.36.

La vue dont on jouit depuis le corridor sup. vaut la peine d'être admirée. Sur le côté E. du Stade, se trouve l'entrée d'un passage souterrain, dont on ne s'explique ni le but ni l'origine.

Sur la colline à l'E. du Stade, Hérode Atticus érigea un Temple de Tyche, déesse de la ville, dont on distingue encore quelques débris. Sur l'*Ardettos*, autre colline, à l'O. du Stade, la plus élevée de la chaîne d'Agra, on a trouvé quelques décombres qu'on a cru être, sans cependant avoir de sérieuses preuves, les restes du tombeau d'Hérode Atticus.

A l'O. de l'Arc d'Adrien, la rue de Lysicrate conduit au **Monument de Lysicrate** un beau petit monument ressemblant à un temple. Il doit son origine à la coutume qu'avaient les vainqueurs des jeux de Dionyse, d'exposer les trépieds qu'ils avaient gagnés, sur des espèces de socles en les chargeant d'ornements plus ou moins artistiques. La pierre triangulaire qui surmonte le fleuron était destinée à recevoir le trépied. Une rue entière, ainsi décorée, s'étendait depuis le théâtre de Dionyse jusqu'à la ville. D'après Pausanias un de ces petits monuments représentait le fameux satyre de Praxitèle. Le Monument de Lysicrate, est la plus ancienne construction de style corinthien qui nous ait été conservée ; le bon état dans lequel il se trouve s'explique par le fait qu'il avait servi de bibliothèque dans un couvent français de capucins jusqu'au commencement du XIX<sup>me</sup> siècle.

Le **Théâtre de Dionyse** fut le berceau de l'art dramatique en Grèce. Les chefs-d'œuvre d'Eschyle, de Sophocle, d'Euripide, d'Aristophane éveillèrent l'enthousiasme. Il était dans l'enceinte du temple du dieu dispensateur du vin, dont le culte venu de Béotie était de temps immémorial associé à des représentations mimiques. Il a été prouvé que la partie du théâtre, qui fut stable et permanente. était un orchestre circulaire ; on construisait une nouvelle scène, chaque fois qu'avait lieu une représentation, tandis que pour l'auditoire on se bornait simplement à niveler le terrain.

A l'époque de Lycurgue. env. 340 av. J. C., l'auditoire fut fait en pierre et prit des dimensions considérables. Le théâtre de Dionyse subit au cours des années de nombreuses modifications, entre autres par la main d'Adrien qui s'intéressait beaucoup à l'art dramatique. Au III$^{me}$ siècle, époque qui marquait déjà la décadence du drame, l'Archonte Phaedros le restaura une dernière fois.

Ce ne fut qu'à l'époque romaine que les acteurs eurent une place spéciale, une véritable scène (Logéion) plus élevée que le parterre. La façade de la scène actuelle est décorée avec de bons reliefs du temps de Néron, représentant des scènes de la légende de Dionyse ; au dessus de la figure assise du dieu, les contours de l'Acropole, qui est visible du théâtre, sont délicatement esquissés.

L'enceinte sacrée de Dionyse Eleutherus, s'étendait dans la direction S., à peu près jusqu'à la route actuelle. Elle comprenait non seulement le théâtre, mais encore une colonnade de la même période (4$^{me}$ siècle av. J. C.). qui se rattachait à la scène et qui, ainsi que la Stoa Euménie, offrait de l'abri en cas de pluie. Les soubassements de deux sanctuaires de Dionyse ont été aussi conservés ; le plus ancien, duquel on voit un grand coin, en pierre poreuse, à l'angle S. O. de la colonnade, date de la période des guerres persanes. L'autre fondement, qui se trouve un peu plus au S. du théâtre, date de la fin du 5$^{me}$ ou du commencement du 4$^{me}$ siècle av. J. C. ; ce sont les plus importantes ruines de l'endroit.

A l'O. du Théâtre de Dionyse s'étendent les anciennes ruines le long de la pente de l'Acropole et forment deux terrasses. La terrasse supérieure, au-dessus du grand mur en arcades, visible de loin, était l'enceinte sacrée d'Asclepios (Esculape) qui contenait aussi les sanctuaires d'autres divinités, comme par exemple des Nymphes, d'Isis, d'Hercule ; le temple du dieu lui-même, du célèbre Asklepéion, se trouvait dans la partie E.

La terrasse inférieure, longue de 164m., a la forme d'une colonnade ; c'est la Stoa Eumenia qui s'appuie contre le grand mur en arcades qui se rattache, à son tour, au mur qui soutient la terrasse supérieure. Sa longueur équivaut au plus ancien stade itinéraire grec (500 pieds à 32cm.8), qui prévalut à Athènes jusqu'à la première période romaine. La colonnade conduisait du Théâtre de Dionyse à l'Odéon et était partagée en deux parties par une rangée de colonnes qui se trouvaient au centre.

**L'Odéon d'Hérode Atticus** (*la clef se trouve chez l'invalide qui habite le petit chalet en bois à l'O. de l'entrée, 25-30 lepta*) est la plus élevée de toutes les ruines qui entourent la base de l'Acropole et par cela même la plus en vue. Tibère Claude Hérode Atticus, membre d'une éminente famille romaine, dépensa l'énorme fortune qu'il hérita de son père à combler de bienfaits la ville et les citoyens d'Athènes. Il construisit l'Odéon pour honorer la mémoire de sa femme, Appia Annia Regilla, noble dame romaine, dont ce monument porte aussi le nom. On ne sait que peu de choses des vicissitudes par lesquelles passa cette construction. Des restes de bois carbonisé, des scories composées de fer et de tuiles qu'on a trouvés en 1848-58, semblent être des indices assez certains d'un épouvantable incendie. A une époque plus rapprochée l'Odéon servit de rampart aux défenseurs de l'Acropole. Les Odéons, contrairement à la plupart des théâtres grecs, étaient recouverts d'un toit, et étaient originairement destinés aux représentations musicales ; l'Odéon d'Hérode cependant avait été construit en vue des représentations dramatiques.

Du côté O. de l'Odéon, un sentier assez raide conduit sur le plateau devant l'Acropole. Il est cependant plus commode de suivre le boulevard et de prendre un peu plus loin, en face de l'auberge, la route carrossable.

Presque à mi-chemin de celle-ci, on arrive sur une place, où les fondements d'un bâtiment, originairement divisé au milieu par une rangée de colonnes, ont été mis à jour sur le côté droit. On quitte la route à cet endroit et on continue à gauche; tout droit vers le sommet le plus élevé (115 m.) du plateau, qui est séparé de l'Acropole par une dépression appelée **Aréopage**. La pente est très escarpée au N. E., mais sur les trois autres côtés elle descend graduellement vers la plaine. Un escalier, taillé dans le roc, en très mauvais état, donne accès à une espèce de petit plateau où il y avait plusieurs autels. L'ancienne cour de l'Aréopage, composée des citoyens les plus vénérables et les plus respectés d'Athènes, siégeait là, au-dessus de la fontaine des Euménides, exerçant la juridiction suprême dans les cas de vie et de mort. On prétend que ce nom lui fut donné parce que la première personne qui y fut jugée était Ares ou Mars.

# L'Acropole.

L'entrée pendant le jour est permise jusqu'au coucher du soleil.
Pour visiter l'Acropole, la nuit au clair de lune, il faut se procurer un permis personnel, délivré gratuitement par la Direction.

D'après la légende, les Pélasges, dont on ne trouve dans le pays
que quelques traces dispersées, semblent avoir applani le sommet du
rocher et en avoir rendu les côtés plus rapides en l'entourant d'une
muraille dont la seule ipae du côté de l'orient fut fortifiée par
neuf tours nommées : «Ennéapylon pelasghikon». L'Acropole était le
siège des rois qui y administraient la justice et y réunissaient leurs
conseils. On y conservait les principaux trésors de l'état. Plus tard
les tribunaux et le conseil furent transférés dans la ville basse et la
citadelle fut destinée au culte des dieux.

Pisistrate seul y habita encore et embellit l'hôtel des sacrifices (hécatompédon). Il fit aussi bâtir une grande porte d'entrée. Après que les Perses détruisirent ces constructions en
479/80, Thémistocle et Kimon firent reconstruire les murs, et
ensuite commença, sous Périclès, la période de la grandeur de
l'Acropole. Les restes que l'on voit encore de ces splendides cons-

tructions, témoignent du degré sublime qu'atteignait alors l'art classique.

Un chemin à l'E. de l'Odéon d'Hérode Atticus, dans la rue de Dionysios Aréopage, conduit au plateau sous la hauteur escarpée à l'E. de l'Acropole, près de la porte dite de Beulé (1); là les voitures s'arrêtent.

De la porte de Beulé, un escalier en marbre, souvent interrompu, mène à une plate-forme étroite et de là au bastion de Niké à d., ainsi qu'à la base du monument d'Agrippa à g., devant laquelle on passe pour arriver, après une montée rapide, aux Propylées.

« Les Propylées », la plus grande construction profane de l'ancienne Athènes, tout en marbre pentélique, furent commencées en l'an 437, sous la direction de l'architecte Mnesiklès, sur d'anciennes fondations et terminées en 5 années. Dans l'antiquité cette brillante construction partageait sa célébrité avec le Parthénon et de nos jours encore, malgré les ruines que le temps et la malveillance des hommes y ont apportées, on admire l'éternelle jeunesse de cette œuvre d'art.

Cet édifice imposant s'élève en trois parties : le portail du centre et ses deux ailes, une au N. et l'autre au S., sur toute la largeur de la citadelle.

La construction du milieu se compose de la porte elle-même ayant cinq ouvertures et de deux portiques à colonnes doriques devant, d'où le nom d'avant portail. Ces portiques ont chacun 6 colonnes de front et se terminent en haut par des pignons au-dessus d'une frise de triglyphes et de métopes.

Le portique occidental, auquel on parvient par trois grands gradins, hauts de 35 c/m. et larges de 40 c/m., construits en marbre et en pierre bleutée d'Eleusis, est plus grand que l'avant portique oriental vers l'intérieur de la citadelle.

L'aile au N. est celle qui est la mieux conservée ; elle mesure dans le portique 10 m. 76 de largeur et 4 m. de profondeur, tandis que l'espace intérieur a 10 m. 76 de largeur et 8 m. 96 de profondeur. Les colonnes du portique sont d'ordre dorique, mesurant 5 m. 76 de hauteur y compris 40 c/m. pour le chapiteau. Des deux côtés, des bordures ferment le portique. Une porte de 4 m. 30 de hauteur et large de 2 m. 85 près de laquelle s'ouvrent 2 fenêtres, mène à l'intérieur de la Pinacothèque où l'on y conservait les figures (pinax), en marbre ou en terre cuite, vouées aux dieux. Le manque de peintures murales s'explique par la construction des murs.

---

(1) Cette porte fut découverte en 1852 par l'archéologue français Ch. Beulé.

L'aile S. dont il ne reste que deux colonnes est loin d'être si importante. Elle s'ouvre à l'occident vers le bastion qui soutient le temple de Niké.

En sortant du portique oriental des Propylées et en entrant dans l'intérieur de la citadelle, on trouve devant soi un escalier qui montait doucement ; ce n'est plus qu'un grandiose monceau de ruines d'un effet des plus saisissants.

Que l'on se figure ici l'effet grandiose qui devait se produire, lorsque à l'occasion des fêtes panathénées les portes des *Propylées* s'ouvraient toutes grandes, présentant l'imposant *Parthénon* à. d. et le charmant *Erechtéion* à g. dans toute la splendeur de leurs sculptures avec le grand nombre d'idoles, d'autels et surtout des statues que l'œil embrassait à cet endroit.

Le Parthénon.

Le **Parthénon**, situé au plus haut bord du côté S. de la citadelle, est le plus complet monument artistique de l'antiquité. Il surpassait autrefois en ornements toutes les autres constructions athéniennes. Ce qui reste aujourd'hui de cet édifice est plein d'admiration.

Les travaux de ce temple, rebâti tout en marbre pantélique, ainsi qu'on le voit encore aujourd'hui, furent exécutés par les architectes Iktinos et Kallicrates, sous la direction de Périclès et on attribue à

Phidias les Ornements extérieurs dont il s'occupa aussi de leur installation. Ce temple merveilleux dont les travaux durèrent plus de 10 ans, fut ouvert au public lors de l'inauguration de la statue d'Athéna à l'occasion des fêtes Panathénéennes en 1438.—Cette célèbre statue d'Athéna Parthénon haute de 13 mètres, en or et en ivoire, est due au ciseau de Phidias.

Près du bord de la citadelle, dans un enfoncement, se trouve l'*Erechthéion* à l'endroit même où s'élevait l'ancien temple d'Erechthée, sanctuaire d'Athénée Polias, protectrice de la ville. C'est l'endroit sacré où Athénée remporta la grande victoire sur Poseidon.

L'Erechthéion était entourée d'un parvis sacré contenant beaucoup de statues. C'est un temple strictement ionique soit pour ce qui regarde le style de son architecture, soit pour les décors et les rites sacrés. Cet édifice ayant été converti au moyen-âge en église chrétienne, il est difficile de se rendre compte de la distribution des pièces à l'intérieur et de leur emploi; mais sa forme extérieure devait être la même que celle qu'ont conservée ses ruines.

**Les Cariatides.**

La **Galerie des Cariatides**, faisant saillie à l'angle S. O., est un chef-d'œuvre d'élégance et de finesse ; au lieu de colonnes, six statues de jeunes filles, qui s'élèvent sur un parapet de 2 m. 6, supportent la toiture. Les Athéniens les nommaient «Korà» c'est-à-dire jeunes filles, d'où le nom de «galerie des Korà» que l'on trouve dans certaines inscriptions. Plus tard, il leur fut donné le nom de Cariatides. Les figures, d'une beauté noble et vigoureuse, supportent le toit avec une grâce qui ôte toute idée de lourdeur et l'ensemble est d'un aspect ravissant.

Au S. de l'Erechthéion on a retrouvé, lors des déblaiements entrepris en 1884-90, les fondements de l'Hécatompédon (le temple de 100 pieds), bâti au commencement du VI⁰ siècle sur l'emplacement du palais de l'Erechthée. La plupart des débris de solives, tambours et chapiteaux en pierre poreuse que l'on remarque sur le sol septentrional de la citadelle et sur la terrasse à l'O. du Parthénon faisaient partie de ce temple.

Revenant au Parthénon, on trouve à l'E. les débris d'une architrave en forme de cercle, qui doit avoir appartenu à un petit temple rond de 7 m. 15 de diamètre. L'inscription gravée sur une des architraves, qui se trouvaient autrefois au-dessus de l'entrée, rappelle que « Demos avait voué cet édifice à la déesse Rome et à l'empereur Auguste, au temps où le stratège Pamménès de Marathon, fils de Zénon, commandant des Hoplites, était prêtre de la déesse Rome et du libérateur Auguste ».

Le rocher à l'angle N. E. du Parthénon, faisait partie du grand autel des sacrifices d'Athéné. Un peu plus bas à droite, où s'élève le Musée de l'Acropole, on a retrouvé des tambours de colonnes, qui semblent avoir appartenu pour la plupart au Parthénon d'avant Périclès. Ils sont encore bruts et munis de manches pour le transport. Les cannelures se faisaient généralement au temple même. On retrouva aussi à cette place de nombreux débris de vases, de bronzes et des sculptures.

Un musée, que l'on visite le matin sous l'escorte d'un gardien, est bâti sur les anciens murs de fondements.

On a mis à jour, au S. E. de la citadelle, une partie considérable de l'imposante muraille de Kimon, déblayée jusqu'à ses fondements, bâtis sur le roc même. C'est ici, au-dessus du théâtre de Dyonise, d'où l'on jouit d'une vue splendide, que se trouvaient les groupes de statues qu'Attalos, premier roi de Pergame, fit élever sur l'Acropole athénienne, en souvenir de sa victoire sur les Celtes qui avaient envahi l'Asie Mineure en 229 av. J.C. A l'E. du Musée il y a les fragments d'un mur pélasgique.

Du **Belvédère**, à l'angle N. E. de l'Acropole, l'on jouit de la meilleure vue sur la ville moderne : au S. E. les colonnes de l'Olympéion avec le mont Hymette dans le fond ; plus près, l'arc d'Adrien, et plus en avant, juste en face, le monument de Lysicrate ; au delà de celui-ci, le Palais du Roi et le Jardin Royal, puis le Lycabette et le Pentélique qui, vu de cet endroit, a la forme d'un pigeon. Dans la ville, un peu à gauche, l'Académie, l'Université et la Bibliothèque attirent les regards par l'éclat de leurs marbres ; plus au N. s'étend la rue de Patisia ; à gauche s'élève la majestueuse Eglise Métropolitaine avec la petite Métropolitaine ; au milieu du versant N., la Tour des Vents ; à côté, le Bazar avec la Stoa d'Adrien ; à l'O. le Théséion ; dans le fond, la vallée du Céphise et le Parnès avec son prolongement, l'Aegaleos.

Le **Musée de l'Acropole**, bâti en 1878, renferme les sculptures qui se trouvaient sur l'Acropole et qui sont le résultat des fouilles récentes.

C'est une collection infiniment précieuse et, on peut bien le dire, unique dans son genre, par la richesse merveilleuse des œuvres d'art datant, pour une grande partie, de l'époque archaïque.

---

**Du Palais Royal, à travers la ville, jusqu'au Théséion.**
**Collines du Dipylon, des Nymphes, du Pnyx et de Philopappos.**

---

A l'extrémité E. de la rue d'Hermès, qui part de la place Syntagma, se trouvent les principaux magasins d'antiquités, de soieries, de modes, etc. ; c'est le principal centre du commerce d'Athènes. A gauche de la rue d'Hermès, se trouve le Ministère des Cultes et le bureau de l'Ephore-général des antiquités grecques.

Un peu plus loin, au S. de la rue d'Hermès, l'*Eglise Métropolitaine* érigée en 1040-55 et quelques pas plus loin au S. se trouve la *Petite Métropolitaine* appelée aussi *Aghios Elefterios*, datant du 9e siècle. C'est le plus ancien monument byzantin existant sur terre grecque. L'église de *Kapnikarea*, se trouve dans la rue d'Hermès.

La rue d'Eole, très animée, surtout dans la partie voisine de la rue d'Hermès, est la seconde artère principale de l'ancienne ville.

A l'extrémité S. de la rue d'Eole s'élève la :

**Tour des Vents** ou *Orologhion Andronikou Khirrestes* (20-30 lepta au gardien), bâtie par Andronikos de Kyrrhos au dernier siècle qui a précédé l'ère chrétienne. La Tour qui mesurait 12 m. 8 de hauteur, soubassements compris, avait un diamètre de 7 m. 95. Tout près, par terre, on voit les chapitaux de deux colonnes corinthiennes qui formaient portiques sur les côtés N. E. et N. O. de la Tour.

À l'O. de la *Tour des Vents*, un emplacement pavé, assez considérable, entouré de colonnades, mis à jour en 1891 par la Société archéologique ; c'est la *Place du Marché Romain*. L'entrée, connue sous le nom de «Porte du marché», donne accès à l'O. A 250 pas environ à l'O. de cette porte se trouve la Stoa d'Attalos, qui avait une longueur de 112 m. environ et une profondeur de 19 m.50, dérobée à la vue par des fortifications élevées plus tard. Reste encore debout l'extrémité S. du Mur de Valérien qui en faisait partie.

Après avoir traversé la voie ferrée, on prend la rue d'Adrien, et à une centaine de pas à gauche l'on entre dans la rue Eponymes où se trouvent les trois Atlantes. Au delà vers l'O. s'élève la coline du marché (Kolonos Agoraeos) où l'on voit le :

Théséion ou Temple de Thésée.

Théséion, monument le mieux conservé d'Athènes et de toute l'ancienne Grèce. Par sa construction massive et solide, par les

vives teintes dorées de son marbre, et encore plus par sa conservation presque intacte, malgré ses deux mille ans d'existence, ce
monument produit une impression imposante. Ce temple, terminé
vers l'an 421 av. J. C., fut, pendant le moyen-âge, converti en église
et dédié à St. Georges.

A l'E. et au N. du *Théséion* s'étendait le vieux quartier connu
sous le nom de Kérameikos où se cencentrait le marché, au commencement du 6ᵉ siècle. Le marché Kérameikos formait, comme le
Forum à Rome, le centre de la vie municipale.

Au N. O. du Théséion, un pont conduit à la gare du même
nom, en traversant la voie du Pirée. Plus au N. on rejoint la rue
du Pirée et à l'extremité S. O. de cette spacieuse rue, qui commence à la place Omonia, se trouve la chapelle *Aghia Trias*.
Tout près, la porte O. de l'ancienne Athènes. d'où l'on pénètre
dans un champ de fouilles par une petite grille *(donner un pourboire en sortant)*; un peu au delà se trouve une vieille rue bordée de
tombes.

Après avoir suivi un mur, jusqu'à l'extrémité N. O. du **Théséion**, on tourne à gauche et l'on se trouve devant la grille du
Dipylon.

Le **Dipylon** formait l'entrée principale de l'ancienne ville classique; son nom *Dipylon (Double Porte)* dérive de ce que, contrairement aux autres portes d'Athènes et du Pirée, il y a deux
entrées séparées par une cour. Il se trouve sur l'emplacement de
l'ancienne porte qui conduisait à Thria et date probablement du
4ᵉ siècle av. J. C. Près du Dipylon commençait le spacieux *Dromos*
avec ses longs portiques qui passait au pied de la colline du Théséion et aboutissait au S. E. du marché Kéraméikos.

Devant le Dipylon, dans la direction de la chapelle *Aghia Trias*,
se trouve un cimetière qui est considéré comme le plus grand de
l'ancienne Athènes. Ceux qui on visité Rome et Pompei connais-
sent déjà l'ancienne coutume d'enterrer les morts devant les portes
de la ville, près de grandes routes; le cimetière devant le Dipylon est le seul existant en Grèce qui rappelle cet usage. On y voit
encore, à leur place primitive, des monnuments assez importants;
tous les petits objets que les fouilles ont permis de mettre à jour,
sont exposés au Musée National.

A l'O. et au S. O. de l'Aréopage et de l'Acropole s'élève
un groupe de collines s'étendant du N. O. au S. E. Ce sont
les collines de l'Observatoire (Aghia Marina), du Pnyx et de
Philopappos.

**L'Observatoire**, construit en 1842 par le baron Sina, est situé sur la colline de ce nom, haute de 104 m.

La petite élévation nommée Aghia Marina, — d'après la petite église qui existe sur son sommet, — n'est que le prolongement de la colline de l'Observatoire. A remarquer à l'angle S. E. une pente d'où les femmes stériles se laissaient glisser le long de cette déclivité croyant trouver un remède à leur infirmité.

En quittant l'Observatoire on se dirige au N. E. pour gravir le sommet de la :

**Colline du Pnyx** (109 m.). Sur la pente N. E. de cette colline se trouve une immense terrasse longue de 120 m. et large de 63 m. dont le bord supérieur est directement taillé dans le roc, contre lequel il s'appuie, tandis que le bord inférieur est soutenu par un mur formé par d'énormes blocs de pierres, dont quelques-uns ont jusqu'à 4 m. de long sur 2 m. de large.

On croit que cette terrasse a été le Pnyx où se tenaient les assemblées populaires des Athéniens avant que les gradins du Théâtre de Dionyse eussent été faits. C'est sur le sommet du Pnyx que le fameux astronome Meton, érigea, en l'an 433 av. J. C., le premier cadran solaire qu'a possédé la ville d'Athènes.

La colline **Philopappos** porte le monument de Julius Antiochus Philopappos, petit fils d'Antiochus Epiphane. (A. D.). Enrôlé comme citoyen athénien dans le dème de Besa, sans toutefois renoncer au titre royal, il remplit plusieurs charges et se rendit populaire par sa libéralité. Après sa mort, ses concitoyens lui élevèrent, en 114-116 A. D., ce monument, en signe de reconnaissance. Ce monument construit en pierre du Pirée mesurait 13 m. de haut. On y voit encore dans le haut d'une frise un beau haut relief à deux tiers conservé ; au-dessus, trois niches séparées par des piliers d'ordre corinthien. Celle du centre, de forme arrondie, contient la statue de Philopappos assis ; la niche à gauche contient la statue d'Antiochus, grand-père de Philopappos et celle à droite, qui est vide, contenait la statue de Séleucus Nicator.

Près du Boulevard, sur le penchant N. E. de la colline, sont creusées, dans le roc, trois grottes ; c'est la soi-disant prison de Socrate.

## Les Quartiers Modernes.

De la Place Syntagma, le Boulevard de l'Université et la large rue du Stade, conduisent parallèlement toutes les deux, à la Place Omonia.

**Rue du Stade**

En descendant la rue du Stade, on trouve : à droite les écuries royales, à gauche le Parlement, les Ministères des Finances, de l'Intérieur et de la Marine, derrière le Ministère des Finances, une place ombragée avec l'église de St. Théodore, restaurée en l'an 1049.

En suivant le Boulevard de l'Université, on voit plusieurs maisons particulières construites en marbre de l'Hymette et du Pentélique : la maison Schlieman à droite, possède une *loggia* et l'inscription « Palais d'Ilion » ; à gauche l'*Arsakion*, fondé par Arsakès en 1835, contenant une école bien organisée et un institut pour jeunes filles. Plus loin, à l'angle de la rue Homère, le bâtiment de la Société d'Archéologie ; en face, l'Eglise catholique romaine avec un large escalier en marbre et un vaste péristile, et une clinique ophtalmique. Plus haut, à droite, l'Académie des Sciences, l'Université et la Bibliothèque. Dans la rue Homère, l'archevêché et le Gymnase catholique romain de Léon.

Au S. de la place Omonia, dans la rue d'Athènes, l'Hôtel de Ville d'Athènes, le théâtre de la Ville; à l'E. du théâtre, une place où s'élèvent les bâtiments de la Banque Nationale et de la Poste.

**Théatre Municipal**

Au S. O. de la Place Omonia, la rue du Pirée ; à gauche une école de musique (Odéon), l'asile des enfants trouvés ; plus loin un orphelinat.

A l'O., la rue St Constantin avec l'église du même nom, récemment bâtie ; vis-à-vis de l'église se trouve le théâtre Royal.

Rue de Patissia

A l'E. de la place Omonia, la rue de Patissia se dirigeant vers le Nord, très fréquentée pendant les soirées d'été. A droite de cette rue et presque hors de la ville, s'élève le Polytechnicum, construit en 1858 entièrement en marbre du Pentélique. C'est un bâtiment à deux étages de style ionique et dorique avec deux ailes de style dorique. A l'étage supérieur du bâtiment central se trouve le Musée National

Musée National

fondé par la Société d'histoire et d'ethnologie.

## EMPLOI du TEMPS.

### 1er Itinéraire pour visiter la ville en 3 Jours.

1er JOUR, *le matin.*— L'Acropole, le Musée de l'Acropole ; *l'après-midi* : le jardin du Palais Royal, Lycabette.

2me JOUR : Le Musée National ; *l'après-midi* : le Stade, l'Olympeion, le Monument de Lysicrate, le Théâtre de Dionyse, l'Odéon, l'Aréopage.

3me JOUR : La partie de la ville au N. de l'Acropole, le Boulevard de l'Université ; *l'après-midi* : Théséion, Dipylon, Pnyx, Philopappos.

### 2me Itinéraire pour visiter la ville en 5 jours.

1er JOUR : *Le matin* : l'Acropole ; *l'après-midi* : le Jardin Royal, le Boulevard de l'Université, Lycabette.

2me JOUR : Le Musée National ; *l'après-midi* : le versant S. de l'Acropole, le Théâtre de Dionyse, l'Odéon, l'Aréopage et le Pnyx.

3me JOUR : Le Stade, l'Olympeion, le Monument de Lysicrate ; *l'après-midi* : le Musée de l'Acropole, l'Acropole.

4me JOUR : Excursion au Couvent de Daphné et à Eleusis. (*Voir page 400/4*).

5me JOUR : La partie N. de l'Acropole ; *l'après-midi* : Théséion, Dipylon.

---

Indépendemment des itinéraires ci-dessus, nous indiquons, pour les voyageurs qui disposent du temps à loisir, les différentes excursions intéressantes à faire au Péloponèse, dans la Grèce Centrale, Septentrionale et la Thessalie. On trouvera à partir de la page 450 la description de chacune de ces différentes excursions.

### Gares, Trams, Voitures.

GARES :

*Ligne du Péloponèse*, au N. O. de la Ville (*Voir pages 459/460*).

*Ligne du Pirée* (3 gares), Omonia, Monastiri, Théséion.

*Ligne de Laurium et de Képhisia*, au N. de la Place Omonia.

*Ligne de Larissa* pour Chalkis, Thèbes et Livadia, au N. de la gare du Péloponèse.

CHEMIN DE FER ÉLECTRIQUE ATHÈNES-PIRÉE.

| | PRIX DES PLACES Billets simples | | Billets d'aller et retour | |
|---|---|---|---|---|
| | 1re classe | 3me classe | 1re classe | 3me classe |
| D'Athènes au Phalère . . | 0.55 | 0.40 | 0.95 | 0.70 |
| D'Athènes au Pirée . . . | 0.70 | 0.55 | 1.35 | 0.95 |
| Du Phalère au Pirée. . . | 0.30 | 0.20 | 0.35 | 0.25 |

TRAMWAYS ÉLECTRIQUES :

Ligne Omonia-Patissia (enseigne jaune), par la rue Patissia ; passe devant le Musée National ; pour Patissia 10 lepta, et jusqu'à Hosios Lucas, 55 lepta.

Ligne Omonia-Acharnée (enseigne grise), par les rues 3 Septembre, Béranger et Acharnée.

Ligne Omonia-Kolokythù (enseigne cramoisie), par les rues du Pirée et Kolokythù à Kolokythù, 55 lepta.

Ligne Hippocrate-Métropole (enseigne vert clair), du petit bois de Pevkakia par la rue de l'Académie et les rues Anchesmos et Métropole.

VOITURES :

Aller ou retour de la gare du Péloponèse 2 dr. ; petite course dans la ville 1 dr. ; sur l'Acropole 2 dr. ; au Pirée avec bagages 6-7 dr. Prix à la journée pour courses dans la Ville et les alentours : environ 20 dr. (2 dr. 50 à l'heure). Convenir du prix à l'avance, surtout pour des excursions.

Pour chevaux de selle (env. 10 dr. par jour), s'adresser à l'hôtelier.

POSTES ET TÉLÉGRAPHES :

Près de la Banque Nationale. Les heures de levée pour l'Europe (Italie, Allemagne, France, etc.) et pour Constantinople et l'Egypte, sont affichées au guichet et publiées dans les journaux.

THÉATRES :

Théâtre Royal National, rue St. Constantin, pièces grecques et étrangères (troupe fixe).

Théâtre de la Ville, pendant l'hiver, pièces françaises et italiennes, quelquefois aussi drames (ancien-grec).

Théâtre d'été : Néapolis, rue Hippocrate.

Théâtre Nea Skyni, Place Omonia, côté O.

Théâtre d'été au Nouveau Phalère, opérette française ou opéra grec.

# ATHÈNES

## RENSEIGNEMENTS UTILES
### par ordre alphabetique.

— AGENCE DE VOYAGE —

**GHIOLMAN Frères**, place de la Constitution. Excursions intéressantes, avec ou sans Guide. Arrangements de premier ordre et à prix très modérés. Dépositaires pour la vente du présent Guide au prix de f^{rs}. 4.

— ASSURANCES SUR LA VIE —

L'AMIVEA (*La Mutuelle*), Première Société Hellénique d'Assurances sur la vie et de Prévoyance fondée en 1902. Siège Social rue du Stade, 45.

— BAINS —

*Dans tous les hôtels. — 1 à 3 frs.*

ASKLÉPIOS (à vapeur), rue Béranger, 26.
BAIN TURC, rue Kyrrestos, 8, près la Tour des Vents.
BAINS DE MER, au Vieux et au Nouveau Phalère.

— BANQUES —

D'ATHÈNES, rue du Stade.
IONIENNE, rue du Stade, 14.
NATIONALE, rue d'Eole.
D'ORIENT, rue Sophocle.
SCOUZÈS, rue du Stade, 44.

— BUREAUX DE CHANGE —

Nombreux dans la partie N. de la rue d'Eole.
S'informer du cours dans les journaux ou par les affiches dans la cour de la Bourse, rue Parthenaghoghiou.

— BRASSERIE —

PANHELLÉNIQUE, rue de l'Université.

— CAFÉS —

Dans presque toutes les rues ; les principaux sont :
ZACHARATOS, place de la Constitution au coin de la rue du Stade (journaux français et allemands).
ZACHARATOS, place Omonia, côté Nord.

— CAFÉS CONCERTS —

LA GAITÉ, près la rue du Stade.
PALAIS BLANC, place de la Concorde.

— CHANGEURS DE MONNAIES —
(Voyez Bureaux de Change).

— CIGARETTES ET TABAC —

Andronicos (D.), rue du Stade, 59.
Caïris (Jean), rue du Stade 49.
Callinopoulos (Jean), rue du Stade, 4.
Fourtounas (Al.), place de la Concorde.

**—COMPAGNIES de NAVIGATION à VAPEUR AU PIRÉE —**

En communication par téléphone avec Athènes.

*Khédivial Mail Steam Ship and Graving Dock Company L*ᵈ*.(Voir page 204-207).*

*Lloyd Autrichien.*

*Messageries Maritimes (Voir page 207/8).*

*Navigazione Generale Italiana (Voir page 209).*

*Norddeutscher Lloyd.*

*Panhellénique.*

*Russe.*

*Service Maritime Roumain.*

**— CONFISERIES —**

Balakakis (An.), place de la Concorde.

Théodorou (D. A.), rue du Stade, 36.

Yannakis (K.), rue de l'Université.

**— CONCERTS —**

Concerts de salons en hiver au Conservatoire, rue du Pirée; à l'école de musique Lottner, Rue Phidias.

Musique militaire, Jeudi et Dimanche l'après-midi, sur la Place de la Constitution; en été, tous les soirs, au Zappéion et au Nouveau Phalère.

**— DENTISTES —**

Inglessis (Jean G.), rue du Stade 51.

Manolitsakis (S.), rue de l'Université, 79.

**— EAU DE COLOGNE (Fabricant d') —**

Velissariou (K.), rue du Stade, 67.

**— EAUX —**

On se plaint à juste titre, hélas ! de la rareté et de la qualité de l'eau à Athènes. Il y en a peu et elle n'est pas bonne. Aussi les hôtels cherchent-ils, pour satisfaire leur clientèle, à se procurer de l'eau de quelque source, comme par exemple *l'Eau de Sariza* (Andrôs), qui est préférée par les habitans d'Athènes. Les touristes devraient conséquemment ne boire que cette eau tant durant leur séjour à Athènes que pendant leurs excursions aux environs.

**— EAUX MINÉRALES —**

Société anonyme des Eaux Minérales Potables de Grèce, passage Arsakion, 14. Eau d'Andros (source Sariza), eau de Loutraki, eau de Cyllène, eau de Tsagesi (Ossa). Medaille d'argent Exposition Internationale de Bordeaux 1907.

**— HOTELS DE 1ᵉʳ ORDRE —**

Aktaïon Palace, *au Phalère.*

D'Angleterre, place de la Constitution. Pension depuis 15 francs.

Grande Bretagne, place de la Constitution. Pension depuis 15 francs.

**— HOTELS —**

Alexandre le Grand, place de la Concorde; chambres depuis 3 francs. Pension 8 à 12 francs.

Hermès, rue de l'Université; chambres depuis 2 francs 50.

St Georges, rue du Stade, derrière le Parlement, Chambres 3-4 francs. Pension 7-8 francs.

**— JOURNAUX FRANÇAIS —**

**LE MONDE HELLÉNIQUE**, quotidien.

Le Messagero d'Athènes.

Le Progrès

— LIBRAIRES —

Déposit. pour la vente du présent Guide

Beck-Barth, pl. de la Constitution
Eleuthéroudakis (C.), place de la
Constitution.

— MALADIES DES YEUX —

**CHARAMIS (D' Spilios),** agrégé
d'Ophtalmologie à la Faculté
de Médecine. *Directeur de
l'Hospice et de la Clinique
Ophtalmologique de l'Hôpital
Zannion, etc.* Consult. de 8 à
12 h., rue Pirée, 20, Athènes.

— MÉDECINS —

**CHRYSOSPATHES (D' I.),**
agrégé à l'Université d'Athènes. Directr de la *clinique pr
maladies orthopédiques et Chi-
rurgicales des enfants,* rue de
l'Université et Thémistocle, 1.

**KEPHALOPOULO (D' D.),** *Maladies: Syphilitiques, de la peau
et du cuir chevelu.* Consultations de 9 à 12 et de 3 à 5 h.,
rue Gladstone, 1, (Haftia).

**KYTARIOLE (D' Emm. L.),**
Prof. agrégé à l'Université d'A-
thènes. Spécialiste pr les *maladies de la gorge, nez et oreilles.*
Consult. de 9 à 11 et de 4 à 5 h.,
rue Patissia, 15 T. (Haftia).

**MANGAKIS (D' M.),** Spécialiste
pr les *maladies du larynx, de la
gorge, du nez et des oreilles.*
Consult. de 10 à 11 h 30 et de
3 à 4 h., rue de l'Université, 85.

**PAPAÏOANNOU (Prof. D' Th.L.),**
direct. de la *Clinique chirur-
gicale et Gynécologique « St
Sauveur »* Consult. de 3 à 5 h.,
rue de l'Université, 77. A la
Clinique Papaïoannou, rue
Patissia, 94; de 10 à 12 h.

**PHOTINOS (D' Georges).** Spécialiste pour les *maladies de
la peau et vénériennes.* Chef de
Clinique de la Faculté à l'Hôpital des maladies cutanées
et vénériennes. Consultations
de 8 à 12 et de 3 à 5 h. à la
Clinique, rue Dorou, 7.

**PRAPOPOULOS (D' Char.),** directeur de la Clinique Elec-
trothérapeutique d'Athènes.
*Rayon X; Courant Galvanique,
parodique; Bains Statiques;
Haute Fréquence.* Inventeur
de la Prapopouline *contre l'E-
pilepsie.* Consult. de 10 à 12 et
de 4 à 5 h., rue Periclès, 46.

— PENSION —

MERLIN, au coin des rues Canari
et Sekeri, recommandable pour
séjour prolongé.

— PHOTOGRAPHES —

Beringer, rue Nicée.
Xanthopoulo (T.), rue d'Hermès.

— RESTAURANTS —

ASTI, avec jardin, rue du Stade.
AVEROFF, avec jardin, rue du Stade, 8.
PANHELLENIQUE, et brasserie, rue
de l'Université.

— TABACS —

Voyez Cigarettes

— ZINCOGRAPHE —

**CAZANI (E.),** atelier de Photo-
zincographie, le plus important de toute l'Anatolie, rue
Léca. Médailles d'argent aux
Exposition de Marseille 1900
et d'Athènes 1903.

## Sept EXCURSIONS dans L'ATTIQUE.

### 1° PHYLE en voiture et mulet.

On met environ deux heures et demie en voiture d'Athènes à Chassia. De là on prend un mulet qui vous conduit au sommet du Phyle en à peu près autant de temps. La forteresse de Phyle commandait la route d'Athènes à Thèbes, et était fortifiée depuis très longtemps ; mais elle est principalement connue par l'attaque dirigée par Thrasybule, depuis cet endroit contre les trente tyrans.

### 2° KIPHISIA et TATOÏ en voiture et par train et voiture.

Kiphisia a toujours été un lieu de villégiature favori des Athéniens ; on y trouve de la bonne eau et une luxuriante végétation ; il est dans une belle situation sur l'une des pointes de la montagne Pentélikon. Tatoï, à environ huit lieues de distance au pied de la montagne, est la résidence de la famille royale pendant l'été. C'est un charmant endroit avec parc et jardins. Vue splendide sur la plaine attique, Pentélikon et sur la côte près de Marathon.

### 3° MARATHON en voiture.

C'est une excursion d'une journée entière et l'on doit prendre avec soi de quoi manger. La route longe presque continuellement le pied de la montagne de Pentélikon, et on a quelquefois une belle vue sur la plaine de Marathon, la mer azurée et l'île d'Eubée. On va jusqu'au Soros, monticule érigé au milieu du champ de bataille sur les tombeaux des Grecs tombés. Du sommet on a la meilleure vue du champ de bataille où 10,000 Grecs battirent une armée perse dix fois plus nombreuse.

### 4° LAURION et CAP SUNION.—Train et voiture.

Le chemin de fer conduit en deux heures et demie environ à Laurion, fameux dans l'antiquité par ses mines de plomb et d'argent qu'on exploite encore aujourd'hui. De là on se rend en voiture en une heure à peu près au Cap Sunion ou Colonna. Sur le promontoire même sont des ruines considérables du temple d'Athéna, et de là on a une vue splendide sur l'Archipel. Suivant Lord Byron, il n'y a « dans toute l'Attique, si l'on en excepte Athènes même et Marathon, pas de scène plus intéressante que le Cap Colonna ». Il ne reste que peu de chose du temple de Posséidon, mais on trouve encore des ruines considérables des anciens murs fortifiés.

5° D'ATHÈNES à ELEUSIS en voiture aller et retour en 6 heures.

C'est l'excursion la plus intéressante et la plus charmante à faire dans le voisinage d'Athènes. La route traverse de beaux bosquets d'oliviers, longe le « Chemin sacré », passe près du Couvent de Daphné (bâti à la place du temple d'Apollon) où l'on fait une halte pour visiter les magnifiques mosaïques byzantines. A Eleusis visiter la Propylæ, le temple de Cérès, etc.

6° D'ATHÈNES à PENTÉLIKON, en voiture (landau) et mulet.

En voiture (deux heures) au Couvent de Pentele, le couvent le plus riche de l'Attique, situé à 1, 200 pieds anglais au-dessus du niveau de la mer. De là en mulet (qu'on doit faire envoyer d'Athènes), on monte sur la cime du Pentélikon (3,640 p. a.), en visitant en route les fameuses carrières de marbre et la grande grotte de stalactites. Du sommet, vue admirable sur la plaine et le Golfe de Marathon, l'Archipel grec, le Mont Parnasse, etc. Retour par mulet au Couvent, de là en voiture à Athènes. On emporte son déjeuner d'Athènes.

7° D'ATHÈNES à AEGINA, le TEMPLE D'ATHÉNA en revenant par le
GOLFE DE SALAMIS.

Ces excursions sont fréquemment organisées ; on quitte Athènes par le chemin de fer du Pirée, et de là par bateau à vapeur spécial. Retour par chemin de fer. Emporter son déjeuner.

---

### Cinq **EXCURSIONS** dans le **PELOPONÈSE.**

---

1° ATHÈNES, VIEUX-CORINTHE, ARGOS, TIRYNS, NAUPLIE,
MYCÈNES ET OLYMPIA.

1re jour.—On quitte Athènes par le premier train pour Corinthe et de là en chemin de fer à Mycènes ; On se rend ensuite en voiture à l'Acropole, Trésors, Porte des Lions, etc., puis aux ruines d'Argos et après à Tiryns. On arrive à Nauplie vers 6 h. du soir. On loge à l'hôtel.

2me jour.—On prend le train du matin pour Corinthe. On revient en voiture au Vieux-Corinthe pour prendre le train de Patras, où l'on arrive à temps pour le dîner.

3me jour.—On quitte Patras par le train du matin pour arriver à Olympia vers midi. Dans l'après midi on visite les ruines et on passe la nuit à Olympia.

Cette excursion est vivement recommandée.

Les tours 1 et 2 peuvent aussi être fait par bateau à vapeur (tous les jours) du Pirée à Nauplie par l'itinéraire suivant:

**1er jour.**—Départ d'Athènes de bonne heure pour le Pirée (par chemin de fer ou voiture), bateau à vapeur pour Nauplie, s'arrêtant aux îles d'Aegina, de Poros, d'Hydra et de Spetsia, et arrivant le soir à Nauplie. Coucher à l'hôtel des Etrangers.

**2me jour.**—Excursion à Epidaure et retour à Nauplie.

**3me jour.**—En voiture à Héracon et retour à Nauplie.

**4me jour.**—En voiture à Tiryns, Argos, Mycènes et de là en chemin de fer à Athènes via Corinthe.

### 3° PATRAS, ITHAQUE, CÉPHALONIE, ZANTE, ACARNANIE
### et CORFOU.

Cette excursion peut être faite seule ou en combinaison avec la pluspart des autres.

**1er jour.**—De Patras à Ithaque par bateau à vapeur.

**2me jour.**—Ithaque. La renommée de cette île est naturellement dûe à l'épopée de l'Odyssée d'Homère.

Ulysse était roi d'Ithaque, et jusqu'à ce jour l'île et même les habitants répondent admirablement à la description faite dans ce poème. Le golfe où Télémaque débarqua, l'endroit de la ville homérique d'Ithaque, la Grotte des Nymphes, le château, le palais d'Odyssé, la Source Aréthuse et le rocher Corax, les pâturages d'Eumeos et le port de Phorkys (où les Phéniciens mirent Ulysse à terre après ses migrations) et d'autres endroits peuvent être vus et examinés.

**3me jour.**—D'Ithaque à Céphalonie en barque (une heure et demie) et en voiture à Argostoli, la ville principale de l'île (quatre heures).

**4me jour.**—Visite des vastes ruines de Kranioi, du château de Saint-Georges datant du moyen-âge, et des fameux Moulins de mer mis en mouvement par un courant d'eau salée remontant à l'intérieur des terres: phénomène unique. La maison où logeait Lord Byron est de même à voir.

**5me jour.**—De Céphalonie à Zante. Comme toutes les autres îles de ce groupe, Zante est extrêmement belle. Le vieux château vénitien offre une vue splendide.

**6me jour.**—De Zante à Missolonghi (cinq heures). Missolonghi, fameux comme quartier-général des Grecs pendant la geurre d'indépendance et par le nombre de sièges qu'il à soutenu. Les tombeaux et les monuments des héros grecs sont intéressants ainsi que le monument élevé à Lord Byron, à la place où son cœur est enterré.

4me jour.—Après la visite du Musée on prend le train qui correspond avec les bateaux à vapeur partant de Patras. Cette belle mais petite tournée, est indiquée pour ceux dont le temps est limité où qui doivent arriver à temps pour le bateau de Patras. Six jours y compris Acro-Corinthe, et qui permettent à faire une inspection des antiquités à son aise, sont bien employés pour cette contrée. La même observation se rapporte aux deux tours suivants. Si c'est possible on recommande beaucoup aux visiteurs d'aller voir aussi Delphes, actuellement peut-être le plus intéressant de tous les endroits où l'on a fait des fouilles. Epidaurus peut être combiné avec ce tour-ci et les suivants, de la même manière que c'est démontré pour le tour ci-après.

2° ATHÈNES, CORINTHE, NAUPLIE, TIRYNS, ARGOS, MYCÈNES, EPIDAURE, ATHÈNES, (Trois ou quatre jours).

1er jour.—Départ d'Athènes à 7 h. 30 du matin par le premier train pour Corinthe, visite du Vieux-Corinthe ; on se rend ensuite en chemin de fer à Nauplie, où on loge à l'hôtel.

2me jour.—Partir de bonne heure en voiture pour Tiryns, (une demi-heure), l'emplacement de la plus ancienne ville de la Grèce avec des murs cyclopéens remarquables. De là voiture pour Argos (une heure), où l'ancien théâtre et le Musée forment la principale curiosité ; le trajet en voiture de là à Mycènes dure une heure et demie ; visite d'Acropole, du Trésor, de la Porte des Lions, du Tombeau d'Agamemnon, etc., ensuite en voiture à Phichtia, pour prendre le train d'Athènes, qui arrive à 7 h. du soir.

Prolongation par EPIDAURE et le HÉRAEON.

Deux jours de plus sont nécessaires. Le second jour on se rend en voiture à Epidaure via Tiryns et on revient à Nauplie. Le troisième jour en voiture au Héraeon et retour à Nauplie.

L'Héraeon était le Sanctuaire national d'Argolis, correspondant au temple de l'Acropole d'Athènes, mais plus antique. C'était ici que les commandants de l'expédition contre Troie jurèrent fidélité et obéissance à Agamemnon. Les archéologues américains ont opéré ici des fouilles avec grand succès.

A Epidaure on voit le théâtre le plus beau et le mieux conservé de la Grèce. Epidaure étant le siège principal du culte d'Asklepios, le temple d'Asklepios et ses dépendances sont d'un intérêt particulier.

7<sup>me</sup>jour.—De Missolonghi à Agrinion (Vrachori) en voiture. Sur la route, l'ancienne ville de Pleuron, dont les vastes murs et portes sont remarquablement bien conservés.

8<sup>me</sup>jour.—D'Agrinion à Kravassara en voiture. La route qu'on suit est historique, et l'on visite Stratos, l'ancienne capitale de l'Arcananie.

9<sup>me</sup>jour.—Par bateau à vapeur de Kravassara à Corfou. Le bateau s'arrête à Prévéza et ordinairement on a le temps [de descendre à terre pour voir la ville turque. Des bateaux partent de Corfou pour d'Italie et Trieste plusieurs fois par semaine, mais quelques jours (deux) peuvent être employés d'une manière agréable à visiter les différentes parties de l'île.

Une prolongation de ce tour serait :

PRÉVÉZA, ARTA, JANINA, SANTI-QUARANTA, CORFOU.

Ceci comprendrait la partie la plus intéressante de l'Epire, mais on pourrait faire des arrangements pour beaucoup d'autres excursions en Epire et en Dalmatie.

4° ATHÈNES, (Aegina, Poros), CORINTHE, NAUPLIE, TIRYNS, ARGOS, MYCÈNES, TRIPOLITZA, MEGAPOLIS, ANDRITSENA, TEMPLE DE BASSAE, KRESTENA, OLYMPIA, PATRAS, ATHÈNES. (Neuf jours).

1<sup>er</sup> jour.—Train pour Corinthe. En voiture au Vieux-Corinthe et on monte à Acro-Corinthe sur des mulets. La vue dans l'après-midi est vraiment magnifique. On loge dans un bon hôtel de Corinthe.

2<sup>me</sup>jour.—Train pour Phichtia, puis voiture pour Mycènes, Argos, Héraeon et Nauplie. Loger dans un hôtel confortable.

3<sup>me</sup>jour.—En voiture à Tiryns et Epidaure, retour à Nauplie.

4<sup>me</sup>jour.—On quitte Nauplie par chemin de fer (Trois heures et demie) pour Tripolitza (3,000 pieds au-dessus du niveau de la mer); par le défilé de Parthénion on traverse un paysage magnifique jusqu'à Megapolis. Ici des fouilles ont été faites sous la direction de l'Ecole archéologique britannique d'Athènes. On loge dans une maison particulière.

5<sup>me</sup>jour.—A Andritsaena en voiture (huit heures) en passant près de Karytena, le village le plus pittoresque de la Grèce. On loge dans une maison particulière.

6<sup>me</sup>jour.—Excursion au temple d'Apollon de Bassae à cheval (six heures).

7<sup>me</sup>jour.—A Krestène à cheval (neuf heures); l'ancien Skillus, mémorable par sa connexion avec Xénophon. Loger dans une maison particulière.

8<sup>me</sup>jour.—A Olympia à cheval (deux heures) en traversant la rivière Alpheios par bac. La journée peut être totalement employée pour voir le fameux musée avec l'Hermès de Praxitèle, le temple de Jupiter et de Junon, le Stade, etc., etc. On loge à l'Hôtel du Chemin de fer.

9<sup>me</sup>jour.—Train pour Patras et Corinthe et pour Athènes, où l'on arrive à 7 h. du soir. Si l'on consacre trois jours de plus à cette tournée, on peut visiter encore Sparte et Mistra.

5° ATHÈNES, CORINTHE, MYCÈNES, ARGOS, TIRYNS, EPIDAURES, NAUPLIE, TRIPOLITZA, SPARTE, MISTRA, DÉFILÉ de LANGADA, LADA, KALAMATA, MESSÈNE et ITHOME, PHIGALIA, TEMPLE DE BASSAE, ANDRISTAENA, OLYMPIA, PATRAS. (Athènes douze jours, avec Epidaure treize jours).

1<sup>er</sup>, 2<sup>me</sup>, 3<sup>me</sup> et 4<sup>me</sup> jour.— Même itinéraire que les jours de l'excursion précédente jusqu'à Tripolitza.

5<sup>me</sup>jour.—A Sparte en voiture (huit heures). Loger à l'hôtel.

6<sup>me</sup>jour.—A Lada, à cheval, via Mistra et le défilé de Langada (sept heures).

7<sup>me</sup>jour.—De Lada à Kalamata à cheval. Visite du château puis en chemin de fer à Zeferimini au pied du mont Ithom. On loge dans une maison privée.

8<sup>me</sup>jour.—Visite d'Ithome, des Portes de Messènes et d'Arcade, des Fortifications et d'autres curiosités. On revient à Zeferimini et on prend le train pour Diavolitzi. Loger dans une maison particulière.

9<sup>me</sup>jour.—A Phigalia à cheval (sept heures et demie). Maison privée.

10<sup>me</sup>jour.—A cheval à Andritsaena par le temple de Bassae (six heures et demie).

11<sup>me</sup>, 12<sup>me</sup> et 13<sup>me</sup>jour.—Comme le 7<sup>me</sup>, 8<sup>me</sup> et 9<sup>me</sup> jour de l'excursion N° 4. — Si on le désire, cette excurtion peut être raccourcie d'un jour, en allant le 8<sup>me</sup> jour de Diavolitzi à Andritsaena, laissant ainsi de côté Phigalia.

En connexion avec une de ces excursions et en touchant Olympia, on pourra faire une très intéressante prolongation comme suit :

**1er jour.**—D'Olympia. A cheval d'Olympia à Divri (huit heures).

**2me jour.**—A cheval au monastère Saint-Théodore.

**3me jour.**—A cheval via Kalavrita à Megaspéléon (six heures). Mégaspéléon a une situation remarquable, et est le plus grand et le plus important monastère de la Grèce.

**4me et 5me jour.**—A la chute du Styx et le sommet du Mont Chelmos, et retour à Megaspéléon.

**6me jour.**—En chemin de fer à Athènes depuis Patras.

——o——

# Grèce septentrionale.

Les tournées ci-après dans la Grèce septentrionale et la Thessalie, comprenant les endroits les plus visités, peuvent être faites conjointement avec une ou l'autre des excursions du Péloponèse, sans nuire à aucune d'elles.

ATHÈNES, ACRO-CORINTHE, DELPHES, LIVADIE, THÈBES,
ATHÈNES. (Quatre jours).

**1er jour.**—En chemin de fer à Corinthe. Visiter le Vieux-Corinthe et Acro-Corinthe. Loger dans un bon hôtel.

**2me jour.**—Vapeur pour Itéa. De là en voiture à Delphes (deux heures et demie). Loger dans une maison particulière.

**3me jour.**—Une partie du jour précédent et le jour même peuvent être employés à une inspection de Delphes et du voisinage. Vers le soir à cheval (une heure et demie) à Arachova. Loger dans une maison particulière.

**4me jour.**—A Livadia via Charconea à cheval (huit heures). Loger à l'hôtel.

**5me jour.**—A Thèbes en voiture (six heures). Loger à l'hôtel.

**6me jour.**—A Athènes en voiture avec relais (cinquante milles anglais, dix heures) en traversant le Mont Cithaeron, via Eleusis.

Ce tour et suivant peuvent être faits dans la direction opposée.

## PORTARIA

Vue générale de Portaria.

**PORTARIA**, à 13 kilom. de VOLO, est située sur le Pilion, dans une position splendide, à une altitude de 700ᵐ, et présente par sa superbe végétation un site des plus pittoresques. — Au milieu de cette luxuriante végétation il y a le *Grand Hôtel Théoxénia* dont l'installation offre tout le confort désirable *(Voir page 420).*

Service de voitures entre Volo et Portaria et vice-versa deux fois par jour en 2 heures 1/2. Prix 2 drahmes par personne.

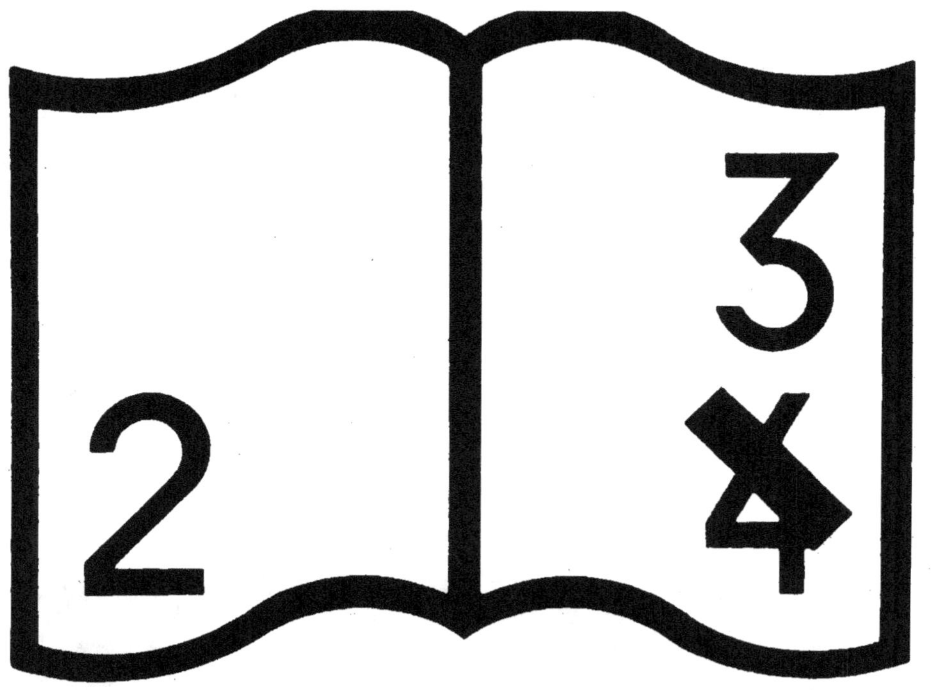

Pagination incorrecte — date incorrecte

**NF Z 43**-120-12

## NOTICE SUCCINCTE SUR DELPHES

Pendant quelques années les Français ont pratiqué des fouilles à Delphes, et le résultat a surpassé de beaucoup les attentes les plus optimistes. Les ruines sont beaucoup plus complètes qu'à Olympie, et il est facile de reconstruire et de reconnaître les édifices principaux. Comparez le paragraphe suivant d'un journal :

« Le gouvernement a décidé de restaurer le « Lion de Chéronée », un monument érigé en l'honneur des héros tombés dans « la bataille d'Athènes et de Thèbes contre Philippe. Le monument érigé par le Trésor d'Athènes, dont toutes les parties ont été retrouvées pendant les fouilles de l'Ecole française, sera de même restauré à Delphes, sous la direction de M. Homolle, directeur de l'Ecole d'Athènes».

De même la découverte d'objets d'art, etc.. a été d'une importance considérable. Un guerrier sur un chariot en bronze, à lui seul, mériterat, pour être vu, un voyage à travers l'Europe. Nous engageons tous ceux qui peuvent le faire, de ne pas manquer d'aller à Delphes.

— —o— —

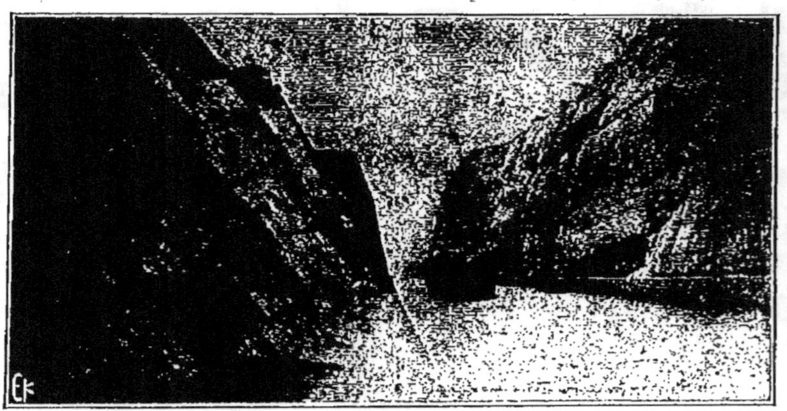

Canal de Corinthe

**Suit: Chemin de fer Pirée-Athènes-Péloponèse.**

# CHEMINS DE FER PIRÉE ATHÈNES PELOPONÈSE

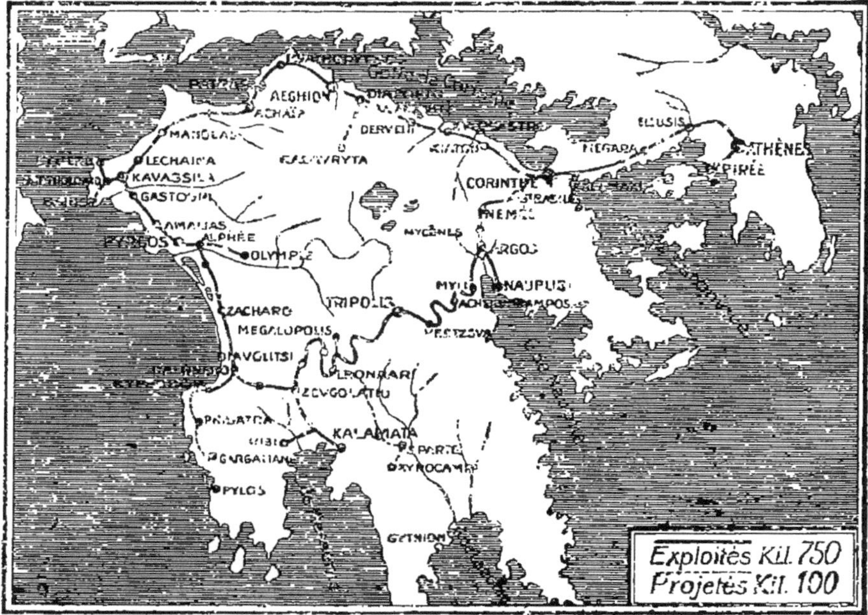


La ligne principale *des chemins de fer Pirée-Athènes-Péloponèse*, partant-du quai du Pirée se dirige sur Athènes, passe au pied du mont Parnès, traverse successivement Eleusis (ruines du temple de Demetra et musée), Megara et, longeant le rivage du golfe Saronique, aboutit à Corinthe en passant sur le pont qui relie les deux rives du Canal. De Corinthe la ligne principale se dirige sur Patras en longeant le golfe de Corinthe, en face des monts Parnasse et Hélicon.

De Patras la ligne continue vers Pyrgos, les Eaux de Cyllène et Olympie, où l'on voit les ruines du temple de Jupiter, le musée archéologique contenant l'Hermès de Praxitèle, la Niké de Paeonius, etc. Les ruines admirables et le site pittoresque d'Olympie, où se célébraient dans l'antiquité les fameux jeux Olympiques, attirent pendant toute l'année une foule de voyageurs ; aussi la compagnie y a-t-elle fait construire un splendide hôtel. De Pyrgos la ligne traversant l'Alphée sur un pont de 300 mètres arrive à Kyparissia et rejoint la ligne de Calamata par l'embranchement de Calonero-Zevgalatio.

L'embranchement de Corinthe à Calamata, avec arrêt à Mycènes (tombeau d'Agamemnon), passe à Argos (relié à Nauplie par un embranchement, avec arrêt à Tirynthe, *murs Cyclopéens*) à Tripolis (d'où excursion en voiture à Tegea et à Sparte *Mistra*) à Bilali (relié par un embranchement à Megalopolis, (d'où excursion en voiture au temple de Phigalie) et aboutit à Calamata avec arrêt à Tseferemini (d'où excursion à Ithomé).

La Station de Nissi est desservie par un embranchement partant d'Asprochoma.

A Zevgalatio est le point de raccordement de la ligne Pyrgos - Kyparissia qui permet de faire le tour du Peloponèse en chemin de fer, par *billets circulaires* valables pour un mois, au prix de Dr. 60 en première classe et Dr. 50 en seconde.

Sur le tronçon du chemin de fer *à crémaillère* (23 kil.) qui franchit la gorge de Diacofto à Kalavryta (anciens monastères, antiquités byzantines), on jouit de superbes vues.

suit Itinéraires

## ITINÉRAIRES

**P. A. P.**  ·  Service d'Hiver **1908**

### Ligne Pirée Kalavrita, Patras Olympie

| Prix des Billets à partir d'Athènes — A | B | KIL. | MAT. | MAT. | EXPRESS SOIR | STATIONS | SOIR | SOIR | EXPRESS |
|---|---|---|---|---|---|---|---|---|---|
| | | | 6.10 | 10.40 | 12.35 | dép. Pirée » | 7.50 | 5.20 | 3.20 |
| | | 9 | 7.00 | 11.30 | 1.20 | « ATHÈNES arr. | 7.10 | 4.40 | 2.45 |
| 9.20 | 7.30 | 100 | 10.25 | MAT. | 4.12 | » Corinthe » | 4.03 | 1.11 | 12.00 |
| 26.80 | 19.90 | 199 | dép.10 MAT. | arr. 4 SOIR | | arr. Kalavrita | dép.10 MAT. | arr. 4 SOIR | |
| 19 50 | 15.50 | 191 | 1.53 | 5.47 | 6.34 | » Eghion » | 12.55 | 8.56 | 9.21 |
| | | | 3.35 | 7.10 | 7.45 | | 11.35 | 7.10 | 8.15 |
| 25.— | 18.— | 231 | | MAT. | | dép. / arr. PATRAS dép. / arr. | | MAT. | MAT. |
| | | | 3.45 | 6.45 | | | 10.45 | 6.00 | |
| 35.50 | 26.30 | 313 | 7.10 | 10.35 | | » Kyllène » | 5.45 | 2.10 | |
| 37.70 | 28.10 | 330 | 7.35 | 11.00 | | » Pyrgos » | 6.45 | 2.00 | |
| 40.40 | 30.20 | 351 | 8.40 | 12.10 | | » OLYMPIE dép. | 5.50 | 1.00 | |
| | | | SOIR | Midi | *Lundi Mercredi Samedi* | | SOIR | SOIR | *Mardi Jeudi Vendredi* |

### Ligne Pirée, Nauplie, Tripolis, Mégalopolis, Kyparissia, Kalamata

| D'Athènes — A | B | kil. | MAT. | MAT. | STATIONS | SOIR | SOIR |
|---|---|---|---|---|---|---|---|
| | | | 5.40 MAT. | 10.40 MAT. | dép. Pirée » | 8.55 » | 5.20 » |
| | | 9 | 6.30 » | 11.30 » | » ATHÈNES arr. | 8.20 » | 4.40 » |
| 9.20 | 7.30 | 100 | 9.45 » | 2.50 SOIR | » Corinthe » | 5.15 » | 1.11 SOIR |
| 14.80 | 11.70 | 141 | 11.41 » | 5.10 » | » Mycène » | 3.13 » | 9.57 » |
| 15.70 | 12.50 | 164 | 12.40 SOIR | 6.05 » | arr. Nauplie » | 2.05 » | 8.45 » |
| | | | 3.09 » | — | | 12.13 SOIR | 6.00 MAT. |
| 23.20 | 18.60 | 222 | | | » dép. TRIPOLIS dép. / arr. | | |
| | | | 3.23 » | 10.00 MAT. | | 11.58 » | 7.30 » |
| 29.20 | 22.— | 289 | 5.42 » | 12.47 SOIR | arr. Mégalopolis » | 9.10 » | 5.42 » |
| 34.50 | 25.75 | 339 | 8.33 » | 4.53 » | » Kyparissia » | 5.20 » | 4.53 » |
| 80.— | 22.— | 336 | 8.20 » | 5.10 » | » KALAMATA dép. | 7.— MAT. | 12.40 SOIR |

### Ligne Patras, Pyrgos, Kyparissia, Kalamata

| De Patras — A | B | kil. | MAT. | MAT. | STATIONS | SOIR | EXPRESS |
|---|---|---|---|---|---|---|---|
| | | | — | 6.45 MAT. | dép. PATRAS arr. | 6.00 » | — |
| -12.70 | 10.10 | 99 | 6.10 MAT. | 11.25 » | » Pyrgos » | 2.00 SOIR | 6.45 » |
| | | | 8.40 » | 2.00 SOIR | | 9.20 | 4.10 » |
| 20.80 | 16.80 | 162 | | | arr. / dép. Kyparissia dép. / arr. | | |
| | | | 5.20 » | 1.10 » | | 10.10 » | 4.53 » |
| 27.90 | 22.75 | 229 | 8.45 » | 5.10 » | arr. KALAMATA dép. | 7.— MAT. | 12.40 SOIR |

**TRAINS EXPRESS** avec wagon de luxe et voitures de A et B classe, de Pirée-Athènes à Patras les *Lundis, Mercredis, Samedis* et de Patras à Athènes-Pirée les *Mardis, Jeudis* et *Vendredis* en correspondance à Patras avec le départ et l'arrivée des bateaux à vapeur pour Brindisi-Trieste. — **Prix des Billets, luxe Dr 33.40.—A cl. 28.40.—B cl. 23.65.**

## EXCURSIONS d'ATHÈNES à:

| ALLER : | RETOUR : |
|---|---|
| Eleusis en 0 h 50 — dép 6.30, 7.00, 8.30, 11.30 m. | d'Eleusis 3 h. 33; 5.05; 6.10; 7.25 s. |
| Corinthe en 3h — » » » » » » » | de Corinthe 1 h. 11; 1.45; 4.03; 5.15 s. |
| Mycènes en 5h 10 — » 6.30 (arrêt 3 h 33) | de Mycènes 3 h. 13 arr. à Athènes 8 h 20 s. |

Olympie 13 h 40 (en 3 jours) :

| | |
|---|---|
| Athènes dép. 7.00 m. | —Olympie arr. 8.40 s. |
| Olympie » 1.00 s. | —Patras » 6.00 s |
| Patras » 7.10 m 11.35 | —Athènes » 4.40, 7.10 s. |

# 9<sup>me</sup> PARTIE

# EGYPTE

# VENISE   La Ville des Doges-Unique au Monde

## La plus belle plage d'Europe

**HOTEL ROYAL DANIELI** à côté du Palais des Doges.
**EXCELSIOR PALACE HOTEL** sur la Plage.
**GRAND HOTEL** sur le Grand Canal.
**GRAND HOTEL des BAINS** sur la Mer.
**HOTEL REGINA** (Rome & Suisse) sur le Grand Canal.
**HOTEL VILLA REGINA** sur la Grande Allée du Lido.
**GRAND HOTEL LIDO** à S. Marie Elisabeth du Lido, en face
de Venise.
**HOTEL VICTORIA** à côté de la Place St. Marc.
**HOTEL BEAU RIVAGE** sur le Quai des Esclavons, Bassin
de St. Marc.

VILLAS, PARCS, JARDINS, CONFORTS MODERNES, AMUSE-
MENTS LES PLUS VARIÉS, Grand Kursaal, Casino, Cercle des
Sports, Théâtres, Café Concerts, Fêtes, Sérénades, Grand
Etablissement des Bains et Cabanes sur la Plage, Grandiose
Etablissement d'Hydrothérapie et Kinesitherapie, Sports
Nautiques, Hippiques, Automobiles.

SERVICE EXPRESS AVEC BATEAUX MOTEURS ENTRE TOUS
LES HOTELS ET LE **Garage Royal SAV**
A MESTRE et du LIDO à la GARE de VENISE

# EGYPTE

**L'EGYPTE** est à proprement parler, la partie de la vallée du Nil comprise entre la 1<sup>re</sup> cataracte d'Assouan (24ª 5' 2") et la Méditerranée (31° 30').

Le nom Egypte, usité seulement par les Européens, dérive du mot grec *Haikouphtah* (Château des doubles de Phtah) donné à la ville de Memphis dans un grand nombre de textes hiéroglyphiques. Les égyptiens l'appelaient anciennement *Qaïmit* (terre noire) et les peuples sémitiques, *Major* (de l'Hébreu) ou bien *Mousri* la fortifiée, (de l'Assyrien). Son nom arabe actuel est *Masr*, dérivant d'un de ces derniers mots.

**L'Egypte** devient de plus en plus le séjour de tous ceux qui, autrefois, passaient la saison d'hiver sur la *Riviera*. Les touristes, les chasseurs, les amateurs du sport nautique y trouvent de quoi satisfaire leur passion ; le chercheur du repos ne manque pas de le trouver dans ce pays baigné de soleil.

### Arrivée à Alexandrie.

On aperçoit d'abord un phare blanc et à mesure que le vapeur approche, apparaissent, à droite de ce phare, deux cheminées d'usine et à gauche une multitude de constructions précédées du magnifique Palais du Khédive au bord de la mer. Plus à gauche on voit *Ramleh*, belle plage entourée de maisons de plaisance avec Casino et Hôtel (San Stéfano) ; station de bains de mer très fréquentée par le monde élégant du Caire et d'Alexandrie. Un service de tramway électrique et une ligne de chemin de fer, desservent cette station balnéaire et les campagnes de la côte. On a ensuite devant soi, le vieux port avec ses fortifications ; les toits des maisons en pierre, au-dessus desquels semblent jaillir les coupoles des mosquées et des minarets. L'arrivée du bateau est généralement en coïncidence avec le train partant pour le Caire (*). Le voyageur qui visite pour la première fois Alexandrie, ne doit pas manquer de s'y arrêter un jour pour voir les tombeaux romains de *Kom-el-Chougafa*, le Musée *Gréco-Romain* et la colonne de Pompée.

---

(*) La station du Chemin de fer est à une demi-heure des quais. Course en voiture 5 piastres.

**Colonne de Dioclétien, dite de Pompée.**

Cette colonne de 18 m. de haut, construite par Dioclétien, est le plus important monument d'Alexandrie. C'est sur le chapiteau de cette colonne que Bonaparte avec quelques officiers de son état-major firent un déjeuner, resté célèbre.

Sous la colonne se trouvent des hypogées et, un peu plus loin, les tombeaux romains de *Kom-el-Chouyafa*, découverts en 1900.

**ALEXANDRIE.** Ville de 292,538 habitants, située sur une langue de terre sablonneuse, formée par la Méditerranée et le lac Mariout. Place principale du commerce de l'Egypte avec l'étranger. Tête de ligne du réseau égyptien.

On y remarque les nouveaux magnifiques Quais, récemment construits sur le Port neuf; rendez-vous du monde élégant de la ville.

PRINCIPAUX ÉDIFICES : Le Palais Khédivial de *Ras-el-Tine* ; le Palais de Justice des juridictions mixtes ; la nouvelle Bourse Khédiviale sur la grande place des Consuls ; la Bourse de *Minet-el-Bassal*, très importante par son commerce d'exportation ; l'arsenal ; la douane, etc.

Le quartier turc et arabe à côté de la ville européenne, mérite aussi d'être visité. Ce quartier purement oriental, avec ses petites rues et ses bazars, est assez intéressant.

La ville possède un très beau théâtre (Zizinia) et 3 clubs : *Le Khédivial*, près de la Bourse ; le *Mohammed Aly*, rue Rosette, et le *The Union*.

### Principaux Hôtels :

*New Khedivial Hotel*, 200 chambres et salons, restaurant de 1er ordre, grill room, orchestre de tsiganes ; propriétaires The Splendid Hotel of Egypte Cº ; directeur général E. Fleury.

*Windsor Hotel*, situation unique sur le nouveau quai ; grand restaurant, vérandah où l'on dîne en plein air, concert musical tous les soirs ; propriétaire Aug. van Millingen.

### Trains directs d'Alexandrie au Caire.

HORAIRE

*Durée du trajet : de 3 h. à 3 h. 1/2.*

| DÉPART | | | ARRIVÉE | | |
|---|---|---|---|---|---|
| D'Alexandrie | 7 h. — mat. | | au Caire | 10 h. 25 mat. | |
| Id. | 9 » — » | | Id. | 12 » 20 soir | |
| Id. W.R. (*) | 12 » — » | | Id. | 3 » 05 » | |
| Id. | 3 » 40 soir. | | Id. | 7 » 10 » | |
| Id. | 4 » 25 » | | Id. | 7 » 25 » | |
| Id. W.R. | 6 » — » | | Id. | 9 » 20 » | |
| Id. W.L. (**) | 11 » 30 » | | Id. | 6 » — mat. | |

(*Retour, Voir page 367*).

PRIX DES PLACES

Ire Classe Piastres 87.50. — IIme Classe Piastres 43.50.
Supplément pour Wagons-lits par place     »   30.—.

---

(*) W. R.—Wagon-Restaurant.
(**) W. L.—Wagon-Lit.

## LE CAIRE ET SES ENVIRONS.

**LE CAIRE**, ville de 665,000 habitants, située sur la rive droite du Nil, reliée au fleuve par son principal faubourg *Boulac*, qui en est pour ainsi dire le port. Résidence du Khédive et de sa famille au Palais d'Abdine. Siège des ministères et de la plupart des administrations.—Station hivernale. Centre des lignes de la haute Egypte et de la basse Egypte. Observatoire Khédivial. Théâtre de l'Opéra. Magnifique Jardin l'*Esbekieh*.

Huit jours suffisent à peine pour bien connaître Le Caire, dont l'étude des rues demande, à elle seule, trois jours. Dans aucun pays du monde on ne trouve des contrastes aussi frappants : à côté des pauvres huttes, on voit des Palais merveilleux, des tombeaux monumentaux et des hôtels grandioses !

Cette ville présente une multitude de choses remarquables et étranges ; le luxe européen le plus raffiné se trouve voisin de la munificence orientale comme aussi de la plus grande pauvreté.

On y rencontre des Turcs, des Bédouins, des Fellahs, des Nubiens, des Persans, des Soudanais, coudoyant d'élégants touristes européens et dans ce chaos pittoresque on voit passer devant soi de magnifiques équipages, des cavaliers, des chameaux, des caravanes, etc.

Les Mosquées, les Tombeaux des Khalifes et des Derviches, les Musées, les Bazars, les Palais, etc., méritent chacun une visite spéciale.

**MOSQUÉES.**— Pour visiter les mosquées on doit se munir de cartes (coût 2 piastres). On en vend à la porte des mosquées et dans les hôtels.

MOSQUÉES qui par leur ancienneté et la beauté de leur architecture méritent une mention spéciale.

**MOSQUÉE MOHAMMED ALY,** une des plus grandes du Caire, située dans l'enceinte de la Citadelle. Dans l'esplanade on voit une horloge offerte par Louis-Philippe de France. A l'extérieur de la mosquée un puits appelé «puits de Joseph» de 290 pieds de profondeur.

Mosquée Mohammed Aly et la Citadelle.

**MOSQUÉE DE HASSAN,** construite vers la fin du XIII\u1d49 siècle par El Malek el Nasser Aboul Maaïl Hassan, Ebn-Mohammed Ebn Kalaoun, dont elle renferme le tombeau, qui est placé dans la seconde partie de l'édifice sous l'immense coupole qui domine le monument.

Une porte monumentale supportant un dôme donne accès dans une grande cour, contenant au centre une fontaine.

Cette mosquée est remarquable par ses grandes et belles proportions ornées de remarquables sculptures et par les diverses inscriptions qui en ornent les murs. Elle est du type cruciforme adopté alors en Egypte, et a coûté, dit-on, 10,000,000 de francs. Aujourd'hui elle tombe presque en ruines.

Mosquée de Hassan.

**MOSQUÉE DE KAÏT BAY,** construite au XV<sup>e</sup> siècle. Cette petite mosquée est un très beau spécimen de l'art oriental. Les murs sont recouverts de mosaïques remarquables.

**MOSQUÉE D'EL-AZHAR,** située aux environs de Mousky dans la rue El Halwagu. Construite en l'an 972 de notre ère par le Grand Vézir, Gawhar ; la plus ancienne après celle de Touloum.

Elle se compose d'une grande cour entourée de portiques : celui de l'E., qui est celui de la prière, est formé de 9 travées ; 392 colonnes en marbre, porphyre ou granit, soutiennent cette vaste construction, convertie en 988, en Université.

**L'UNIVERSITÉ D'EL-AZHAR** est la plus grande et la plus célèbre des universités théologiques et littéraires de l'Islam ; elle compte environ 9,000 étudiants et 388 professeurs. M. Gérard écrivait avec raison en 1882 : «L'université d'El-Azhar a attiré à elle la vie scientifique de tous les pays musulmans: ce que la Mecque et Médine sont pour les cérémonies du culte, la mosquée d'El-Azhar l'est pour la science ».

Dans la bibliothèque de l'Université d'El-Azhar se trouvent environ 14,000 volumes, presque tous des manuscrits. On y admire divers exemplaires du Koran, véritables œuvres de patience et d'art. Le plus remarquable de ces manuscrits est une copie du Koran attribuée à la fille du Sultan Qualaoun.

Université (ancienne Mosquée d'El-Azhar).

**BIBLIOTHÈQUE KHÉDIVIALE, rue Mohammed Ali.**

Ouverte en hiver tous les jours excepté les vendredis et les jours fériés musulmans.

Cette bibliothèque contient 66,000 volumes, dont 13,000 manuscrits arabes.

Dans une salle spéciale se trouve une collection de 700 manuscrits du Koran ; cette précieuse collection est reconnue la plus riche du monde. On y voit des papyrus datant du premier siècle de l'Hégire, et la plus importante collection de monnaies que l'on a connue, composée de plus de 4,000 pièces en or, en argent et en bronze, de l'époque des Khalifes Abbassides et Umaïyades, des Mamelouks, des Turcs et des Circassiens.

Dans le même bâtiment que la bibliothèque, se trouve le musée Arabe contenant une très belle collection d'antiquités arabes provenant des anciennes mosquées du Caire et de celles de la Haute et de la Basse Egypte.

**MUSÉE DES ANTIQUITÉS EGYPTIENNES**, dans le quartier Kasr-el-Nil.

Ouvert tous les jours de 10 h. à 5 h. excepté les vendredis et les jours fériés musulmans.

Les catalogues sont en vente à la porte : en anglais, piastres 20 : en français piastres 16.

C'est un magnifique monument, surmonté d'une coupole, qu'on aperçoit de loin.

Le rez-de-chaussée contient des statues colossales, des sarcophages, des stèles, etc. ; les momies et autres objets moins encombrants sont placés à l'étage supérieur.

Dans une salle spéciale on vend des antiquités authentiques, à leur juste valeur.

**BAZARS.**— Les bazars sont très nombreux et éparpillés dans toute la ville. Les principaux se trouvent dans le Mousky, une des rues les plus fréquentées, et dans les quartiers qui l'environnent.

LES BAZARS DU KHAN KHALIL sont aussi très importants ; ils sont pour la plupart tenus par des turcs, des arabes et des persans. On y trouve des tapis, des objets en cuivre repoussé, des bibelots indiens et persans, de la bijouterie, etc.

---

## Renseignements Utiles

### — Banques —

**Anglo-Egyptian Bank L[d].** Succursales à Alexandrie, Port-Saïd, Tantah, Mansourah. Capital Lstg. 1,500,000. *Opérations* : Dépôts à termes fixes, avance et ouvre des comptes-courants sur titres, valeurs, marchandises ; achat vente et escompte d'effets sur l'étranger, émission de lettres de crédit et de chèques sur le monde entier, ainsi que toutes opérations de banque. *Directeur*, S. B. Cookson ; *Sous-Directeur*, F. N. Walton.

*Banque Impériale Ottomane* : *Directeur*, Hewit Wilson Monley ; *Sous-Directeur*, Walter Hicks.

*Crédit Foncier Egyptien.*

*Crédit Lyonnais : Directeur*, H. Masson.

## — Hôtels de 1er Ordre —

*Mercédès*, immeuble Djelal Pacha, récemment ouvert. Installations sanitaires modernes.Cuisine française. Restaurant. Bar.Grill Room.
*Savoy*, Chareh Kasr-el-Nil, George Nungovich Hotel C$^y$ L$^d$, *prop$^{re}$*.
*Shepheard's*, Chareh Kamel, 8, Ch. Baehler, *directeur*.

## — Hôtels —

*Edèn Palace Hotel*, au centre de la ville, vue sur le jardin de l'Esbekieh. Restaurant.
*New Khedivial Hotel*, sur la route conduisant à la Gare.
*National Hotel*, Chareh Soliman Pacha, quartier Ismaïlia. 350 chambres et appartements vastes et aérés. Electricité, 2 ascenseurs.

## — Pensions et Chambres à louer —

*Anglo-American Pension*, Chareh El-Cheikh Abaul Sebaa, tenue par M$^{me}$ V$^{ve}$ Biagini.
*Canterbury's House*, Chareh Kasr-el-Nil, M$^{me}$ R. Hirsch, *propriétaire*.
*Carlton House*, immeuble Nahas, Rond point Kasr-el-Nil, tenue par M$^{me}$ Margosches.
*English Pension*, Chareh el-Guinénah, 8, tenue par Miss A. Camera.

## — Cigarettes (Manufactures de) —

*Anglo-Egyptian Cigarettes C$^o$*.
Dimitrino & C$^{ie}$, fournisseurs de S. A. le Prince Henri de Prusse.
Gianaclis (Nestor).—Mantzaris (Gabriel).
Tsivily (Ch.) & C$^o$.—Laurens (Ed.).

## Trains directs du Caire à Alexandrie.

HORAIRE

*Durée du trajet de 3 h. à 3 h. 30.*

| DÉPART | | | ARRIVÉE | | |
|---|---|---|---|---|---|
| Du Caire | 7 h. 30 mat. | | à Alexandrie | 11 h. — mat. | |
| Id. | 9 » 30 » | | Id. | 12 » 55 » | |
| Id. W. Rest. | 12 » — » | | Id. | 3 » 05 soir. | |
| Id. | 4 » — » | | Id. | 7 » 35 » | |
| Id. | 4 » 50 » | | Id. | 7 » 55 » | |
| Id. W. Rest. | 6 » 35 » | | Id. | 10 » — » | |
| Id. W. Lit. | 11 » 30 » | | Id. | 6 » — mat. | |

(*Retour et Prix des Places Voir page 361*).

## ENVIRONS DU CAIRE.

**GHEZIREH** (dépendance du Caire), situé à trois kilom. de cette ville en face de Boulac. Belle promenade entre les deux branches du Nil. Le Ghézireh Palace Hotel, est l'ancien palais désaffecté de feu le Khédive Ismaïl.

Service de voitures, d'automobiles, et un bac à vapeur faisant la traversée du Nil au niveau de Boulac.

Champ de courses, Sporting Club où l'on joue au polo, au golf, au tennis et au croquet. Acquarium contenant une grande variété de poissons du Nil. (Entrée le Dimanche piastre 1, les autres jours 1/2 piastre.

**GHIZEH**, situé au delà de Ghézireh, sur la route des Pyramides, longeant le Nil, est un lieu très intéressant pour les excursionnistes.
A 13 kilom. du Caire, à côté des grandes pyramides de Ghizeh se trouve le grand hôtel *Mena House*, situé au bord du désert, fréquenté par les personnes désirant faire de l'équitation ou une cure du désert.

Service de Tramways électriques entre Ghizeh et les Pyramides : 1<sup>re</sup> classe, piastres 3 ; 2<sup>me</sup> classe, piastre 1 1/2.

*Jardin Zoologique*, contenant environ un millier d'animaux très variés de races africaines. Il est surtout fréquenté dans l'après-midi des dimanches par le monde élégant.

Ouvert de 9 h. du matin au coucher du soleil. Entrée le Dimanche, piastres 5, les autres jours, 1|2 piastre.

*Service de voitures* du Caire à Ghizeh, piastres 10 ; aller et retour, avec 2 h. d'arrêt, piastres 20.

SPHINX.—La date de la construction du Sphinx est inconnue; longtemps l'on a cru qu'il représentait Toutmès IV, mais les dernières fouilles prouvent qu'il représente le dieu Aramechis que l'on adorait déjà sous Koufou (le Chéops d'Hérodote) et qui fut le constructeur de la grande pyramide, puisque ce Pharaon fit restaurer le monument qui menaçait ruine. Les proportions de ce colosse sont énormes : la bouche mesure 2 m. 32, l'oreille 1 m. 80 de hauteur et le nez 1 m. 94...

Sphinx et Pyramides de Ghizeh.

PYRAMIDES. — Les Pyramides de Ghizeh sont l'œuvre de la IV⁰ dynastie. Celle de Koufou (Chéops) est la plus ancienne et la plus grande.

La base de cette Pyramide est un carré de 227 mètres de côté, sa hauteur véritable est de 137 mètres, la médiane des faces est de 273 mètres. Cent mille hommes, qui se relayaient tous les trois mois, furent, dit-on, employés pendant 3 ans à la construction de ce gigantesque monument.

A 27 mètres de l'entrée on rencontre une ouverture presque entièrement obstruée par une grosse pierre ; c'est le point de départ d'une seconde galerie qui va de bas en haut et qui bifurque à 37 mètres de son point de départ, bifurcation qui conduit à la chambre du roi dans laquelle on voit un sarcophage de granit rose, vide maintenant.

Les deux autres pyramides sont relativement petites en comparaison de la précédente. Celle de Kephren a 138 mètres de hauteur et celle de Mykérénius est haute de 66 mètres. C'est dans cette dernière qu'a été trouvé le sarcophage de Mykérénius, l'un des plus admirables monuments de l'art de l'ancien empire. Malheureusement ce sarcophage a péri en vue des côtes du Portugal, avec le vaisseau qui le transportait en Angleterre.

**MATARIEH**, offre un grand intérêt historique, car il occupe l'emplacement de l'ancienne **Héliopolis** (cité du dieu Soleil).

Obélisque d'Héliopolis.

Cet obélisque est le seul qui soit resté debout dans la basse et dans la moyenne Egypte ; pour en voir un autre il faut remonter le Nil jusqu'à Thèbes, à 750 kilom. Il est aussi le plus ancien

Obélisque connu en Egypte : le roi Ousorten, dont il porte le cartouche, régnait, suivant Brugsch 2760 ans avant l'ère chrétienne.

L'inscription est la même sur les quatre faces ; des nids de guêpes la recouvrent en grande partie. La hauteur totale de ce monolithe est de 20 m. 75 dont deux mètres sont enfouis dans le sol, ainsi que son piédestal d'un cube de 2 m. 25 de côté, posé sur une forte maçonnerie. La pointe de l'Obélisque n'a pas d'hiéroglyphes ; elle portait un revêtement de cuivre, où était gravé la figure d'un homme assis sur un siège, regardant le Levant ; de ce revêtement on retira 200 quintaux de métal.

Un second obélisque semblable, faisait pendant au premier ; mais en 1160 il tomba et se brisa en deux morceaux.

**A Matarieh** se trouve le vieux sycomore connu sous le nom d'Arbre de Marie. La tradition veut que pendant sa fuite en Egypte, la Sainte Famille se soit reposée sous ses branches.

Tout près de cet arbre, il y a un élevage d'autruches très intéressant à visiter.

Une belle route permet d'aller du Caire à Matarieh en automobile.

*Service du Chemin de fer* toutes les demi-heures entre le Caire (Pont Limoun) et Matarieh. Durée du trajet : par train express 15 minutes, par train omnibus 21 minutes.

**HÉLOUAN,** ville moderne remarquable, construite dans le désert à environ 20 kilom. au S. du Caire, sur la rive droite du Nil. L'air est d'une pureté remarquable. Sources sulfureuses très puissantes contre les rhumatismes et souveraines contre les maladies de la peau.

*Hôtels de 1er ordre*, munis de tout le confort désirable. Jeux de tennis et de golf.

Excursions nombreuses dans les *Wadis* qui entourent Hélouan où on y rencontre quelquefois des gazelles et souvent des lièvres et des perdrix.

*Service de Chemin de fer* du Caire à Hélouan. Durée du trajet environ une heure. Départ toutes les heures.

La station au Caire est à 5 minutes du Sovoy Hôtel dans le quartier de Babel-Louk.

**LOUXOR,** situé sur le flanc E. de l'ancienne *Thèbes*, possède des monuments remarquables et les anciennes tombes royales dont la visite demande trois jours au moins. On y trouve plusieurs hôtels dont le plus important est le *Winter Palace* pouvant rivaliser avec les meilleurs hôtels du Caire.

**Louxor**, à cause de son climat chaud et sec et de son air vivifiant, devient de plus en plus le séjour hivernal de beaucoup de personnes.

Pour la visite des monuments il est nécessaire d'engager un guide (20 à 30 piastres par jour) ; on en trouve dans les hôtels.

**Tempie de Louxor.**

On pénètre dans le temple par un portail de 17 mètres de hauteur. En avant de l'entrée se dressaient jadis deux obélisques en granit rose de Siène. L'un, donné à la France par Mehemet-Aly, orne maintenant la place de la Concorde à Paris.

L'intérieur comprend deux grandes cours reliées par un vestibule. Les cours étaient décorées d'une double rangée de colonnes formant galeries ; quelques-unes de ces colonnes sont encore debout. A la suite des cours venaient une série de couloirs et de chambres entourant une grande salle, au centre de laquelle se trouvait une construction isolée : c'était le sanctuaire. Le temple de Louxor s'élève sur les bords du Nil ; un quai long de 165 mètres, œuvre des Ptolémées, le protège contre l'inondation.

Temple de Karnak.

Une bonne route, aboutissant à une immense avenue bordée de Sphinx et qu'on peut parcourir en voiture ou à baudet (5 piastres), conduit de Louxor au temple de Karnak.

Les ruines de Karnak situées à une demi-heure de Louxor dans la direction N. E., sont les plus vastes et les plus belles de l'Egypte.

L'entrée du temple est précédée d'une allée de 12 sphinx, se terminant par deux statues colossales, aujourd'hui mutilées. Les deux pylones de l'entrée ont une hauteur de 44 m. 50 ; l'endroit le moins épais des murailles est de 12 mètres minimum. Le portail franchi, on se trouve dans une cour de 100 mètres de longueur sur 85 mètres de largeur. A l'extrémité de la cour se dressaient deux statues colossales en granit rouge de 7 m. de hauteur dont une est encore debout et l'autre git brisée sur le sol.

En s'avançant dans les profondeurs de cette immense ruine, on monte un perron et l'on traverse un vestibule construit par Sésostris (Ramsés II) ; l'on pénètre dans la grande salle des colonnes hypostiles, seule partie de l'immense monument que les siècles ont presque respectée. Cette salle mesure 102 m. de longueur sur 52 de largeur ; 134 colonnes en supportent le plafond ;

12 de ces colonnes, placées sur deux rangées, forment une avenue centrale ; les autres sont disposées parallèlement de chaque côté. Les 12 colonnes formant l'avenue centrale ont 10 m. de circonférence et la partie du plafond qu'elles supportent a 23 m. au-dessus du sol. Le diamètre des autres colonnes n'étant pas plus larges, il en résulte une demie obscurité et le visiteur se sent perdu dans cette forêt de colonnes recouvertes de sculptures qui ressemblent à des fantômes habitant cet immense édifice.

---

### Trains directs avec Wagons-Lits et Restaurants
### Du Caire à Louxor.

| DÉPART | | ARRIVÉE | |
|---|---|---|---|
| Du Caire | 8 h. 30 mat. | à Louxor 10 h. | 40 soir. |
| Id. | 6 » 30 soir. | Id. | 8 » 35 mat. |
| Id. | 8 » — » | Id. | 9 » 30 » |
| Id. | 9 » 30 » | Id. | 1 » 20 soir. |

### De Louxor au Caire

| DÉPART | | ARRIVÉE | |
|---|---|---|---|
| De Louxor | 7 h. — mat. | au Caire 8 h. | 45 soir. |
| Id. | 3 » — soir. | Id. | 6 » 05 mat. |
| Id. | 5 » — » | Id. | 7 » 05 » |
| Id. | 6 » 30 » | Id. | 8 » — » |

# 10<sup>me</sup> PARTIE

# ANNONCES

## Table par ordre alphabétique

# BANQUE D'ATHÈNES

CAPITAL ENTIÈREMENT VERSÉ ET RÉSERVES : DRACHMES 50.000.000

## SIÈGE SOCIAL à ATHÈNES

**Directeur Général : Z. C. MATSAS**

Succursales : **Constantinople**, Galata et Stamboul.
— LONDRES, 22, Fenchurche Street E. C.
— ALEXANDRIE. — LE CAIRE. — KHARTOUM.
— SMYRNE. — SALONIQUE. — CAVALLA.
— LE PIRÉE. — PATRAS. — VOLO. — SYRA. — CALAMATA.
— LA CANÉE. —CANDIE et RETHYMO.

LA BANQUE D'ATHÈNES s'occupe de toutes les opérations de Banque : Emission de traites, de chèques, lettres de Crédit et ordres télégraphiques sur l'Europe et sur les principales villes de la Turquie et de l'Etranger à des conditions très favorables. Service spécial.

Accepte des Dépôts en espèces et en devises étrangères en bonifiant des intérêts à :  3°/₀ pour des dépôts à vue,

3½       »       »   à 6 mois,
4°/₀      »       »   à 1 an,
5°/₀      »       »   à 2 ans ou plus.

# DENTELLES

GOLDSMITH Brothers
Repr. par Diran Nazarian Son
Khorassandjian Han, 16, 17, Stamboul :

6ᵐᵉ ANNÉE
JOURNAL DES ÉTRANGERS à VENISE
Paraissant toutes les Semaines

# ECHO INTERNATIONAL

Direction - Administration - VENISE S. Stefano - 2804
**Editeur et Directeur : JEAN FIORELLI**
PRIX : Venise et Italie : 20 centimes. — Étranger : 25 centimes.

ABONNEMENTS : Pour l'Italie . . . . . . un an fr. 10.— 6 mois fr. 6.—
Union postale . . . . . un an fr. 12.50 6 mois fr. 7.50
E.-Unis de l'Am. du Nord un an fr. 20.— 6 mois fr. 12. —

# LA TURQUIE

## JOURNAL FRANÇAIS

### Quotidien

## Politique commercial et financier

#### Paraissant le matin

**Directeur-Propriétaire GUILLAUME de BONDINI**

## Administration: Rue Timoni, 26, Péra.

**LA TURQUIE** se recommande spécialement par sa publicité par son indépendance dans toutes les questions intéressant le public.

| Abonnements | une année | 6 mois |
|---|---|---|
| Constantinople | P<sup>tres</sup> or 150 | P<sup>tres</sup> or 88 |
| Poste locale et Provinces | » 185 | » — |
| Etranger | F<sup>rcs</sup> 40 | F<sup>rcs</sup> 23 |

**Le numero 10 paras.**

# DEUTSCHE ORIENTBANK

## Société Anonyme Allemande

### Au capital de Mks. 16,000,000 (Frs. 20,000,000) entièrement versé

**Berlin, Constantinople, Brousse, Alexandrie, Le Caire, Hambourg.**

Enregistrée au Consulat-Général d'Allemagne à Constantinople, le 31 Janvier 1906.

### Fondée par :

#### DRESDNER BANK-A. SCHAAFFHAUSEN'SCHER BANKVEREIN

#### ET NATIONAL BANK FUR DEUTSCHLAND

**Siège à Galata : Rue Voïwode, Agopian Han**

AGENCE à STAMBOUL : *Dilsiz Zadé Han*

AGENCE à PÉRA: Gde Rue de Péra, 407, vis-à-vis la Brasserie Yanni.

**Heure de Caisse 9 1/2 à 4h.   Les vendredis   9 1/2 à 1 h.**

### SERVICE DE CAISSE DE FAMILLE

La **Deutsche Orientbank** accepte des dépôts et sert aux déposants un intérêt de **3 1/2** o/o.

Les retraits inférieurs à Ltq. 200 peuvent être effectués à tout moment.

Les retraits dépassant la somme précitée ne pourront être effectués qu'avec un préavis écrit de : 8 jours pour une somme jusqu'à Ltq. 1,000. — 30 jours pour une somme dépassant Ltq. 1.000.

### ORDRES DE BOURSE

La **Deutsche Orientbank** s'occupe d'achat et de vente de Titres tant sur le marché de Constantinople que sur ceux de l'Etranger à des conditions très avantageuses.

Aucun droit de garde n'est perçu pour les Titres achetés par son entremise.

**Bons à échéance fixe à 4 %  d'intérêts.**

*Service de Lettres de Crédit pour la Turquie et l'Étranger.*

### ACHAT, VENTE ET ÉCHANGE DE MONNAIES.

**Assurance de Titres contre les risques de remboursement au pair.**

# GRANDS MAGASINS

## AU
## BON MARCHÉ
### BORTOLI FRÈRES

MAISON FONDÉE EN 1854

Grande Rue de Péra, 354 et Rue Mézarlik (Petits Champs), 29

*N'a pas de Succursale dans cette ville.*

## Maison d'achat à PARIS.

**Magasin Universel**

29 et 31, Calea Victoriei.

**BUCAREST.**

AU BON MARCHÉ

*Rue Franque*

**SMYRNE**

PRIX FIXE

**MAISON PRINCIPALE**

19, rue Pavillon,

**MARSEILLE.**

Magasin Général

22, Avenue de France

**TUNIS.**

PRIX FIXE

Parfumerie, Brosserie, Tabletterie, Articles de fantaisie, Petits Bronzes, Bijouterie, Articles de fumeurs, Gants, Cravates, Lingerie, Articles de Bureaux, Articles de Chasse, Jouets, Articles de Ménage, Cristallerie, Verrerie, Porcelaine, Faïences, Articles d'éclairage, Literie, Articles de Gymnastique, Mercerie, Rouennerie, Lainage, Bonneterie, Chaussures, Vins, Liqueurs, Conserves, Bonbonnerie, Confiserie, Biscuits anglais et français, Thé, Articles de voyage, Appareils et produits pour la photographie et Grand Assortiment d'orfèvrerie Christofle et autres.

# AUX VINS DE FRANCE

## A. AUZIÈRE

# RESTAURANT

### ET

# BRASSERIE

## DU PETIT ROUBION

### 32, Rue du Théàtre, 32.

### PÉRA

## DINERS SUR COMMANDE

### ET

## SPÉCIALITÉ DE PLATS DU JOUR

# SALONS AU 1ᵉʳ ÉTAGE

### PRIX MODÉRÉS

## CAVE RENOMMÉE

### CHAMBRES POUR VOYAGEURS

# K. Th. CHACHIAN

## BANDAGISTE et ORTHOPÉDISTE

de l'Hôpital d'enfants HAMIDIÉ (par ordre Impérial)

**Fournisseur des Hôpitaux de l'Empire Ottoman.**

Travail soigné
Soulagement
garanti

Rue Sakys
Aghatch, 67 bis
PÉRA.

# MAISON PHÉBUS

# PHOTOGRAPHIE D'ART

## 359, Grande Rue de Péra, 359

### RICHE COLLECTION

de

# VUES

de

# CONSTANTINOPLE

et de

# PAYSAGES

**Succursale à STAMBOUL, Place Sirkédji.**

# CRÉDIT LYONNAIS

### Fondé en 1863

## SOCIÉTÉ ANONYME

Capital entièrement versé : Frs. 250.000.000

Réserves . . . . . . . . . : » 125.000.000

### Agence Principale, GALATA

**BUREAUX** PÉRA, Grande Rue. 333
STAMBOUL, Place Sultan Hamam.

*Toutes sortes d'opérations de Banque*

*Lettres de Crédit pour tout l'Univers.*

## Salons spéciaux pour le service des accrédités à Galata et à Péra

Coffres-forts à louer à Galata, à Péra
et à Stamboul.

Documents manquants (pages, cahiers...)

**NF Z 43-120-13**

# SOCIÉTÉ DE LA RÉGIE CO-INTÉRESSÉE
## DES TABACS DE L'EMPIRE OTTOMAN
### Société Anonyme au Capital de Cent Million de Francs
### Siège Social: à CONSTANTINOPLE.

**CONSEIL D'ADMINISTRATION:**

| *Membres résidant à l'Etranger* | *Membres résidant à Constantinople* |
|---|---|
| MM. NEUFLIZE (baron de), rue Alfred-de-Vigny, 7, *Prést*. | MM. . . . . . . . . . ., *vice président*. |
| » MALLET (R.), rue d'Anjou, 37. | » NIAS (A.). |
| » SCHWABACH (Dr P.), à Berlin. | » EUGENIDI (E.). |
| » NOSSAL (Jules), à Vienne. | » TESTA (Jh.). |
| » BLUM (Jules), à Vienne. | » VENDEUVRE (baron E. de). |
| » BENEDIKT (Dr Ed.), à Vienne. | » JANKO (N. de). |

S. E. ALI DJÉVAD BEY, *Commissaire Impérial.*

S. E. CHÉFIK BEY EL MOUAYAD, *Commissaire de la Dette Pub. Ott.*

MM.   **RAMBERT (L.), Directeur-Général.**

  »   **WEYL (E.), Directeur-Général-adjoint.**

  »   **CHARNAUD (C. B.), Directeur.**

  »   **LOMBARDO (A.), Sous-Directeur.**

### Bureaux de spécialités à Constantinople:

STAMBOUL : Place Emin Eunu, en face du Pont.

GALATA : Rue Karakeuy. — PÉRA : Grande Rue, N° 192.

## Pour la vente des produits manufacturés en Europe s'adresser:

ALLEMAGNE :   4/5 Gänsemarkt, Hambourg et principaux débits.

ANGLETERRE :   5, Bevis Marks, Londres E. C.       »       »

AUTRICHE   Bureaux des Spéc. de la Régie Autrichienne.

BELGIQUE :   141, Boulevard Anspach, Bruxelles et princ. débits.

FRANCE :   Bureaux des Spécialités de la Régie Française.

HOLLANDE :   29, Raadhuisstraat, Amsterdam et principaux débits.

HONGRIE :   Bureaux des Spécialités de la Régie Hongroise.

ITALIE :   32, Via Gaëta, Rome et principaux débits.

NORVÈGE :   15, Nedre Slotsgade, Christiania et principaux débits.

SUISSE :   17, Boulevard Helvétique, Genève et princip. débits.

SUÈDE :   Blasieholmstorg, 14, Stockholm et principaux débits.

EGYPTE :   **Alexandrie**, Rue Chérif Pacha, N° 24. **Le Caire**, Rue El Manakh, N° 3. Entrée du Mousky, N° 1. **Tantah**, Rue de la Bourse. **Port-Saïd**, Rue du Commerce. **Zagazig**, Rue Abbas **Mansourah**.

MAGASINS GÉNÉRAUX
TIRING
CONSTANTINOPLE
GALATA
PRIX FIXE RÉEL
BON MARCHÉ UNIQUE
TIRING
TIRING C^o
LES PLUS GRANDS de la VILLE.

# EAU MINÉRALE

## DE

## ST-LAURENS

INAPPÉTENCE, PARESSE DE L'ESTOMAC

DIGESTIONS LENTES ET DIFFICILES

BI-CARBONATÉE, SODIQUE, LITHINÉE, LÉGÈREMENT FERRUGINEUSE,

LA PLUS GAZEUSE DES EAUX DE TABLE

CETTE EAU combat les engorgements du foie et de la rate

AGENCE GÉNÉRALE POUR LA TURQUIE 21 RUE DE POLOGNE PÉRA, CONSTANTINOPLE

www.ingramcontent.com/pod-product-compliance
Lightning Source LLC
Chambersburg PA
CBHW051227050726

47594CB00001B/53